Forschungsmanagement für den täglichen Gebrauch

Gunnar Brink

Forschungsmanagement für den täglichen Gebrauch

Verlag Harri Deutsch

Der Autor

Dr. Gunnar Brink ist promovierter Biophysiker, der nach seiner Doktorarbeit an der TU München im Jahre 1995 im Management kleiner Bio- und Nanotechnologieunternehmen tätig war. In 2004 übernahm er die Betreuung der Kooperationsstelle für Forschungszusammenarbeit von Quebec und Bayern sowie die Koordination des Forschungsverbundes »Kraftwerke des 21. Jahrhunderts«. Seit 2005 ist er im Vorstandsstab der Fraunhofer-Gesellschaft tätig und dabei seit 2006 für die Betreuung der Fraunhofer Informations- und Kommunikationstechnologie-Institute zuständig.

Die Webseite zum Buch

`http://www.harri-deutsch.de/1850.html`

Der Verlag

Wissenschaftlicher Verlag Harri Deutsch GmbH
Gräfstraße 47
60486 Frankfurt am Main
verlag@harri-deutsch.de
www.harri-deutsch.de

Bibliografische Information der Deutschen Nationalbibliothek

Die Deutsche Nationalbibliothek verzeichnet diese Publikation in der Deutschen Nationalbibliografie; detaillierte bibliografische Daten sind im Internet über `http://dnb.d-nb.de` abrufbar.

ISBN 978-3-8171-1850-2

1. Auflage 2010

Druck: fgb – freiburger graphische betriebe <www.fgb.de>
Printed in Germany

Vorwort von Hans-Jörg Bullinger

Handwerkszeug, Wettbewerb und Forschung

Forschung war schon immer ein Gemeinschaftswerk von Wissenschaftlern und Ingenieuren und ist es heute mehr denn je. Kooperation und Vernetzung sind nicht nur in der Wirtschaft die Antwort auf die Anforderungen des beschleunigten globalen Wandels, sondern auch in der Wissenschaft der Königsweg. Forschung und Innovation finden schon lange nicht mehr in der einsamen Gelehrtenstube statt: Forscher und Innovatoren benötigen Mitstreiter, Teamarbeit, interdisziplinäre Zusammenarbeit und die enge Kooperation zwischen Grundlagenforschung, Anwendungsforschung, Produktentwicklung und Kundenbetreuung.

Alle Forscher arbeiten und leben in einer sehr wettbewerbsorientierten, komplexen und sich schnell ändernden Welt. Es genügt deshalb nicht mehr, allein ein guter Wissenschaftler zu sein. Forscher müssen auch Anführer, Manager und Marketingfachleute werden, um Erfolg zu haben. Folglich brauchen sie Fähigkeiten in der Kommunikation und Präsentation, Wissen über Führung, Mitarbeiterentwicklung und Finanzen, Einblick in kulturelle Unterschiede und menschliche Beziehungen. Damit haben die Entwicklungsjahre in der Forschung eine doppelte Funktion: Sie bereiten junge Wissenschaftler ebenso auf einen Beruf in der Wissenschaft wie auch für eine Position außerhalb des akademischen Umfeldes vor. Diese doppelte Funktion hat Auswirkungen sowohl auf die Absolventen und Berufsanfänger als auch auf ihre Betreuer in der Master-, Diplom- oder Doktorarbeit. Die Gesellschaft erwartet von den jungen Wissenschaftlern ebenso wie von deren Betreuern vielfältige Qualifikationen als Forscher, Manager und Unternehmer.

Forschung findet so gut wie immer in eng verbundenen internationalen Wissensnetzwerken statt, sie beruht aber auch auf einer ausgereiften Kultur des Umgangs mit Rivalität. Guten Innovatoren und Wissenschaftlern gelingt der Spagat zwischen einem fairen Wettbewerb um die schnellste Entdeckung, die erste Publikation, den höchsten Marktanteil und einer engen Kooperation mit Kollegen und Rivalen des eigenen Gebietes oder anderer Disziplinen und Organisationen.

Für den Erfolg in der Forschung gelten die gleichen Regeln wie im Sport. Man braucht

- eine klare Strategie
- ein hervorragendes Team
- den beharrlichen Willen zum Erfolg
- ein effektives Innovationsmanagement.

Niemand ist in der Lage, in allen Bereichen gleich gut zu sein. Um erfolgreich zu werden, kommt es deshalb darauf an, nicht nur die eigenen Stärken richtig einzusetzen, sondern auch seine Schwächen zu kennen und Wege zu finden, sich von diesen nicht begrenzen zu lassen. Gute Forscher gehen dahin, wo sie die besten Ergebnisse erzielen können, die besten Laborausrüstungen vorfinden und auf eine befruchtende menschliche Umgebung treffen. Wenn Institute es schaffen, diese Bedingungen in ihrem Umfeld zu etablieren, werden sie Erfolg haben und damit auch zum Nutzen der Gesellschaft beitragen.

Seit einigen Jahren wird der Wettbewerb in der Wissenschaft zunehmend durch Rankings ausgetragen. Der direkte Vergleich ist eine ideale Methode, um die Leistungsfähigkeit zu messen, legt aber natürlich auch schonungslos Schwächen offen. Ein Spitzensportler kann aber nicht jeden Tag Höchstleistungen erbringen, er braucht auch Zeit, um sich auf den nächsten Wettbewerb vorzubereiten. Entscheidend ist, zur rechten Zeit fit zu sein. Das gilt auch in der Forschung. Das persönliche Zeit- und Energiemanagement ist deswegen einer der wichtigsten Erfolgsfaktoren für jeden Forscher oder Manager.

Wer Neuheiten auf den Markt bringt, seien es neue Entdeckungen in Grundlagenpublikationen oder technologische Erfindungen für die wirtschaftliche Umsetzung geht gleichzeitig auch das Risiko ein, dass das neue Konzept, die neuen Resultate nicht oder nicht so schnell auf Akzeptanz stoßen. Es gilt in jedem Lebensbereich: Wenn wir in unseren Labors, Betrieben und Regionen nicht bereit sind, mehr zu riskieren, werden alle Innovationsoffensiven nicht zum Erfolg führen. Gleichzeitig hat manches, was wir als riskant betrachten, nur mit fehlendem Wissen zu tun. Um Risikoräume einzugrenzen, müssen wir Wissenschaftler auch Methoden im Innovationsmanagement beherrschen und weiterentwickeln..

Turbulente Zeiten brauchen kreative Köpfe. Ohne erfolgreiche und wettbewerbsstarke Forscher und Innovatoren wird unser Gemeinwesen im internationalen Wettbewerb nicht bestehen können. Wer Wissenschaft betreibt, sollte in seinem Feld und in der interdisziplinären Zusammenarbeit brillieren, seine Managementaufgaben aber mit der höchstmöglichen Professionalität, mit dem bestmöglichen Ergebnis und minimalem Aufwand bewältigen. Ein Handwerker, der bestes Werkzeug verwendet, schafft sich den Freiraum, sich mit seinem Werkstück, seinem

Arbeitsziel zu beschäftigen. Wer stumpfes oder ungeeignetes Werkzeug einsetzt, hält sich dagegen viel zu lange mit dem Werkzeug auf und kann sich nicht auf das zu bearbeitende Stück konzentrieren.

Das vorliegende Buch liefert Ihnen als junger Forscherin oder jungem Forscher eine Vielzahl nützlicher Werkzeuge für eine erfolgreiche Karriere in Wissenschaft und Innovation. Es enthält nicht nur eine kurze Einführung in die Wissenschafts- und Innovationstheorie, sondern beschreibt – was viel wichtiger ist – Wege zu einem erfolgreichen Selbstmanagement, Regeln und Tricks des Publizierens, der Rekrutierung, der Teambildung, der Öffentlichkeitsarbeit. Der Leser lernt unter anderem, wie man Angebote schreibt, Preise für Forschungsdienstleistungen findet und Verhandlungen führt.

Ein solches Buch kann nie abgeschlossen sein. Es soll Sie als Leser ja nicht zur Koryphäe der Innovationstheorie heranbilden, sondern Sie mit so viel Rüstzeug wie nötig – und so wenig wie möglich – ausstatten, damit Sie und Ihre Mitstreiter im wissenschaftlichen Wettbewerb erfolgreich sind und dabei nicht nur Ergebnisse, sondern auch Zufriedenheit und Freude finden.

In diesem Sinne wünsche ich Ihnen viel Vergnügen bei der Lektüre und viel Erfolg auf dem Weg zu Ihrer wissenschaftlichen Exzellenz und der Entwicklung der dafür notwendigen handwerklichen Methoden.

Danksagung

Selbstverständlich entsteht ein Buch wie dieses Werk nicht im Alleingang. Viele Menschen begleiten und helfen dem Wissenschaftler und Autor.

Besonders hervorzuheben ist Prof. Erich Sackmann; von ihm und seinem Team an der TU München habe ich die Freude an interdisziplinärer wissenschaftlicher Arbeit kennen gelernt. Ich weiß mich einig mit allen seinen vielen Schülern in der Verehrung seiner Bescheidenheit im persönlichen Auftritt und der Inbrunst, mit der er die Biophysik in Deutschland vorangetrieben hat.

Auf meinem Weg als Forscher, Unternehmer und nun Forschungsmanager waren viele andere Menschen wichtig, stellvertretend nenne ich hier in zeitlicher Reihenfolge Hermann Gaub, Rolf C. Dienst, Horst Domdey, Lothar Behlau, Hans Otto Feldhütter und Hans-Joachim Bullinger, besonders aber meine Frau Gaby Hamm-Brink, die mich durch so viele Höhen aber auch schwierige Tiefen begleitet hat.

In der Frühphase des Buches waren die guten Vorschläge und Hinweise von Christine Kortenbruck, Ferdinand Ranzinger und Michael Edelwirth wichtig. Die Grafiken wurden von Annika Zeyen gezeichnet. Anregungen von Klaus Horn vom Verlag Harri Deutsch halfen sehr, das Buch inhaltlich und formal zu gestalten und zu realisieren.

Inhaltsverzeichnis

Vorwort von Hans-Jörg Bullinger i

1 Erfolgreiche Forschung 1

2 Selbstmanagement 3
2.1 Forschen als Beruf . . . 3
2.2 Kommunikationsfähigkeit . . . 3
2.3 Teamarbeit . . . 5
2.4 Autonomie . . . 6
2.5 Individuelles Arbeiten . . . 7
2.6 Wissenschaft ist Wettbewerb . . . 10
2.7 Spezialisierung . . . 11
2.8 Forscher als Marke . . . 13
2.9 Career Changes . . . 14
2.10 Zeitmanagement . . . 14
2.11 Energiemanagement . . . 19
2.12 Literaturempfehlungen . . . 20
☛ Zeit- und Energiemanagement . . . 22
✍ Selbstmanagement . . . 28

3 Entscheiden und Planen 31
3.1 Entscheiden, Planen und langfristige Ziele . . . 31
3.2 Der Umgang mit Risiko und Ungewissheit in der Forschung . . . 32
3.3 Die drei Ebenen der Planung . . . 33
3.4 Projektmanagement von Forschungsprojekten . . . 36
3.5 Der mythische Personenmonat . . . 40
3.6 Richtig entscheiden oder »der gesunde Menschenverstand« . . . 42
3.7 Literaturempfehlungen . . . 45

4 Trends der Wissenschaft in der Wissensgesellschaft 47
4.1 Einleitung . . . 47
4.2 Forschung . . . 47
4.3 Universitäre Forschung . . . 48
4.4 Industrieforschung . . . 49
4.5 Entrepreneurship . . . 50
4.6 Literaturempfehlungen . . . 51

5 Die Kunst, vorzutragen und (sich) zu präsentieren 53

5.1 Einführung . . . 53
5.2 Konferenzvorträge . . . 56
5.3 Posterpräsentationen . . . 59
5.4 Seminarvorträge . . . 61
5.5 Vorlesungen . . . 61
5.6 Konferenzmoderation (*Chairman*) . . . 62
5.7 Der Kurzvortrag (*Pitch*) . . . 64
5.8 Bewerbungsgespräche . . . 66
5.9 Literaturempfehlungen . . . 68
☛ Vorbereitung von Präsentationsfolien . . . 69
✍ Vortrag . . . 71

6 Publikationen **73**
6.1 Verschiedene Veröffentlichungswege . . . 74
6.2 Ablauf und Vorgehen bei einer referierten Veröffentlichung . . . 77
6.3 Peer-Review . . . 78
6.4 Journal Clubs . . . 81
6.5 Impact Factor . . . 82
6.6 Open Access . . . 83
6.7 Honorar . . . 83
6.8 Werbung . . . 83
6.9 Literaturempfehlungen . . . 84
☛ Publizieren mit Plan . . . 85
✍ Manuskript für eine Fachzeitschrift . . . 91

7 Patente als Wissens- und Einnahmequelle **93**
7.1 Schutz vor Nachahmung und doch Quelle der Erkenntnis . . . 94
7.2 Patentrecherchen . . . 96
7.3 Vorgehen bei der Recherche . . . 96
7.4 Die Erfindung . . . 97
7.5 Taktische Alternativen zu Patenten . . . 100
7.6 Ansprüche . . . 101
7.7 Arbeitnehmererfindungen . . . 101
7.8 Schutz des Patents . . . 102
7.9 Lizenzen . . . 104
7.10 Literaturempfehlungen . . . 105
☛ Das Laborbuch in der angewandten Forschung . . . 107
✍ Lohnt sich eine Patentanmeldung? . . . 109

8 Einige Grundkonzepte des Innovationsmanagements **111**
8.1 Angebot und Nachfrage . . . 111
8.2 Technology Push und Market Pull . . . 112
8.3 Technologiezyklen . . . 113
8.4 Hypezyklen . . . 113
8.5 Technologie-Diffusion . . . 115

8.6 Disruptive Technologien . . . 116
8.7 Literaturempfehlungen . . . 117
☛ Forschung über die Forschung . . . 118

9 Laufbahn an der Universität **121**
9.1 Einleitung . . . 121
9.2 Die Hochschullaufbahn . . . 121
9.3 Außeruniversitäre Forschung . . . 122
9.4 Angewandte Forschung im Industrieauftrag . . . 125

10 Die Promotion **129**
10.1 Überblick . . . 129
10.2 Planung der Promotion . . . 130
10.3 Finanzierung . . . 131
10.4 Betreuung . . . 132
10.5 Graduiertenkollegs . . . 134
10.6 Bearbeitung der Doktorarbeit . . . 134
10.7 Post-Doc . . . 135
10.8 Literaturempfehlungen . . . 137
☛ Forschungspläne . . . 138

11 Die akademische Hierarchie **145**
11.1 Die Professur . . . 145
11.2 Professoren an Fachhochschulen . . . 151
11.3 Literaturempfehlungen . . . 152
☛ Wissenschaftspreise . . . 153
✍ Erfolg in der Wissenschaft . . . 156

12 Stellen im Patentwesen **159**
12.1 Patentprüfer am Deutschen Patentamt . . . 159
12.2 Technische Richter . . . 159
12.3 Patentprüfer am Europäischen Patentamt . . . 160
12.4 Patentanwälte . . . 160

13 Der Start als Manager in der Industrie **163**
13.1 Überblick . . . 163
13.2 Der Wechsel vom Institut in die Industrie . . . 165
13.3 Führungsverantwortung . . . 167
13.4 Networking . . . 168
13.5 Literaturempfehlungen . . . 172
☛ Business-Case und Investitionsrechnung . . . 173

14 Forscher als Existenzgründer **181**
14.1 Einführung . . . 181
14.2 Eigenschaften erfolgreicher Unternehmer . . . 182
14.3 Wege zum eigenen Unternehmen . . . 184

14.4 Marktforschung 186
14.5 Wagniskapital 189
14.6 Andere Finanzierungsformen 192
14.7 Selbständigkeit als Berater 192
14.8 Literaturempfehlungen 193
☛ Effektive Pitches vor Investoren 195
☛ Auswahl und Koordination der Beiräte 197
✍ Gründung eines Technologieunternehmens 200
✍ Beirats- und Ausschusssitzungen 203

15 Business Development **205**
15.1 Geschäftsmodelle (*Business Models*) 206
15.2 Wertschöpfungsketten 208
15.3 Beispiel für eine Wertschöpfungskette – die Arzneimittelforschung 209
15.4 Literaturempfehlungen 210
✍ Ist eine Technologie überzeugend? 211

16 Mitarbeiter führen und finden **213**
16.1 Elan in Teams 213
16.2 Führung 213
16.3 Die Langezeitstudien von *The Gallup Organization* 217
16.4 Mitarbeitermotivation 219
16.5 Einarbeitung neuer Mitarbeiter 220
16.6 Handling C Performers 222
16.7 Alumni, Wiedereinstellungen, Kündigungen 223
16.8 Mitarbeiterrekrutierung als Geschäftsprozess 225
16.9 Literaturempfehlungen 236
☛ Bewerberinterviews und Auswahlverfahren 237
✍ Bewerbungsgespräch in der Industrie 240
✍ Einarbeitung 241

17 Parabel: Tom Sawyer streicht einen Zaun **243**

18 Förderung für Karriere, Forschung und Firmengründung **247**
18.1 Einführung 247
18.2 Stipendien 248
18.3 Förderanträge 250
18.4 Die Deutsche Forschungsgemeinschaft (DFG) 253
18.5 Bundesministerien 255
18.6 Länder 256
18.7 Stiftungen und Sponsoren 257
18.8 Voraussetzungen für erfolgreiche Förderanträge 257
18.9 Kurz- und langfristige Planung 258
18.10 Der erste eigene Antrag 261
18.11 Definition des Themas 263

18.12 Wie ein Profi schreiben, editieren und Korrektur lesen 266
18.13 Wenn ein Antrag abgelehnt wird 273
18.14 Das Management des bewilligten Förderprojekts 274
18.15 Folgeantrag 276
18.16 Literaturempfehlungen 278
✍ Taugt ein Förderantrag zur Einreichung? 279

19 Strategisches Management **283**
19.1 Einführung 283
19.2 Zweck von Strategien und Planung 285
19.3 Strategie 285
19.4 Marktforschung und Strategie 288
19.5 Karrierestrategie für die wissenschaftliche Laufbahn 310
19.6 Literaturempfehlungen 311
✍ Entwicklung eines Leitbildes 312

20 Der Businessplan **313**
20.1 Vorgehen bei der Erstellung eines Businessplans 314
20.2 Wozu benötigt man einen Businessplan? 316
20.3 Elemente des Businessplans 317
20.4 Businesspläne für verschiedene Adressaten 319
20.5 Literaturempfehlungen 321

21 PR und Kommunikation **323**
21.1 Einführung 323
21.2 Kommunikationsstrategie 325
21.3 Business Evangelism 326
21.4 Das Kommunikations-Dreieck 327
21.5 Umsetzung der PR-Planung 327
21.6 Themenvorschau der Zeitschriften 330
21.7 Messen und Events 332
21.8 Markteinführung auf Messen 332
21.9 Selbstinszenierung 333
21.10 Preise, Businessplanwettbewerbe und Investmentforen 335
21.11 Literaturempfehlungen 336
☛ Firmen im Profil 337
☛ Whitepaper 339
☛ Pressemitteilung 341
✍ Pressearbeit 345

22 Angebote kalkulieren und verhandeln **347**
22.1 Verhandlungen sind Kommunikation 347
22.2 Sich selbst wohl fühlen und Respekt zeigen 348
22.3 Verhandlungen mit dem Auftraggeber 348
22.4 Wo und wann verhandeln? 349

22.5 Der erste Eindruck 350
22.6 Vermeidbare Fehler 351
22.7 Interkulturelles 353
22.8 Ein angenehmer Verhandlungspartner sein 353
22.9 Sich gut vorbereiten 354
22.10 Eigene Interessen 355
22.11 Vertrauen 356
22.12 Preisfindung 357
22.13 Literaturempfehlungen 363
✍ Fairer Preis für Forschungsleistungen und Produkte 364

Index **367**

Erfolgstipps

1 Zeit- und Energiemanagement . . . 22
2 Vorbereitung von Präsentationsfolien . . . 69
3 Publizieren mit Plan . . . 85
4 Das Laborbuch in der angewandten Forschung . . . 107
5 Forschung über die Forschung . . . 118
6 Forschungspläne . . . 138
7 Wissenschaftspreise . . . 153
8 Business-Case und Investitionsrechnung . . . 173
9 Effektive Pitches vor Investoren . . . 195
10 Auswahl und Koordination der Beiräte . . . 197
11 Bewerberinterviews und Auswahlverfahren . . . 237
12 Firmen im Profil . . . 337
13 Whitepaper . . . 339
14 Pressemitteilung . . . 341

Checklisten

1 Selbstmanagement . . . 28
2 Vortrag . . . 71
3 Manuskript für eine Fachzeitschrift . . . 91
4 Lohnt sich eine Patentanmeldung? . . . 109
5 Erfolg in der Wissenschaft . . . 156
6 Gründung eines Technologieunternehmens . . . 200
7 Beirats- und Ausschusssitzungen . . . 203
8 Ist eine Technologie überzeugend? . . . 211
9 Bewerbungsgespräch in der Industrie . . . 240
10 Einarbeitung . . . 241
11 Taugt ein Förderantrag zur Einreichung? . . . 279
12 Entwicklung eines Leitbildes . . . 312
13 Pressearbeit . . . 345
14 Fairer Preis für Forschungsleistungen und Produkte . . . 364

1 Erfolgreiche Forschung

Das Studium versorgt Forscherinnen und Forschern mit soliden Fachkenntnissen. Nahezu alle weiteren Fähigkeiten, die danach benötigt werden, eignen sie sich in der Regel durch »learning by doing« an, oder sie orientieren sich am Beispiel anderer, erfolgreicher Forscher.

Dieses Buch will Hilfsmittel und Rüstzeug vermitteln, die Forscherinnen und Forscher heute für ihre berufliche Karriere brauchen, zu weiterem Lernen ermuntern, helfen, eigene Erfahrungen zu sammeln, zu bewerten und einzuordnen. Es berücksichtigt, dass in den letzten Jahren die Trennung zwischen Grundlagenforschung und Anwendung an Bedeutung verloren hat. Heutzutage sollte sich ein anwendungsorientierter Forscher auch im Publizieren beweisen, ein grundlagenorientierter Forscher auch Ideen – alleine oder mit Partnern – der Marktreife näherbringen können.

» *Zum Wege des Forschers gehört es, sich im Laufe der Zeit zunehmend zum Forschungsmanager zu entwickeln, sei es in einem Forschungszentrum oder einer Universität oder zum Unternehmer oder Mitarbeiter in einem Unternehmen.* «

Hagen Hultzsch (Physiker, ehemaliger CIO von Volkswagen und Vorstand der Deutschen Telekom)

Heute gibt es keine Universalgenies mehr, die alle wissenschaftlichen Gebiete gleichzeitig beherrschen. Auch dem Anspruch, in einer Person ein perfekter Forscher, Chef, Medienprofi und Kaufmann zu sein, wird niemand gerecht. Untersuchungen wie z. B. die große Gallup-Studie haben gezeigt, dass es lohnend ist, sich auf die eigenen Talente zu konzentrieren und dort, wo man Talentdefizite hat, Hilfssysteme zu etablieren oder komplementäre Partner zu suchen.

In einer hochgradig vernetzten und sich dynamisch ändernden Welt ist es darum für Forscher wichtig, Wissen über die Professionalität, Denk- und Vorgehensweise derjenigen Berufe zu erwerben, mit denen man später täglich zusammenarbeitet und die das eigene Forschungsumfeld nachhaltig mitgestalten.

Unkenntnis und Vorurteile über die Methoden Anderer schaden: Man verliert die Freude an der Zusammenarbeit, es frustriert, wenn man meint, die jeweils anderen agieren unverständlich oder kontraproduktiv; die Projekte mit Berührungspunkten verlieren an Effektivität. Wer selbst ohne Sorgfalt und das nötige Wissen Wirtschaftlichkeitsbewertungen oder Marktchancen abschätzt, oder umgekehrt ohne tieferen Einblick die Hochschulforschung beurteilt, kommt oft zu völlig falschen Resultaten, weil die professionellen Methoden und das Wissen um eigene Chancen und Grenzen fehlen.

» *We build too many walls and not enough bridges* « **Isaac Netwon**

Aus Platz- und stilistischen Gründen spricht das Buch über vieles nur in der männlichen Form. Gemeint sind natürlich immer beide Geschlechter. Gerade in der Forschung haben es Frauen immer wieder an die Spitze geschafft. Bekannte Nobelpreisträgerinnen unter den Forscherinnen sind Marie Curie (Physik, 1903 und Chemie, 1911), Irène Joliot-Curie (Chemie, 1935), Gerty Radnitz-Cori (Medizin, 1947), Maria Goeppert-Mayer (Physik, 1963), Dorothy Crowfoot-Hodgkin (Chemie, 1964), Rosalyn Sussman Yalow (Medizin, 1977), Barbara McClintock (Medizin, 1983), Rita Levi-Montalcini (Medizin, 1986), Gertrude Elion (Medizin, 1988), Christiane Nüsslein-Volhard (Medizin, 1995) und Linda Buck (Medizin, 2004). Ebenso wichtige Beiträge zur Forschung haben beispielsweise auch die Forscherinnen Rosalind Franklin (Medizin), Lise Meitner (Chemie), Chien-Shiung Wu (Physik), Jocelyn Bell-Burnell (Physik) und viele andere geleistet.

Insofern möchte dieses Werk gerade auch Frauen ermuntern, den Weg in die Forschung in Hochschulen, Forschungseinrichtungen und Industrie und an die Spitze zu wagen.

2 Selbstmanagement

2.1 Forschen als Beruf

Forschen macht Spaß. Karrieren in Wissenschaft und Technologie werden von Hoffnung und Neugier befeuert.

Vielleicht werden andere Tätigkeiten bei weniger Einsatz und Engagement bezahlt. Die Forschung ist jedoch ein besonders attraktives Arbeitsfeld:

- Forschung stellt den Menschen jeden Tag vor neue Herausforderungen: Forscher lösen schwierige Rätsel und Probleme. Die Forschungsarbeit ist intellektuell anspruchsvoll.
- Forschung hilft Menschen, Krankheiten zu heilen, gegen den Hunger zu kämpfen, die Belastungen des Alterns zu reduzieren oder die Umweltverschmutzung zu vermindern.
- Forscher entwickeln die Werkzeuge und Hilfsmittel, die das Leben von morgen prägen: bessere Laser, Energie- und Umweltschutzkonzepte, Fahrzeuge der Zukunft, Raumfahrttechnologien, neue Telekommunikationsmethoden, aber auch neue Formen der Zusammenarbeit in interdisziplinären und länderüberschreitenden Projekten.
- Forscher schaffen neues Wissen über die Gesetzmäßigkeiten der Natur, formulieren Theorien, die das Denken über die Welt vertiefen und ändern.
- Forscher gründen neue Firmen oder sorgen für die Zukunftsfähigkeit vieler mittelständischer Firmen und fast aller bekannten und etablierten Konzerne.
- Forschung ist ein Gemeinschaftswerk und lebt gleichzeitig vom Wettbewerb.

Vor allem in der Forschung sprechen Wissenschaftler und Ingenieure über kulturelle und religiöse Grenzen hinweg eine gemeinsame Sprache und helfen, Barrieren zu überwinden.

2.2 Kommunikationsfähigkeit

Gute Forschung ist immer eine Dienstleistung

- für die wissenschaftliche Gemeinschaft

- für die Gesellschaft
- für die Studierenden
- für die Kunden

Wie bei jeder anderen Dienstleistung auch, wird die Güte von Forschung durch Produktivität und Qualität bestimmt.

Von Dienstleistungsunternehmen kann man lernen, wie diese bei der Qualität auf zwei unterschiedliche Zielgrößen achten:

- Technische Qualität
- Funktionale Qualität

Für die Forschung bedeutet »Technische Qualität«, dass die Ergebnisse sachlich richtig sind, dass sie neu sind, dass die Interpretation der Daten stimmt, dass sie Beiträge zu wichtigen Forschungsthemen liefern, dass sie die anderen Forscher, die Gesellschaft und/oder die Wirtschaft bzw. den Auftraggeber interessieren.

Funktionale Qualität bedeutet, dass die Ergebnisse auf eine Weise dargestellt werden, dass Fortschritt, Neuheit und Nutzen sichtbar werden, dass der Leser, Zuhörer oder Nutzer schnell verstehet, woraus die für ihn wichtige Leistung der Arbeit besteht, dass er von der Begeisterung angesteckt wird, die den Forscher bewegt.

Potenzielle Kunden evaluieren die Qualität von Dienstleistungen aus Erfahrung wenn sie den Wert einer Leistung durch eigene Erlebnisse und Erwartungen beurteilen können. Dies gelingt nicht einmal immer bei einem Haarschnitt oder einer Autowäsche. Bei Forschung kann meist niemand wirklich ermessen, wie aufwändig oder anspruchsvoll eine Leistung erbracht wurde. In der Forschung kommt also weniger die Erfahrung, sondern vor allem die Glaubwürdigkeit zum Tragen. Forscher stehen also vor der Aufgabe, vor ihren Arbeit- und Auftraggebern, vor den Förder- und Geldgebern, vor Gutachtern und Ministerien, vor Firmen und der Gesellschaft glaubwürdig zu sein.

» *Glaubwürdigkeit zu etablieren und ein ganzes Leben lang zu pflegen und weiterzuentwickeln ist die wichtigste Voraussetzung für eine erfolgreiche und erfüllende Karriere in der Forschung.* «

Wissenschaftler und Ingenieure in allen Positionen müssen auch deshalb die Fähigkeit haben, Sinn und Relevanz ihrer Forschung mündlich und schriftlich überzeugend mitzuteilen:

- Wer seine Gedanken klar und deutlich formulieren kann und seine Leistungen und Eigenschaften zu beschreiben weiß, macht bereits beim Vorstellungsgespräch einen günstigen Eindruck und überzeugt von seinen Fähigkeiten.
- Wer interdisziplinär mit Kollegen aus anderen Fächern zusammenarbeiten will, muss seine Sichtweise transparent machen und die der anderen verstehen lernen.
- Wer für die Finanzierung von Forschung verantwortlich ist, muss Begeisterung für seine Forschung erzeugen, seine Ideen effektiv vermarkten und überzeugende, klar strukturierte Anträge schreiben.
- Wer in einem Ministerium oder einer Forschungsorganisation arbeitet, muss sich der Presse und den anderen Bereichen der Öffentlichkeit mitteilen können.
- Wer Studenten und Mitarbeiter ausbildet, muss mit Ihnen kommunizieren können.
- Wer in der Industrie arbeitet, muss mit Managern, Mitarbeitern und Kunden (von denen viele keine Wissenschaftler oder Ingenieure sind) überzeugend sprechen können.

Diese Eignung fällt nicht jedem in den Schoß. Aber selbst wer scheu ist oder lieber alleine arbeitet, kann mit Übung und der Hilfe von Freunden seine Kommunikation verbessern.

Man sollte bei jeder Gelegenheit seine Forschungsarbeit in einfachen Begriffen Freunden und Familie beschreiben, um zu üben. Besondere Aufmerksamkeit sollte der Schreibfertigkeit in deutsch und in englisch gewidmet werden. Regelmäßiges Publizieren von wissenschaftlichen Artikeln (*Papers*) verlängert nicht nur die Publikationsliste und ist Teil der Errichtung des gemeinsamen Wissensbestands der Forschung, sondern übt auch im Formulieren und Zuspitzen der eigenen Ergebnisse und Konzepte.

Wer besonders menschenscheu ist, sollte sich dies eingestehen, um Lösungen suchen zu können, z. B. indem er freie oder fest angestellte Mitarbeiter beschäftigt, Agenturen beauftragt oder Freunde und Familienmitglieder bittet.

2.3 Teamarbeit

Dass Forschung mehr als früher ein Gemeinschaftswerk ist, belegt die zunehmende Anzahl von gemeinsamen Publikationen mehrerer Autoren in der Fachliteratur. Studien belegen, dass im Durchschnitt erfolgreicher Karriere macht, wer häufiger Mit-Autor von Fachartikeln mit mehreren Autoren ist – und das, obwohl eine gute Publikation eines einzelnen Autors eigentlich besonders hohes Renommee genießt. Ebenso zeigen sie, dass es am besten ist, mit Wissenschaftlern zusammenzuarbeiten, die selber gerne gemeinsam mit Anderen publizieren. Wer in einer Universität arbeitet, wird fast zwangsläufig in interdisziplinären Teams oder Gremien aktiv. Forscher in der Industrie arbeiten ohnedies fast immer in Teams, in denen auch Spezialisten aus den Bereichen Management, Marketing, Rechnungswesen und Vertrieb mitwirken.

» *Gute Teams profitieren immer vom Zusammenwirken qualifizierter und motivierter Experten, die sich ergänzen.* «

Es gibt mehrere Methoden, schon früh seine Fähigkeit zur Teamarbeit zu verbessern: Man kann möglichst viel Brainstorming mit Kollegen betreiben, Gedanken und Ideen austauschen und dabei das Zusammenwirken ergänzender Sichtweisen und Charaktere erleben, die Mitwirkung in interdisziplinären Fachgesellschaften und die Teilnahme an regionalen oder internationalen Fachkonferenzen anstreben und Debatten im Internet führen.

2.4 Autonomie

In Experimenten konnten Menschen, denen die Gewissheit gegeben wurde, dass sie selbst Kontrolle über die Situation haben, Aufgaben und Herausforderungen in der Gegenwart von Störungen bis zu fünf mal so effektiv lösen, wie diejenigen, die glaubten, den gleichen Störungen hilflos ausgeliefert zu sein.

» *The mere knowledge that one can exert control makes the difference.* «

Tom Peters (Mitautor des Bestsellers *In Search of Excellence*)

Das Ausmaß, in dem Menschen Ereignisse als durch eigene Entscheidungen und Anstrengungen kontrolliert oder eher als durch äußere Einflüsse bestimmt wahrnehmen, wird in der Psychologie nach einem Konzept von Julian Rotter aus den 1950er-Jahren als Kontrollüberzeugung (*Locus of Control*) bezeichnet. Man spricht von hoher (*internaler*) und niedriger (*externaler*) Kontrollüberzeugung. Wer eine internale Kontrollüberzeugung aufweist, handelt autonom, ist selbstbestimmt. Internale Menschen erreichen oft höhere Positionen und verdienen häufig besser. Sie können aber auch psychisch instabil, ängstlich und depressiv werden, weil Selbstbestimmtheit nur dann als sinnhaft erlebt wird, wenn eigene Kompetenzen und äußere Gelegenheiten das Ihre beisteuern.

2.5 Individuelles Arbeiten

Trotz der zunehmenden Bedeutung der Teamarbeit sollte man die Bedeutung der individuellen wissenschaftlichen Tätigkeit nicht geringschätzen. Zum wissenschaftlichen Arbeiten gehört, sich stets seine eigene Meinung zu bilden, eigene Konzepte und einen eigenen Blick auf das Fach zu entwerfen.

» *Um sich selbst zu managen, muss man wissen, wer man ist und wo man selbst hin will.* «

Forscher werden nicht an Fleiß oder Datenflut gemessen, sondern an den neuen Einsichten und Lösungen, die sie entwickelt haben. All dies verlangt Denkphasen außerhalb der Hektik des Labors oder Büros.

» *Wer sich bewegt, berührt die Welt. und wer ruht, den berührt sie; deswegen müssen wir immer bereit sein, zu berühren oder berührt zu werden* «

Johann Wolfgang v. Goethe

Gute Ideen entstehen zu einer deprimierend geringen Quote am Arbeitsplatz, das zeigen übereinstimmend Studien des MIT und der Universität St. Gallen (siehe Abbildung 2.1). Demnach entstehen bei langweiligen Konferenzen mehr gute Ideen als bei interessanten, am allerwenigsten entstehen am Arbeitsplatz. Aus dem Unternehmensalltag kommen weniger als ein Viertel der guten Ideen.

Eine Überlegung muss daher sein, welche Möglichkeiten ein Gruppenleiter oder Unternehmer hat, um der Kreativität auch am Arbeitsplatz Raum zu geben, eine stimulierende Atmosphäre entstehen zu lassen und sicherzustellen, dass die Mitarbeiter ihre Ideen, die sie anderswo hatten, nicht wieder vergessen, sondern einbringen. Es lohnt sich, Konferenzen, Sommerschulen, Firmen-Retreats und Ausflüge zu organisieren oder an diesen teilzunehmen und sich immer wieder eigene Gelegenheiten zu schaffen, kreativ zu sein.

Es gibt Forscher, die ihre besten Ideen während langweiliger Vorträge auf Konferenzen haben, andere im Zug oder im Flugzeug. Manche Wissenschaftler sind besonders kreativ beim Arbeiten in der Bibliothek, andere beim Joggen und wieder andere, stehen morgens um vier Uhr auf, setzen sich in die Küche und lösen bei einer Tasse Kaffee wissenschaftliche Probleme. Jeder sollte selbst herausfinden, was zu ihm passt, und sich diese kreativen Phasen des Nachdenkens gönnen.

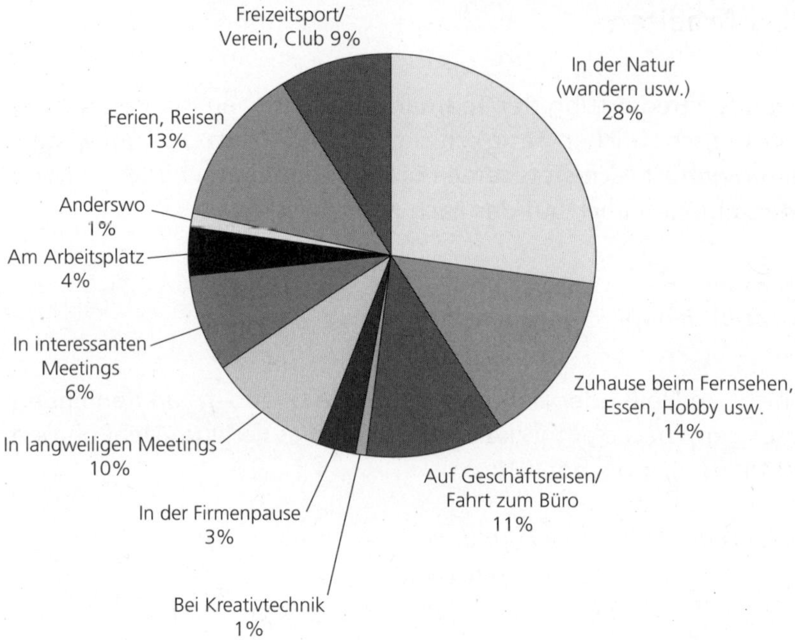

Abbildung 2.1: Wo Ideen entstehen: (Quelle: Füglistaller in KMU Magazin Nummer 7/2005)

Vorgehensweisen am Anfang eines beruflichen Lebens

Zu Beginn einer Entscheidung über das Berufsleben sollte eine klare Unterscheidung stehen: Was sind die impliziten, unbewussten Ziele, die mich leiten und was bewusste, oft von anderen vermittelte? Beide beeinflussen das Verhalten. Sinn entsteht jedoch daraus, dass man sich gemäß seinem eigenen Werte- und Überzeugungssystem verhält.

Es ist dabei nicht immer einfach, zwischen dem Verstand und den Motiven des inneren Selbst zu unterscheiden. Der Impuls, der aus dem impliziten Selbst stammt, ist immer der erste, er taucht bereits 200 Millisekunden nach einem Reiz auf.

» *Wichtige Entscheidungen sollte man in Ruhe und für sich allein treffen. Wenn man sich zum Beispiel schnell für etwas entscheidet, weil man von einem anderen darum gebeten wurde, dann ist das oft falsch.* «

Oliver Schultheiss (Universität Erlangen, Lehrstuhl für Allgemeine Psychologie)

Eine Tätigkeit, die man anstrebt, sollte man möglichst vorher probieren und sich dabei seines Bauchgefühls bewusst werden. Man kann auch versuchen, sich die Situation vorzustellen und zu prüfen, wie sie sich anfühlt. Eine solche Fantasiereise nennt man Zielimagination.

Schon möglichst früh – und oft – sollte jeder Student in Forschungsgruppen arbeiten. Je exzellenter, energischer und motivierter die Forschungsgruppe ist, umso mehr wird er von der Mitarbeit in diesem Team profitieren. Um die eigene Empathie und das Verständnis der wissenschaftlichen Arbeitsweise zu schulen, helfen Gespräche mit anderen über deren Projekte und Herausforderungen. Gerade junge Forscher sollten jede Gelegenheit wahrnehmen, andere zu beobachten und Führungsqualitäten zu entwickeln. Meistens ist man in Forschungsteams relativ frei, Gruppendiskussionen, *Journal Club*s oder Projekte zu initiieren und aktiv daran teilzunehmen.

Auch wenn es noch sehr weit weg vorkommen mag, lohnt es sich, bereits zu Ende des Studiums weitere Ausbildung und Beruf zu planen und sich vorzustellen, was man in fünf, zehn und zwanzig Jahren machen wird, den jetzigen Berufsmarkt für seine Disziplin, für die Unterdisziplin und für interdisziplinäre Gebiete, die das eigene Gebiet mit betreffen, zu berücksichtigen, zu überlegen, welche gesellschaftlichen und technologischen Trends auf diese Gebiete wirken. Selbstverständlich macht man eine Liste seiner eigenen Stärken und Schwächen. Man analysiert das Tempo und die Rahmenbedingungen jedes einzelnen Berufes, den man in Betracht zieht. Es lohnt sich, viele Firmen, Organisationen und Universitäten zu besuchen, um ein Gefühl dafür zu bekommen, wo man sich wohl fühlt. Wie wirken sich die eigenen Stärken und Schwächen auf die beruflichen Optionen aus? Welche wissenschaftlichen, sozialen und anderen Fähigkeiten sind für jede dieser Optionen notwendig? Wie erfolgreich hat man selbst diese Fähigkeiten schon erprobt?

Möchte man viel, wenig oder gar nicht lehren? Fühlt man sich auf dem Campus oder im Geschäftsleben wohler? Plant man das, was die Eltern schon immer von einem erwarten schlägt man aus Auflehnung eine andere Richtung ein oder strebt man das an, was man selbst wirklich will? Wie wichtig ist es, anderen zu helfen oder Beiträge zum Umweltschutz zu leisten? Ist einem Geld und Prestige nicht wichtiger, als man gerne zugeben möchte? Man sollte so tief wie möglich über die eigenen Werte nachdenken.

» *Wer sich nicht selbst befiehlt, bleibt immer Knecht.* « **Johann Wolfgang v. Goethe**

Es lohnt sich insbesondere an einem *Career Day* oder einer Jobmesse teilzunehmen und noch wichtiger ist, als Volontär oder Praktikant in einem beruflichen Gebiet zu arbeiten, das infrage kommt. Viel lernt man auch auf Fachmessen über mögliche Arbeitgeber, deren Produkte und Technologien sowie deren Firmenkultur. Am wichtigsten, um eine gute Aufgabe zu finden, ist zu wissen, wer man ist und welche Herausforderungen der angestrebte Beruf bietet – wichtiger als eine lange Liste von Zeugnissen und Empfehlungen.

Eine regelmäßige realistische Beurteilung der eigenen Fähigkeiten, der Präferenzen und der beruflichen Laufbahnen, die einem offenstehen, ist eine wichtige Voraussetzung, um planen zu können, welche Abschlüsse, Karrierestufen und Erfahrungen man anstreben sollte.

» *If you can't measure it, you can't manage it.* «

Peter Drucker (US-amerik. Pionier der Managementlehre österr. Herkunft)

Manche schreiben für sich selbst den eigenen Lebenslauf schon im ersten Studienjahr nieder und aktualisieren ihn mindestens jährlich. Andere schreiben für sich selbst halbjährlich einen kleinen Semesterbericht über die Inhalte, das Wissen und den Zuwachs an Fähigkeiten, die man erzielt hat. Nichts ist besser, um sich selbst objektiv zu sehen und festzustellen, wo man stagniert und wo man tatsächlich größere Fortschritte erzielt hat, als es einem selbst zunächst bewusst geworden ist, als sich selbst gegenüber schriftlich Bericht zu erstatten.

» *Alles in allem ist es die eigene Verantwortung, seine Karriere so zu managen, dass man seine Ziele erreicht. Eine Karriere ereignet sich nicht von selbst, sie wird von einem selbst geschaffen.* «

Eine gute Führungspersönlichkeit muss sich nicht mit Druck durchsetzen. Das eigene gute Beispiel ist ein wichtiges Element wahrer Führungsstärke. Roger Fisher und Alan Sharp beschreiben in ihrem Bestseller *Getting It Done: How to Lead When You're Not in Charge*, wie man Initiative ergreifen und Veränderungen bewirken kann, ohne dazu ermächtigt worden zu sein.

2.6 Wissenschaft ist Wettbewerb

Nur wer ein Ergebnis als erster zur Veröffentlichung bringt, gilt als Urheber der Idee, wer das überzeugendste Angebot macht, bekommt in der Forschung das Projekt und nur, wer die Wirtschaftlichkeit eines Projektvorschlags überzeugend vorrechnen kann, wird in der Industrie eine Finanzierung bekommen. Wettbewerb erfordert eine sportliche Grundeinstellung. Wettbewerb bedeutet, sich der eigenen Stärken bewusst zu sein, diese zu entwickeln und an Schwächen zu arbeiten. Auch wenn viele Berater und Autoren sich die empathischen, mit emotionaler Intelligenz ausgestatteten Kommunikationsgenies als Entscheider und Technologen wünschen – es kann dennoch niemand gleichzeitig im Triathlon, im Schach und im 100 m Lauf olympisches Gold gewinnen. Ohne Spezialisierung kommt niemand ganz nach vorne. Durch kluge Selbsteinschätzung und ehrgeizige Zielplanung kommt man oft weiter als durch oberes Mittelmass in allen Fähigkeiten und Talenten.

» *Wenn nach gängiger Auffassung individuelle Spezialisierung die Antithese von Teamarbeit ist, so ist sie für gute Manager das Grundprinzip* «

M. Buckingham, Curt Coffman (Gallup-Organization)

2.7 Spezialisierung

Auch in einzelnen Fächern kann man nicht an der Spitze stehen, wenn man sich für alle Themen und alle Aspekte gleichermaßen interessiert. Exzellenz erfordert den Mut, einen oder wenige Schwerpunkte zu setzen und so sein wissenschaftlich-technisches Profil zu schärfen.

Der weltweite Experte in einem bestimmten Feld zu sein, ist besonders attraktiv, selbst wenn dieses Feld relativ klein ist. In der Forschung haben Generalisten oft einen schweren Stand. An der Universität wird oft vor einer thematischen Verbreiterung und einem Verlust an Tiefe gewarnt: Ein Alleskönner zu sein, der in keinem Gebiet Experte ist, gilt als gefährliche Nähe zur Beliebigkeit. Sich in einem externen Feld zu versuchen, wird nur erlaubt, nachdem man Fachkenntnis und Anerkennung in seinem Spezialgebiet erworben hat. Wer an zu vielen Themen forscht, gilt als »nicht ernst« oder im schlimmsten Fall als »Dilettant«. Deshalb ist einem ehrgeizigen Nachwuchsforscher zu empfehlen, Expertise in einem klar umgrenzten Gebiet zu erwerben. Wenn ein junger Wissenschaftler augenblicklich noch nicht einmal ein einzelnes Feld sehr gut beherrscht, warum sollte er dann in mehreren Mittelmass anstreben?

» *Kein Gebiet ist so klein, dass sich darauf nicht Größe entfalten könnte.* «

Ein Generalist muss aber nicht automatisch mittelmäßig sein, genauso wie Spezialisierung nicht immer mit Exzellenz gleichzusetzen ist. Es gibt fade Forschung, die nur eine kleine Gemeinschaft von Fachleuten interessiert und die niemals das Licht einer breiten Fachöffentlichkeit oder Öffentlichkeit erreicht. Unter bestimmten Umständen kann die übermäßige Bewertung der Wissenschaftlichkeit zu einer Art intellektuellem Snobismus führen.

Forschung ist nicht nur reine Wissenschaft. Sie behandelt die Lösung von wichtigen Problemen. Es ist wahr, dass wissenschaftliche Erfolge im akademischen Feld geschätzt werden. Aber unter anderen Umständen wird mehr geschätzt, tägliche Probleme zu lösen. Um ein effektiver Problemlöser zu sein, muss man sowohl Probleme und Lösungsoptionen »horizontal« als auch »vertikal« denken und erschließen können: Die Wissenschaft verleiht die Fähigkeit und die Erfahrung, Fragestellungen kritisch zu analysieren. Praktische Probleme aber erfordern zudem die Überwindung interdisziplinärer Fachgrenzen und breit angelegte Fähigkeiten in Management, Führung, Projektleitung und Vertrieb, also in Bereichen, die nicht explizit Teil der universitären Ausbildung sind. Einige von ihnen, besonders der Vertrieb, werden im akademischen Umfeld sogar eher geringgeschätzt.

Es ist sehr leicht, sich in einer intellektuellen Nische einzurichten. Die Forschung kann aber aus den aktuellen Fragestellungen herausdriften. Finanzierungsprioritäten können sich ändern. Das Förderwesen hat die Tendenz, sehr spezialisierte Forschungsprojekte eher zu benachteiligen. Hier kann das Streben nach Spezialisierung die Suche nach Finanzierungsquellen erschweren. Sich zu eng aufzustellen, ist deshalb nicht immer eine sichere Strategie.

» *As a scientist, you are endowed with an extraordinary education and ability to solve a wide range of problems. You also have a really big brain. Diversifying your career, either by broadening the types of problems you work on or by broadening the base of support for your research, may help you reduce the volatility associated with funding, but—more importantly—it may also kindle your creativity and enable you to make an even larger contribution. Concern for man himself and his fate must always form the chief interest of all technical endeavors . . . in order that the creations of our mind shall be a blessing and not a curse to mankind. Never forget this in the midst of your diagrams and equations.* «

Albert Einstein 1931 am Caltech

2.8 Forscher als Marke

Führungspersönlichkeiten, auch im akademischen Umfeld, verfügen meist über eine besondere »persönliche Ausstrahlung«.

Was steckt dahinter, dass einige Menschen in einer Gruppe positiv auffallen, dass sie in der Lage sind, eine Unterhaltung zu beginnen und zu führen, andere Menschen zu fesseln, und andere nicht, obwohl sie wertvolle Beiträge leisten könnten? Menschen mit einer positiven Ausstrahlung haben keine Angst, ihre Ideen vorzustellen, sie geben ihre Begeisterung weiter und verbinden diese Furchtlosigkeit mit Überzeugungs- und Verhandlungsgeschick.

Nicht alle Wissenschaftler haben die Ausstrahlungskraft von Steve Jobs oder Thomas Alva Edison. Aber jeder kann seine persönliche Ausstrahlung so weiterentwickeln, dass seine technischen und wissenschaftlichen Kompetenzen zur Geltung kommen. Es gibt wichtige Formen des Auftretens, die man sich aneignen kann, nur indem man sich ihrer bewusst wird:

Blickkontakt suchen Wer dem Blickkontakt ausweicht, verunsichert und demotiviert seine Gesprächspartner, erzeugt Misstrauen. Das Halten des Blickkontaktes kann man in der täglichen Konversation mit Freunden und Familienmitgliedern üben.

Zuhören können Charismatische Personen bedrängen andere nicht und reden nicht ununterbrochen, sondern ermutigen andere und geben ihnen Raum, sich zu öffnen. Schon mit ihrer Körpersprache zeigen sie, dass sie sich für das interessieren, was der andere sagt. Jeder kennt es, wenn ein Gesprächspartner weiter an einer E-Mail tippt, während er mit Kollegen spricht oder telefoniert. Die positive Ausstrahlung lebt davon, dass man seine Arbeit unterbricht, Blickkontakt aufnimmt und zuhört.

Über das reden, was den anderen interessiert Techniker und Wissenschaftler vergessen oft, dass ihre Botschaften an den Interessen der anderen Personen ausgerichtet werden müssen. Man kann nicht über das sprechen, was den anderen interessiert, wenn man es nicht kennt. Deswegen ist gutes Zuhören ebenso wichtig wie eine gute Vorbereitung vor einem wichtigen Gespräch. Leidenschaft für die eigene Arbeit zu zeigen, ist richtig, aber auf einem Teilgebiet seiner Arbeit herumzureiten, das den anderen nicht interessiert, vollkommen falsch.

Selbstbewusstsein zeigen Die Autoren des Buches *Guerilla Marketing for Job Hunters* beschreiben, dass viele technische Fachleute, Wissenschaftler und Ingenieure Schwierigkeiten haben, in sich mehr zu sehen als ein austauschbares »Massenprodukt« auf dem Markt der Fähigkeiten. Gut bezahlt zu werden, aufzusteigen oder das begehrte Projekt zu erhalten, ist aber sehr schwierig, wenn man die eigenen Fähigkeiten für austauschbar hält. In gewisser Weise entwickelt jeder Forscher in seinem Bekanntenkreis und in der Öffentlichkeit eine Marke, mit der er bewertet und aufgrund derer er beauftragt wird oder nicht. Sehr hilfreich kann das Bild des Forschers als einer kleinen Firma sein, die verschiedene Dienste anbietet. Markenführung heißt dabei nicht, ein falsches Bild zu erzeugen. Es geht darum zu verstehen, was einmalig an einem selbst ist – Erfolg, Erfahrung, Einstellung – und das zu nutzen, um sich von anderen Wettbewerbern um den Job, um die Aufgabe oder um das Projekt zu unterscheiden. Die eigene Marke eines Forschers sollte das Gebiet der eigenen technischer Fachkenntnis beinhalten, aber es ist wesentlich, auch einen persönlichen Touch hinzuzufügen: Manche Forscher präsentieren sich erfolgreich als Problemlöser. Andere prägen von sich das Bild des Initiators und Erfinders, wieder andere das des Mentors und Lehrers. Wichtig ist jedenfalls, sich durch die Fachkenntnisse und durch die persönliche Kompetenz aus der Masse der »Anbieter« hervorzuheben.

2.9 Career Changes

Umfragen zufolge fühlt sich mindestens ein Drittel aller Mitarbeiter in deutschen Unternehmen und im öffentlichen Bereich an ihrem Arbeitsplatz unwohl. Wer sich sicher ist, dass seine Position oder sogar sein beruflicher Weg nicht der richtige ist, sollte alles daran setzen, einen neuen Weg zu beschreiten – selbst wenn dieser auf den ersten Blick wenig mit seiner ursprünglichen Ausbildung oder Spezialisierung zu tun hat. Wie fruchtbar ein Perspektivwechsel sein kann, ist an fast allen Fakultäten der Universität sichtbar: An Ingenieurfakultäten lehren auch Professoren, die nicht Ingenieurwesen studiert haben; manche Physikprofessoren haben nicht Physik studiert, manche Chemieprofessoren nicht Chemie. Vorstände von Technologiefirmen können aus allen Fachrichtungen kommen. Wechsel im Berufsleben bieten enorme Chancen, wenn sie nicht leichtfertig, sondern konstruktiv, überlegt und mit langfristiger Perspektive angegangen werden.

Ein Wandel der beruflichen Laufbahn gelingt am besten, wenn man Neugier, Offenheit und Wissbegierde beibehält. Wer weiter an herausfordernden und anspruchsvollen Themen arbeitet, wird Sinn und Erfolg in seiner Arbeit finden.

2.10 Zeitmanagement

Mit weniger Zeitaufwand mehr erreichen, bedarf besonderer Kreativität, Wege zu mehr Effektivität zu finden. Es beginnt dabei, sich einzugestehen, dass man die eigene Effektivität verbessern kann.

Schlankes Management (*lean management*) bedeutet Steigerung von Effizienz, um Leistungen zu erzielen, die wirklich erwünscht sind, in der richtigen Qualität und zu definierten Kosten. Das Hauptanliegen des »Schlankheitsdenkens« besteht in der Vermeidung von Verschwendung und der Konzentration auf das »Wertsteigernde«. Verlässlichkeit in den Abläufen und Ergebnissen setzt Zeit frei, die zur Verbesserung der Arbeit und Erprobung anderer Ansätze eingesetzt werden kann. Das macht Projekte noch schlanker und erzeugt dadurch noch mehr Zeit für Denken und Innovation.

Zu einer erfolgreichen Forschungstätigkeit gehören vielfältige Aufgaben, die nicht schnell und nebenbei erledigt werden können. Dazu gehört beispielsweise, Literatur zu lesen, Experimente oder Berechnungen durchzuführen, Geld einzuwerben, Netzwerke zu pflegen, Publikationen zu verfassen, Vorträge auf Konferenzen zu halten, Mitarbeiter anzuleiten und vor allem auch, Nachwuchs auszubilden.

Wer sich darüber hinaus genügend Zeit und Aufmerksamkeit für die Partnerschaft bewahren will oder eine Familie gründen möchte, wer Fitness, Gesundheit und seine kulturellen Interessen pflegen will, kann sehr schnell das Gefühl haben, den Anforderungen nicht gewachsen zu sein und unter Alternativen wählen zu müssen, wenn man doch eigentlich immer alles gleichzeitig erreichen will:

- Forschung und Anwendung
- Publizieren und Mittel einwerben
- Wissenschaftliche Sorgfalt und Karriere
- Beruf und Familie.

Durch Reflexion auf den Umgang mit den eigenen Ressourcen, dem eigenen Elan und dem eigenen Zeitbudget lassen sich aber erstaunliche Reserven heben. Die Literatur bietet verschiedene Ansätze und Methoden. Wer die eine, genau für ihn passende Methode sucht, wird in der Regel enttäuscht sein. Wer sie jedoch als Inspirationsquelle nutzt, wird viele nützliche Anregungen für die Weiterentwicklung des individuellen Zeitmanagements finden.

» *Wir sind nicht gestresst, weil wir keine Zeit haben, sondern wir haben keine Zeit, weil wir gestresst sind.* «

Stefan Klein (Autor von *Die Glücksformel* und anderen Bestsellern)

Ob die Tipps und Techniken der Zeitmanager wirklich helfen, die Arbeitslast erträglicher zu gestalten, wurde ohnedies bislang kaum untersucht. Die wenigen

Untersuchungen legen nahe, dass es zweifelhaft ist, ob die Erwartungen, die Teilnehmer an ein Zeit-Management-Training stellten, erfüllt wurden. Erstaunlich ist deshalb der Boom, den die Ratgeber und Seminare ungebrochen erleben. Michael Endes bekanntes Kinderbuch »Momo«, in dem das Zeitsparen als Zeitdieb beschrieben wird, illustriert dieses Dilemma eindrucksvoll. Ein Bestsellerautor namens Lothar Seiwert hat eine für viele provozierende Typologie entwickelt, in der er ordnungsliebende Menschen, die gerne Prioritäten setzen, als konvergent und monochronisch bezeichnet. Auf genau diesen Typus sind die meisten Strategien, die in Büchern und in Seminaren gelehrt werden, zugeschnitten. Eher chaotische Menschen, die jedoch unter Zeitdruck sehr gut arbeiten, nennt er divergent oder polychronisch. In einer Organisation können sich beide gut ergänzen. Ordnungsliebende Menschen halten sich gerne an eine oder mehrere der verbreiteten Zeitmanagementtechniken. Verspielten, kreativen Menschen rät Seiwert, die Dinge einfach zu halten, viel zu visualisieren, flexibel zu bleiben und Spaß daran zu haben.

Pareto-Prinzip

Das Pareto-Prinzip wurde nach Vilfredo Pareto (1848–1923), einem italienischen Wirtschaftswissenschaftler und Soziologen, benannt. Es wird mitunter auch als 80 : 20-Regel bezeichnet. Im Zeitmanagement bedeutet das Pareto-Prinzip, dass in 20 Prozent der zur Verfügung stehenden Zeit meist 80 Prozent der Aufgaben erledigt werden können. Die restlichen 20 Prozent der Aufgaben benötigen 80 Prozent der zur Verfügung stehenden Zeit. Statt also 100 Prozent der Aufgaben und jede davon zu 100 Prozent erfüllen zu wollen, kann man daher die mühsamen Aufgaben, die 20 Prozent des Ergebnisses mit 80 Prozent des Aufwandes erreichen, möglichst weglassen und eine zielorientierte Ausrichtung auf die Erfüllung weiterer »80 Prozent-Aufgaben« vornehmen, welche ohne so großen Zeit- und Energieaufwand erreicht werden können.

In Wahrheit sagt das Pareto Prinzip natürlich nicht, dass das 80 : 20-Verhältnis für jede Situation gültig ist. Das Modell erfordert auch kein Verhältnis, bei dem beide Teile sich zu 100 ergänzen müssen. Es gibt genauso gut eine 99 : 22-Regel (wenn man sich noch mehr beschränkt als bei 80 : 20, wird – relativ gesehen – noch mehr herauskommen) oder 5 : 50 (d. h. nur 5 Prozent des Ergebnisses oder Vorteils stammen von 50 Prozent des Inputs oder der Ursachen oder Beitragenden).

Beispiele für das Pareto-Prinzip sind:

- 80 Prozent des Gewinns kommen von 20 Prozent der Produkte im Gesamtangebot.

- 80 Prozent der Beschwerden kommen von 20 Prozent der Kunden.
- 80 Prozent der neuen Anregungen kommen von 20 Prozent der gehörten Konferenzvorträge.
- 80 Prozent der Lesezeit, die Leser diesem Buch widmen, entfallen auf 20 Prozent der Seiten.
- ...

Der gleiche Effekt tritt in Produkt- und Dienstleistungsmärkten, bei Produktinhalt, Ressourcen, nicht zuletzt in Forschungsarbeiten auf, immer, wenn es eine Ursache-Wirkungs-Beziehung gibt: Wer zu Beginn seiner Diplomarbeit oder bei dem Eintritt in eine neues Forschungsgebiet 500 Publikationen liest, lernt vermutlich nicht so viel mehr, als wenn er sich auf 30 wichtige beschränkt. Wer 100 Experimente in einer Reihenuntersuchung macht, lernt vermutlich nicht so viel mehr, als würde er nur 20 durchführen.

Verwandt mit dem Vorgehen nach dem Pareto-Prinzip ist die so genannte ABC Analyse. Diese beschreibt einen Prozess, Dinge (Warenbestände, Lieferanten, Kunden, etc.) zu identifizieren, die eine bedeutende Auswirkung auf Gesamtkosten haben werden, und gleichzeitig einen Prozess, diese Dinge in verschiedene Kategorien aufzuteilen, die verschiedene Steuerung und Auswahl erfordern. Beim Ausführen einer ABC-Analyse werden Warenbestände oder Umsätze bewertet oder geschätzt und dieser Wert mit der Zahl der Häufigkeit von deren Auftreten multipliziert. Die Ergebnisse werden dann geordnet und in drei Gruppen sortiert, die man mit A, B und C bezeichnet. Die erste Gruppe »A« enthält die Warenbestände, Kunden oder Lieferanten, die 80% des gesamten Werts ausmachen. Die Gruppe »B« beinhaltet die nächsten 15% des gesamten Werts. Die C-Gruppe enthält die verbleibenden 5%. Man spricht dann von der Gruppe der A-Lieferanten (A-Kunden, A-Waren), B-Lieferanten, etc.

Die ABC-Analyse ist insofern ähnlich zu Pareto, dass die A-Gruppe meistens einen hohen Anteil am Gesamtwert, aber nur ein kleinen Teil der Stückzahlen, Kunden- oder Lieferantenzahlen umfasst.

Prioritäten setzen mit der Eisenhower-Matrix

Der bekannteste Weg, im eigenen Zeitbudget die effektiven Aufgaben von den ineffizienten Zeitdieben zu unterscheiden, ist die Zeitmanagement-Matrix, die angeblich auf Präsident Eisenhower zurückgeht. Nach diesem Prinzip lassen sich gemäß Abbildung 2.2 alle Aufgaben in zwei Dimensionen ordnen, nach Wichtigkeit und nach Dringlichkeit. Die Wichtigkeit richtet sich danach, ob eine Aufgabe oder Tätigkeit dazu beiträgt, die eigenen Ziele zu erreichen. Dringend

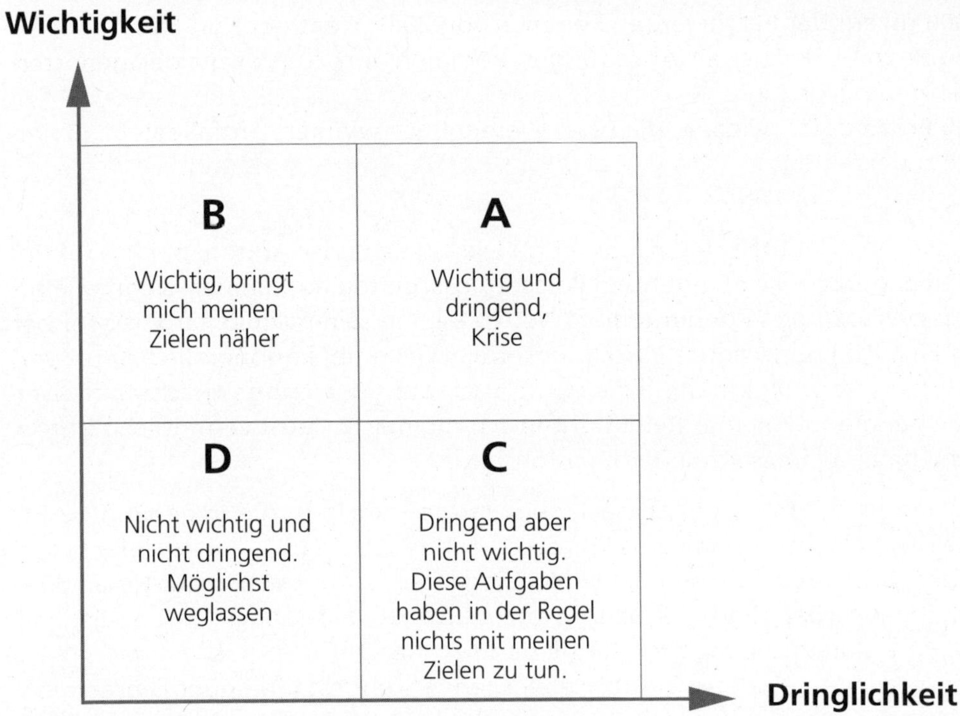

Abbildung 2.2: Eisenhowersches Prioritätskreuz

sind alle Dinge, die die unmittelbare Aufmerksamkeit fordern. Damit ergeben sich vier Quadranten mit je einer Art von Aufgaben.

In den ersten Quadranten gehören alle Dinge, die wichtig für die Zielerreichung sind und umgehend erledigt werden müssen. Dazu gehören Projekte mit Endtermin, Krisen, medizinische Notfälle und letzte Vorbereitungen für geplante Aktivitäten. Wichtige und dringende Dinge sollten schnell erledigt werden, jedoch sollte man langfristig versuchen, Krisen gar nicht erst aufkommen zu lassen.

Der zweite Quadrant enthält wichtige, aber nicht dringende Aufgaben. Um seine Ziele zu erreichen, sollte man so viel Zeit wie möglich für Aufgaben dieses Quadranten verwenden. Die Aufgaben und Tätigkeiten hier tragen entscheidend zur Erreichung von Zielen bei. Planung und Ergebniskontrolle, Weiterbildung, »Beziehungsarbeit« (egal ob mit dem Partner oder mit Kunden), Entspannung gehört in diese Gruppe. Wer viel Zeit für diese Dinge aufwendet, kann Krisen vermeiden.

Aufgaben aus dem dritten Quadranten sind häufig die Dinge, die nicht einfach zu ignorieren sind: Unterbrechungen, wichtige Anrufe, vordringliche Briefe und Berichte, Teilnahme an Meetings und vieles mehr. Im Unterschied zu Aufgaben aus dem ersten Quadranten tragen diese Dinge aber nicht zur Erreichung der wichtigen Ziele bei. Wer sich viel mit Aufgaben aus dem dritten Quadranten beschäftigt, läuft den ganzen Tag geschäftig herum und hat am Ende nichts geschafft.

Ablenkungen und Zeitverschwender gehören in den vierten Quadranten. Das sind die Dinge, die weder dringend noch zielorientiert sind: Belanglosigkeiten, Geschäftigkeit, Reklame, unwichtige E-Mails, banale Sendungen im Fernsehen. Erholung gehört natürlich überhaupt nicht in diesen vierten Quadranten, sondern in den zweiten Quadranten. Die Bedeutung von Erholungspausen wird von vielen unterschätzt, dabei sind sie enorm wichtig für die Zielerreichung.

Parkinsons Gesetz

Parkinsons Gesetz besagt: »Work expands to fill the time available for its completion«. Korollare davon sind:

- Die Dinge, die man tun muss, werden im gleichen Maß in ihrer empfundenen Wichtigkeit und Komplexität anschwellen wie die Zeit, die man für die Erledigung aufbringen will oder kann.
- Die Zahl der Mitarbeiter einer Arbeitsgruppe neigt zum Wachsen, unabhängig von der Arbeit, die getan werden muss.
- Wenn es einen Weg gibt, eine wichtige Entscheidung hinauszuschieben, wird eine gute Bürokratie ihn finden.

Parkinsons Gesetz zu umgehen, heißt, sein Selbstverständnis zu ändern. Man kommt voran, wenn man sich klar macht, dass es gilt, Projekte erfolgreich abzuschließen, anstatt Arbeit zu tun. Es empfiehlt sich, sich strikte Zeitziele (*Deadlines*) zu setzen und danach zu streben, Projekte zu beenden anstatt Aufgaben auf einer To-Do-Liste abzuhaken. Riesenprojekte sollte man in kleinere Brocken teilen und sich anstrengen, diese kleineren Projekte zügig umzusetzen, anstatt ziellos am großen Projekt zu arbeiten.

2.11 Energiemanagement

Energiemanagement betrachtet im Gegensatz zum Zeitmanagement Ergebnisse als Funktion der Energie, die man aufbringt, nicht der investierten Zeit. Intensive

Arbeit in einer kurzen Periode kann mehr bewirken als müde und abgelenkte Tätigkeit über mehrere Tage. Sich in eine energielose Verfassung hineinzuarbeiten, kann bewirken, dass man weniger oder gar nichts nicht mehr erreicht. Deshalb sollte man:

- sein Tun in klare Phasen völliger Fokussierung und völliger Erholung einteilen, nicht immer etwas einschieben, was einen weder erholt noch produktiv werden lässt.
- Projekte abschießen und Aufgaben, die man in wenigen Stunden abschließen kann, nicht über Tage hinziehen. Projekte loszuwerden, hält die Energien fokussiert und spart Zeit.
- Erholung, Gesundheit und Spaß zu ihrem Recht kommen lassen, die Fähigkeit, sich wieder aufzuladen, entwickeln und pflegen.
- nur »scharfes Werkzeug verwenden« (im Sinne eines überlegten, qualifizierten Vorgehens).
- keine Dinge tun, in denen man nicht exzellent sein will, sondern diese an Leute delegieren, deren Werkzeug sozusagen scharf ist.

» *If I have ever made any valuable discoveries, it has been owing more to patient attention, than to any other talent.* «

Isaac Newton

In den Dingen, in denen man Meisterschaft erwerben will, sollte man mit Priorität bestrebt sein, Exzellenz über das Maß hinaus zu entwickeln, das für die Aufgabe nötig ist. »Skill saves time.« Es gibt nichtsdestotrotz elf im Folgenden beschriebene Ratschläge für das erfolgreiche Selbst- und Zeitmanagement, die Forscher für sich testen können.

Nur eines verhilft zu mehr Souveränität: sein eigenes Zeitmanagement immer wieder zu überprüfen und Veränderungen auszutesten, Deshalb sind die Hinweise in der folgenden Zusammenstellung nicht als Rezepte, sondern als Vorschläge für eigenes Experimentieren und Selbstbeobachtung geeignet.

2.12 Literaturempfehlungen

Bilgri, A., *Entrümple deinen Geist: Wie man zum Wesentlichen vordringt.* 2007: Droemer Knaur.

Covey, S., *The seven habits of highly successful people.* 1989: Simon & Schuster.

Ericsson, K., *The road to excellence: The acquisition of expert performance in the arts and sciences, sports, and games.* 1996: Lawrence Erlbaum.

Fisher, R., A. Sharp, and J. Richardson, *Getting it done: how to lead when you're not in charge*. 1998: HarperBusiness.

Jackson, T., Piatkus, and R. Bolles, *What Colour Is Your Parachute? A Practical Manual for Job-hunters and Career Changers*. 1996: Ten Speed Press.

Levinson, J., D. Perry, *Guerrilla Marketing for Job Hunters: 400 Unconventional Tips, Tricks, and Tactics for Landing Your Dream Job*. 2005: Wiley.

Moschke, K., M. Schmidt, *Fitness für die Seele: Mit Bewegung aus dem Stimmungstief* 2007: Gräfe & Unzer.

Erfolgstipp 1 Zeit- und Energiemanagement

Sägezahneffekt und Multitasking meiden

Eine Studie von TNS Research im Auftrag von Hewlett-Packard zeigte, dass exzessive und ständige Unterbrechungen durch E-Mails SMS, Telefonate am Handy und im Festnetz den Intelligenzquotienten von Probanden zwar reversibel, aber doch um ganze 8 Prozentpunkte fallen ließen. Fast jeder kennt die Situation, dass man den Tag im Labor oder Büro voller Tatendrang begonnen hat, doch plötzlich und unerwartet von »Zeitfressern« gestört wird, die einen von den ursprünglich geplanten Arbeiten abhalten. Nach wiederholten Störungen wird es immer schwieriger, sich wieder neu zu konzentrieren und in die gegenwärtige Aufgabe hineinzudenken. Man nennt die Folge wiederholter Störungen den »Sägezahneffekt«. Deshalb muss man schon das Auftreten von Unterbrechungen so weit wie möglich reduzieren.

Was die vermeintliche Zeitnot erzeugt, ist zudem oft das Gefühl, die Kontrolle zu verlieren. Die Neurobiologin Amy Arnsten hat gezeigt, dass in Stresssituationen das Hirn seine Fähigkeit einbüßt, wichtige und unwichtige Informationen voneinander zu unterscheiden. Dadurch werden Ängste ausgelöst, die wiederum Stress hervorrufen. Gute Wissenschaft kann in diesem Teufelskreis nicht entstehen.

Der bewusste Umgang mit Störungen und geteilter Aufmerksamkeit empfiehlt sich insbesondere in den Phasen, die für Forschung und Karriere besonders wichtig sind. Viele wichtige Vorträge wären besser, wenn die Referenten sich die angemessene Zeit und Konzentration für die Vorbereitung der Folien und die innere Sammlung vor der Präsentation nehmen würden. Wer gerade die Dissertation, Habilitationsschrift oder eine Monographie schreibt und keine Ablenkung duldet, kommt schneller in die richtige Versenkung, in das tiefe Verstehen der Arbeit und ihres Aufbaus und ermöglicht überhaupt erst den zeitsparenden Schreibfluss.

Erholungsphasen beachten

Vielleicht hat man schon mit einem Kollegen 30 Stunden an einem Stück im Labor verbracht, weil man gemeinsam die zündende Idee hatte und diese gleich umsetzen will, ja eigentlich sogar muss. Gemeinsam erstellte Businesspläne oder Förderanträge werden oft besonders gut, wenn mehrere Menschen ein paar Tage lang abwechselnd, am besten 24 Stunden am Tag, an dem Papier arbeiten. Wenn man den *Flow* spürt, die Ergebnisse sozusagen durch einen selbst hindurch fließen, sind Höchstleistungen machbar, die im Alltag kaum gelingen. Schwierig wird es, wenn man nach einer solchen Phase versucht, die hohe Arbeitsleistung ungebrochen weiterzuführen. Bald benötigt man Überstunden, um nur das zu schaffen, was man zuvor in der normalen Arbeitszeit geschafft hat, in weiteren Wochen entstehen in mehr Zeit noch weniger Resultate. Nach anstrengenden Konferenzen und Höchstleistungsphasen am Arbeitsplatz muss man sich ebenso erholen wie nach Krankheitsphasen, sich regenerieren und neue Kraft sammeln, um weiterhin exzellente Leistungen zu erbringen.

Warnung vor Vermeidungsstrategien

Oft tun wir statt der Dinge, die uns schwer fallen, mit denen wir keine Erfahrungen haben oder vor denen wir uns fürchten, lieber andere Dinge, die uns stolz machen und die gelingen: Manche Forscher fühlen sich gut, weil sie ein Netzteil selbst gelötet haben, komplexe Puffermischungen selbst angerührt, eine eigene Literaturdatenbank programmiert oder ähnliche Vorarbeiten geleistet haben, deren Abschluss sie erleben lässt, dass sie etwas wirklich gut geschafft haben. Leider bringen die meisten dieser Vorleistungen die Forschungsarbeit nicht wirklich voran, stellen einen unwirtschaftlichen Umgang mit der eigenen Arbeitszeit dar, schaden dem eigenen Zeitbudget und der Karriere.

Eine andere Form von Vermeidungsstrategie verfolgen Menschen, die den Tag grundsätzlich bis 22:00 Uhr am Arbeitsplatz verbringen, weil sie erst unter stärkstem Zeitdruck und in der Erschöpfung bereit sind, Entscheidungen zu treffen.

Professionalität richtig verstehen, Prioritäten setzen

Falsche Vorstellungen oder Erwartungen anderer darüber, wie etwas richtig getan werden sollte, was professionell und perfekt sein bedeutet, prägen das Handeln, ohne dass man situationsbezogen neu darüber nachdenkt, was das Ziel der Forschungsarbeit ist, was notwendig und was unnötig ist, um dieses Ziel zu erreichen. Ein optischer Aufbau auf Grundlage von Bauteilen, die mit Knetmasse und doppelseitigem Klebeband befestigt sind, bei dem es beispielsweise nur darauf ankommt, einen perfekt geschliffenen und geklebten Strahlteiler zu verwenden, wird nicht besser, wenn man eine teure optischen Grundplatte beschafft und aufstellen lässt, einen Reinraum einrichtet, umbaut, sorgfältig die optimal und aufwändig ausgewählten optischen Bauteile zusammenbaut und dann wegen eines zu schlechten Strahlteilers dennoch nicht zu einem Forschungsergebnis kommt.

In der Forschung, und zwar in allen Fachgebieten, ist es essenziell, die erfolgskritischen Teile des Projektes, des Experiments, der Simulation oder der Berechnung zu identifizieren. Der gute Forscher denkt erst intensiv, dann plant er, danach erst setzt er das Geplante um.

Es ist sinnvoll, schon relativ früh während eines Projektes zu beginnen, eine Publikation darüber oder sogar einen Schlussbericht zu entwerfen. Meistens stellt man nämlich erst beim Zusammenschreiben fest, dass ein großer Teil der Vorarbeiten gar nicht benötigt wurde, um den Argumentationsgang der Publikation zu unterstützen. Ebenso stellt man dadurch fest, dass neue Untersuchungen benötigt werden, ohne die die Argumentation löchrig bliebe, und muss die vermeintlich abgeschlossenen Labor- oder Werkstattarbeiten erneut aufnehmen. Ein früher und provisorischer Textentwurf hilft, diese Zeitvergeudungen zu reduzieren.

Biorhythmus beachten

Anders als das Gros der Angestellten, haben die meisten Forscher die Chance, ihre Tagesleistungskurve optimal zu gestalten. Wann ist die beste Zeit für Höchstleistungen? Schafft man sehr früh am Tag die besten Ergebnisse, im »normalen« Tagesverlauf oder besser in den späten Abend- oder Nachtstunden? Die Schlafforschung hat gezeigt, dass es Menschen gibt, deren Leistungs-Maxima in den frühen Morgenstunden oder aber in den späten Abend- und Nachtstunden liegen. Entsprechend seines Leistungshochs zu arbeiten, ist das Privileg von selbständigen Unternehmern oder eben von Forschern in der Hochschule, in Forschungseinrichtungen und in vielen Start-Up-Unternehmen, wo man Freiräume nutzen kann und die Ergebnisse wichtiger sind als möglichst lange Anwesenheit zu üblichen Bürozeiten. Es gibt nicht wenige Wissenschaftler, denen nachts zwischen drei und vier Uhr die besten Einfälle kommen. Wer zu diesem Leistungstyp gehört, tut gut daran, die Einfälle im Laborbuch zu dokumentieren oder zumindest ein Buch oder den Laptop in der Nähe zu haben, um ein paar Punkte aufzuschreiben. Wenn andere arbeiten müssen, kann man dann den Schlaf nachholen.

Eigene Schwerpunkte setzen

Entscheidend ist heute für einen Forscher nicht mehr, enzyklopädisches Fachwissen anzusammeln oder dem akademischen Ziehvater übereifrig jede Routineaufgabe abzunehmen, sondern, möglichst viele Werke mit anderen Wissenschaftlern zu veröffentlichen. Es ist ebenso wichtig, dafür Sorge zu tragen, dass die eigene Gruppe über ausreichende Finanzmittel verfügt, und auch, sich durch Konferenzvorträge in der wissenschaftlichen Welt bekanntzumachen.

Warte- und Leerlaufzeiten meiden

Wer nicht dann zur Kantine oder Mensa geht, wenn alle hingehen, ebenso zum Kopierer, zur Materialausgabe oder zum Kaffeeautomaten spart täglich Zeit und Nerven für seine Forschungsaufgaben.

Kommunikation über die Arbeit, über die Wissenschaft und über Privates ist essenziell, sollte aber nicht die wertvollste Zeit des Arbeitstages kosten. Am besten, man verlegt diese Gespräche in die Pausen, z. B. in das gemeinsame Mittagessen mit Kollegen. Besonders lange Leerlaufzeiten fallen auf Dienstreisen an. Oft kann man wissenschaftliche Lektüre oder zu korrigierende Arbeiten für diese Zeiten sammeln. Sehr viel Zeit kosten Meetings, vor allem die regelmäßigen Treffen in großen Teams, bei denen die meisten Diskussionspunkte nur einige der Teilnehmenden betreffen.

Es lohnt sich stets, Materialien, Geräte und Reagenzien rechtzeitig zu bestellen, Auftragsarbeiten rechtzeitig zu vergeben. Man kann Leerzeiten bei experimentellen Abläufen und langen Rechenzeiten nutzen und sollte dabei vorhersehbare, längere Pausen nicht spontan verwenden, sondern geplant und gezielt für die Vor- und Nacharbeiten, die genau in diese Zeitspanne passen, wie beispielsweise die Vorbereitung weiterer Experimente, die Auswertung vorliegender Daten oder die Lektüre von Aufsätzen.

Automatisierung und Standardisierung

Automatisierung und Standardisierung bedeutet hier nicht die Anschaffung eines großen Laborroboters oder das Ziel, jede Auswertung und Rechnung am Computer durch Skripte durchführen zu lassen. Vielmehr ist damit gemeint, Arbeitsschritte wie das Bestellen, die Reisekostenabrechnung und vor allem anderen die Bearbeitung von E-Mails oder das Führen von Telefonaten zeitlich zusammenlegen und sozusagen im Stapel schnell abzuarbeiten. Berichte nach einem einheitlichen Schema abzuarbeiten, eine Vorlage für immer wiederkehrende Email-Antworten vorzubereiten, sind Automatisierungsformen, die Zeit sparen.

Aufgaben delegieren

Um eine Vielzahl von Einzel- und Routineaufgaben delegieren zu können, muss man nicht Lehrstuhlinhaber oder Gruppenleiter sein. Delegation funktioniert nämlich rundherum in 360°, an Mitarbeiter, Kollegen, Lieferanten, Gutachter, Kunden und sogar an den Vorgesetzten.

Eine unterschätzte Form der Delegation ist die Rückdelegation. Wer »all of the time everybody's darling« sein möchte, wird kaum Erfolg haben. Manchmal muss man Aufgaben auch zurückgeben oder ablehnen. Zur Übernahme von Aufgaben und Aufträgen gehören viele wichtige Überlegungen: Bin ich wirklich dafür zuständig? Befasse ich mich mit Nebensächlichkeiten? Ist Standardisierung machbar? Gibt es einfachere Möglichkeiten, die Aufgabe zu erledigen? Ist eine

Unterstützung durch andere nützlich und möglich? Kann ich den Auftrag termingerecht ausführen? Was ist wo, wie, warum, bis wann, mit wem zu erreichen? Welche Kapazitäten und Ressourcen erhalte ich? Gibt es Zwischentermine? Sind Zwischenergebnisse gefordert? Was ist nicht Teil dieses Auftrages? Nach Beantwortung all dieser Fragen muss man manche Arbeiten gar nicht mehr ausführen. Andere Arbeiten werden zügiger und vor allem erfolgreicher abgeschlossen.

Eine ebenfalls manchmal unterschätzte Möglichkeit, zeitaufwändige Arbeiten loszuwerden, liegt im Zukauf von Fertig- und Vorprodukten. Viele Wissenschaftler neigen dazu, die Kosten der zu beschaffenden Ware oder Dienstleistungen mit den Maßstäben des privaten Geldbeutels zu messen. Ein Forscher sollte jedoch – gerade auch im Hinblick auf die Interessen der Finanziers (beispielsweise des Steuerzahlers) – nicht nur die eigenen Bruttogehaltskosten bei der Überlegung »Make or Buy?« berücksichtigen, sondern die so genannten Opportunitätskosten: Wie viel Wert kann ich in der betreffenden Zeit schaffen, wenn ich mich durch Zukauf von Leistungen oder Produkten entlaste? Das mag im Einzelfall wenig erscheinen, bei mehreren Vorgängen kann sich die Zeit schon erheblich summieren.

Weiterhin bietet die Forschung die großartige Chance, energiereiche, intelligente und motivierte Kräfte zu engagieren. Es gibt zahlreiche Hilfskräfte, Praktikanten, Diplomanden und Doktoranden an Fachhochschulen und Universitäten, die auf anspruchsvolle und hochwertige Möglichkeiten angewiesen sind, praktische Erfahrungen zu sammeln. Fachhochschulstudierende, die schon mindestens ein Praktikumssemester abgeleistet haben, sind besonders geeignet, schnell, eigenständig anspruchsvolle Aufgaben zu übernehmen. Auch Doktoranden mit bisher wenig Erfahrung in der Praxis werden selbständiger. Wer anspruchsvolle und eigenständige Arbeiten anbietet, eine gute Auswahl unter den Studierenden trifft und diese dann gut und effektiv betreut, erwirbt sich schnell einen guten Ruf an der betreffenden Hochschule und wird in den Folgejahren viel seltener Probleme haben, gute Kräfte zu finden.

Beim Delegieren an Mitarbeiter braucht man Maß und ein Gefühl dafür, wie viel Wissen und Überblick diese für die Aufgabe haben. Meistens lohnt es sich, Ziele anstelle von Aufgaben zu delegieren. Wer den Mitarbeitern beschreibt, welches Ergebnis von ihnen erwartet wird, aber dabei nicht jeden einzelnen Arbeitsschritt delegiert, spart meistens Zeit und erhöht die Motivation der Mitarbeiter. Situationsgerechtes Führen und Delegieren sind in den entsprechenden Kapiteln des Buches näher beschrieben. Am besten sind die Mitarbeiter, die die übergeordneten Ziele verstanden haben, ihre aktuellen Fähigkeiten realistisch einschätzen, sich selbst klare, überprüfbare Detailziele setzen und regelmäßig evaluieren.

Projektmanagement

Selbst- und Fremdmotivierung lassen sich steigern, indem konkrete Aufgaben, Meilensteine, Sach- und Zeitziele gesetzt werden, welche die Zielerreichung messbar machen und damit Erfolgserlebnisse ermöglichen.

Eigene Qualifizierung

Neue Forschungen haben gezeigt, dass besonders erfolgreiche Menschen ihre herausragenden Leistungen nicht nur einer angeborenen Begabung verdanken, sondern dass auch zielgerichtetes Üben und die Unterstützung durch gute Lehrer aus einem Anfänger einen Experten machen. Wer echte Exzellenz entwickeln will, muss dafür kämpfen, Opfer bringen und sich regelmäßig einer strengen und manchmal auch unangenehmen Selbstkritik aussetzen. Er muss sich vor allem auch immer wieder schwierigen Aufgaben stellen, die er zunächst nicht bewältigen kann. Das klassische Beispiel ist die Fallmethode, die in vielen amerikanischen Business Schools gelehrt wird. Studenten müssen dabei in möglichst realistisch geschilderten Situationen die richtigen Entscheidungen treffen. Das Gute dabei ist, dass der Ausgang der jeweiligen Situation bekannt ist und die Studenten selbst beurteilen können, wie richtig sie lagen. Physik-, Informatik- und Mathematikstudenten üben das Beweisen, Chemiker Synthesen und Analysen. Um wirklich effektiv zu lernen, muss man allerdings sehr konzentriert sein. Gerade die Psychologen, die selbst über Expertise forschen, beschäftigen sich deshalb nur ein paar Stunden am Tag, meist morgens, damit, sich selbst weiterzuentwickeln und neue Ideen zu Papier zu bringen.

» *Give me eight hours to chop down a tree and I will spend the first six sharpening the axe.* «

Abraham Lincoln

Checkliste 1 Selbstmanagement ✍

- ❑ Habe ich mir spezifische Ziele gesetzt? Man kann Erfolg nicht messen, wenn man nicht weiß, in welche Richtung es geht. Spezifische Ziele sind beispielsweise, sich jeden Tag 30 Minuten zu bewegen, 20 Minuten zu meditieren oder mindestens 1000 Worte zu schreiben.
- ❑ Habe ich mir spezifische Fristen gesetzt, festgelegt, wann meine Ziele erreicht sein sollen? Spezifische Zeitziele betreffen die Abschlussplanung für bestimmte Projekte ebenso wie regelmäßige Zeiten für kontinuierliches Verhalten.
- ❑ Verfolge ich meine Fortschritte, dokumentiere ich schriftlich? Man kann ein Tagebuch, einen Kalender, ein Diagramm oder, was immer einem zusagt, benutzen. Wer sowohl seine Erfolge als auch seine Misserfolge dokumentiert, kann sein System optimieren.
- ❑ Habe ich Belohnungen vorgesehen? Es bedarf einiger Motivation, um voranzukommen. Man kann kleine Belohnungen planen, um kleine Erfolge zu honorieren und große für große Leistungen. Manche profitieren auch, wenn sie sich für Misserfolge eine kleine Buße auferlegen – z. B. eine Spende an ein Hilfswerk, so oft man den Journal Club hat ausfallen lassen oder ungenügend vorbereitet in ein Gespräch ging.
- ❑ Mache ich kleine Schritte? Wer jahrelang kein referiertes Paper veröffentlicht hat, sollte nicht versuchen, auf einmal einen großen Artikel in *Nature*, *Science* oder *IEEE* unterzubringen. Seine Gewohnheiten zu ändern und neue Fertigkeiten zu erwerben, braucht jeweils Zeit.
- ❑ Habe ich meine Projekte in einzelne Teile zerlegt? Egal wie bereit man ist, wenn eine Aufgabe überwältigend erscheint, kommt man vielleicht nie in Gang. Deswegen sollte man große Aufgaben in kleine, zusammenhängende und handhabbare Einheiten zerlegen.
- ❑ Messe ich das Ticken der Uhr? Eine Eieruhr, eine Erinnerungsfunktion im Rechner oder eine Notiz in der Wiedervorlagemappe helfen, im Plan zu bleiben. Man sollte diese auf die optimale Zeitdauer einstellen, die hilft, den eigenen Fortschritt zu messen.
- ❑ Habe ich meine Ziele kommuniziert? Jemand anderem zu erzählen, was man gerne erreichen will, kann die eigene Motivation ein gutes Stück steigern. Es ist leichter, sich selbst zu betrügen als andere. Jemandem zu berichten, welche Absichten und Fristen man hat und ihn zu bewegen, diese zu prüfen, hilft sehr, seine Ziele zu erreichen.

- ❑ Habe ich mich mit einem Kollegen angefreundet? Es genügt nicht, irgendjemanden zu haben, mit dem man sich über Ziele austauscht, man braucht jemanden, den man regelmäßig trifft. Seine eigenen Ziele auf die Tagesordnung eines anderen zu setzen, gibt einem einen zusätzlichen Sinn für Verantwortung und die Motivation, die Ziele zu erreichen.
- ❑ Kontrolliere ich Fortschritte mit meinem Kollegen? Wenn sich andere gemeinsam mit mir die Liste der Erfolge und Misserfolge ansehen, können diese vielleicht Muster sehen, die man selbst übersehen hat. Sie helfen einem, im Plan zu bleiben oder wieder Anschluss an den Plan zu finden.
- ❑ Habe ich Ablenkungen eliminiert? Seine E-Mails zu lesen, kann produktiv erscheinen, aber es hilft nicht, eine längere Passage in einer Forschungsarbeit zu studieren oder ein Experiment vorzubereiten. Wenn nötig, sollte man den Anrufbeantworter einschalten, den Computer herunterfahren und den Fernseher in den Sperrmüll geben.
- ❑ Kontrolliere und überarbeite ich mein Selbstmanagement? Das Selbstmanagement wird kaum von Anfang an perfekt funktionieren. Es wird Zeiten geben, in denen das System versagt. Die Schritte sind nicht statisch, sondern benötigen Wandel und Wachstum. Deswegen lohnt sich die Zeit, seine Prozesse zu mustern und zu prüfen, welche Änderungen anstehen.

3 Entscheiden und Planen

3.1 Entscheiden, Planen und langfristige Ziele

Nicht wenige Forscher haben zu Beginn einer neuen Forschungsarbeit nur eine vage Vorstellung von dem Ziel, das sie zu erreichen erhoffen. Sie rechnen insgeheim damit, dass es schon irgendwann vorläufige Ergebnisse geben wird, die erst dann bewertet werden können, wenn sie da sind. Sie rechnen damit, neue Ansätze und Vorgehensweisen erst dann entwickeln zu müssen, wenn sie benötigt werden. Es gibt so viele Unbekannte am Beginn einer Studie, dass es schwierig und unergiebig erscheint, zu planen, ganz zu schweigen von dem Gefühl, wertvolle Zeit zu vergeuden, wenn man nicht gleich mit der Umsetzung beginnt.

Viele Projekte starten nicht nur auf diese Weise, sie werden endlos so weitergeführt. Erst wenn die Arbeit echte Fortschritte zeigen soll, bemerkt man, dass

- Projektfristen versäumt wurden,
- Ressourcen fehlen,
- Zeit vergeudet wird,
- Mitarbeiter nicht genau wissen, was sie tun sollen,
- im schlimmsten Fall die wichtigsten Projektbeteiligten, nämlich die Fördergeber, Finanziers oder Auftraggeber, das Interesse verlieren.

Ein in der Wissenschaft verbreiteter Vorbehalt gegenüber hypothetischen Aussagen trägt häufig dazu bei, die Lage zu verschlimmern. Viele Forscher scheuen sich, Vorgesetzten, Fördergebern, Kunden oder Investoren etwas zu versprechen, was noch auf Hypothesen gegründet ist. Sie warten lieber ab, bis sie mehr wissen bzw. bis belastbare Ergebnisse vorliegen.

Im Beruf entsteht Vertrauen jedoch dadurch, dass man ernstgemeinte Versprechen abgibt, nicht dadurch, dass man gar keine Zusagen macht. Wer sich wie viele Forscher vor Vereinbarungen und Zeitplänen fürchtet oder über starre Pläne und feste Zielsetzungen spottet, wird sich schwer tun, Fördermittel zu finden, wird es noch schwerer haben, Industriekunden zu begeistern, und auf gar keinen Fall sollte so jemand sich auf eine Firmengründung einlassen: Keine Bank, kein Investor, kein Auftraggeber gibt Geld, um ohne ein definiertes Auslieferungsdatum ein Produkt entwickeln zu lassen.

Vereinbarungen sind also wichtig für jede Art der Zusammenarbeit. Ebenso wichtig sind Vereinbarungen aber auch für die eigene Leistungsfähigkeit: Was man mit anderen vereinbart hat, bindet und verpflichtet einen selbst, hilft, sich zu motivieren und dafür zu sorgen, dass man entsprechende Energie in das Erreichen dieser Ziele steckt.

3.2 Der Umgang mit Risiko und Ungewissheit in der Forschung

Im Forschungskontext hat »Risiko« eine andere Bedeutung als im allgemeinen Verständnis. Die Wahrscheinlichkeit, dass die Dinge sich nicht wie erwartet entwickeln, ist in der Forschung viel größer, als die Wahrscheinlichkeit, dass die Dinge vollkommen schief gehen. Risiko umfasst sowohl die Möglichkeit, dass Dinge schlechter, als auch die Chance, dass die Dinge besser, aber anders als geplant ausgehen werden. Erfolgreiche Forschungsarbeit benötigt in der Regel Flexibilität. Dabei gibt es natürlich Unterschiede: Klinische Studien erfordern eine sehr detaillierte Planung und eine strenges Festhalten am Plan, damit die Ergebnisse den strengen Evaluationskriterien entsprechen; wissenschaftliche Laborexperimente sind oft viel explorativer und weniger vorhersagbar.

Das Klischee, dass die größten wissenschaftlichen Durchbrüche unerwartet gelangen, als die Dinge vom Plan abwichen, hat einen wahren Kern. Das bedeutet aber keineswegs, dass man selbst keinen Plan haben sollte.

Ein wohlüberlegter und überzeugender Projektplan ist eines der wirkungsvollsten Instrumente, um Vorgesetzte, Fördergeber und Finanziers zu überzeugen, die Ressourcen bereitzustellen, die man benötigt.

Wie plant man aber in einem Kontext der Ungewissheit? Man antizipiert und bespricht die Möglichkeit, dass die Dinge sich nicht so entwickeln werden und funktionieren, wie man es erwartet hat. Man identifiziert die Aspekte, die von der Planung abweichen und nicht klappen könnten. Man schätzt die Wahrscheinlichkeit ein, dass die Dinge sich anders entwickeln, und die potenziellen Folgen, die daraus entstehen. Dann wählt man die Aspekte aus, die man eng überwachen will, und entwickelt Alternativpläne bzw. eine Strategie, welche die Chancen vergrößert, dass die Dinge klappen. Man entwickelt Metriken (Indikatoren oder Kennzahlen), die einem helfen, die Fortschritte im Projektverlauf zu bestimmen, die eigene Leistung kontinuierlich zu überwachen sowie Abweichungen vom Plan zu identifizieren, sobald sie auftreten. Sobald man vom Plan abweicht, überarbeitet man seine Pläne soweit als nötig.

3.3 Die drei Ebenen der Planung

Unternehmerische Erfolg beruht ebenso wie der wissenschaftliche auf dem Entdecken und Bewältigen unerwarteter Stolpersteine.

Der richtige Ansatz besteht darin, sich schon bei der Planung darauf zu konzentrieren, in der Firma oder im Labor Kraft und Beweglichkeit zu entwickeln, damit jederzeit ein Richtungswechsel erfolgen kann, wenn es notwendig sein sollte, ohne dabei jedes Mal einen mühsamen neuen Planungszyklus zu benötigen. Exzellente Firmen haben in den letzten Jahren nicht so sehr den Prozess der Strategieentwicklung verbessert als vielmehr ihre Fähigkeit, durch einen strategischen Zyklus des Beobachtens, Denkens und Durchführens hindurchzugehen, und schneller zu lernen und zu entscheiden.

Die Fähigkeit, ununterbrochen zwischen Strategieformulierung und Ausführung zu wechseln, hält eine Firma, aber auch jeden einzelnen Forscher beweglich. So gelingt es besser, Gelegenheiten zu nutzen und Bedrohungen abzuwehren, ohne dabei die grundsätzliche Ausrichtung zu verlieren.

Formale, vollständige und konsistente Planung dient also nicht einer perfekten Ausführung, sondern einer besseren Überprüfung, um Lücken und falsche Hypothesen zu identifizieren und den Plan anzupassen. Gute Planung verhindert, sich leichtfertig in Sackgassen zu begeben.

Verschiedene Zeitskalen müssen mit verschiedener Granularität geplant und revidiert werden. Moderne Konzernvorstände teilen ihre eigene Planung in drei Segmente auf:

Execution umfasst das Management der Projekte und Prozesse für einen Zeitraum von 8 bis 12 Monaten

Strategy umfasst die nächsten zwei bis drei Jahre.

Vision beschreibt die Firmenziele und Zukunftserwartungen für einen Zeitraum von fünf bis zehn Jahren. Die Vision wird alle zwei Jahre überprüft und gegebenenfalls aktualisiert.

John Chambers, der bekannte Vorstandsvorsitzende von Cisco und Träger des renommierten »CEO of the Year Award« des Chief Executive Magazine, nimmt sich etwa 70 Prozent seiner Zeit für Strategie und Planung und 30 Prozent für das operative Tagesgeschäft. Von seinen Mitarbeitern auf der mittleren Ebene erwartet er das umgekehrte Verhältnis, also 30 Prozent Planung und 70 Prozent Umsetzung.

Damit die verschiedenen Ebenen des Zielsystems zueinander passen, plant man iterativ in Stufen. Strategische Ziele werden dabei systematisch definiert und in Unterziele aufgeteilt. Teilstrategien und Maßnahmen für einzelne Teile der Organisation sowie Mittel und Vorgehensweisen für die ersten Schritte bzw. Projekte werden festgelegt.

Vertrauensbasiertes Management

Wer die üblichen Artikel zum Management von Unternehmen und Forschungsgruppen verfolgt, könnte meinen, dass Führung und Management heutzutage hauptsächlich das Management von Prozessen und die Befolgung von Regeln umfassen.

Die britischen Managementexperten Sull und Spinosa haben jedoch im Jahr 2007 darauf hingewiesen, dass jede Organisation nicht nur aus Regeln und Abläufen besteht, sondern de facto ein Netzwerk an Zusagen und Versprechen darstellt, die zwischen Mitarbeitern und Kollegen, Kunden, Finanziers, Fördergebern und anderen Beteiligten abgegeben und eingehalten werden. Viele Probleme entstehen aus real oder vermeintlich uneingelösten Versprechen. Der Schlüssel zur schnellen Lösung dieser Probleme und der langfristigen Entwicklung fruchtbarer und zuverlässiger Teams liegt nach Ansicht dieser Autoren im »vertrauensbasiertem Management« (*promise-based management*), in der systematischen Pflege und der Koordination von Verpflichtungen (*commitments*).

Vertrauensbasiertes Management trägt zu Koordination und Zusammenarbeit bei, verbessert Beweglichkeit und Flexibilität und erhöht die Mitarbeitermotivation. Es basiert auf dem Prinzip des Dialogs und erzeugt ein gemeinsames Verständnis auch bei Menschen verschiedenartiger Ausbildung und mit verschiedenen Aufgaben. Zusammen mit dem notwendigen Maß an Freiheit, um die Vereinbarungen treffen und individuelle Versprechen geben zu können, fördert es Mitarbeiterverantwortung und somit Leistung.

Versprechen in diesem Sinn haben nichts zu tun mit Zusagen, wie sie in Verträgen definiert werden. Versprechen beziehen ihre Kraft aus den Diskussionen zwischen den Beteiligten und entwickeln sich in drei Kommunikationsphasen:

- Am Anfang steht das Zusammenkommen der Persönlichkeiten und Charaktere. Dazu gehört, die grundlegenden Fragen der gemeinsamen Aktivitäten zu klären.
- In der Phase der Umsetzung löst der »Lieferant« sein Versprechen ein.
- Der Kreis schließt sich, wenn der »Kunde« öffentlich erklärt, ob der »Lieferant« das Richtige geliefert hat oder nicht.

In der Forschung, wo es stets um Unerwartetes geht, wo Lebensläufe sich nicht strikt planen lassen, wo Fördergeber und industrielle Auftraggeber keine Sicherheit haben können, dass versprochene Ergebnisse auch erreicht werden, spielen Vertrauen und fundierte Versprechen eine besonders große Rolle:

- Jede Publikation enthält die Zusage, dass die Erkenntnisse neu sind, die dargestellten Ergebnisse und Methoden richtig sind und von anderen nachvollzogen werden können.
- Studierende beginnen an einer Hochschule, weil sie eine interessante Ausbildung und gute Karrierechancen erwarten.
- Ein Forscher verspricht seinem Arbeitgeber interessante und weiterführende Ergebnisse, dafür erhält er Versprechen bezüglich der Arbeitsmöglichkeiten, des Freiraums und der Finanzierung.
- Vertrauen und Verantwortlichkeit sind ebenso aber auch bei jeder Beauftragung (z. B. Auftragsforschung oder Förderprojekt) von zentraler Bedeutung. Gute, verlässliche Planung ist das Kernerfolgskriterium für eine Beauftragung.

Es ist leicht gesagt, dass Manager Erwartungen gestalten und lenken müssen. In allen Bereichen der Forschung ist eine besondere Balance zwischen der autonomen Aktivität auf Basis der eigenen Expertise und Kreativität einerseits und der Einbeziehung verschiedener Interessen und Anforderungen Dritter andererseits erforderlich:

- der Endnutzer einer Technologie,
- der Auftraggeber aus der Wirtschaft,
- der Adressaten der Ausbildung (Studierende und Arbeitgeber),
- der Lehrer und Fachjournalisten,
- den politischen Gruppen, die Forschungsergebnisse verbreiten und interpretieren.

Recht einfach lässt sich das am Beispiel eines Auftragsforschungsprojekts erklären und von dort im Hinblick auf die oben aufgelisteten Interessensgruppen verallgemeinern: Nicht selten meiden sie den Kontakt zum Endnutzer und stoßen bei Projekt-Ende auf unzufriedene und unwissende Anwender, die voller Vorbehalte und Kritik stecken.

Der richtige Weg liegt darin, mit dem Auftraggeber gemeinsam sicherzustellen, dass die richtigen Endnutzervertreter mit dabei sind und in das Projekt involviert bleiben.

3.4 Projektmanagement von Forschungsprojekten

Zusammen mit dem Projektstart beginnt auch das Projektmanagement. Es unterstützt den Forscher dabei, sich bewusst zu werden, was er weiß und was er noch nicht weiß. Es versetzt ihn in die Lage, das Nichtwissen zu steuern und zu beherrschen. Es erlaubt ihm, mit Selbstvertrauen

- Chancen zu nutzen, wenn sie sich bieten,
- den Plan zu verfeinern, wenn neue Informationen dazu kommen,
- sichere Budgetentscheidungen zu treffen.

Darüber hinaus unterstützt das Projektmanagement eine bessere Aufgabenverteilung im Team und hilft dadurch, Kosten zu sparen.

» *In preparing for battle I have always found that plans are useless, but planning is indispensable.* «

Dwight Eisenhower

Je weniger man über die Zukunft weiß, desto wichtiger ist es, dass jeder am Projekt Beteiligte die jetzige Situation, die künftige Planung und die Intentionen der Führung kennt. Als Forscher und als Manager sollte man also schon im Rahmen der ersten Projektüberlegungen Stift und Papier zur Hand nehmen und die Antworten auf folgende Fragen notieren: Was genau möchte ich erreichen? Wessen Meinungen und Zielsetzungen müssen einbezogen werden, sobald die Arbeit konzipiert und durchgeführt wird? Welche Arbeit werde ich selbst durchführen? Welche Aufgaben und Verantwortung werden die sonstigen Beteiligten jeweils übernehmen? Haben die eigenen Leute die nötige Erfahrung und das Wissen? Wann wird diese Arbeit anfallen? Welche zusätzlichen Ressourcen werden benötigt, um die Arbeit zu unterstützen? Was könnte schiefgehen und wie würde sich das auf das Projekt auswirken?

Die folgenden Projektmanagementwerkzeuge sollen helfen, diese Fragen zu beantworten. Wenn die Arbeit am Projekt vorangeht, wird es schwerer, es zu überwachen und zu steuern. Man sollte sich jeden Tag mit dem Projekt befassen. Nur so kann man verhindern, dass Dinge aus dem Ruder laufen.

Leistungsbeschreibung So früh wie möglich sollte man eine Leistungsbeschreibung (*statement of work*) anfertigen, um das eigene Verständnis zu schärfen im Hinblick auf die Ergebnisse, die das Projekt hervorbringen soll und kann. Eine Leistungsbeschreibung enthält folgende Bestandteile:

Zweck: Warum und von wem wurde das Projekt gestartet? Was ist das Gesamtziel der Arbeit, die unternommen werden soll, und wie lautet die allgemeine Strategie für die Erfüllung?

Ziele: Welche speziellen Resultate sollen erreicht werden?

Beschränkungen: Gibt es Faktoren, Vorschriften oder Erwartungen, die die Art, wie man das Projekt angeht und bearbeitet, behindern?

Annahmen: Welche derzeit noch nicht sicher geklärten Hypothesen bilden den Ausgangspunkt für die Planung?

Zu diesem Planungszeitpunkt sollte man noch nicht versuchen, die Wahrscheinlichkeit zu bestimmen, mit der man die Ergebnisse erreichen kann, sondern nur das, was im besten Fall passieren sollte. Je genauer man diese Ergebnisse beschreiben kann, umso wahrscheinlicher ist es, sie zu erreichen.

Beteiligte Gemäß dem schon mehrfach erwähnten Pareto-Prinzip wird 80 Prozent der Unterstützung des Projekts von 20 Prozent der potenziell Beteiligten kommen und 80 Prozent der Probleme im Projekt werden von 20 Prozent der potenziell Beteiligten kommen.

Das Geheimnis liegt darin, herauszufinden, wer die Beteiligten sind, und wie sich die jeweiligen 20 Prozent zusammensetzen. So früh wie möglich sollte man deshalb eine Liste der Leute, die am Projekt interessiert oder vom Projekt betroffen sind erstellen oder deren Unterstützung man benötigt. Diese Beteiligten ordnet man einer oder mehreren der folgenden Kategorien zu:

- Treiber: Menschen, die mehr oder weniger definieren, welche Ergebnisse das Projekt erzielen wird
- Unterstützer: Menschen, die die Projektarbeit ermöglichen oder durchführen
- Beobachter: Menschen, die am Projekt interessiert sind, aber weder Treiber noch Unterstützer sind
- Gegner: Konkurrenten um Ressourcen oder um Belohnungen, in seltenen Fällen auch Betroffene von möglichen Ergebnissen, z. B. weil deren Annahmen widerlegt werden könnten.

Diese Liste kann man während der Projektplanung und -laufzeit mehrfach überarbeiten und erweitern.

Definition der zu erledigenden Arbeit Am besten beschreibt man die vorgeschlagene Projektarbeit mithilfe einer Baumstruktur, die nach Detaillierungsgrad und Spezifizität geordnet ist. *Mindmapping*-Software kann helfen, diese Struktur zu erzeugen. Dieser Projektstrukturplan (*work breakdown structure*) wird alle weiteren Aspekte der Planung, Organisation und Nachverfolgung unterstützen.

Ein Projektstrukturplan ist keine To-Do-Liste. To-Do-Listen verleiten zum Mikro-Management. Die Teammitglieder sollten jedoch für ihre Erfolge selbst verantwortlich sein. Eine lange Liste der To-Dos zu erstellen, benötigt zwar wenig Zeit und Nachdenken, aber sie führt dazu, dass

- die Projektdauer sich verlängert
- die To-Do-Liste an jedem Tag der Projektlaufzeit länger wird
- der Projektleiter dem Team vage, unklare Anweisungen gibt
- die Teammitglieder stundenlang diskutieren, was sie als nächstes machen sollten
- das Projekt zu spät fertig wird und Nacharbeit benötigt.

Um alle diese unerfreulichen Entwicklungen zu vermeiden, sollte sich der Projektleiter überlegen, die Projektziele in den Projektstrukturplan aufzugliedern. Die Aufgliederung braucht mehr Zeit als eine Liste zu Papier zu bringen und benötigt viel mehr Nachdenken. Im Projekt spart diese Aufgliederung aber Zeit und erleichtert die Steuerung.

Man beginnt mit den übergeordneten Leistungen, die in kleinere Einheiten und diese dann in individuelle Aufträge zerlegt werden.

Sofern man Projektmanagementsoftware einsetzt, kann der gesamte Projektstrukturplan mittels des Werkzeugs »Sammelprojekt« strukturiert werden.

Festlegung von Rollen und Verantwortlichkeiten Die Beratung mit erfahrenen Mitarbeitern und die permanente Information aller Mitarbeiter über geplante Veränderungen und die entsprechenden Maßnahmen sind die wichtigsten Aspekte der Führung. Dazu gehört wesentlich die Klärung der Rollen und der Verantwortung, die jeder Person im Projekt zugeteilt wird. Nur so wird eine reibungslos koordinierte und sinnvolle Zusammenarbeit möglich.

Entwicklung eines realistischen Zeitplans Ein Netzplandiagramm für das Projekt hilft, realistische, durchführbare Zeitpläne zu entwickeln. Es besteht aus einem Ablaufdiagramm der Arbeitsschritte mit der Zeit, die jeder Schritt benötigt, und der Reihenfolge der Durchführung.

Abschätzung des Ressourcenbedarfs Zum Schluss sollten alle Ressourcen identifiziert werden, die benötigt werden, um das Projekt in der spezifizierten Zeit durchzuführen. Dazu gehören fest angestellte und freie Mitarbeiter ebenso wie das Budget, Geräte, Verbrauchsmaterialien, Reagenzien, Einrichtungen und Information. Für jede Art der Ressource stellt man eine Matrix auf, die zeigt, wie viel wovon wann benötigt wird. Daraus ergibt sich eine Auslastungstabelle, die wiederum zeigt, für welche Aktivität eine bestimmte Ressource zu einem bestimmten Zeitpunkt benötigt wird.

Eintragung von Entscheidungspunkten Wenn ein Projekt vorab durchgeplant wurde, kann dies dazu verleiten, zu früh Bestellungen durchzuführen oder zu einem ungünstig frühen Zeitpunkt Entscheidungen zu fällen. Deswegen sollte man in seinem Projektplan auch eintragen, wann man bestimmte Entscheidungen treffen muss (und zwar mit dem benötigten, aber nicht mit einem übertrieben großen zeitlichen Puffer). Zum *lean management* gehört, dass der Projektleiter, die Teilprojektleiter oder das Team sich erst mit den Entscheidungen selbst befassen und die Bestellungen und Festlegungen treffen, wenn diese anstehen.

PreMortem-Analyse

Die Autopsie heißt auf Englisch *Post Mortem*. Nach einem Projektabschluss, also post mortem, sollte immer eine »Autopsie des Projekts« durchgeführt werden, nicht nur (aber insbesondere) dann, wenn das Projekt gescheitert ist oder sich als sehr ineffizient erwiesen hat.

Der Psychologe Gary Klein hat nun ein Projektmanagement-Werkzeug eingeführt, das er *PreMortem* nennt, sozusagen die »Autopsie vor dem Tod des Patienten«. Ein *PreMortem* ermittelt, warum ein Projekt in Zukunft sterben könnte. Ein *PreMortem* kann geeigneterweise gegen Ende des Planungsverfahrens durchgeführt werden, um ein Maximum an Realismus in die Pläne einfließen zu lassen.

Eine *PreMortem*-Analyse könnte die folgenden Schritte beinhalten:

1. Vorbereitung. Die Teammitglieder nehmen sich Papier heraus und entspannen sich. Sie sollten schon mit dem Plan vertraut sein oder der Plan sollte mindestens vorgetragen worden sein.
2. Annahme eines Fiaskos. Der Projektleiter beschreibt das Szenario eines kompletten Versagens, einer totalen, blamablen und teuren Katastrophe. Die Schadensumme ist schmerzhaft, die Leute im Team sprechen nicht mehr miteinander. Die Firma oder das Labor spricht nicht mit den Förderern und Geldgebern. Die Dinge haben sich so falsch entwickelt wie überhaupt möglich.

Den Grund für den Ausfall kann er allerdings nicht nennen und fragt: »Was hätte dies verursachen können?«

3. Benennung von Gründen für den Ausfall. Die Teammitglieder nehmen sich drei Minuten, um alle Gründe aufzuschreiben, die zu dem Ausfall geführt haben könnten. Hier kommt die Intuition der Teammitglieder ins Spiel. Jede Person verfügt über andere Erfahrungen, andere Narben und eine andere Denkweise. Das Ziel ist es, all dieses Wissen einzubringen.
4. Vereinigung der Listen. Sobald jedes Gruppenmitglied seine Notizen gemacht hat, geht der Moderator durch den Raum und bittet jede Person, einen Punkt aus ihrer Liste vorzutragen. Jeder Punkt wird auf eine Tafel geschrieben. Dieses Verfahren wird fortgesetzt, bis jeder Anwesende jeden Punkt auf seiner Liste vorgetragen hat.
5. Nachbereitung der Liste. Das Team kann nun die zwei oder drei wichtigsten Punkte auf der Liste festlegen und ein weiteres Treffen planen, um Ideen für die Vermeidung oder das Minimieren der potenziellen Probleme zu entwickeln und zu besprechen.
6. Regelmäßige Überprüfung der Liste. Der Projektleiter nutzt die Liste alle drei bis vier Monate, um das Team erneut für die drohenden Probleme zu sensibilisieren.

3.5 Der mythische Personenmonat

The Mythical Man–Month: Essays on Software Engineering ist ein Buch über Softwareprojektmanagement von Fred Brooks, dessen Leitthema lautet: »Adding manpower to a late software project makes it later.« Diese Idee heißt *Brooks' Law*, und ist neben anderen Ergebnissen des Buches von Bedeutung für das Projektmanagement von Forschung und Entwicklung insgesamt.

Die erste Ausgabe des Buches erschien im Jahr 1975. Die Beobachtungen von Brooks basieren auf seinen Erfahrungen bei IBM während der Leitung der Entwicklung des Betriebssystems OS/360. Er hatte versehentlich zu viele Mitarbeiter in sein Projekt geholt; das Projekt blieb dennoch weiter im Zeitplan zurück. Er war auch davon ausgegangen, dass ein bestimmtes Teilprojekt unabhängig von der Anzahl der Mitarbeiter insgesamt sechs Personenmonate benötigen würde, es benötigte aber deutlich mehr. Obwohl das Buch im Büro nahezu aller Softwaremanager steht, wiederholen sich derartige Fehler immer wieder. Dies hat Brooks verleitet zu witzeln, sein Buch sei quasi »Die Bibel der Softwaretechnologie«, weil »jeder es liest, aber niemand sich danach richtet«.

Die wichtigsten Botschaften von Brooks, zusammengefasst in den folgenden sechs Regeln, lauten:

Brooks' law: Es beruht auf der Tatsache, dass neue Mitarbeiter Zeit benötigen, um das Projekt kennen zu lernen, sowie darauf, dass der Kommunikationsaufwand mit jedem neuen Mitarbeiter steigt. Angenommen, N ist die Zahl der Projektmitarbeiter, die (ohne Hierarchie) miteinander kommunizieren. Es kann der Fall eintreten, dass bei steigendem N der *Output* M pro Person abnimmt; er kann sogar negativ werden, nämlich dann, wenn die gesamte Arbeit, die am Abend eines Tages zu tun bleibt, mehr ist als die gesamte Arbeit, die am Morgen dieses Tags zu tun war, z. B., wenn viele Programmierfehler erzeugt wurden.

Prozessüberwachung: Die Antwort auf die Frage »Wie kommt es, dass ein großes Projekt ein Jahr zu spät dran ist?« lautet: »mit jedem einzelnen Tag« (*one day at a time*). Inkrementeller Schwund auf vielen Fronten summiert sich und ergibt eine hohe Gesamtverspätung. Es bedarf der kontinuierlichen Aufmerksamkeit für jeden kleinen Meilenstein, um insgesamt eine hohe Leistung zu erbringen.

Pilotsystem: Beim Entwerfen einer neuen Art von System wird das Team auch mit den besten Absichten zuerst ein Wegwerfsystem entwickeln. Es zeigt aber diejenigen Verfahren, die anschließend benutzt werden können, um ein besseres System zu entwerfen. Erst dieses zweite, bessere System sollte an die Kunden geliefert werden.

Formulare: Jeder Projektleiter sollte einen kleinen Satz von Formularen entwickeln, die als Fahrplan für die Projektziele dienen. Sie enthalten eine Beschreibung der Ziele und geben an, wer sie wann wie und zu welchen Kosten erreichen soll. Diese Dokumente können Unvereinbarkeiten sichtbar machen, die ansonsten schwer zu erkennen wären

Kommunikation: Um eine Katastrophe zu vermeiden, sollten alle Teams, die ein Projekt bearbeiten, auf so vielen Wegen wie möglich (E-Mail, Telefon, Meetings, Mitteilungen usw.) in Kontakt miteinander bleiben. Statt Vermutungen anzustellen, was der andere benötigen könnte, sollte man lieber einmal zu oft nachfragen, als am Ende das Falsche zu liefern.

Chirurgie-Team: So wie ein Operationsteam während eines chirurgischen Eingriffs von einem erfahrenen Chirurgen geleitet wird, der die entscheidenden Arbeiten selbst durchführt, während sein Team ihm zuarbeitet und die weniger kritischen Arbeiten erledigt, so sollte auch ein Projektteam einen »guten« Experten haben, der die kritischen Systemelemente selbst entwickelt, während der Rest des Teams ihn mit dem versorgt, was er gerade braucht. Übrigens meint Brooks, dass gute Programmierer gewöhnlich 5 bis 10 mal so produktiv sind wie mittelmäßige.

3.6 Richtig entscheiden oder »der gesunde Menschenverstand«

» *Das muss man immer dreimal wiederholen, bis die Leute es fressen: Für gute Entscheidungen in einer unsicheren Welt muss man Informationen weglassen. Das steigert die Qualität.* «

Gigerenzer (Direktor am Max-Planck-Institut für Bildungsforschung)

Ein interessantes Forschungsergebnis des Max-Planck-Instituts für Bildungsforschung in Berlin zeigt, dass Entscheidungen oft durch Weglassen von Informationen bei der Entscheidungsfindung in ihrer Qualität gesteigert werden.

Wenn man sich bei komplexen Problemen, die sich nicht vollständig durchrechnen lassen, für Lösungen entscheidet,

- mithilfe einfacher Regeln,
- unter Zuhilfenahme nur weniger Informationen,

sind die Ergebnisse der Entscheidungen oft besser als auf Basis von umfangreicheren, aber dennoch begrenzten Informationen.

Im Nachhinein wird man häufig komplexe Konzepte aufstellen können, die verbesserte Ergebnisse liefern; Forscher und Unternehmer müssen im Alltag nicht möglichst perfekt entscheiden, sondern gute Vorhersagen über noch ungewisse Ausgänge treffen. Im praktischen Leben gilt es meist, möglichst zutreffende Prognosen zu stellen oder Entschlüsse zu fassen und nicht erst umständlich herauszufinden, welche Entscheidung denn die beste gewesen wäre.

Die Kunst der guten Vorhersage besteht darin, die entscheidenden Daten heranzuziehen und den großen Rest wegzulassen.

Höhere Robustheit ist nicht der einzige Vorteil einfacher Heuristiken gegenüber komplexeren Modellen. Einfache Strategien können auch von Vorteil sein, um Finanziers, Partnern, Mitarbeitern und Studenten Expertenwissen auf eine transparente, leicht im Gedächtnis zu behaltende Weise zu vermitteln. Darüber hinaus müssen im Alltag Entscheidungen nicht nur mit begrenztem Wissen, sondern auch in begrenzter Zeit getroffen werden.

Die eigentliche Forschung beruht jedoch auf exakter Analyse und einer langen, intensiven Beschäftigung. Neues und Zukunftsträchtiges entsteht sehr oft ungeplant und Unvorhergesehenes aus unkonventionellen Fragen oder Überzeugungen. Wer nur nahe liegende Aspekte berücksichtigt und das denkt, was

Hunderte von Menschen vorher gedacht haben, wird kaum innovativ sein können. Echter wissenschaftlicher Fortschritt ist ohne jeden Zweifel nur mit einem hohen Maß an Sorgfalt zu erreichen.

Intuition und Kreativität

Zum Entdecker, Forscher, Erfinder wird man nur durch Beschäftigung und Intuition.

» *Unter Intuition versteht man die Fähigkeit gewisser Leute, eine Lage in Sekundenschnelle falsch zu beurteilen.* «

Friedrich Dürrenmatt

Um sich mit dem Wesen der Intuition vertraut zu machen, ist der mathematische Beweis das vielleicht am leichtesten generalisierbare Beispiel. Seit Plato beschäftigt die Bedeutung der Intuition für das Finden mathematischer Beweise die Wissenschaftstheoretiker und Philosophen.

Beweise müssen formal ausgeführt werden, aber sie lassen sich nicht mit rein formalistischen Methoden finden.

Nicht nur in der Mathematik, sondern auch in der Forschung kann niemand alle Schritte eines Forschungsprojekts im Vorhinein berechnen. Wissenschaft besteht nicht im Abarbeiten von Plänen.

Eine intensive Beschäftigung mit einer Herausforderung, Erfahrung, Instinkt, Analyse und Vernunft sind notwendig für das Planen und die Interpretation von Experimenten, für das Finden von Theorien und für das Schöpfen von Erfindungen.

» *Durch Logik beweisen wir, aber durch Intuition entdecken wir* «

Henri Poincaré (französischer Mathematiker des 19./20. Jh.)

Exakt das gleiche gilt auch für das Finden neuer Produktideen, das Finden und Umsetzen von Unternehmensentwürfen und neuer Vertriebskonzepte. Auch hier liegt der Schlüssel zum Erfolg in einer intensiven Beschäftigung mit der Herausforderung, aber auch in der Erfahrung, im Instinkt, in der Analyse und in der Vernunft, allerdings mit dem Unterschied, dass hier das Verhalten von Wettbewerbern, Finanziers, Partnern und Kunden antizipiert und eigene Reaktionen geplant werden müssen.

Kreativität ist aktives, bewegliches, schöpferisches Denken, das nach alternativen Lösungen sucht. Das Ergebnis kreativen Denkens ist neu, nützlich und dem Problem angemessen.

Konzentration

» *When the need for a certain invention comes, I immediately eject it from the objective side of my mind, that is to say, I cease to labour over it, and consign it to the ›subjective department‹ of my mind. There is spontaneously ripens until it ›comes out‹.* «

Pitirim Sorokin (russisch-amerikanischer Soziologe des 20. Jh.)

Jeder Forscher kennt die tiefe Konzentration, wenn er sich intensiv mit Theorien, Aufgaben, mathematischen Beweisen, schwierigen Berechnungen oder der Interpretation von zunächst unverständlichen Messdaten beschäftigt. Wahrscheinlich geht es den meisten sogar dann und wann so, dass sie nicht einmal merken, wenn man sie anspricht, wenn sie gerade über einem schwierigen Problem sitzen. Für die Außenstehenden wirkt derjenige/diejenige sozusagen wie »in Trance«.

Alle Analysen und Pläne erfordern einen gewissen Formalismus und eine gewisse Detailversessenheit; aber ohne ein Mindestmaß an Versenkung in das Thema, an Erfahrung und Intuition wird kein funktionierender Plan zustandekommen.

Schon der Neurowissenschaftler und Psychologe Milton Erickson stellte fest, dass bewusste Trance ein Alltagsphänomen ist. Wer auf einen Bus oder Zug wartet, liest oder zuhört oder ein anstrengendes sportliches Training betreibt, versenkt sich in diese Aktivität und geht in Trance, löst sich von allen anderen Stimuli.

Erickson bemerkte, dass es viele Arten der Trance zwischen Wachzustand und Hypnose gibt. Im Alltag des Forschers gibt es die Lösungstrance in vielen Variationen: wenn man über ein Problem nachdenkt, wenn man die Theorien anderer verstehen will, wenn man sich mit Mentoring oder der Führung einer Forschergruppe beschäftigt.

In der Sprache der Neurolinguistischen Programmierung nennt man den Geisteszustand, in dem Signale von außen geschickt und unbewusst verarbeitet werden, in dem man effektiv reagiert oder richtige Lösungen findet, »Flow«. Die Psychologie kennt auch den gegenteiligen Zustand, die so genannte »Problemtrance«. Hier fokussiert das bewusste oder unbewusste Denken auf Probleme und Schwierigkeiten und nicht auf Lösungen.

Jeder Forscher sollte selbst herausfinden, wie man sich selbst in den Zustand der Lösungsorientierung versetzt und den Willen entwickelt, alle Hindernisse zu bewältigen.

» *Instinct and intuition are two attributes that don't fit the scientific mold and are hard to measure. Yet they are critical to creating real leadership.* «

Russell J. White

Übrigens zeigt die Forschung, dass das bewusste Denken nur zwei oder drei Aspekte auf einmal vergleichen kann. Die Vieldimensionalität, mit der man als Forscher täglich konfrontiert ist, zwingt also deshalb dazu, das unbewusste Denken zur Lösungsfindung einzusetzen.

Wer das Planen als mechanistischen Vorgang abtut, hat den Zweck von Businessplänen, Forschungs- und Marketingkonzepten nicht verstanden.

3.7 Literaturempfehlungen

Allen, D., *Getting things done: The art of stress-free productivity*. 2003: Penguin Books.

Brooks, F., F. Phillips, *The mythical man-month: essays on software engineering*. 1995: Addison-Wesley Reading

4 Trends der Wissenschaft in der Wissensgesellschaft

4.1 Einleitung

Es liegt in der Natur der Sache von Wissenschaft und Technologie, dass beide ständiger Veränderung unterliegen. Dieser Wandel macht das Leben interessant und abwechslungsreich, hat aber auch nachteilige Folgen. Zum Beispiel kann es sein, dass man ein Fachgebiet gewählt hat, das heute hoch gehandelt wird, nur um morgen festzustellen, dass es nicht mehr so begehrt ist. Für Forscher bedeutet dies, dass jede Karriere von Beginn an einem fortwährenden Wandel unterliegt. Das hat zu Folge, dass man sein ganzes Berufsleben lang seinen eigenen Weg in einem sich ständig verändernden Umfeld finden muss.

Folgende Trends und Tendenzen haben in den letzten Jahren sehr an Einfluss gewonnen:

- Management und Organisation
- Evaluation und Messung von Forschungsleistung (*Audit*)
- Vernetzung und Open Innovation
- Entrepreneurship
- Einfluss der Kapitalmärkte.

4.2 Forschung – auf dem Weg von Humboldt zur Scientific Community und in die Audit Society

Wissenschaft ist eine gemeinsame Unternehmung, die sich in wenigen Jahrhunderten entwickelt hat. Früher arbeiteten die Naturforscher auch miteinander, aber mithilfe langsamer Kommunikationsmittel und in relativer Isolierung. Wenn Alexander von Humboldt »nothwendig Freiheit und hülfereich Einsamkeit« für die selbstbestimmte Forschung forderte, ist das aus dieser Zeit zu verstehen.

Heute gibt es weltweit mehr Forscher als kumuliert in der Vergangenheit forschten. Die Methoden der Kommunikation haben sich ungeheuer verbessert. Fast alle modernen Wissenschaftler sind Teil einer eng vernetzten globalen wissenschaftlichen Gemeinschaft (der *scientific community*). Diese ist die Quelle akzeptierten Wissensbestandes, die zuverlässiger ist, als es das persönlich erworbene

Wissen jedes Individuums sein kann. Die Gemeinschaft stellt auch einen *Feedback*-Mechanismus in Form einer standardisierten Beurteilung der Kollegen (*peer-review*) bereit.

Viele der modernen Institutionen der Wissenschaft sind während der Professionalisierung der Forschung im 19. Jahrhundert entstanden. In dieser Zeit verlagerte sich die wissenschaftliche Forschung vor allem an die Universitäten, wurde aber auch ein normaler Bestandteil der Industrie.

4.3 Universitäre Forschung

Viele aktuelle Tendenzen lassen sich auf Entwicklungen in den amerikanischen Universitäten und frühen Diskussionen dort über akademische Führung (*leadership*) und institutionelle Leitung zurückführen.

Die globale Ausbreitung und Weiterentwicklung des Modells »Universität« oder »Forschungsorganisation« wird nicht nur aus der Binnensicht des Ausbildungssektors vorangetrieben. Heute werden Firmen, Krankenhäuser, öffentliche Verwaltungen, Forschungseinrichtungen und vor allem Universitäten als Organisationen begriffen, die typische organisationsbezogene Probleme haben und entsprechende Lösungen benötigen.

Akademisches Arbeiten unterwirft sich dabei mehr und mehr normierten Prozessen der quantitativen Erfassung und der Akkreditierung durch spezialisierte Organisationen und Verfahren. Dies entspricht einer breiten gesellschaftlichen Tendenz, die Michael Power *audit society* genannt hat.

Institutionalisierte Selbstreflexion und kollektive Selbstkritik gehören zwar immer schon zur akademischen Kultur, die heutige *audit university* ist dennoch eine sehr neue Entwicklung. Einerseits betrachtete man bislang den Output von Universitäten (Wissen und ausgebildeter Nachwuchs) als sehr verschieden vom Output anderer Organisationen andererseits empfand man die formelle Messung von Wissen und Ausbildung als unüberwindlich schwierig. Zwar sind diese Probleme nicht gelöst, nichtsdestoweniger verbreiteten sich formelle Messungen, z. B. von bibliometrischen Daten, sehr schnell. Dieser Wandel hat weltweit nicht nur die Verwaltung, sondern auch Dekane, Rektoren, Universitätspräsidenten, Beamte in den finanzierenden Ministerien und Wissenschaftsräte erfasst, die sich früher jeder Evaluation der Forschung von außen widersetzt hatten.

Die Universitäten haben das Monopol der Wissensproduktion verloren. Forschungszentren, Regierungsbehörden, Industrielabors, Think-Tanks und Beratungsbüros sind ebenfalls Orte, an denen Wissen geschaffen wird. Sie können sich häufig flexibler, schneller und massiver auf wissenschaftliche und organisatorische Veränderungen in der Forschungslandschaft einstellen. Über ihre Vernetzung werden Kontexte geschaffen, die an die Stelle der Disziplinen treten. Die Forschungsteams und -netzwerke ändern sich schnell, so manche Universität gerät allein durch die immer raschere Ausdifferenzierung der Fächer an die Grenzen des Machbaren.

Neue Technologien und Wissenschaft aus Universitäten werden heute viel öfter als früher in Ausgründungen überführt oder anderweitig kommerzialisiert. Zahlreiche Programme sind installiert, damit Unternehmerpersönlichkeiten sich zeigen und erfolgreich werden. Bedeutende Summen von Risikokapital finanzieren die frühen Phasen und fördern auch mittel- und langfristig Unternehmensgründungen.

4.4 Industrieforschung

Auch die Industrieforschung ist mehr denn je auf Impulse von außen angewiesen. Deshalb spielt in der Industrie der Begriff *Open Innovation*, der von Henry Chesbrough eingeführt wurde, eine besondere Rolle: Der Kerngedanke dahinter ist, dass sich Firmen und Forschungsorganisationen weniger denn je leisten können, sich völlig auf ihre eigene Forschung zu verlassen in einer Welt, in der

- Wissen immer mehr wächst und zunehmend breit verteilt ist
- Innovationszyklen kürzer werden
- die Schnelligkeit des Markteintrittes oft mehr zählt als Geheimhaltung und Exklusivität
- die Halbwertszeit technologischen Vorsprungs sinkt
- zukünftige Entwicklungen weniger zu planen sind.

Dazu kommt, dass heute Mitarbeiterinnen und Mitarbeiter häufiger als früher den Arbeitgeber wechseln und so ein Know-how-Transfer ohnedies unvermeidbar ist.

Die Veränderungen der Kapitalmärkte und die zunehmende Verfügbarkeit von Risikokapital (*Venture-Capital*) machen es weiterhin möglich, gute und vielversprechende Ideen und Technologien auch außerhalb der Organisation weiter zu entwickeln, zum Beispiel in Form unternehmerischer Start-Up-Firmen.

Firmen neigen deshalb zunehmend dazu, ihre Forschung nach außen zu öffnen und Know-how, Verfahren oder Schutzrechte (z. B. Patente) von anderen Firmen oder Organisationen einzukaufen. Ebenso landen interne Erfindungen, die von den Firmen selbst nicht wirtschaftlich verwertet werden, gemäß dem Open

Innovation Konzept nicht mehr unnütz in der Schublade, sondern werden außerhalb (z. B. durch Lizenzen, Gemeinschaftsunternehmen, Spin-offs) verwertet und generieren dadurch Einnahmen.

Die interne Forschung und Entwicklung wird um externe Akteure erweitert, es können Ideen, Kreativität, Wissen und Lösungskonzepte einer deutlich größeren Gruppe von Individuen und Organisationen in den Innovationsprozess einfließen – und damit Ressourcen erschlossen werden, die zuvor nicht für den Innovationsprozess zur Verfügung standen.

Auftragsforschung und außeruniversitäre Forschungseinrichtungen

Angewandte Forschung und Innovation findet auch in Allianzen zwischen Firmen statt oder im Kontext der so genannten Auftragsforschung. Eine Studie des Marktforschungsunternehmens Prognos ordnet im Jahr 2006 140 000 Forscherinnen und Forscher alleine in Deutschland dem Segment außeruniversitäre »Auftragsforschung« zu. Firmen suchen aber nicht nur in Deutschland nach Partnern. Für Forschungsmanager in der Industrie bedeutet dies eine große Unübersichtlichkeit: Welche Forschungsgruppen haben in den spezifischen Fragestellungen das größte Know-how, welche haben die Disziplin und die Energie, gestellte Aufgaben effizient und zuverlässig zu lösen, welche haben die Exzellenz, auch die besten Lösungen bereitzustellen?

4.5 Entrepreneurship

Parallel zu der bereits beschriebenen Entwicklung, Universitäten und Forschungsorganisationen zunehmend als Organisationseinheiten zu betrachten und zu steuern, wächst auch die Bedeutung von Einzelpersönlichkeiten, die ohne große organisatorische Einbindung Neues wagen und aufbauen. Vor wenigen Jahren wäre Unternehmertum für Wissenschaftler oder Ingenieure kaum ein Thema gewesen. Heute genießt die so genannte *Entrepreneurship* nahezu weltweit eine zunehmende Aufmerksamkeit in der Wissenschaft, unter Führungskräften der Wirtschaft, bei Investoren, Regierungen und Verwaltungen. Bei der Schaffung und dem Aufbau einer neuen Unternehmung übernimmt der Unternehmer Verantwortung für Entwicklung und Fortbestand, trägt Risiken, profitiert aber auch von Vorteilen. Im Geschäftsleben drückt sich dies in einer wachsenden Zahl von Firmengründungen aus, in großen Unternehmen, insbesondere den multinationalen Konzernen wächst das Interesse an *Intrapreneurship* (*Entrepreneurship* in einer existierenden Organisation). Intrapreneurship wird als Schlüssel zur Innovation in etablierten, insbesondere großen Organisationen gesehen: wichtig, um die Kompetenzen der Firma zu erweitern. So werden künftig mehr Wissenschaftler und Ingenieure ihre eigenen Firmen gründen, sich jungen Firmen anschließen oder als *Intrapreneurs* in großen Forschungsorganisationen und Konzernen agile kleine Teams gründen und leiten.

Kapital, um neue Firmen zu gründen oder Einheiten aus existierenden Firmen herauszulösen und zu finanzieren, ist heute weltweit in viel stärkerem Maß als früher verfügbar. Kapital ist heute weltweit ungebunden und sucht die attraktivsten Anlagemöglichkeiten.

Während Forschung und Entwicklung bislang nur durch Umschichtung von Ressourcen innerhalb einer Firma, durch Vorfinanzierung von Kunden oder mit Unterstützung des Staates finanziert werden konnten, stehen heute Venture-Capital-Geber bereit, die aussichtsreiche Neugründungen mit privatem Finanzkapital finanzieren. Parallel dazu wächst die Bedeutung der Kapitalmärkte auch für große Unternehmen: Insbesondere die Vorstände börsennotierter Unternehmen werden daran gemessen, wie sich der Kurs der Aktie entwickelt. Die Börsen erwarten einerseits eine Finanzberichterstattung auf Quartalsbasis und sorgen so für eine kurzfristige Ausrichtung des Managements, schätzen aber andererseits langfristige Dividendenerwartungen und versuchen, auf dieser Basis den wahren Unternehmenswert zu ermitteln.

Die langfristige Sichtweise bewertet dabei immaterielle Werte, und damit auch das Investment in Köpfe, Forschung und Patente, besser als frühere Bilanzierungsmethoden. Anderseits nimmt die spekulative und zyklische Veränderung der Risikopräferenzen der Investoren den Unternehmen die langfristige Perspektive, die zum Aufbau von Know-how und zur Durchführung von Innovationsprojekten benötigt wird. Unternehmen im Familienbesitz nehmen hier manchmal eine Sonderrolle ein.

4.6 Literaturempfehlungen

Bush, V., *Science The Endless Frontier: A report to the President by Vannevar Bush, Director of the Office of Scientific Research and Development, July 1945.* 1945, Washington, DC: US Government Printing Office.

Chesbrough, H., *Open business models: how to thrive in the new innovation landscape.* 2006: Harvard Business School Press..

Stölting, E., U. Schimank und C. Albrecht, *Die Krise der Universitäten.* 2001: Westdeutscher Verlag.

Stokes, D., *Pasteur's quadrant: Basic science and technological innovation.* 1997: Brookings Institution Press.

5 Die Kunst, vorzutragen und (sich) zu präsentieren

5.1 Einführung

Es ist ein Vergnügen, Reden oder Vorträgen zuzuhören, in denen die wissenschaftlichen Inhalte gut präsentiert werden, der Hörer dem Duktus des Vortrags leicht folgen kann und die illustrierenden Materialien anschaulich sind. Ein wissenschaftlicher Konferenzvortrag eignet sich, um Ergebnisse mitzuteilen, die Aufmerksamkeit der Fachwelt zu wecken und das eigene Curriculum Vitae zu optimieren. Forscher und Gründer in Unternehmen und Forschungseinrichtungen halten oft Vorträge, beispielsweise, um Projekte zu beantragen, Kunden zu gewinnen oder die Finanzierung zu sichern.

Leider sind gute wissenschaftliche Vorträge selten. Die Redekultur fristet in Deutschland bis heute ein Schattendasein. Während in England schon Schüler in Debattier-Clubs die freie Rede üben und an amerikanischen High Schools Rhetorik ein fester Bestandteil des Curriculums ist, spielt der mündliche Vortrag im deutschen Ausbildungssystem bislang leider keine große Rolle.

Je nach Art der Rede – ob Posterpräsentation, Vortrag auf einer Konferenz, Journal-Club-Vortrag oder Vorlesung – sind Besonderheiten zu beachten. Die vielleicht schwierigste und wichtigste Präsentationsform ist der Kurzvortrag, den nicht nur ein Firmengründer, sondern jeder Forscher beherrschen sollte, um sein Anliegen schnell und effektiv an das Gegenüber zu bringen.

Die speziellen Anforderungen der einzelnen Vortragsformen werden in der Folge dargestellt. Ein paar Hinweise zur Moderation einer Konferenz ergänzen dieses Kapitel. Am Anfang stehen allgemeine Hinweise, die bei jedem öffentlichen Vortrag gültig sind.

Wer ein paar Konferenzen besucht hat, wird (in manchen Fächern öfters als in anderen) feststellen, dass sich vieles wiederholt: die Leute, die man trifft, die Themen, die diskutiert werden.

Gründe, trotzdem auf Konferenzen zu fahren, sind:

- Sich selbst und seine Publikationen bekannt zu machen,
- Feedback für seine Forschung zu bekommen,
- Forschungspartner (z. B. für interdisziplinäre Projekte) zu finden,

- Allgemeines *Networking*,
- Angebote von außerhalb zu finden.

Wer als *invited speaker* zu einer Konferenz eingeladen ist und noch nicht so berühmt ist, dass die Ehre und die Verbesserung des Lebenslaufes, die so eine Einladung bedeutet, für ihn unwichtig sind, tut gut daran, der Einladung zu folgen. Ansonsten sollte man darauf achten, dass mehrere der oben genannten Gründe zutreffen, bevor man sich auf zu viele Konferenzen anmeldet.

In sehr neuen Forschungsgebieten gibt es manchmal noch nicht die eine große fachliche Öffentlichkeit, sondern nur einige regionale Gruppen. Diese organisieren Workshops und Konferenzen und sind bisweilen auch nur innerhalb der regionalen Kontexte sichtbar. Hieraus ergibt sich die Chance, sich schneller in ein solches Netzwerk einzufinden und darin dann auch in Vorständen mitzuwirken.

» *Der Hauptfehler der meisten schlechten Vorträge: Sie wurden nicht um die Bedürfnisse des Publikums, sondern darum, was der Sprecher selbst weiß und gerne mitteilen möchte, entwickelt.* «

Allgemeine Hinweise

Die Basis guter Vorträge und Reden ist das Eingehen auf das Publikum. Mit der Vermittlung der Vortragsinhalte entwickelt sich zwischen Redner und Publikum eine emotionale Wechselwirkung: Die Zuhörer entwickeln Sympathie oder Antipathie, Vertrauen oder Misstrauen, Faszination oder Langeweile, Zustimmung oder Abneigung. Diese Gefühle variieren in Intensität und Verteilung, am meisten wirken die Emotionen am Ende des Vortrages. Ein lebhafter und ungestörter Dialog mit dem Publikum ist entscheidend für den Erfolg eines Vortrages oder einer Präsentation: Auch bei wissenschaftlichen Vorträgen bleiben vom Inhalt nur wenige Prozent, vom emotionalen Mix aber fast alles in der Erinnerung des Publikums. Dialog heißt, dass die Zuhörer sich angesprochen und einbezogen fühlen und aktiv zuhören.

Emotionen sollte man nicht unterschätzen, in der Forschung zählen aber selbstverständlich und vor allem die Inhalte. Richtigerweise beginnt man die Vorbereitung eines Vortrags deshalb mit den Fragen wie:

- Was sind die Bedürfnisse und die Erwartungen des Publikums?
- Was sind meine Ziele und Erwartungen?
- Was sollen die Zuhörer nach dem Vortrag denken oder anders sehen?

- Was wissen sie schon? Worauf kann man aufbauen? Was wurde auf der Konferenz schon von anderen zum Thema gesagt?
- Was müssen die Zuhörer wissen, um den Vortrag verstehen zu können?
- Gibt es Abneigungen und Wünsche hinsichtlich Vortragsstil und Format?

Es gibt mehrere Möglichkeiten, einen Vortrag zu halten. Manche Sprecher lesen ab, manche können den Vortragstext auswendig, die meisten sprechen frei. Die freie Rede ist die effektivste Variante, da man hierbei den Blickkontakt mit dem Publikum beibehalten und auf enthusiastische, aufrichtige Weise präsentieren kann. Wenn es sein muss, helfen Karteikärtchen dem Gedächtnis. Diese sollten nur Schlüsselwörter oder einzelne Sätze enthalten.

PowerPoint-Präsentationen verleiten zum Aufzählen von Gliederungspunkten. Ein Vortrag soll aber nicht aufzählen, sondern erzählen, ein Ziel verfolgen und Spannung und Kontakt zum Zuhörer aufbauen. Um überzeugend zu wirken, braucht er eine gewisse Struktur, die Vortragsdramaturgie. Eine Dramaturgie dramatisiert die Arbeit an einer Präsentation nicht, sondern erleichtert sie ganz wesentlich. Vor allem erzieht sie dazu, die Gedanken auf den Punkt zu bringen, klar zu argumentieren und sich ausschließlich am Nutzen und Interesse des Zuhörers zu orientieren.

Ein Publikum ist beeindruckt von echter Begeisterung, Energie und Aufrichtigkeit. Diese Qualitäten werden am besten sichtbar, wenn man aufrecht mit beiden Füßen fest auf dem Boden steht oder dynamisch sicheren Schrittes geht, lächelt, die passenden Gesten mit Armen und Händen macht und dabei aussieht, als ob man das Vortragserlebnis genießt.

Wer nur von einer PowerPoint-Folie zur nächsten geht, schläfert dagegen leicht sein Publikum ein. Änderungen im Tempo bringen ebenso wie Unterbrechungen Energie in einen Vortrag.

Die Konzentrationsfähigkeit von Erwachsenen sinkt bereits nach 5 bis 15 Minuten. In diese Zeitabschnitte gliedert man seinen Vortrag durch Unterbrechungen.

Gesten entwickeln sich aus dem Inhalt der Rede, sollen sowohl zur Situation als zum persönlichen Stil des Vortragenden passen und Wirkung entfalten. Man vermeidet monotones Fuchteln mit den Händen, wenn man wirklich mit den Händen spricht, Arme und Hände mächtig und ausdrucksvoll werden lässt. Weiterhin sollten Gesten auch hoch genug sein. Niedrige Gesten ziehen die Augen des Publikums nach unten und weg vom Gesicht.

» Gesten, die zum Einzelgespräch passen, sind in Vorträgen meist zu klein. Je mehr Zuhörer, desto größer sollten die Gebärden sein. «

Insgesamt sollte man seinen natürlichen Stil sprechen lassen und diesen erweitern. Mit ein bisschen Praxis kann man einen körpersprachlichen Wortschatz aufbauen, um ein kraftvollerer und redegewandter Sprecher zu werden.

Jeder leidet an Lampenfieber und hat Sorge, sich zum Narren zu machen. Es ist wichtig, positiv mit Lampenfieber umzugehen und es zu nutzen. Nur wen Adrenalin puscht, kann Höchstleistungen vollbringen. Wer Lampenfieber spürt, hat es leichter, zu überzeugen.

Man kann lernen, seine Nerven auf mehreren Wegen zu kontrollieren: durch gute Vorbereitung und Planung, durch Praxis und Übung und vor allem, indem man sich den Erfolg plastisch vorstellt und positiv mit sich selbst spricht.

Man sollte zu Beginn nicht unbedingt vor engen Freunden oder im Familienkreis vortragen. Diese Reden sind am schwersten. Obwohl die Zuhörer einen besonders mögen, hindern trotzdem Gefühle und die Befürchtung eines geringschätzigen Urteils daran, wirklich gut zu werden. Am besten spricht man zu wildfremden Menschen. Leider kann man in Deutschland nicht wie in England in einem Speakers' Corner im Hydepark trainieren. Man sollte aber jede Gelegenheit nutzen, vor anderen Menschen etwas zu präsentieren. Je öfter man eine Rede hält, desto lockerer und routinierter wirkt man auch.

5.2 Konferenzvorträge

Bevor ein wissenschaftlicher Zeitschriftenartikel die Leser erreicht, unterliegt er strenger Prüfung und Verbesserung; in der ersten Phase geschieht dies durch die wissenschaftlichen Gutachter, in der zweiten Phase durch ein professionelles Editieren der Zeitschriftenredaktion. Anders verhält es sich bei mündlichen Präsentationen, die in Form und Inhalt erheblich variieren dürfen; hier entscheidet sich der Vortragende selbst für den Aufbau und den Stil der Präsentation. In diesem Fall passiert die Evaluation live und vor Ort. Es ist das Publikum selbst, welches das Endergebnis bewertet.

Der schlimmste und häufigste Fehler bei Vorträgen ist, die im Programm festgelegte Zeit zu überziehen. Dies sollte man durch gute Vorbereitung und Disziplin beim Vortrag unbedingt vermeiden. Ein Sprecher, der seinen Vortrag vor der festgesetzten Zeit beendet, findet deutlich mehr Sympathie, als derjenige, der überzieht.

» *Die Agenda einer Tagung ist wie ein Vertrag. Mit der Teilnahme wird er zwischen Organisator, Publikum und Sprechern geschlossen. Dies gilt auch für die Zuhörer, die nicht während des Vortrags Unruhe verbreiten, E-Mails abrufen, kommen und gehen sollten.* «

Um die Bedeutung des Forschungsthemas zu beleuchten, ist es notwendig, in den Inhalt der Präsentation einzuführen und den Vortrag mit abschließenden Bemerkungen und Schlussfolgerungen zu schließen. Wenn die Präsentation kurz ist (weniger als 20 Minuten), macht es keinen Sinn, viel Zeit auf eine Einführung zu verwenden. Bei wesentlich längeren Präsentationen ist es ratsam, das Material in gut strukturierte Abschnitte zu teilen, die aus jeweils ein paar Folien bestehen und jeden Abschnitt mit einem vorläufigen Schluss zu versehen. Dies gibt der ganzen Präsentation eine logische Struktur. Sie hilft, die Aufmerksamkeit der Teilnehmer zu binden und erlaubt es ihnen, dem roten Faden der Präsentation zu folgen.

Bei einem längeren Vortrag empfiehlt es sich, das Thema in drei bis fünf Hauptideen zu zerlegen und den Vortrag in inhaltlich in ebenso viele Teile zu trennen. Mehr Information überlastet die Zuhörer und man verliert das Interesse des Publikums. Weiterhin ist es sinnvoll, eine Kernbotschaft zu erarbeiten, diese mehrmals zu wiederholen und damit zu enden.

Auf keinen Fall vergessen sollte man das Zitieren der Quellen und die Danksagung für Zuarbeit der Kollegen aus dem eigenen Haus und anderer Institutionen.

» *Eine gute Rede hat einen guten Anfang und ein gutes Ende – und beide sollten möglichst dicht beieinander liegen.* «

Mark Twain

Man sollte nicht der Versuchung erliegen, alles zu sagen, was man zum Thema der Präsentation weiß, oder alle Ergebnisse zu präsentieren, die in einem Projekt angefallen sind. Niemand im Publikum interessiert sich dafür, wie fleißig der Vortragende war und wie viel Zeit er im Labor verbracht hat. In der Vorbereitung ist es oft nicht einfach, den Rahmen zu begrenzen und auszuwählen, welche Ergebnisse aus einer enormen Datenmenge einbezogen werden sollten. Der Fokus sollte auf die Ergebnisse gerichtet sein, die die endgültigen Schlussfolgerungen unterstützen.

Man sollte jeden Vortrag unbedingt proben und sich nicht auf die Hoffnung verlassen, dass es, wenn es soweit ist, schon stimmen wird. Man sollte angemessene

Zeit einplanen, einige Male durch das Material zu gehen. Mit der Vorbereitung kommen oft Formulierungen, Beispiele und Anekdoten, an die man zuvor nicht gedacht hatte. Übung hilft, die Länge von Sätzen und der Wahl von Wörtern zu verbessern und passende Körpersprache zu entwickeln.

Es empfiehlt sich, die technischen Gegebenheiten und das Umfeld, in dem man präsentiert, im Voraus zu kennen, und genügend Zeit einzuplanen die Einrichtungen zu prüfen und den Raum gegebenenfalls umzustellen. Wenn es die Zeit gestattet, sollte man versuchen, wenigstens ein letztes Mal am Veranstaltungsort zu proben. Man sollte auf einen Ausfall der Technik vorbereitet sein und notfalls wissen, was man sagt, wenn die Technik ausfällt oder zu spät zum Laufen kommt.

Während oder nach einer Präsentation werden Zuhörer Fragen stellen. Es lohnt sich, zu antizipieren, wie man mit ihnen umgehen wird. Es ist anzuraten, die Frager auf das Ende der Präsentation zu vertrösten, damit sie den Ablauf der Rede nicht stören. Außerdem kann es sein, dass die Antworten sowieso später im Vortrag beantwortet werden. Das eigene Schlusswort sollte man sich bis nach der Fragerunde aufheben, um mit einer Botschaft enden zu können.

Bei sehr wichtigen Vorträgen sollte auch die Diskussion vorher geprobt werden. In der Diskussion ist das Wichtigste, aufmerksam zuzuhören und sich zu vergewissern, dass man richtig verstanden hat, z. B. indem man die Frage in eigenen Worten wiederholt.

» *Es steht einem Redner besser an, einen holprigen Vortrag daherzustottern und dafür die Diskussion souverän zu beherrschen als einen geschliffenen Vortrag zu liefern und dann bei der Diskussion wie ein Trottel dazustehen.* «

Siegfried Bär (Autor von *Forschen auf Deutsch*)

Man beantwortet die Fragen präzis. Womöglich blättert man auf Folien zurück, die die Antwort enthaltent. Wenn eine Frage langatmig und sehr gesprächig gestellt wird, sollte man nur den wichtigsten Punkt aufnehmen und eine kurze Antwort geben. Man sollte vermeiden, defensiv zu sein – die Körpersprache ist offen und man ist so freundlich wie möglich. Lügen lohnt nicht – wer eine Antwort nicht weiß, gibt dies zu. Gute Redner lassen sich nicht zu einer schnellen Antwort drängen, sondern legen eine Pause ein und überlegen, was sie sagen wollen. Es spricht für jeden Redner, wenn er seine Meinung ändern kann, wenn vorgebrachte Daten oder Argumente dies erfordern.

Abstract-Präsentationen

Eine Abstract-Präsentation ist eine formale, kurze, wissenschaftliche Kommunikation, bei der fast immer PowerPoint-Folien verwendet werden. Sie fasst die Ergebnisse einer eigenen Untersuchung zusammen und dauert je nach Format fünf bis zwanzig Minuten. Danach folgt eine fest geregelte Frageeinheit. Die Präsentation sollte knackig und klar sein und sich exakt an die zeitliche Begrenzung halten. Vorträge, die das limit überschreiten, werden gnadenlos unterbrochen und mitten in der Rede beendet. In Abstract-Sessions sollte man nie aus dem Stegreif reden, sondern seinen Vortrag Wort für Wort mindestens drei bis vier Wochen voraus entwerfen und gründlich üben. Hier ist es nicht unangemessen, auch eine schriftliche Fassung des Vortrags auf der Bühne dabeizuhaben. Der Hintergrund muss knapp und fokussiert dargestellt werden. Nur die wichtigsten Methoden werden unter Zuhilfenahme von Bildern beschrieben, Ergebnisse werden in Tabellen und Diagrammen dargestellt. Die Limitierungen der Studie sollten unbedingt erwähnt werden. Man diskutiert die wissenschaftlichen oder technologischen Fortschritte, die man mit seiner Arbeit gemacht hat. Den Schluss bilden praktische Konsequenzen und künftige Chancen, die sich aus der Untersuchung ergeben.

5.3 Posterpräsentationen

Neben den mündlichen Vorträgen sind Posterpräsentationen die meistverbreiteten Vorträge. Für den Besucher wissenschaftlicher Konferenzen sind die Poster-Sessions, in denen man einzeln oder in kleinen Gruppen durch die Räume und Flure mit den Postern geht und mit den Präsentatoren der Poster diskutiert, sehr fruchtbar und stimulierend. Das Format einer Poster-Session ist persönlicher als das eines Vortrages und von Austausch und Diskussion geprägt. Der Betrachter hat selbst die Entscheidung darüber, wie lange er sich mit welcher Forschungsarbeit beschäftigen will. Bei großen Konferenzen (deutlich größer als 200 Teilnehmer) ist die Gefahr da, dass man als Präsentator eines Posters im allgemeinen Informationsüberangebot untergeht. Auf kleineren Konferenzen können die Diskussionen am Poster wertvoller sein als die nach einem Plenarvortrag.

Meist reicht man vor der Konferenz bis zum Stichtag einen Abstract über die zu präsentierende Studie ein. Die Organisatoren wählen auf Basis der Abstracts, die auch im Konferenzprogramm abgedruckt werden, aus und legen das Nebeneinander der einzelnen Poster fest.

Ein Poster ist eine öffentliche Präsentation, mit der man sich nicht blamieren will. Man sollte sorgfältig planen und nicht zu viel, aber auch nicht zu wenig Zeit für die Anfertigung vorsehen. Weil zum Schluss meistens etwas schief geht, sollte man nicht bis zur allerletzten Minute warten.

- Braucht man Bilder oder Daten von außen?
- Muss Material verschickt und von anderen bearbeitet werden (Agenturen oder Kooperationspartner)?

Dann muss man sich für Abstimmung, Anforderung, Lieferung und Prüfung auch genügend Zeit vormerken. Wer wenig Erfahrung beim Anfertigen von Postern hat, braucht länger und sollte mindestens eine Woche Zeit einplanen. Zuviel Zeit lässt allerdings die Aktualität der gezeigten Daten leiden und verleitet, Zeit mit unnötigen Details zu vertrödeln.

Bei der Anfertigung eines Posters beginnt man unbedingt mit den Instruktionen der Konferenzorganisatoren. Diese Details zu kennen, macht die Arbeit übersichtlicher und einfacher. Als nächstes liest man den eigenen Abstract nochmals und prüft, ob man den dort getroffenen Aussagen immer noch zustimmt.

Die Größe des Posters ergibt sich in der Regel aus den Instruktionen. Man legt zurecht, was man braucht: Posterkarton, Kleber, Teppichmesser, Schere, ein Schneidegerät und vor allem die Daten in Form von Fotos, Tabellen und Diagrammen.

Sinnvollerweise macht man einen ersten Entwurf mithilfe von Karteikärtchen DIN A 6 und arrangiert seine Inhalte in drei, vier oder fünf Spalten: Oben der Titel, oben links eine kurze Einführung von drei bis vier Sätzen. Die Schlussfolgerungen stehen unten rechts. Methoden und Ergebnisse füllen den Platz dazwischen.

Da ein Poster eine visuelle Präsentation ist, sollte man durch schematische Darstellungen, Pfeile und andere Strategien die visuelle Aufmerksamkeit des Betrachters binden anstatt nur Text zu benutzen.

Das Poster sollte eine zentrale Frage behandeln. Diese Fragestellung sollte ebenso wie eine *Take-home-message* auf dem Poster explizit angesprochen werden, so dass man die Diskussionen während der Poster-Session nutzen kann, um Sachverhalte rund um diese Frage und die Schlussfolgerung zu besprechen. Würdigen Sie Leistungen und Beiträge Anderer in einem Danksagungsabschnitt, der in einem kleineren Schriftsatz gehalten ist. Mit Logos, Slogans, Wappen oder Werbebannern sollte man auf einem wissenschaftlichen Poster sehr sparsam umgehen.

Wenn die Luftfeuchtigkeit am Konferenzort höher oder niedriger ist als beim Anfertigen, fangen die aufgeklebten Blätter an, zu knittern oder sich abzulösen.

Man sollte deshalb stets doppelseitiges sowie durchsichtiges Klebeband für Notfälle dabeihaben. Wer sein Poster auf ein einziges großes Blatt ausdruckt, sollte dieses vor dem Transport laminieren oder wenigstens mit Sprühlack behandeln, da die Tinte meistens nicht wasserfest ist. Wenn man die Arbeit des Anfertigens, die Reisekosten und all die Mühen rechnet, die es kostet, das Poster zu zeigen, sollte man sich nicht von Kleinigkeiten die Präsentation verderben lassen.

Bei der Konferenz sollte man sich nicht zu weit vom eigenen Poster entfernen und stets für Diskussionen zur Verfügung stehen.

5.4 Seminarvorträge

Wenn man eine interessante Publikation veröffentlicht hat oder auf einer Konferenz aufgefallen ist, wird man ab und zu auch für einen Seminarvortrag an einer Uni, Forschungseinrichtung oder in einer Firma eingeladen. Diese Vorträge sind meistens informeller, die Zahl der Zuhörer ist kleiner als bei einer Konferenz, aber man hat hier meistens mindestens 45 Minuten Zeit und kann eine komplette *story* vortragen, mit einer Einleitung, einer Beschreibung seines Forschungsthemas und einem bestimmten Ergebnis und sich damit bekannt machen, Feedback bekommen und eine wertvolle Zeile im Lebenslauf ergänzen.

5.5 Vorlesungen

Es kann vorkommen, dass ein Nachwuchsforscher eine Vorlesung hält, etwa um für seinen Betreuer einzuspringen. Fast immer unterrichtet man Übungen und Seminare. Bei der Bewerbung, um eine neue Stelle wird manchmal eine Probevorlesung verlangt, insbesondere bei der Bewerbung um eine Stelle als Professor.

Vorlesungen an der Universität erfordern einen Mix aus akademischem Auftritt, Integrität und der Fähigkeit, mit Jüngeren zu kommunizieren. Sie bedürfen der Fähigkeit, sich in die Sichtweise der Studierenden zu versetzen. Ein guter Hochschullehrer muss ein engagierter Zuhörer sein. Er holt mehr aus den Studenten heraus, als diese selbst für möglich halten, stellt Anforderungen, durch die sich die Studierenden von ihren eigenen Lernfortschritten überzeugen und gewinnt sie, weiter zu lernen. Er beobacht, ob die Studenten Zeit für Notizen benötigen, macht eine Pause oder erhöht das Tempo, wenn er merkt, dass die Zuhörer unterfordert werden. Große Lehrer verspotten weder noch unterschätzen sie die Jugend.

Gute Dozenten sind auf dem neuesten Stand des Thema und bringen das gleiche Interesse auf, stellen die gleichen Fragen, die sie von den Studenten erwarten. Die besten und erfahrensten Professoren üben jede einzelne Vorlesung an der Tafel ein. Sie sind grundsätzlich pünktlich bei der Vorlesung und lassen sie auch nicht aus Bequemlichkeit ausfallen. Sie bestehen auf einer Höflichkeit und Form, die der Sorgfalt entspricht, mit der das besprochene Thema behandelt werden sollte. Sie betrachten die Ergebnisse einer Vorlesung als: »Meine Studierenden wissen nun dies oder das« anstatt »ich habe dies oder das in der Vorlesung behandelt« und kennen den Unterschied der beiden Betrachtungsweisen. Sie zeigen tiefe Verbundenheit mit den intellektuellen Werten und dem Lernen. Sie betonen das Positive, geben sich Mühe, gute Arbeit zu loben. Sie begegnen mit größtmöglicher Freundlichkeit, die die Ehrlichkeit zulässt, Studenten, die sie nicht mögen und versuchen, persönliche Verärgerung hintanzustellen. Sie geben einen Studenten nie auf.

5.6 Konferenzmoderation (*Chairman*)

Es ist eine Ehre, bei einer Konferenz gebeten zu werden, eine Session oder einen Workshop zu moderieren und zu leiten. Der Erfolg einer Konferenz hängt ganz wesentlich von der Qualität der Moderation ab.

Ein Außenstehender wäre vermutlich erstaunt, mit welchen Emotionen Debatten in der Wissenschaft verbunden sein können. Forscher, die mit Herzblut und Engagement jahrelang über eine Frage nachgedacht haben, werden mit Leidenschaft für die Richtigkeit ihrer Überzeugung kämpfen. Dass Wortgefechte und tiefe Gefühle nicht zu Lasten der rationalen Argumente und des geordneten Ablaufs gehen, liegt in der Verantwortung des Chairmans.

Die Moderation von Konferenzen und Workshops unterscheidet sich nach deren Größe, der Länge, dem Thema und ob man als ein Außenstehender gebeten oder von den Mitgliedern gewählt wurde. Ein Chairman zu sein, unterliegt dennoch gewissen grundlegenden Prinzipien, die allen Konferenzen gemeinsam sind.

Die wichtigste Unterstützung bekommt man vom Organisator oder Sekretariat der Konferenz: dieses kennt Ziel und Gepflogenheiten, von denen man selbst nur oberflächlich weiß. Ohne dessen Genehmigung und Rat ist man stets in der Gefahr, Fehler zu machen. Man sollte vom ersten Gespräch, (das reichlich vor Konferenzbeginn stattfinden sollte) an den engen Kontakt pflegen, um Information über die Themen und über mögliche Haken bitten. Je genauer man die Besonderheit der Konferenz – und jede ist anders – kennt, umso besser. Die Teilnehmenden haben persönliche Eigenschaften, Schwächen und Motivationen, die diesem Feld eigen sind und beachtet werden wollen. Wenn man den Organisator gut kennt, lohnt der heikle Versuch, von ihm eine Liste der Teilnehmer zu bekommen, wer darunter einem selbst und anderen das Leben schwermachen kann, auf wen man sich verlassen darf.

Leider lohnt es sich für den Chairman oft, wenigstens eine Woche vor der Konferenz die Vortragenden zu kontaktieren, um sicher zu gehen, dass sie sich der Aufgabe bewusst sind und die Inhalte vorbereitet wurden.

In der Konferenz ist es die wichtigste Aufgabe des Chairmans, darauf zu achten, dass der Zeitplan eingehalten wird. Selbst wenn eine Diskussion noch so fesselnd ist, wird das Publikum schnell schwinden, wenn die Zeit zu sehr überzogen wurde. In den Diskussionen werden manche Teilnehmer mehr reden als andere. Ein guter Chairman wird deshalb angemessen oft andere aufrufen, die ruhiger sind und zögerliche Teilnehmer mit positivem Feedback ermutigen. Es kann sinnvoll sein, zuerst einen Studenten, dann andere Teilnehmer und zum Schluss die »Titanen« aufzurufen. Dies alles verlangt ein gewisses Proaktiv-sein des Chairmans, das für eine erfolgreiche Konferenz unbedingte Voraussetzung ist.

Wenn die Diskussion nicht in Gang kommt, kann man Fragen an Teilnehmer richten, die man kennt, die sich im Gebiet auskennen oder bekannt dafür sind, ihre Meinungen gerne mitzuteilen.

Der Chairman muss einschreiten, wenn eine Diskussion sich über das Stadium der Debatte hinaus entwickelt und in Konflikte oder offene Feindschaft mündet. Wenn das Klima feindselig wird, ist es seine Aufgabe, zu deeskalieren. Als ersten Schritt kann er dazu auf Themen zurückkommen, bei denen sich alle einig sind. Wenn der Widerstreit damit nicht zu beenden ist, muss der Vorsitzende den Streithähnen klar signalisieren, dass der Themenbereich damit abgeschlossen ist und zu anderen Sprechern und Themen überleiten.

Insgesamt achtet der Moderator darauf, dass Fragen aus dem Publikum auf bestimmte Zeitspannen beschränkt werden. Der Chairman fasst bei einer Konferenz Ansichten und Informationen zusammen. Er hat die Aufgabe, Attacken und aggressives Verhalten gegen einzelne Sprecher abzuwehren. Ein guter Vorsitzender zeigt stets sein Interesse am Redner und den Fragestellern und drückt das in seiner Körperhaltung aus.

Zum Schluss dankt er dem Vortragenden im Namen des Publikums.

Es ist stets sinnvoll, eine Person seines Vertrauens zu bitten, sich an der Session zu beteiligen und nach der Konferenz ein Feedback zu geben, was gut lief und was man bei dem Chairing einer nächsten Session besser machen kann.

Die Moderation eines Journal-Clubs

Als Moderator eines Journal-Clubs (siehe dazu auch Seite 81 im Publikationskapitel) sollte man sich vergewissern, dass alle Anwesenden Kopien der zu besprechenden Artikel erhalten haben. Wenn der Moderator den Inhalt des Journal-Clubs beeinflussen kann, sorgt er dafür, dass relevante und interessante Publikationen aufgegriffen werden. Eine nur negative Kritik eines einzelnen Papers sollte vermieden und stattdessen ein ausgewogener Überblick über mehrere verwandte Publikationen versucht werden. Klassiker unter den Publikationen können sich mit aktueller Forschung abwechseln.

Es ist Aufgabe des Chairmans, den Vortragenden und die Anwesenden zu einer kritischen Würdigung dieser Publikationen zu leiten. Die oben gemachten Anmerkungen über das Geben und Einholen von Feedback gelten auch bei Journal-Club Präsentationen. Zum Schluss dankt der Chairman allen Anwesenden für ihre Beiträge.

5.7 Der Kurzvortrag (*Pitch*)

Einführung Wie verhält sich

- ein Unternehmensgründer auf Geldsuche, wenn er im Hotellift zufällig einem der wichtigsten Kapitalgeber begegnet?
- ein Auftragsforscher, der ein großes Forschungsprojekt akquirieren will, wenn seine Verhandlungspartner aber noch das O. K. des Forschungsvorstandes benötigen und er dem jetzt im Aufzug begegnet?
- ein Wissenschaftler, der eben angefangen hat, eine Publikation über aufregende Ergebnisse zu verfassen und der zufällig mit einem Editor der Zeitschrift *Science* oder *Nature* im gleichen Taxi sitzt?
- ein Projektleiter in einer großen Firma, der eine Idee entwickelt hat, deren Umsetzung der Firma Hunderte von Millionen einsparen kann und der zufällig im Lift dem Vorstandsvorsitzenden der eigenen Firma gegenüber steht?

» *Es ist eine hervorragende Übung, bei Elevator Pitch-Wettbewerben mitzumachen. Zu lernen, ein Anliegen in einer oder fünf Minuten an die Zuhörer zu bringen, wird man bei vielen zufälligen oder absichtlichen Begegnungen erfolgreich nutzen können.* «

Vielleicht hören sich diese Beispiele weit hergeholt an, aber genau diese Erlebnisse passieren täglich. Unternehmer, Erfinder, Verkäufer, Projektleiter, Autoren oder Stellensuchende treffen durch Planung, Zufall oder Beziehungen auf die Person, die wesentlich bewirken kann, dass man sein Ziel erreichen, seine Idee, Leistung, Projekt, Buch oder die eigene Person finanzieren und umsetzen kann. Es ist schade, dass die meisten dann auf diese Situation nicht vorbereitet sind. Statt die Gelegenheit zu nutzen, verlassen sie ohne Erfolg den Aufzug.

Was man in einer solchen Situation aber braucht, ist eine spezielle Vortragsform, die als *Elevator Pitch* bezeichnet wird.

Beschränkung Ein effektiver Elevator Pitch gibt dem Gegenüber oder dem Publikum genau so viel Information, dass es ungefähr weiß, um was es überhaupt geht und mehr wissen will. Er enthält nicht so viel Information, dass der andere überwältigt ist und abschaltet. Um erfolgreich zu sein, muss man dem Publikum den Einstieg in sein Thema erleichtern, muss ihm eine Chance geben, die Monate oder Jahre aufzuholen, die man selbst über das Thema nachgedacht hat.

Man selbst ist sicher fasziniert, voller Leidenschaft und könnte Stunden verbringen, um sein Thema zu besprechen – Menschen, die helfen können, »dem Ding« zum Leben zu verhelfen sind mit größter Wahrscheinlichkeit weder so kenntnisreich noch so interessiert wie man selbst. Somit ist es unwahrscheinlich, dass sie all die Fakten, Feinheiten und Details wertschätzen. Sie werden stattdessen – mindestens am Anfang – nur an der großen Linie interessiert sein. Selbst wenn eine Person vom Fach ist, kann man damit rechnen, dass sie umso überlasteter ist, je hilfreicher sie sein könnte. Als Konsequenz muss man selbst einen Weg finden, die Aufmerksamkeit von jemandem zu wecken, dem hundert andere Dinge durch den Kopf gehen und selbst den Aufwand betreiben, die eigene Idee so zusammenzufassen, dass es den Zuhörer extrem wenig Zeit und Energie kostet, sie zu verstehen. Man muss sofort auf den Punkt kommen.

Man erläutert nicht jedes Detail, das man »verkaufen« will. Stattdessen beschränkt man sich darauf, dass der oder die Zuhörer verstehen, über was man spricht und was für ihn dabei herausspringt. Es ist nicht das Ziel, den Auftrag zu erhalten oder den Kauf zu besiegeln, sondern das Publikum zu interessieren, später weiter und länger mit dem Vortragenden zu sprechen.

Der Inhalt eines guten Elevator Pitch kann von allen verstanden werden, auch von Großeltern, Ehepartnern und Kindern des Vortragenden.

Dies widerspricht vielem, was man im akademischen bzw. beruflichen Leben lernt, nämlich, dass man Leute beeindruckt, indem man zeigt, wie klug man ist und indem man in der elaborierten, formalisierten Fachsprache spricht, die nicht jeder versteht. Obwohl dieser berufliche Nimbus in vielen Bereichen funktioniert

– beim Elevator Pitch wirkt er nicht. Kapitalgeber, Vorstände und Business Angels sind zu erfahren und zu beschäftigt, um sich mit solchen Spielchen abzugeben.

Problemorientierung So wichtig es ist, im Alltag nicht ständig nur über Probleme, Anstrengungen und Schmerzen zu sprechen, im Elevator Pitch geht es genau um Probleme und deren Lösung.

Ein Elevator Pitch erklärt keine Lösung, für die noch ein Problem gesucht wird, sondern, welches Problem man lösen will, warum es ein Problem ist und für wen. Weiter erklärt der Pitch, warum gerade der Vortragende es lösen kann. Der Zuhörer soll überzeugt werden, dass man weiß, über was man spricht, man das Wissen, die Erfahrung und die Voraussetzungen für den Job hat.

Ein Elevator Pitch behandelt konkrete und spezifische Aspekte, nicht Technologien und Prinzipien. Er ist auf das Publikum oder den Zuhörer zugeschnitten. Ein Elevator Pitch, der mögliche Teammitglieder gewinnen soll, unterscheidet sich grundsätzlich von einem, der Investoren anspricht ebenso wie von einem, der Kunden neugierig machen soll. Dabei sollten aber in jeder Version einige Kernbotschaften immer wieder vorkommen. Jemand, der mehrere unterschiedliche Elevator Pitches vom gleichen Redner hört, muss die Erfahrung machen, dass es immer um die gleiche Sache geht.

5.8 Bewerbungsgespräche

Einführung

In jeder Art von Karriere muss man mit mehreren Bewerbungsgesprächen rechnen. Das Ziel ist, die Menschen, die man dort trifft, zu überzeugen, dass man selbst der Beste für den Job ist. Dies bedeutet, sich so zu präsentieren, dass man nicht nur Substanz bietet, sondern auch Interesse weckt. Man sollte nicht nur Daten aufzählen, sondern eine Geschichte erzählen, enthusiastisch, klar und kurz sein. Auch Bewerbungsgespräche kann man mit Freunden und Kollegen üben und deren Anregungen nutzen.

Man sollte sich nicht scheuen, im Bewerbungsgespräch für Forschungsstellen den Kontext der eigenen bisherigen Forschungsarbeit zu beschreiben: Wie passt er zum Thema und in die Gesellschaft insgesamt? Die Fachleute, die einem gegenüber sitzen, werden sich über Ihre Version freuen, wer kein Fachmann ist, begrüßt es, eine neue Perspektive kennen zu lernen.

Ein weiterer wichtiger Aspekt eines Bewerbungsgesprächs ist die oft geäußerte Frage, wie man seine Zukunft sieht und plant. Bei Managementpositionen lautet die Frage oft: Wo wollen Sie in fünf Jahren sein? Bei wissenschaftlichen Fragen fragt man oft nach den Planungen für die eigene Forschung und welche Beiträge man im Feld leisten will.

Egal für welche Position man sich bewirbt, der Schlüssel zum Erfolg liegt darin, beide Seiten richtig zusammenzubringen: seine eigenen Nische in einer Organisation zu finden. Besonderen Wert sollte man auf die Qualitäten legen, die einen selbst von anderen Bewerbern unterscheiden.

Vorbereitung

Bei der Bewerbung um Forschungspositionen, sollte man sich vor dem Gespräch mit den Forschungsthemen seiner Gegenüber vertraut machen. Man sollte gerne antworten, viele eigene Fragen stellen, auch schwierige Fragen ehrlich beantworten und bei Fragen nach vertraulichen Dingen freundlich und höflich die Beantwortung ablehnen. Wenn es sein muss, sollte man schnell zugeben, dass die Frage noch nicht untersucht wurde, dass man aber gerne Bescheid gibt, wenn das Experiment gemacht oder die Berechnung durchgeführt wurde. Dank für Gespräch und Hinweise als Follow-Up kurz nach dem Bewerbungsgespräch sind essenziell.

Bei Managementpositionen wird eine Präsentation der Forschungsarbeiten in der Regel nicht notwendig sein. Manchmal wird man zu einem mehrstündigen Interview eingeladen, in dem man auch künftige Betreuer und Kollegen kennen lernt.

Der Gesprächspartner wird mögliche Übereinstimmungen zwischen Bewerber und der Organisation suchen. Welche Fähigkeiten, welches Wissen und welche Erfahrungen kann man beitragen, die momentan noch fehlen?

Ebenso wichtig ist es aber auch, als Bewerber das Gespräch sehr aktiv zu gestalten, seine Gesprächspartner zu fragen, wie der Arbeitstag aussieht, sich vorzustellen, wie es wäre, dort zu arbeiten. Das Gespräch ist auch eine Chance, herauszufinden, ob die Organisation und die Arbeit auch für den Bewerber stimmig ist. Wie man ein Bewerbungsgespräch handhabt, zeigt dem potenziellen Arbeitgeber nicht nur, dass man viel weiß, sondern auch, wie gut man kommuniziert und sich präsentiert. Der Einstellende sieht, wie ein potenzieller Angestellter mit der Art von Stresssituationen zurechtkommt, die ihm auch im Beruf begegnen. Er will wissen, wie gut der Bewerber ins Team und in die Firmenkultur passt und ob dieser auch in anderen Positionen in der Firma oder Organisation einsetzbar wäre.

Bei Wissenschaftlerstellen an Hochschulen wird das Gegenüber etwas wissen wollen über die bisherige Forschung, möglicherweise Lehrerfahrung, wie gut man im Team arbeitet, welche Forschungspläne man hat und wie die Publikationsliste aussieht.

5.9 Literaturempfehlungen

Dollinger, M., *Wissen wirksam weitergeben*. 2003: Orell Füssli.

Hindle, T., *Managing meetings (Essential Managers)*. 1998: Dorling Kindersley Publishers.

McKeachie, W., G. Gibbs, *McKeachie's teaching tips*. 1999: Houghton Mifflin Co

Rabow, J., et al., William Fawcett Hill's Learning through discussion, (3rd ed.) pp. 1-7. 1994, Sage Publications

Erfolgstipp 2 Vorbereitung von Präsentationsfolien

Zu einem professionellen Auftritt gehört auch die sorgfältige und durchdachte Erstellung der Präsentationsfolien.

Visuelle Unterstützung hilft dem Publikum, Begriffe und Ideen zu verstehen. Sie hilft auch dem Sprecher, Punkte zu verdeutlichen und zu klären. Die richtige Visualisierung wiederholt nicht die Worte des Vortragenden, sondern verschmilzt mit den Worten, akzentuiert und führt weiter. Sie lenkt den Zuhörer nicht vom Vortragenden und seinen Worten ab, sondern veranschaulicht das Gesagte und macht es verständlicher. Argumente bleiben so wesentlich besser im Gedächtnis des Publikums haften.

Das Programm PowerPoint wird heutzutage fast allgegenwärtig benutzt, deshalb lohnt es sich, seine verschiedenen Anwendungen zu lernen. Es ist überraschend, was man damit machen kann. Alternativ dazu kann auch das spielerische Ausprobieren des Programms helfen, seine zahlreichen Möglichkeiten zu entdecken. Neben PowerPointpräsentationen können Videos und DVDs, experimentelle Vorführungen oder Rollenspiele, Fotografien, Illustrationen, Karten, Schaubilder, Zeichnungen usw. als visuelle Unterstützung dienen. All diese müssen nicht sehr technisch sein, um zu wirken. Abwechslung lockert den Vortrag auf: Wenn es geht, lohnt es sich oft, den PowerPoint-Vortrag zwischendrin zu unterbrechen, etwas auf einer Flipchart zu skizzieren und dann zur Folienpräsentation zurückzukehren. Im Vortrag den Flipchart-Ständer zu nehmen und ein wenig zum Publikum zu versetzen, kann Aufmerksamkeit wecken und Kompetenz demonstrieren. Experimentieren hilft, die richtige Mischung von unterstützenden Medien zu finden.

Wie gestaltet man die Folien? Sobald ein Konzept vom grundlegenden Aufbau des Vortrages und den Inhalten vorliegt, man weiß, was die Kernbotschaft sein soll und welches Ergebnis man bei diesem Publikum erzielen möchte, ist der nächste Schritt, sich zu überlegen, welche visuellen und verbalen Unterstützungen der Präsentation Glaubwürdigkeit verleihen.

Eine Richtlinie für die richtige Zahl der Folien ist, dass eine Folie im Durchschnitt etwa 1,5 Minuten in Anspruch nimmt, es sei denn, einige Folien sind besonders umfangreich oder sehr wichtig und brauchen detaillierte Erklärungen. Dies muss gegebenenfalls in der Gesamtplanung bedacht werden.

Am wichtigsten ist es, die Folien einfach zu halten, technische Spielereien und aufwändige Animationen zu minimieren, Hintergrundfarben und Schriftarten auf allen Folien zu beschränken. Diagramme und Tabellen sind oft leichter zu verstehen als Text.

Folien sollten sympathisch und attraktiv sein, kräftig und groß, höchstens 5 Wörter pro Zeile und höchstens 7 Zeilen pro Folie enthalten. Aufzählungszeichen (*Bullet Points*) verbessern die Lesbarkeit, es sollten aber nicht mehr als fünf pro Folie sein. Universal und Arial sind die populärsten Schriftarten. Im Titel sollte mindestens 36- und im Textkörper mindestens 28-Punkt-Schriftart verwendet werden. Am Anfang die Masterfolie zu bearbeiten, Hintergründe und Schriftarten zu normieren, spart insgesamt viel Arbeit.

Der Anfang des Vortrags soll die Aufmerksamkeit gewinnen und das Publikum überzeugen, zuzuhören. Man stellt eine Frage, beginnt mit einem Zitat oder Aphorismus oder erzählt eine Anekdote. Man kann mit einer schockierenden Statistik beginnen, mit dem historischen Hintergrund einleiten oder sich auf eine aktuelle Debatte beziehen. Wie immer man beginnt, der Anfang sollte auf natürliche Weise in die Präsentation einführen. Neben dem Teil, der die Aufmerksamkeit weckt, sollte der Anfang auch den Zweck der Präsentation und die behandelten Themen nennen.

Auch am Schluss sollte man dem Publikum etwas Bedenkenswertes mitgeben. Allzu oft verschwinden Vortragende mit ein paar genuschelten letzten Bemerkungen, die dem Publikum den Eindruck vermitteln, wie dankbar man ist, dass alles vorbei ist. Für einen guten Abschluss eignen sich eine Zusammenfassung der Kernpunkte, eine Handlungsaufforderung, eine Frage, ein Zitat, eine Anekdote, Anschauungsmaterial oder eine Vorführung, die den Kernpunkt des Vortrages betont.

Hand-outs sollten einfach sein, direkt mit dem Ziel der Präsentation zusammenhängen, hohe visuelle Wirkung haben und das Publikum nicht ablenken.

Checkliste 2 Vortrag

Inhalt

- ❑ Hat der Vortrag eine erkennbare und nachvollziehbare Struktur?
- ❑ Beginnt er mit einem starken Auftritt?
- ❑ Informiert die Einleitung gut über den allgemeinen Hintergrund?
- ❑ Identifiziert sie eine wissenschaftliche Fragestellung?
- ❑ Erläutert sie den Ansatz, wie diese Fragestellung bearbeitet wurde?
- ❑ Verzichtet er auf ein Übermaß an Daten und Informationen sowie überflüssige Details?
- ❑ Gibt es für jedes Thema eine kurze Zusammenfassung oder Schlussfolgerung?
- ❑ Wird die Schlussbemerkung klar angekündigt?
- ❑ Enthält sie nur wichtige Punkte?
- ❑ Hat sie einen Bezug auf die wissenschaftliche Fragestellung in der Einleitung?
- ❑ Ist der Schluss eindrucksvoll?
- ❑ Ist die Zeit für jeden Vortragsteil ausgewogen verteilt?
- ❑ Wird der Vortragende auf den Punkt fertig, ohne am Schluss in Hektik zu geraten?

Vortragsweise

- ❑ Verzichtet der Vortrag auf Jargon, Dialekt und Abkürzungen?
- ❑ Ist die Aussprache klar und deutlich?
- ❑ Variiert der Sprecher Geschwindigkeit und Tonfall?
- ❑ Sind Betonungen zu hören?
- ❑ Spricht der Vortragende zum Publikum?
- ❑ Zeigt er Enthusiasmus?
- ❑ Benutzt er natürliche Gestik?

Visualisierung

- ❑ Sind die Schriften gut lesbar?
- ❑ Sind die Folien klar und selbsterklärend?
- ❑ Sind Grafiken und Bilder einfach und verständlich?

6 Publikationen

» *Work, finish, publish* «

Begründung Faradays für seinen wissenschaftlichen Erfolg

Wer seine Ergebnisse erfolgreich publizieren kann, verbessert seine Chancen in der Grundlagenforschung ebenso wie in der angewandten und immer öfter auch in der Industrieforschung. Sichtbarkeit ist Voraussetzung dafür, bei Kunden, Auftraggebern und Fördergebern Aufmerksamkeit zu wecken und so mit diesen ins Gespräch zu kommen.

Die Länge und die Qualität der Publikationsliste sind oft mit die ausschlaggebenden Faktoren bei Berufungsverfahren und entscheiden so über Karriereoptionen sowie Verbesserungen der Ausstattung und Möglichkeiten der eigenen Wissenschaftlergruppe. Nur wer als erster eine These oder ein Forschungsergebnis publiziert, erhält die Wertschätzung der wissenschaftlichen Kolleginnen und Kollegen.

Allein durch eigene Veröffentlichungen wird man Mitglied der wissenschaftlichen Gemeinschaft, nicht durch Ausbildung und akademische Titel: Wissenschaftliche Forschung ist kein Werk von Einzelnen, sondern ein vereintes Erarbeiten und Verbreiten von Wissen, das auf einem gemeinsamen Grundverständnis der Welt und ihrer Gesetzmäßigkeiten beruht.

» *Verba volent, scripta manent – Worte verfliegen, das Geschriebene besteht* «

Wissenschaftliche Fachzeitschriften drucken nicht jeden eingereichten Artikel. Forschungsresultate werden auf dem Weg von der Einreichung des Manuskriptes beim Verlag zur Veröffentlichung nach deren Relevanz und Qualität gefiltert. Nach der Veröffentlichung geht der qualitätssichernde Dialog weiter, können andere Wissenschaftler Stellung beziehen, die Ergebnisse kritisieren und weiterentwickeln. So sichern Veröffentlichungen den Wert der Forschung und damit die Qualität und Effizienz der wissenschaftlichen Arbeit.

Sobald Ergebnisse veröffentlicht wurden, können sie von anderen Forschern frei benutzt werden, um den Wissensbestand zu erweitern. Bis die Ergebnisse so fest etabliert sind, dass sie als Grundwissen zum Allgemeingut gehören, sind die Nutzer verpflichtet, den Entdecker durch Zitieren anzuerkennen. So schließt sich der Kreis. Forscher werden durch die Anerkennung der anderen Forscher (*peer recognition*) dafür belohnt, Ergebnisse zu veröffentlichen.

6.1 Verschiedene Veröffentlichungswege

Forschungsergebnisse werden in der Regel in *peer-reviewed* Zeitschriften veröffentlicht, weil die Anonymität und die Unabhängigkeit der Gutachter dazu dienen, ungeschönte Kritik zu fördern und Vetternwirtschaft bei der Auswahl zu vermeiden. Der externe und unparteiliche Blick von außen auf die eingereichten Artikel bietet zudem einen gewissen Schutz davor, dass Autoren Ergebnisse fremder Wissenschaftler als eigene Resultate ausgeben. Deswegen ist die Veröffentlichung in einem referierten Journal in der Regel der Königsweg zur Publikation wissenschaftlicher Ergebnisse.

» *Was für den Bäcker das Brot, für den Metzger die Wurst, ist für den Wissenschaftler das Paper* «

Siegfried Bär (Autor von *Forschen auf Deutsch*)

Aus Gründen der wissenschaftlichen Sorgfalt sollten Forschungsergebnisse der allgemeinen Presse und der breiten Öffentlichkeit erst vorgestellt werden, nachdem diese Ergebnisse der Sorgfalt eines *peer-reviews* unterzogen und damit von anderen Experten bestätigt wurden.

Nachteil der Veröffentlichung in einem *peer-reviewed Journal* ist allerdings eine lange Verzögerung von meist mehreren Monaten. Deshalb stellen einige Wissenschaftler einen *preprint* (eine Kopie des eingereichten Artikels) auf ihrer persönlichen Homepage oder der ihrer Organisation zum Herunterladen bereit. In Zitaten anderer Fachartikel werden noch nicht veröffentlichte Arbeiten mit den Worten *in progress* oder nach Annahme *in print* gekennzeichnet.

Daneben gibt es weitere Formen der Veröffentlichung: Poster und Vorträge auf Fachtagungen, die beide oftmals auch schriftlich in Tagungsbänden (so genannten *proceedings*) veröffentlicht werden. Damit werden häufig vorläufige Ergebnisse präsentiert, bevor sie einem vollen *peer-review* unterzogen sind. Sie beinhalten jedoch ein gewisses Qualitätsrisiko, weil ja auf die bewährten Prüfverfahren verzichtet wurde. Um bei einigen Konferenzen als Sprecher oder Posterpräsentator zugelassen zu werden, müssen Wissenschaftler im Voraus einreichen. Diese Artikel werden von einem »Programmkomitee« (entspricht dem Editor bei den Journalen) überprüft, das dazu gewöhnlich Einschätzungen von Gutachtern erbittet. Die knappen Fristen und die festliegenden Termine bei Konferenzen begrenzen in der Regel die Möglichkeit zur Überarbeitung und erzwingen schnelle Entscheidungen, anzunehmen oder das Papier abzulehnen. Ob man in Conference-Proceedings publizieren sollte oder besser die Ergebnisse für ein referiertes Paper in einer Fachzeitschrift aufheben sollte, hängt auch vom Fach ab. Was in der Informatik ein hochgeschätzter Weg ist, kann in der Festkörperchemie eine Vergeudung darstellen und umgekehrt.

Auch Patente sind Veröffentlichungen, die vor ihrer Erteilung durch ein Patentamt auf Neuigkeit und Erfindungshöhe geprüft worden sind.

Beschränkungen bei Veröffentlichungen

Industrielle Geldgeber verlangen oft eine vorübergehende oder dauernde Geheimhaltung der von ihnen finanzierten Forschungsarbeiten, mindestens bis zur Einreichung eines Patentes, teilweise auch weit länger. Ähnliches gilt, wenn die Organisation oder einzelne Forscher die Ergebnisse selbst exklusiv vermarkten möchten, etwa in einem Spin-off-Unternehmen oder durch die Vergabe von Lizenzen. Wenn durch eigene wirtschaftliche Interessen, den Wunsch des industriellen Auftraggebers oder militärischer Anwender eine Veröffentlichung nicht in Frage kommt, ist eine Überprüfung der Forschungsergebnisse auf Richtigkeit durch zur Geheimhaltung verpflichtete Dritte erstrebenswert.

LPU oder die große Publikation?

Bei akademischen Publikationen bezeichnet man leicht scherzhaft als *least publishable unit* (LPU) die »kleinste Menge an Information, aus der sich eine Publikation in einer peer-reviewed Zeitschrift schöpfen lässt«. Der Begriff wird meistens ironisch oder verächtlich über die Strategie gebraucht, die Publikationsliste auf Kosten der Qualität zu verlängern.

In der wissenschaftlichen Welt ist es umstritten, ob es ratsam ist, Publikationen in LPU zu zerlegen. Manche LPU, die zusammengehörige Information auf viele kleine Bruchstücke verteilen, sind für die Leser wenig hilfreich, weil er dann zu viele Verweise nachschlagen muss. Andererseits sind kleine Informationseinheiten leicht zu lesen, aufzunehmen und zu verarbeiten. Spezialisten unter den Lesern benötigen oftmals genau die Informationsmenge, die in einer LPU enthalten ist. Eine fachgerecht geschaffene LPU ist zwar kein weltbewegendes Werk, aber dennoch ein Zeichen des wissenschaftlichen Fortschritts.

Die LPU hält den Forscher am Schreiben: Wer die große Publikation schreiben will oder eine Promotion oder Habilitation vorbereitet, tendiert oft dazu, Berge an nicht vollständig analysierten, grafisch nicht aufbereiteten und unverdauten Daten anwachsen zu lassen und macht sich die Arbeit des Zusammenschreibens fast unüberwindlich schwer. Das Wissen, das in einer großen Publikation zusammengefasst werden soll, bedarf zudem des Überdenkens und fundierten Überarbeitens. An dieser Hürde sind nicht wenige junge Wissenschaftlerkarrieren gescheitert.

» *Ein paar anständige LPU können beitragen, eine Katastrophe zu verhindern.* «

Wenn man sich nicht sicher ist, ob ein Forschungsergebnis reif für die Publikation ist, lohnt es sich meist, seine Ideen und Ergebnisse offen mit vielen befreundeten Kollegen zu diskutieren, in der Hoffnung, dass die Debatte einem ein besseres Gefühl für die richtige Perspektive der Arbeit gibt. Danach konzentriert man sein Manuskript auf genau diese Idee und überlässt die ausführlichere Erklärung einer späteren Langfassung.

Es kommt darauf an, dass man aus seinem Forschungsengagement und seiner Zeit möglichst viel Fortschritt für die Wissenschaft erzielt und in seinem Lebenslauf nachweisen kann, dass man seine Zeit sinnvoll genutzt hat. Man kann manchmal sogar aus abgelehnten Forschungsanträgen einen Fachartikel schaffen.

Gerade konzeptionelle Arbeiten reifen zudem, wenn man den Stoff, tiefer verstanden, in zeitlichem Abstand in neuem Blickwinkel und in neuer Anwendung veröffentlicht. Die Diskussion mit den Gutachtern und Lesern schärft das Konzept weiter und weiter. Die letzte Veröffentlichung der Konzeption ist dann perfekt.

Insbesondere am Anfang der Karriere gewöhnt man sich sinnvollerweise mit ein paar kleineren *papers* daran, wie das sehr spezielle Gutachter- und Publikationswesen funktioniert und erhöht so gleichzeitig die für das Fortkommen wirklich wichtige Zahl an Publikationen. Kurze Paper erleichtern es auch, Korrekturen und Feedback von den Koautoren zu erhalten und sie sind leichter zu begutachten. Gutachter werden nicht so viele unerschöpfliche Veränderungen verlangen, weil sie wissen, dass Letters und Notes in der Länge und der Zahl der Abbildungen beschränkt sind.

Lange, wirkungsvolle Veröffentlichungen zeigen Tiefe und Wissen. Auch sie sind wichtig. Das bedeutet nicht, dass man ein Manuskript polieren muss, bis es perfekt ist. Das verzögert die Publikation und macht es umso schwerer, Änderungswünsche des Editors und der Redaktion zu verdauen. Umgekehrt macht es keinen Sinn, schlecht durchdachte oder wissenschaftlich ungenügende Arbeiten einzusenden in der Hoffnung, dass sie publiziert werden: Möglicherweise sind die Gutachter Kollegen in wichtigen Gremien oder Meinungsbildner in der Fachwelt, die später Einfluss auf die Laufbahn nehmen können.

6.2 Ablauf und Vorgehen bei einer referierten Veröffentlichung

Am Anfang der Publikation steht die Überlegung, welche Zeitschrift für die Veröffentlichung des Themas am besten geeignet ist. Fachzeitschriften unterscheiden sich nicht nur in ihren Themen, sondern auch in Wertschätzung und Ansehen. Um die stärkste Publikationsliste zu erhalten, sollte man in Anhängigkeit dessen, wie man das Thema und die Qualität der aktuellen Arbeitsergebnisse einschätzt, jedes Paper in der jeweils besten im Sinne von höchstrangigen Zeitschrift veröffentlichen. Weil andere, z. B. die Mitglieder von Gutachter- und Auswahlausschüssen jeder Art sehr wohl Zitationsindices und Impact Factors (vgl. dazu Abschnitt 6.5) anwenden werden, sollte man diese Werkzeuge zumindest kennen, wenn man auswählt, wo man publiziert.

» *The Winner takes it all* «

Wenn zwei Wissenschaftlergruppen unabhängig voneinander ein gleiches Forschungsergebnis veröffentlichen, ist die Anerkennung für eine Publikation, die zwar als erste eingereicht, aber als zweite publiziert wurde, gemindert. Deshalb versucht man zu vermeiden, den zeitraubenden und anstrengenden Reviewprozess mehrfach durchzumachen und reicht eine Arbeit nur dort ein, wo man angemessene Chancen auf Erscheinen der Publikation sieht.

Struktur, Format und Stil einer Veröffentlichung in einer Fachzeitschrift

Wer gute Publikationen verfassen will, sollte viele Artikel lesen. Publizieren lernt man durch Lesen, Absorbieren und durch das häufig praktizierte Schreiben guter Publikationen.

» *Man sollte jeden einzelnen Halbsatz einer Publikation unter dem Aspekt schreiben, dass der Leser nach diesem Halbsatz abbricht, wenn er nicht wirklich notwendig und interessant ist.* «

Kaum ein Leser liest eine Fachveröffentlichung ganz. Die rigiden Strukturen von wissenschaftlichen Artikeln dienen der effizienten einheitlichen Kommunikation wissenschaftlicher Ergebnisse in der Gemeinschaft der Wissenschaftler und erlauben gleichzeitig, dass die so genannten »Paper« in unterschiedlicher Tiefe gelesen werden. So überfliegen die meisten Leser nur die Titel, um herauszufinden, welche Informationen zu einem Thema zur Verfügung stehen. Viele weitere lesen nur den Titel und den so genannten Abstract. Wer sich tiefer für einen Artikel interessiert, beschäftigt sich mit Tabellen und Bildern im Ergebnisteil, und der interessierte Spezialist liest gründlich die gesamte Publikation.

» *Das Erstellen einer wissenschaftlichen Publikation beruht nicht auf literarischem Talent, sondern auf guter Vorbereitung und strukturiertem Vorgehen* «

Bei der zitierten Literatur sollte man sich auf die primäre Forschungsliteratur beziehen und nicht auf Lexika, Handbücher und Lehrbücher. Um sich selbst mit der Fachliteratur vertraut zu machen, beginnt man am besten mit der zitierten Literatur in fremden Arbeiten, die sich mit ähnlichen Themen befasst haben und arbeitet sich dann von hinten nach vorne durch: Einige Suchmaschinen kann man so einstellen, dass sie Treffermeldungen (*alerts*) versenden, sobald in neuen Arbeiten Publikationen zitiert werden, die man selbst relevant findet. Überblicksartikel (*Reviews*) sind besonders nützlich, weil sie die gesamte Forschung in einem Gebiet über einen bestimmten Zeitraum zusammenfassen. Entsprechend häufig werden Übersichtsartikel in der Regel von anderen Forschungsarbeiten zitiert.

Niemand, der im Fachgebiet tätig ist, freut sich, wenn sein eigener Beitrag in einer Publikation aus diesem engeren Gebiet geringgeschätzt oder übersehen, kurz: nicht zitiert wird. Insbesondere die anonymen Gutachter sind immer etwas freundlicher gestimmt, wenn ihre eigenen Beiträge durch Zitate und Aufnahme in die Literaturliste gewürdigt wurden. Es empfiehlt sich, die Beiträge anderer großzügig zu würdigen und die eigenen Vor-Arbeiten zum Thema nicht zu zu überschätzen.

6.3 Peer-Review

Nach Einreichung des Artikels beginnt in der Regel das Verfahren des *peer-review*, das vom Editor der Zeitschrift organisiert wird. Gewöhnlich schaltet der Editor zwei oder drei Gutachter (*reviewer*) ein, die dem Editor eine Einschätzung der Arbeit inklusive Vorschläge für eine mögliche Verbesserung übermitteln. Er beurteilt die Bewertungen der Gutachter im Kontext der Zielsetzung der Zeitschrift oder des Buches und seines Wissens über die Leserschaft, bevor er seine Entscheidung an den Autor schickt, in der Regel zusammen mit den Bemerkungen der Gutachter. Die Einschätzungen der Gutachter enthalten gewöhnlich eine explizite Empfehlungsfloskel, wie etwa »bedingungslose Annahme und sofortige Veröffentlichung des Manuskripts« (äußerst selten), »Annahme, falls der Autor einzelne Punkte verbessern kann«, »Abweisung mit der Aufforderung zu verbessern und erneut einzureichen« oder »grundsätzliche Ablehnung«.

Während des Verfahrens ist die Rolle der Gutachter eine beratende: Der Editor ist formell nicht verpflichtet, deren Meinungen zu übernehmen. Im Verfahren agieren die Gutachter zudem nicht als eine Gruppe, sie kommunizieren nicht direkt untereinander und in der Regel kennen sie die Identität der jeweils anderen Gutachter nicht. Es ist keine Voraussetzung für die Annahme des Artikels, dass die Gutachter Konsens erreichen: der Editor ist in einer starken Position bei der Entscheidung.

Wenn die Publikation abgelehnt wird oder die Gutachter erhebliche Änderungen verlangen, ist das kein Beinbruch. Selbst die besten Forscher erleben von Zeit zu Zeit, dass ein eingereichter Artikel nicht gut ankommt. Die Gutachterkommentare sind zunächst eine Chance, die Publikation auf Basis der Aspekte, die den Gutachtern stark und wertvoll erschienen sind, zu verbessern. Man sollte der Verbesserung der Veröffentlichung hohe zeitliche Priorität einräumen und sofort damit beginnen.

Wenn die Gutachter sehr umfangreiche Veränderungen fordern, die nicht machbar sind oder die Veröffentlichung unverhältnismäßig verzögern würden, muss man die Veröffentlichung nicht gleich aufgeben. Man kann den Editor ansprechen und sich dafür stark machen, anders mit den Veränderungswünschen umzugehen. Wenn der Editor nicht mitspielt, kann man die besten Teile des Artikels herausschälen und sie bei anderen Fachzeitschriften einreichen.

Nachdem Annahme und Überarbeitung des Artikels zwischen Autor(en), Editor und Gutachter abgeschlossen sind, kümmern sich Produktionseditor oder Herausgeber, um das Edieren, Setzen, Einfügen in eine Ausgabe der Zeitschrift, Druck und gegebenenfalls Online-Veröffentlichung. Das Edieren dient dazu, dass ein Artikel dem Stil des Journals entspricht, dass alle Referenzen und Zitate richtig sind und dass es keine Rechtschreib- oder grammatische Fehler mehr gibt. Der Autor korrigiert die Druckvorlagen (*proofs*) einmal oder mehrfach während des Produktionsprozesses, per Hand oder immer öfter durch elektronische Annotationen in Microsoft Word, Adobe Acrobat oder anderen Computerprogrammen.

Auswahl der Gutachter

Normalerweise ist es die Aufgabe des Editors, die Gutachter zu suchen. Prinzipiell werden Gutachter nicht unter den nahen Kollegen, Schülern oder Freunden der Autoren ausgewählt. Es wird erwartet, dass angesprochene Gutachter selbst den Editor rechtzeitig über mögliche Interessenskonflikte informieren.

Editoren, die viele Spezialgebiete betreuen und nicht in jedem Fachleute sind, bitten oft die Autoren um Nennung von Gutachtern. Autoren können manchmal auch äußern, welche Kandidaten für ein Gutachten ungeeignet sein könnten, und wenn sie dies gut begründen (üblicherweise wegen Interessenkonflikten), wird diese Ablehnung meist berücksichtigt. Bei einigen Zeitschriften kommen Wissenschaftler, die in einem Danksagungsabschnitt des Artikels aufgeführt werden, nicht als Gutachter in Frage (angeblich nehmen manche Autoren ausgerechnet ihre unzufriedensten Kritiker in die Danksagung auf, um sie als Gutachter auszuschließen). Nachdem der Editor Gutachter ausgewählt hat, darf er deren Identitäten den Autoren gegenüber in der Regel nicht aufdecken.

Sponsoren

Bei der renommierten *Proceedings of the National Academy of Sciences* (PNAS) gibt es einen zweiten Weg zu einer erfolgreichen Veröffentlichung: Ein Mitglied der Akademie, also ein gewählter, herausragender Wissenschaftler, kann für weitere Forscher Manuskripte »kommunizieren«. Dazu muss dieses Mitglied selbst zwei Gutachten von qualifizierten neutralen Gutachtern beschaffen und mit dem Manuskript an PNAS einschicken. Das kommunizierende Mitglied legt eine kurze Empfehlung an PNAS bei. In der Zeitschrift werden so eingereichte Artikel durch die Bezeichnung *Communicated by* kenntlich gemacht. Man kann als Autor selbst ein Akademiemitglied ansprechen und dieses für die Arbeit begeistern.

Auch bei vielen besonders renommierten Zeitschriften, wo dieser Weg der Begutachtung offiziell nicht existiert, kann es hilfreich sein, ein Empfehlungsschreiben einer besonderen Koryphäe auf diesem Gebiet mit dem Manuskript einzusenden. Welcher Editor würde leichtfertig einem Nobelpreisträger widersprechen und ein so empfohlenes Manuskript ohne sehr guten Grund ablehnen? Diese Unterstützung durch einen Sponsor funktioniert natürlich nur, wenn er einen wirklich ausgezeichneten Ruf hat. Um die geeigneten Sponsoren ansprechen zu können, benötigt man also idealerweise nicht nur ein herausragend gutes Manuskript, sondern auch offene und direkte Kontakte, also ein hervorragendes Netzwerk in der Wissenschaft.

Es gibt übrigens einen Präzedenzfall, der Wissenschaftsgeschichte geschrieben hat: Die deutsche Forscherin Agnes Pockels machte ab dem Jahr 1880 einige interessante Entdeckungen über Oberflächenphänomene von Wasser. Weil sie über kein naturwissenschaftliches Studium und keine formalen Qualifikationen verfügte, wollte damals niemand ihre Messreihen und Schlussfolgerungen zur Publikation annehmen. Erst ihr Brief an den berühmten Physiker Lord Rayleigh löste das Problem: Dieser verstand den Wert der Arbeiten sofort und sorgte für eine schnelle Veröffentlichung in der Zeitschrift *Nature*. Aufgrund dieser Publikation war Agnes Pockels in der Folge in der Lage, ihre weiteren Ergebnisse u. a. in *Nature*, der *Naturwissenschaftlichen Rundschau* und den *Annalen der Physik* zu publizieren. Ohne den Sponsor Rayleigh wäre ihr wissenschaftlicher Erfolg kaum denkbar gewesen – und die Wissenschaft hätte wertvolle Konzepte und Messungen verpasst, die die Basis für spätere Arbeiten (Nobelpreis für Irving Langmuir in 1932) und die Nutzung von Benetzungsphänomenen z. B. in der Halbleitertechnologie legten.

6.4 Journal Clubs

Der Prozess des *peer-reviews* endet nicht mit der Veröffentlichung des Artikels. Sobald das Papier gedruckt ist, setzt sich die Begutachtung in *Journal Clubs* fort. Ein *Journal Club* ist eine Gruppe der Wissenschaftlern, die sich regelmäßig (z. B. wöchentlich oder monatlich) trifft, um neue wissenschaftlicher Artikel gemeinsam zu lesen und zu bewerten. *Journal Clubs* befassen sich in der Regel mit einem definierten Themengebiet der grundlagen- oder der angewandten Forschung. Ein Teilnehmer bereitet jeweils einen Artikel vertieft vor, recherchiert die zitierten Werke, rechnet die Berechnungen nach etc. und stellt das Papier im *Journal Club* vor. Die Teilnehmer diskutieren den Artikel, bewerten ihn im Kontext eigener Forschung und des Standes der Forschung, besprechen, wie umfangreich Ergebnisse und Schlussfolgerungen Gültigkeit haben.

Forschungsgruppen organisieren für alle Forscher im Labor *Journal Clubs*, um auf dem Stand der aktuellen Forschung und Fachliteratur zu bleiben. *Journal Clubs* dienen manchmal auch der Ausbildung von Diplomanden und Doktoranden. Diese Gruppentreffen machen die Studierenden vertrauter mit der wesentlichen Literatur in ihrem neuen Forschungsbereich und helfen, das Verständnis und die Fähigkeit zur Diskussion zu aktuellen Fragestellungen in ihrem Feld zu verbessern.

Es kommt häufiger vor, dass *Journal Clubs* Briefe an den Editor einer Fachzeitschrift schicken oder über einen online *Journal Club* mit dem Editor kommunizieren. So können letztlich alle *Peers* Fachveröffentlichungen begutachten und kritisieren.

6.5 Impact Factor

Warum machen sich Wissenschaftler die Mühe, Artikel beispielsweise bei *Nature* oder *Science* einzureichen und nicht in spezialisierten Zeitschriften mit einer niedrigeren Ablehnungsquote?

In gewissem Sinn sind Veröffentlichungen in verschiedenen Zeitschriften verschieden viel wert. Maß für diesen Wert ist der so genannte Impact Factor einer Zeitschrift. Er sagt aus, wie oft andere Zeitschriften einen Artikel aus ihr zitieren. Je höher der Impact Factor, desto angesehener die Zeitschrift und damit auch die Autoren, die es schaffen, in diesen Zeitschriften zu veröffentlichen.

Der Impact Factor (vgl. Abschnitt 6.2) wird aus Artikeldatenbanken wie dem »Web of Science« berechnet. Wegen unterschiedlicher Gepflogenheiten und abweichender Anforderungen in verschiedenen wissenschaftlichen Disziplinen können nur Leistungen über thematisch ähnliche Fachzeitschriften verglichen werden.

Eine weitere wichtige Messgröße ist neben dem Impact Factor der Zeitschrift die langfristige Bedeutung der Einzelveröffentlichung, die über die Halbwertzeit eines Artikels (*Cited half-life*) bestimmt wird.

» *Der Citation Index gibt für eine gegebene Veröffentlichung Auskunft, wie viele Autoren die Arbeit für die eigene Forschung weiterverwendet und auf ihr aufgebaut haben.* «

Es gibt zwei Verlagshäuser, die wissenschaftliche Citation Indexes veröffentlichen, die von Bibliotheken abonniert werden können: ISI, das heute zu Thomson Scientific gehört und aus einer Reihe von Datenbanken besteht, die als Buch oder CD erhältlich sind, jedoch in der Regel über das Internet unter dem Namen *Web of Science* abgerufen werden und *Scopus* von Elsevier, das nur online erhältlich ist und in ähnlicher Weise Themensuche mit Zitatsuche kombinieren lässt. Weitere Datenbanken, über die man derartige Parameter und andere Informationen finden kann, sind *Google Scholar*, *Elsevier's Scirus*, *Windows Live Academic Search*, *Windows Libra Academic Search* und *CiteSeer*.

Jedes dieser Produkte bietet die Berechnungsmöglichkeit für einen Citation Index zwischen Veröffentlichungen und einen Mechanismus, durch den man feststellen kann, welche Dokumente welche anderen zitieren. Sie unterscheiden sich erheblich in den Kosten. Web of Science und Scopus erheben hohe Gebühren, die anderen erwähnten Datenbanken sind im Moment kostenlos.

6.6 Open Access

Aus Protest gegen die hohen Abonnementkosten der erfolgreichen Verlage haben einige Wissenschaftler Open Access (OA) Zeitschriften und E-Print-Verzeichnisse gegründet, die wissenschaftliche Ergebnisse kostenlos zur Verfügung stellen. Obwohl sehr viele Wissenschaftler der Meinung sind, dass OA der optimale Kanal für die Verbreitung von mit öffentlichem Geld geschaffenen Forschungsergebnissen wäre, ist die praktische Bedeutung von OA Veröffentlichungen bis heute leider noch zu gering.

Um seine Arbeiten unter Kollegen zu verbreiten und zitiert zu werden, bietet es sich an in Fachzeitschriften zu publizieren, die von ISI indiziert werden und die OA-Zugriff erlauben. Eine Untersuchung hat ergeben, dass OA Artikel im Durchschnitt im ersten Halbjahr nach Publikation doppelt so oft zitiert werden und fast dreimal so oft innerhalb der ersten 16 Monate.

6.7 Honorar

Bedauerlicherweise ist es bei den referierten wissenschaftlichen Fachzeitschriften unüblich, den Autoren und Gutachtern Honorare zu bezahlen. Geld verdient meist nur der jeweilige Verlag. Allerdings kann jeder Autor ohne Kosten einen so genannten Wahrnehmungsvertrag mit der »Verwertungsgesellschaft Wort« schließen. Er erhält dann nach einem definierten Schlüssel an jedem 30. Juni Ausschüttungen, deren Quelle Tantiemen von Bibliotheken und Lesezirkeln sowie Zahlungen von Betreibern von Kopiergeräten sind. Wer Fachliteratur bei der VG Wort anmeldet, muss jedes Jahr die Formulare ausfüllen, um von den Ausschüttungen zu profitieren.

6.8 Werbung

Nicht vergessen sollte man, nach der referierten Veröffentlichung eine Zeile im Lebenslauf zu ergänzen und die Publikation sofort aufzunehmen.

Durch eigene Vorträge auf Konferenzen, in denen man über seine Arbeit berichtet, wirbt man für die eigenen *Paper*. Neben der Suche in Datenbanken sind Vorträge der wohl häufigste Weg, wie andere auf Publikationen aufmerksam werden.

Ein nützliches Vorgehen ist festzustellen, wer die eigene Arbeit zitiert, die Arbeiten von den Wissenschaftlern zu lesen, die die eigene Arbeit zitieren, diese dann auf Konferenzen oder bei anderen Treffen anzusprechen und ihnen Preprints oder Nachdrucke seiner Veröffentlichungen zuzusenden. Wer einen Forscher einmal zitiert, wird diesen mit hoher Wahrscheinlichkeit auch in Zukunft wieder zitieren.

Aus dem gleichen Grund sollte man immer das gleiche Format für den eigenen Namen verwenden, damit jemand, der einen Artikel kennt, mit einer einfachen Suche alle weiteren finden kann.

Zu beobachten, von wem die eigenen Arbeiten zitiert werden, ist heutzutage keine Sache des Egos mehr: Wie oft man zitiert wird, ist im Wissenschaftsbetrieb ein Maß für den wissenschaftlichen Wert, den man selbst geschaffen hat, und kann ausschlaggebend dafür sein, ob man seine Arbeitsgruppe und sich selbst finanzieren kann, Leistungszulagen erhält oder befördert wird. Viele Zitierungen der eigenen Arbeiten nachweisen zu können, ist in weiten Teilen des Wissenschaftsbetriebs nahezu überlebenswichtig geworden. Umgekehrt macht sich jeder Feinde, der Arbeiten seiner Vorgänger absichtlich oder unabsichtlich übersieht. Um sich dem Vorwurf des Plagiats nicht auszusetzen, sollte man alles zitieren, was als Quelle der eigenen Arbeiten infrage kommt.

6.9 Literaturempfehlungen

Ascheron:, C., *Die Kunst des wissenschaftlichen Präsentierens und Publizierens* 2006: Spektrum Akademischer Verlag

Day, R., *How to Write and Publish a Scientific Paper (Sth ed.)*. 1998: The Oryx Press.

Ebel, H., C. Bliefert und H. Avenarius, *Schreiben und Publizieren in der Medizin*. 1993: VCH-Verlagsgesellschaft.

Ebel, H., C. Bliefert und W. Russey, *The art of scientific writing: from student reports to professional publications in chemistry and related fields*. 2004: Wiley-VCH.

Halmos, P. and W. Hintzsche, *Wie schreibt man mathematische Texte*. 1977: Teubner

Neugebauer, E., W. Mutschler, and L. Claes, *Von der Idee zur Publikation*. 2004: Thieme.

Weil neben einem präzisen, knappen, klaren und sachlichen Stil die Einhaltung eines genau vorgegebenen Aufbaus von wesentlicher Bedeutung für die Annahme zur Publikation und die Aufnahme der Ergebnisse durch die Fachwelt ist, folgt hier eine Übersicht mit den allgemein üblichen Regeln für jeden Teil eines Artikels in einem wissenschaftlichen Journal.

Wissenschaftliche Artikel sind so aufgebaut, dass sie sehr schnell in verschiedenen Durchdringungsstufen erfasst und studiert werden können, nicht so, dass sie eingängig zu lesen und erst recht nicht so, dass sie leicht zu schreiben sind.

Es empfiehlt sich, sich vorher klarzuwerden, ob der eigene Artikel von den Messwerten und gesammelten Daten oder von einem besonderen, neuen Konzept lebt. Wenn die Fakten den Kern der Publikation bilden, sollte man diese in Tabellen und Grafiken aufarbeiten, jede davon auf ein eigenes Blatt ausdrucken und handschriftlich auf jedes Blatt die Aussage notieren, die mit diesen Fakten belegt wird. Ist der Kern des Artikels ein neuer Beweis, ein Algorithmus oder ein Konzept, geht man am besten umgekehrt vor und schreibt zuerst eine (vorläufige) Zusammenfassung (*Abstract*). Dies hilft erstens zu fokussieren und zweitens zu beurteilen, ob tatsächlich Substanz zu vermitteln ist.

Zum Titel

Der Artikel sollte mit einem aussagekräftigen Titel beginnen, der knapp den Inhalt beschreibt. Der überwiegende Teil der Leser wird den Artikel über elektronische Datenbankabfragen auf Basis von Wörtern, die im Titel vorkommen, finden. Der Titel sollte kurz und nicht zweideutig sein und dabei die Arbeit angemessen beschreiben. Je unbestimmter der Titel, desto weniger wird die Arbeit gelesen.

Zur Autorenliste

Über die richtige Reihenfolge der Autoren werden Glaubenskämpfe geführt. Es gibt bislang keine einheitlichen Regeln: alphabetisch geordnet, nach Umfang des Beitrags, der/die Student/in vorn und Betreuer zuletzt, etc. Die Regeln der wissenschaftlichen Ethik werden bei der Frage, wer auf einem Paper steht, in den letzten Jahren erfreulicherweise immer strenger gehandhabt: Nur wer wirklich einen Beitrag geleistet hat und die intellektuelle Verantwortung für den Artikel mitträgt, darf als Autor auf einer Publikation stehen. Ein Autor, der meist in der Autorenliste besonders hervorgehoben ist, sollte gut für Nachfragen und Hinweise erreichbar sein.

Zur Stichwortliste (*Keywords*)

Die Stichwortliste bietet die Gelegenheit zusätzlich zu den im Titel verwendeten Wörtern Stichwörter hinzuzufügen, die von Suchmaschinen und Zusammenfassungsdiensten ausgewertet werden. Ein planvoller Einsatz der Stichwortliste erhöht die Wahrscheinlichkeit, dass interessierte Leser den Artikel finden.

Zur Zusammenfassung (*Abstract*)

Sie enthält die wichtigsten Aspekte des gesamten Artikels. Man schreibt sie deshalb zum Schluss und baut auf den Informationen der folgenden Teile des Artikels auf. Sie besteht in der Regel aus:

- den untersuchten Fragestellungen und vor allem dem Zweck der Arbeit (aus dem Einführungsteil)
- dem experimentellen Ansatz und den benutzten Methoden sowie dem grundlegenden Vorgehen der Forschungsarbeit (aus dem Methodenteil)
- den Hauptergebnissen auf die grundsätzlichen Fragestellungen einschließlich wesentlicher quantitativer Resultate oder Tendenzen, die im Artikel vorkommen (aus dem Ergebnisteil)
- einer kurze Zusammenfassung der Interpretation und Schlüsse (aus dem Diskussionsteil)

Die Zusammenfassung hilft den Lesern zu entscheiden, ob sie das restliche Papier lesen wollen, oder ist möglicherweise sogar der einzige Teil des Artikels, den sie über elektronische Literatursuchen erhalten können. Daher sollte genug Schlüsselinformation enthalten sein, damit sich jemand aufgrund nur dieser Informationsquelle auf den Artikel beziehen und ihn zitieren kann. Die Zusammenfassung besteht nur aus Text, aus präzisen aber vollständigen Sätzen und kommt schnell zum Punkt. Sie enthält keine lange Hintergrundinformationen, Verweise auf andere Literatur, Abkürzungen oder Begriffe, die den Leser verwirren, keine Illustrationen Zeichnungen, Tabellen oder Verweise auf diese.

Zum Einführungsteil

Er stellt die Arbeit in einen Kontext: Er zitiert die relevante wesentliche Forschungsliteratur, stellt die allgemein akzeptierte Auffassung des Problems dar, erklärt den Zweck der Arbeit in der Form einer Arbeits-Hypothese und die denkbaren Ergebnisse der Untersuchung. Der Einführungsteil geht vom Allgemeinen zum Besonderen. Viele Publikation beginnen leider mit Allgemeinplätzen. Besser ist der Beginn mit dem wissenschaftlichen Kontext oder dem technischen *State of the Art* der für die Zielgruppe der Publikation von Interesse ist. Der Einleitungsteil endet in der Regel mit dem klar beschriebenen Zweck und oder

der Arbeitshypothese, gefolgt von der klaren Darstellung der Überlegung, die der ganzen Arbeit zugrunde liegt. Warum wurde diese Experimentanordnung gewählt? Was sind die wissenschaftlichen Vorteile dieses Modellsystems?

Bereits bekannte Methoden und Vorgehensweisen haben im Einführungsteil nichts verloren und gehören in den Methodenteil. Wenn die Arbeit neuartige, bahnbrechende Techniken oder Vorgehensweisen enthält, sollten im Einführungsteil die Vorteile der neuen Technik gegenüber den bislang verwendeten kurz dargestellt werden.

Auch wenn es paradox klingt, ist es sehr sinnvoll, die Einführung des Artikels umgekehrt zu skizzieren; mit dem spezifischen Ziel der Arbeit anzufangen und dann erst zu entscheiden, was der wissenschaftliche Kontext ist, in dem die Frage gestellt wurde. Die beste Zielgruppe des Artikels findet man manchmal erst, nachdem man diese Gedankenübung vollzogen hat.

Zum Methodenteil

Der Abschnitt »Methoden« oder »Methoden und Materialien« fehlt in kaum einer Arbeit aus der Physik, Chemie oder Molekularbiologie. In ihm wird erläutert, wie die Untersuchung strukturiert und organisiert wurde, welche Reagenzien, Organismen, Individuen verwendet wurden, wann und wo die Untersuchung stattfand (wenn Ort und Zeit wichtige Faktoren sind), welche Kontrollversuche durchgeführt, wie die Daten analysiert wurden. Jedes Experiment oder Verfahren sollte als eine Einheit dargestellt werden, selbst wenn es mit zeitlichen Unterbrechungen durchgeführt wurde. Der Methodenteil sollte so viele quantitative Details und Daten enthalten, dass andere Wissenschaftler die Versuche reproduzieren könnten.

Einzelne Versuche werden durch aussagekräftige Variablen oder Behandlungen benannt, nicht durch einen beliebigen Namen oder Zahl (z. B. »HEPES-buffered Saline« anstatt »Test 1«.) Eine Aufzählung kurzer Sätze wirkt auf die Leser leicht ermüdend, eine zusammenhängende Reihenfolge der Aktivitäten kann in einem Satz kombiniert werden, um Klarheit und Lesbarkeit zu verbessern.

In der Informatik oder den Ingenieurwissenschaften ist ein Methodenteil nicht immer erforderlich. Manchmal werden stattdessen Szenarien oder Anwendungen beschrieben, in deren Kontext die Erkenntnisse gewonnen wurden.

Zum Ergebnisteil

Dieser präsentiert die Hauptresultate der Arbeit, ohne sie zu interpretieren. Er besteht aus Tabellen und Zeichnungen ebenso wie aus Text. Wichtige Negativergebnisse sollten auch dargestellt werden: Wenn sich die erwarteten Ergebnisse nicht eingestellt haben, kann es bedeuten, dass die Arbeitshypothese falsch war und neu formuliert werden muss man ist auf etwas gestoßen, das weitere Untersuchungen erfordert. Auf alle Fälle sollten auch Ergebnisse öffentlich gemacht werden, die die eigene Hypothese nicht unterstützen. Es wäre falsch, anzunehmen, dass Daten, die im Gegensatz zu dem stehen, was erwartet wurde, notwendigerweise »schlecht« sind. Wenn die Untersuchung gut durchgeführt wurde, sind Daten einfach Daten und brauchen Interpretation. Viele wichtige Entdeckungen können auf »schlechte Daten« zurückgeführt werden.

Im Ergebnisteil werden die Daten nicht interpretiert. Sinnvollerweise gruppiert sich der Text des Ergebnisteils um die Tabellen und Grafiken, die zum Artikel gehören. Es empfiehlt sich, auf jeden Entwurf einer Tabelle oder einer Grafik zu notieren, welche ein oder zwei Schlüsselresultate im Text des Abschnittes angesprochen werden sollen. Jede Tabelle oder Grafik muss eine kurze Beschreibung der Resultate, die mit ihnen gezeigt werden, in einer Legende (*figure caption*) enthalten.

Im Text muss nicht jeder Zahlenwert aus einer Tabelle oder Grafik wiederholt werden, nur die Schlüsselergebnisse oder Trends und Tendenzen. Gleiche Datensätze sollten nicht sowohl in Tabellen als auch in Grafiken vorkommen. Rohdaten werden nicht in die Veröffentlichung aufgenommen, wenn sie als Mittelwerte, Prozente etc. zusammengefasst werden können.

Zum Diskussionsteil (*discussion* oder *conclusions*)

Das ist der wichtigste Teil einer wissenschaftlichen Publikation. Er interpretiert die Ergebnisse vor dem Hintergrund dessen, von was schon vor der Untersuchung über das Thema bekannt war und zeigt das neue Verständnis zur Fragestellung danach. Der Diskussionsteil bezieht sich stets auf den Einführungsteil und zwar auf die Frage oder Hypothesen, die von den Autoren der Studie und der zitierten Literatur gestellt wurden. Im Diskussionsteil wird die Einführung jedoch nicht wiederholt oder neu formuliert, sondern gezeigt, wie die Untersuchung von dem Punkt an verlaufen ist, der den Einführungsteil abschließt. Grundsätzliche Fragen, die hier beantwortet werden, umfassen:

- Geben die Ergebnisse Antwort auf die Hypothesen?
- Stimmen die Ergebnisse mit dem überein, was andere gezeigt haben? Wenn nicht, weisen die Ergebnisse auf eine alternative Erklärung hin oder zeigen sie Fehler im experimentellen Design der Studie oder dem der anderen?
- Was ist das neue Verständnis der Fragestellung aufgrund der gezogenen Schlussfolgerungen?

Der Diskussionsteil ist so aufgebaut, dass er sich auf jeden der Versuche oder jede der Studien des Artikels bezieht, er diskutiert diese in der gleichen Reihenfolge wie sie im Ergebnisteil vorkommen und zeigt die Interpretation der Autoren im größeren Kontext der Fragestellung. Ergebnisse werden nicht umständlich wiederholt, sondern notfalls kurz, möglichst in knappen Relativsätzen aufgenommen. Neue Ergebnisse haben im Diskussionsteil nichts verloren, sie wurden im Ergebnisteil behandelt.

In der Diskussion wird zwangsläufig auf die Ergebnisse von anderen verwiesen, um die eigene Interpretation zu unterstützen. Es muss ein Bezug zu den Ergebnissen anderer Studien hergestellt werden – zu eigenen und fremden. Es wird betrachtet, wie die Ergebnisse anderer Studien mit der vorliegenden kombiniert werden können, um ein neues oder vertieftes Verständnis abzuleiten. Externe Quellen müssen ebenso wie im Einführungsteil unbedingt korrekt und vollständig zitiert werden.

In einigen Fällen tauchen Grafiken oder Tabellen im Diskussionsteil auf. Diese enthalten keine neuen Daten aus der Studie, die zuvor hätten dargestellt werden sollen. Der Diskussionsteil kann aber beispielsweise ein Diagramm enthalten, um zu zeigen, wie die Ergebnisse und Schlussfolgerungen einen Mechanismus erklären.

Ein guter Test, ob der Diskussionsteil die richtigen Aspekte behandelt, ist ganz einfach: Wenn jemand den Diskussionsteil vor dem Lesen des Rests der Publikation lesen würde, würde er diesen völlig verstehen? Wenn die Antwort »ja« lautet, dann stimmt etwas nicht: Ein guter Schluss bringt Aspekte, die bedeutsam werden, nachdem das Papier gelesen worden ist. Ein guter Schluss gibt Ausblick, eine Perspektive, die noch nicht in der Einführung zu sehen war. Selbstverständlich ist ein Schluss auch ein ausgezeichneter Ort für Vermutungen und offene Fragestellungen.

Zum Danksagungsteil

Forschung ist Teamwork und entsteht in Netzwerken. In Fächern in denen ein Austausch von Reagenzien, Organismen, Auswertungsprogrammen wichtige Überlegungen Anderer zu den eigenen Fragestellungen etc. besonders üblich sind, erfahren die Beitragenden Wertschätzung durch die Nennung im Danksagungsteil der Arbeit (*Acknowledgements*). Hilfe bei der Beurteilung und Korrektur des Publikationsentwurfs wird ebenfalls stets in der Danksagung genannt. Der Stil wird im Danksagungsteil nicht ganz so streng gehandhabt wie sonst, dennoch sind Danksagungen kurz und keinesfalls blumig. Es schadet nie, einen Danksagungsteil im Entwurf des Artikels aufzunehmen. Wegen eines Danksagungsteils, der unüblicherweise aufgenommen wurde, wird kein Artikel abgelehnt werden.

Wenn jemand sich ärgert, nicht erwähnt worden zu sein, kann es eher Probleme geben. Wo Danksagungen unüblich sind, wird der Editor sie einfach streichen.

Zum Literaturteil

Der Literaturteil enthält eine meist alphabetisch geordnete Liste der Arbeiten, die tatsächlich im vorliegenden Artikel erwähnt und referenziert sind. Eine, umfangreiche Liste der vorgeschriebenen Formate für Zitierungen bei verschiedenen Zeitschriften findet sich bei Huth et al. (1994). Es gibt kommerzielle und Open Source Softwarepakete zur Verwaltung von Fußnoten und Literatur, wie EndNote, ReferenceManager, ProCite, BibEdit, BibDB, JabRef, Pybliographer, BibDesk, KBibTeX und Referencer, die die Arbeit mit Literatur sehr erleichtern, vor allem, wenn in der Gruppe häufiger ähnliche oder gleiche Quellen zitiert werden.

Zum Anhang

Dieser enthält das, was nicht unbedingt für das Verständnis der Arbeit benötigt wird, aber einen Punkt weiter ausführt. Ein Anhang ist ein optionaler Teil der Arbeit und in den fertigen Publikationen selten zu finden. Oft enthalten aber die eingereichten Arbeiten für den Review-Prozess Anhänge. In Anhängen können beispielsweise Rohdaten, (herausklappbare) Karten, zusätzliche Fotografien, Erläuterungen von Formeln, spezielle Computerprogramme, die die Autoren zur statistischen Auswertungen oder anderen mathematischen Verfahren zu Datenanalyse geschrieben haben, vollständige Namen von Chemikalien oder Mischungen, die in abgekürzter Form oder mit dem Populärnamen in der Arbeit erwähnt wurden oder Zeichnungen spezialisierter Geräte aufgeführt werden.

Checkliste 3 Manuskript für eine Fachzeitschrift

Die folgende Checkliste soll dazu Autoren dazu dienen, zu prüfen, ob das eigene Manuskript eingereicht werden kann. Ebenso können Gutachter es als Hilfe benutzen, wenn Sie ein Manuskript beurteilen müssen.

- ❑ Ist der Titel ausreichend informativ?
- ❑ ist der Titel kurz gefasst und bündig?
- ❑ Fasst der Abstract alle wesentlichen Kapitel der Arbeit zusammen, auch Einführung, Methodenteil, Ergebnisse und Diskussion?
- ❑ Besteht der Abstract aus einem einzigen Absatz?
- ❑ Ist der Abschnitt aussagekräftig und dennoch kurz und prägnant?
- ❑ Verzichtet der Abstract, wie es der Standard erfordert, auf Zitate?
- ❑ Beginnt die Einleitung mit einem Überblick des heutigen Standes des Wissens über das allgemeine Gebiet der Arbeit?
- ❑ Werden Arbeitshypothesen und wissenschaftliche Fragestellungen explizit dargestellt?
- ❑ Enthält der Methodenteil Unterüberschriften zur besseren Übersicht?
- ❑ Wird der experimentelle Aufbau so gut beschrieben, dass die Untersuchung evaluiert und nachvollzogen werden kann?
- ❑ Sind die Zahl der Untersuchungsdurchläufe, die Zahl der Kontrollexperimente oder Leerproben und die verwendeten statistischen Methoden dargestellt?
- ❑ Beschränkt sich die Diskussion von Verfahren auf die, die direkten Einfluss auf die Ergebnisse haben?
- ❑ Enthält der Methodenteil die richtigen und alle wichtigen Literaturzitate?
- ❑ Sind diese korrekt zitiert?
- ❑ Gibt es Tabellen oder Grafiken, die die wichtigen Ergebnisse zusammenfassen?
- ❑ Sind diese mit Bildunterschriften (*Captions*) bezeichnet, sind alle Koordinaten korrekt und vollständig bezeichnet?
- ❑ Bezieht sich der Manuskripttext konkret auf die Tabellen und Grafiken?
- ❑ Werden Schlüsselergebnisse aus Tabellen und Grafiken im Text zusammengefasst erwähnt?

- ❑ Wird im Ergebnisteil konsequent darauf verzichtet, Ergebnisse zu interpretieren, Ergebnisse mit denen anderer Forscher zu vergleichen und zu spekulieren, ob Hypothesen von den Ergebnissen gestützt werden oder nicht?
- ❑ Beginnt der Diskussionsteil mit einer kurzen Zusammenfassung der Schlüsselergebnisse?
- ❑ Werden im Diskussionsteil die Schlüsselresultate mit den Ergebnissen anderer Untersuchungen verglichen?
- ❑ Zitiert der Diskussionsteil die passenden und notwendigen Literaturquellen?
- ❑ Verläuft der Diskussionsteil vom besonderen zum allgemeinen und endet mit einer Bewertung der Bedeutung der Arbeit für den Fortschritt des Faches?
- ❑ Zitiert das Manuskript mindestens fünf Literaturquellen, von denen mindestens drei weniger als fünf Jahre alt sind?
- ❑ Sind die Zitate richtig formatiert und vollständig?

7 Patente als Wissens- und Einnahmequelle

Patente stellen die eigene Leistungsfähigkeit unter Beweis. Sie eröffnen Chancen, selbst und für die eigene Organisation langfristig viel Geld zu verdienen, sind aber auch Veröffentlichungen, die wertvolle Informationen zum Stand der Technik eines Feldes beinhalten, die an anderer Stelle oft gar nicht zu finden sind. Gäbe es keine Patente, müssten viele Forschungsergebnisse geheim gehalten werden, damit andere die Erfindung nicht so einfach nachahmen können.

Außer Patenten gibt es weitere Schutzmöglichkeiten für kreative Leistungen. Für geistig-schöpferische Werke wie etwa Literatur, Musik oder Kunst, aber auch für Computerprogramme gilt das Urheberrecht. Patente, Urheberrechte, Markenrechte, Geschmacksmuster und ähnliche Schutzmöglichkeiten nennt man zusammenfassend »gewerbliche Schutzrechte« oder *intellectual property rights (IPR)*.

Das Besondere bei den Patenten ist, dass sie durch ein Amt erteilt werden, nachdem technische Fachleute recherchiert und die Erfindung beurteilt haben. Patente sind also auch referierte Veröffentlichungen. Eine patentierte Erfindung erzielt in der Regel höhere Lizenzgebühren als ein reiner Know-how-Überlassungsvertrag oder die Vergabe anderer ungeprüfter Schutzrechte (z. B. Urheberrecht).

Wer meint, dass Patente den Fortschritt behindern, weil sie ein Monopol in einem bestimmten technischen Gebiet erzeugen und andere behindern, denkt vielleicht an Patente für triviale Modifikationen existierender Erfindungen (z. B. bei manchen Medikamenten), die es Firmen ermöglichen, hohe Gewinne dadurch zu erzielen, dass sie ihre Schutzrechte zeitlich verlängern. In der *Open Source* Bewegung wendet man sich von gewerblichen Schutzrechten ab und schafft eine »intellektuelle Allmende«. Die *intellectual commons*, in der viele Menschen Verbesserungen frei miteinander teilen und gemeinsam zu etwas beitragen, erzeugt Produkte, die nicht selten besser und zuverlässiger sind als die Produkte, die von einzelnen Software-Unternehmen geschaffen werden. Wäre es dann nicht besser, wenn jeder seine Erfindungen frei publizieren würde und der ganzen Welt erlaubt, sie frei zu nutzen?

In sehr vielen technischen Gebieten kann *Open Source* hingegen die Anwendung von Forschungsergebnissen verhindern. Große Firmen benötigen ebenso wie die meisten Neugründungen enorm hohe Investitionen, um ein Produkt vom Forschungsergebnis zur Marktreife zu entwickeln. Wer keinen Schutz vor Nachahmern hat, dessen Erfindung wird wahrscheinlich sofort nach dem ersten Markterfolg von anderen kopiert, der Marktpreis des Produktes fällt angesichts des hohen Wettbewerbs auf die reinen Kosten von Herstellung und Vertrieb: Forschungs- und Entwicklungskosten lassen sich nie wieder hereinholen. Unter solchen Umständen würde kein vernünftiges Unternehmen in eine Produktentwicklung investieren. Oft ist Patentieren also der einzige Weg, dafür zu sorgen, dass seine Erfindung auch von jemandem genutzt werden kann und Nutzen stiftet.

» *Die Entwicklung eines Medikaments von der Erfindung bis zur Marktreife und Zulassung kostet heute im Durchschnitt etwa € 800 Millionen.* «

Eine Patenteinreichung vorzunehmen und einen Artikel in einer Fachzeitschrift einzureichen, bedeutet dabei nicht zwangsläufig doppelte Arbeit. Wem es in erster Linie um Wissenschaft geht, der sollte einfach seinen bahnbrechenden Artikel schreiben und ihn lediglich an die Schutzrechtsabteilung der eigenen Organisation zur Überprüfung senden, bevor er bei einer Fachzeitschrift oder einer Tagung eingereicht wird. Eine gut organisierte Institution kann auf Basis eines guten Manuskripts eine Patentanmeldung erstellen. Wer selbst als Gründer seine Erfindung verwerten oder sonst den Nutzen der Erfindung maximieren will, wird meist raffinierter vorgehen, die unten beschriebenen Möglichkeiten der Zusatzpatente nutzen und die Veröffentlichung etwas herauszögern. Da die Patentanmeldung später mit deren Einreichungsdatum vom Patentamt veröffentlicht wird, kann in der Zwischenzeit niemand dem Forscher den wissenschaftlichen Ruhm für die Erfindung nehmen.

7.1 Schutz vor Nachahmung und doch Quelle der Erkenntnis

Das Patentgesetz erlaubt es nur dem Patentinhaber, die patentierte Erfindung zu benutzen. Eine Ausnahme bildet das Versuchsprivileg des Patentgesetzes. Erlaubt sind danach Versuche, die klären sollen, ob oder wie die Erfindung funktioniert oder zur Weiterentwicklung der Erfindung. Es ist also Forschung an der Erfindung erlaubt, nicht der Einsatz der Erfindung als Mittel zum Erkenntnissgewinn auf einem anderen Gebiet. So ist erlaubt, ein patentiertes Verfahren zur Suche nach Medikamenten zur Erforschung neuer Suchmethoden einzusetzen, die Suche nach Medikamentenkandidaten mit dem patentierten Verfahren ist nur dessen Inhaber oder mit seiner Genehmigung gestattet.

Die Exklusivität des Patents gilt nur während der Patentlaufzeit und innerhalb des vom jeweiligen nationalen Patent abgedeckten Gebietes. Nur hier gibt das Patent dem Inhaber das Recht, den einen die Herstellung oder den Verkauf der durch das Patent geschützten Erfindung zu verbieten und anderen die gewerbliche Nutzung der Erfindung zu gestatten und dafür eine Lizenzgebühr zu beanspruchen. Für die Länder, in denen der Patentinhaber aktuell keine Gebühren entrichtet, gilt auch kein Schutz. Der Patentschutz dauert maximal zwanzig Jahre, beginnend am Tag der Anmeldung. Da viele Erfindungen sehr schnell überholt sind oder den Inhabern das Geld für die im Laufe der Zeit stark wachsenden Patentgebühren ausgeht, werden jedoch weniger als 10% der Patente für die maximale Schutzdauer aufrechterhalten.

Als Gegenleistung für den Schutz durch das Patent muss der Patentinhaber die Erfindung so offenbaren, dass für die Fachwelt die Chance zu weiteren Entdeckungen und Erfindungen besteht. Patentanmeldungen müssen spätestens 18 Monate nach ihrer Anmeldung vom Amt offengelegt werden.

Ein Patent zu besitzen, bedeutet keine Erlaubnis, die Erfindung auch tatsächlich zu nutzen. In vielen Bereichen benötigen Produkte zudem gesetzliche Zulassungen, die unabhängig vom Besitz des Patentes beantragt werden müssen. Selbst wenn ein Patent auf eine technische Erfindung erteilt wurde, bedeutet dies noch nicht, dass Anmelder und Inhaber den Gegenstand des Schutzrechts frei benutzen dürfen. Es ist durchaus möglich, dass eine Erfindung gegenüber dem Stand der Technik neu und erfinderisch ist und dennoch in den Schutzumfang eines älteren Schutzrechts fällt. Beispielsweise kann die Weiterentwicklung einer durch ein Grundpatent geschützten Maschine durchaus patentfähig sein. Der Inhaber des Patents für die weiterentwickelte Maschine darf diese aber nur herstellen, wenn ihm der Inhaber des Grundpatentes die Erlaubnis erteilt.

Auch die erfolgreiche Prüfung durch das Amt garantiert nicht den Bestand des Patentes. Patente können später während der gesamten Laufzeit von jedermann mit der so genannten Nichtigkeitsklage angegriffen werden, wenn er Gründe erkannt hat, welche der Patentierung entgegenstehen. Diese liegen meistens darin, dass die Erfindung nicht neu oder die Erfindungshöhe nicht gegeben war. Ein Einspruch muss schriftlich und mit einer Begründung binnen drei Monaten ab Veröffentlichung im Patentblatt (bei europäischen Patenten neun Monaten) erhoben werden. Die zweite Möglichkeit – die Nichtigkeitsklage – ist an keine Frist gebunden und kann von jedermann während der gesamten Laufzeit des Patentes beim Patentgericht erhoben werden. Erfahrene Firmen, die ein Patent verhindern wollen, bevorzugen oft eine Nichtigkeitsklage, die meist erst dann erhoben wird, wenn die Erfindung erste Markterfolge erzielt.

7.2 Patentrecherchen

Auf den ersten Blick wirken Patente schwer zugänglich und schwer verständlich. Selbst für Wissenschaftler, die nicht erfinden wollen, wird es aber immer wichtiger, die verfügbaren Suchwerkzeuge für Patentrecherchen handhaben zu können, um neue Entwicklungen in der Forschung nicht zu verpassen. Patentdokumente enthalten nicht selten Informationen und Aspekte, die in normalen Fachveröffentlichungen fehlen, aber für den Aufbau von Experimenten, für die Synthese von Substanzen oder die Konzeption von Produkten wertvoll sind. Jeder kann im Internet nach deutschen, europäischen, US-amerikanischen, japanischen Patenten und Weltpatenten suchen.

Patentrecherchen begleiten die Forschung und das Erfinden in mehreren Zyklen: Zur Einarbeitung in ein Forschungsgebiet gehört unbedingt eine erste Patentrecherche. In einem frühen Produktentwicklungsstadium ist eine weitere Recherche nach möglicherweise entgegenstehenden Schutzrechten unerlässlich, um die Entwicklung in ein noch patentfreies Gebiet lenken zu können. Im Laufe der Forschungsarbeit verfolgt man dann immer wieder den in Patentanmeldungen und Patenten neu veröffentlichten Stand der Technik.

Die notwendige Erfindungshöhe für die Erteilung eines Patents variiert durchaus von Thema zu Thema und von Branche zu Branche. Wer irgendwann erwägt, selbst ein Patent einzureichen, recherchiert vor der Ausformulierung des Patents nochmals, was in dem betreffenden Bereich bereits patentiert wurde.

Bei der Formulierung der Ansprüche ist in der Regel eine weitere Patentrecherche notwendig.

7.3 Vorgehen bei der Recherche

Man beginnt die Suche mit einer breiten Ideensammlung aller Worte, die die Erfindung beschreiben. Anhaltspunkte sind dabei:

- Was ist das Resultat der Erfindung?
- Wie funktioniert sie?
- Aus was besteht sie?
- Wobei wird sie eingesetzt?

❖ Welche Probleme löst sie?

Diese Wörter können als Wortsuche in Patentdatenbanken im Internet eingesetzt werden. Die beste Kombination der Wörter findet sich durch Probieren.

Eine besondere Möglichkeit der Suche besteht in den Patentklassifikationen. Man sucht dazu im Index der Klassifikationen des jeweiligen Patentamtes im Internet Klassen und Subklassen, zu denen die gesuchte oder die zu patentierende Erfindung gehören könnte. Subklassen spezifizieren, ihre Nummern werden an die der Klassen angehängt und durch Punkte voneinander getrennt. Eine Klassifikation kann bis zu sieben Punkte enthalten und enthält dann nur noch ähnliche Erfindungen.

Weiterhin wird man also bei allen bekannten interessanten Patentdokumenten, unabhängig, wie sie gefunden wurden, die Klassifikation notieren und dann bei jeder Recherche suchen, welche anderen Patentdokumente zu diesen Klassen und Subklassen existieren.

Wie bei wissenschaftlichen Fachartikeln, lohnt es sich, auch in den Datenbanken nach Forschern und Erfindern im eigenen Feld zu suchen, um zu sehen, was diese bereits patentiert haben, und danach regelmäßig zu prüfen, was neu von diesen patentiert wurde.

Bei den gefundenen Patentdokumenten richtet man den Blick zuerst auf die Zusammenfassung, um schnell beurteilen zu können, ob sich die genauere Analyse des Dokuments lohnt. Auch die Patentzeichnung gibt einem meistens einen schnellen ersten Eindruck.

Bei geprüften Patenten ergänzen die Prüfer die Anmeldung um die von ihnen selbst gefunden ähnlichen oder sogar entgegenstehenden Veröffentlichungen aus Fachzeitschriften und Patentdokumenten. Auch diese Dokumente, die »Entgegenhaltungen« helfen beim Kennenlernen des »Standes der Technik« sehr.

Bei jeder Recherche gibt es immer wieder Momente, in denen man seine Suchstrategie überdenken und neu ausrichten sollte.

7.4 Die Erfindung

Jedem Patent liegt eine Erfindung zugrunde, eine »Anweisung zum technischen Handeln, die gewerblich anwendbar, neu und nicht nahe liegend ist.« Die »Erfindung« unterscheidet sich damit von der »Entdeckung« also dem Auffinden von etwas, das schon zuvor existierte, z. B. die Entdeckung einer mathematischen

Erkenntnis, eines physikalischen Gesetzes, einer biologischen Art, einer geographischen Insel. So sind die nicht patentierbaren Entdeckungen von Genen von deren patentierbaren Anwendungen zu unterscheiden.

Alles was irgendwo auf der Welt veröffentlicht wurde – und sei es:

- in einem Gespräch in einer offenen Hotellobby
- in einem Angebot an ein Unternehmen, das vorher keine Geheimhaltungsvereinbarung mit dem Erfinder abgeschlossen hat
- in einer Schülerzeitung irgendwo auf der Welt
- was bereits in einem auf dem Markt befindlichen Produkt nachvollziehbar umgesetzt wurde
- ja sogar, was als Prinzip in Romanen oder Comics beschrieben wurde

kann nicht mehr als »neu« angesehen werden und taugt nicht mehr zur Patentanmeldung.

Wer eine einzige Quelle findet, die vor der Patentanmeldung die Erfindung veröffentlicht hat, kann jedes Patent zu Fall bringen. Sollen also bereits vor der Anmeldung – etwa im Rahmen der wissenschaftlichen Diskussion, der Einwerbung von Forschungsmitteln oder der Ansprache von Verwertungspartnern – Dritte informiert werden, so müssen vorher Geheimhaltungspflichten schriftlich vereinbart werden.

In den USA gibt es anders als im Rest der Welt eine *one year grace period* nach der Veröffentlichung. Wer etwas schon veröffentlicht hat, was doch geschützt gehört, kann diese Zeit nutzen, um in diesem wichtigen Markt einen soliden Patentschutz zu erhalten

Das Patentrecht legt weiterhin fest, dass eine Tätigkeit erfinderisch ist, wenn sie sich »für den Fachmann nicht in nahe liegender Weise aus dem Stand der Technik ergibt«. Wann lohnt also die Patentanmeldung? Die Rechtsprechung hat Anhaltspunkte entwickelt, die bei der Bewertung der Erfindungshöhe herangezogen werden. Eine Tätigkeit ist erfinderisch, wenn

- das Problem über längere Zeit in der Fachwelt bekannt war und ein Bedürfnis für seine Lösung bestand
- durch die Erfindung eine technische Fehlvorstellung überwunden wird,
- die neue Anweisung überraschend ist
- auf einem technisch sehr ausgereiften Gebiet Verbesserungen formulierbar sind
- einfache und kostengünstige Herstellungsmethoden gefunden wurden
- nicht allgemein bekannter Entwicklungen aus einem grundsätzlich anderen Fachgebiet übertragen wurden

- Kombinationsmerkmale bei gleicher Funktionserfüllung eingespart werden konnten.

Es ist also nicht eine große, bahnbrechende Erfindung erforderlich. Gerade die simplen Ideen sind oft die besten. Eine wichtige Erfindung kann außerdem auch aus diversen kleinen Erfindungen bestehen.

Solange die eigene Patentanmeldung nicht durch das Patentamt oder die Erfinder veröffentlicht wurde, gilt der Maßstab der Erfindungshöhe auch ihr gegenüber nicht. Innerhalb der Geheimhaltungsfrist von bis zu 18 Monaten eingereichte weitere Patentanmeldungen können später zu einem einheitlichen Patent zusammengefasst werden, wenn sie nur gegenüber dem vor der eigenen Erfindung geltenden Stand der Technik neu sind. Oft machen erst die Zusatzpatente den wirtschaftlich wertvollen Teil eines Patents aus. Für Zusatzpatente sind keine Jahresgebühren fällig. Bei Wegfall des Hauptpatents tritt das Zusatzpatent in die Laufdauer und Gebührenpflicht des Hauptpatents ein.

» *Man hat bis zu 18 Monate Zeit nach einer Anmeldung Zeit, weitere Variationen, bessere Ausführungen, mehr Details in Anmeldungen.* «

In den USA wird das Patent dem gewährt, der als erster die erfinderische Idee hatte, während im Rest der Welt das Patent demjenigen gewährt wird, der die Erfindung als erster beim Patentamt anmeldet (»First to invent vs first to file«). Weil Patente international verwertet werden, ist es deshalb wichtig, in der Forschung grundsätzlich alle erfindungsrelevanten Aspekte nachprüfbar aufzuzeichnen. Dazu gehört die nach diesem Kapitel beschriebene vollständige Aufzeichnung in gebundenen Laborbüchern mit nummerierten Seiten. Außerdem sollte alles, was als Beweis dienen kann, aufbewahrt werden wie etwa Fotografien, Ausdrucke oder Chromatographie-Gele.

Bei der Formulierung der Patentanmeldung sollte unbedingt ein erfahrener Patentanwalt dabei sein, am besten der Beste seines Feldes. Es kommt nicht nur darauf an, dass das Patent erteilt wird, es muss auch international gerichtsfest sein, so formuliert werden, dass eine missbräuchliche Nutzung überprüft werden und es nicht leicht umgangen werden kann. Dazu braucht es fundierte Kenntnisse des Patentrechts, einen scharfen Verstand und viel Erfahrung.

Den formulierten Text reicht man (bzw. das beauftragte Anwaltsbüro) im staatlichen Patentamt eines Landes ein, in dem man verhindern will, dass andere die gleiche Erfindung herstellen oder verkaufen können. Jede Anmeldung in jedem Land kostet Geld.

Dann werden dort einer oder mehrere Patentprüfer die Ansprüche überprüfen. Sie suchen in früheren Patenten und Veröffentlichungen, dem Stand der Technik (*prior art*) und nehmen die Ansprüche an oder lehnen diese ab. Patentanmelder haben die Möglichkeit, auch später weitere gleichlautende beziehungsweise übersetzte Anmeldungen in anderen Ländern vorzunehmen. Das europäische Patent ist eine vergleichsweise preiswerte Möglichkeit, mit nur einer Anmeldung Erfindungen gleichzeitig in mehreren Ländern zu schützen. Man benötigt nur ein einheitliches Erteilungsverfahren in einer einzigen Verfahrenssprache (deutsch, englisch, französisch) statt eventuell 17 nationale Verfahren. Nach rechtskräftiger Erteilung zerfällt das Schutzrecht in einzelne nationale Patente. Insgesamt sollte man sich von seinem Patentanwalt beraten lassen, wann der letztmögliche Zeitpunkt für die Einreichung ist. Meist will man den Zeitpunkt so weit wie möglich herauszögern, weil man später mehr über die Patentfähigkeit und die wirtschaftlichen Chancen und damit über das Kosten-Nutzen-Verhältnis der Anmeldung weiß. Ganz Schlaue reichen ihre Anmeldung in einem Land ein, dessen Amt besonders schnell den Bescheid erlässt und erhalten so Anhaltspunkte, ob sich die Einreichung in anderen Ländern lohnt.

7.5 Taktische Alternativen zu Patenten

Ein Geschäftsgeheimnis ist *Intellectual Property,* das nicht als Patent oder anderweitig veröffentlicht wird, sondern als private Erkenntnis durch die Organisation oder das Individuum, die es erfunden hat, behalten wird. Geschäftsgeheimnisse sind rechtlich gegen Diebstahl geschützt, nicht aber gegen die Möglichkeit, dass jemand anders das Gleiche selbst erfindet und vielleicht sogar patentiert.

Was wird man also nicht patentieren, sondern als Geschäftsgeheimnis bewahren? Wenn es leicht wird, zu entdecken, dass andere die eigene Erfindung benutzt haben, ist ein Patent durchsetzbar. Wenn aber die Idee einen Schritt in einem Herstellungsverfahren betrifft und dem endgültigen Produkt nicht anzusehen ist, ob die patentierte Erfindung verwendet wurde, dann wird oft ein Geschäftsgeheimnis der bessere Schutz sein. Wenn das wirklich wichtige Neue bei einer Erfindung die Erkenntnis des Kundenbedarfes ist und andere durch eine Veröffentlichung erst auf die Idee gebracht werden, schnell eigene, nicht durch das Patent abgedeckte Lösungen zu finden, ist ein Geschäftsgeheimnis ebenfalls zu bevorzugen.

Eine weitere taktische Möglichkeit, kreative Leistungen abzusichern, ist die Veröffentlichung. Wer seine Erfindung in einem Artikel, einem öffentlichen Vortrag, einer Vorlesung oder in ähnlicher Weise veröffentlicht, verhindert, dass danach irgendjemand diese Idee patentieren kann, die Idee ist überall Gemeingut geworden.

In Deutschland wird für mehr als 20% aller Patentanmeldungen für den maximalen Zeitraum von sieben Jahren keine Prüfung beantragt, so dass diese Anmeldungen solange »schwebend« (*pending*) bleiben, bis sie zurückgezogen werden. Die Anmelder halten diese Patentanmeldungen schwebend, um Zeit zu für die Bewertung zu gewinnen, ob ein Schutzrecht die Kosten wert ist, oder, um Unsicherheit für Wettbewerber zu schaffen.

7.6 Ansprüche

Der tatsächliche Schutzumfang eines Patents wird durch den jeweils eingereichten Patentanspruch bestimmt. Entsprechend sorgfältig und ausgefeilt müssen die Formulierungen dieser Ansprüche sein, denn sie bestimmen letztendlich, was alles durch das Patent geschützt wird. Patentansprüche sollten unbedingt von einem versierten Patentanwalt verfasst werden, der nicht nur das Patentrecht, sondern auch die wirtschaftliche Verwendung und die wissenschaftlich-technischen Hintergründe ausgezeichnet versteht. Erst in der Auseinandersetzung vor einem Patentgericht zeigt sich, wie gut der Schutz durch ein Patent ist. Man sollte also möglichst Patentanwälte beauftragen, die in benachbarten Feldern Prozesse bestanden und auch in der Praxis erfahren haben, wie ein Patent und Ansprüche formuliert werden müssen, um guten Schutz zu gewährleisten.

Je fundamentaler eine Erfindung, desto weiter kann der Patentanspruch gefasst werden. Pioniererfindungen werden dadurch mit einem größeren Schutz belohnt.

Je allgemeiner ein Patentanspruch gehalten ist, desto weiter reicht der Schutz durch das Patent. Wird ein Patentanspruch zu weit gefasst, kann es vorkommen, dass für Teile davon bereits ein älteres Patent existiert oder dass er für gewisse Bereiche gar nicht gültig ist. In solchen Fällen kann das gesamte Patent verweigert werden. Um diesen Widerspruch zu lösen, schreiben viele Patentanmelder sehr viele verschieden eng gefasste Unteransprüche für dasselbe Verfahren oder Produkt in ihre Patentanmeldungen.

7.7 Arbeitnehmererfindungen

Die meisten Erfindungen stammen von Arbeitnehmern, die in einem Dienstverhältnis zu ihrem Unternehmen oder ihrer Universität stehen. Diese »Diensterfindungen« sind Gegenstand des Gesetzes über Arbeitnehmererfindungen und den darin festgelegten Pflichten für Arbeitnehmer und Arbeitgeber: Der Arbeitnehmer muss die Erfindung dem Arbeitgeber unverzüglich zur Kenntnis geben. selbst wenn der Arbeitnehmer meint, dass die Erfindung nicht auf den Erfahrungen oder Arbeiten des Betriebes beruht (»freie Erfindung«). Der Arbeitgeber seinerseits muss den Eingang der Erfindungsmeldung umgehend schriftlich bestätigen. Er entscheidet, ob er die Erfindung zur Verwertung in Anspruch nimmt oder zur Nutzung durch den Arbeitnehmer freigibt. Der Arbeitnehmer hat einen Anspruch auf Zahlung einer angemessenen Vergütung, wenn der Arbeitgeber die Diensterfindung in Anspruch genommen hat.

7.8 Schutz des Patents

Nicht das Patentamt ist dafür verantwortlich, den Markt auf potenzielle Patentverletzer zu beobachten und gegen so genannte Patentverletzer vorzugehen. Stellt der Patentinhaber etwas fest, das eine Patentverletzung vermuten lässt, so benötigt er in der Regel sowohl die Hilfe eines Patent-, als auch eines Rechtsanwaltes. Der erste beurteilt, ob tatsächlich eine Verletzung der Patentansprüche gegeben ist, der zweite wird die Patentverletzung abwehren und folgende Ansprüche geltend machen:

- Unterlassung der Patentverletzung
- Auskunft über den Umfang der Patentverletzung nebst Auskunft über die erzielten Gewinne
- ggf. Vernichtung der das Patent verletzenden Erzeugnisse
- Schadensersatzanspruch in Form von Zahlung:
  - des Verletzergewinnes,
  - des entgangenen Gewinnes des Patentinhabers,
  - einer angemessenen Lizenzgebühr.

Eine vorsätzliche Patentverletzung kann sogar, wenn der Verletzer bewusst und gewollt das Patent verletzt hat oder er die Patentverletzung für möglich gehalten hat, mit Geldstrafen oder Freiheitsstrafe bis zu fünf Jahren bestraft werden.

Gerade, wenn ein Patent sehr wert viel ist, wenn eine Firma, die das Patent verletzt, erwarten kann, ein Vermögen zu verdienen, wird die Ausgangslage für den Patentinhaber dennoch nicht so einfach. Es gibt für ihn zwei Strategien:

- Verfolgung der Patentverletzung
- Verhandeln einer Lizenzgebühr mit dem Verletzer.

Wenn das Patent viel wert, man selbst ein Einzelerfinder oder eine kleine Organisation und der Verletzter ein erfahrener und finanzstarker Gegner ist, wird ein Gerichtsverfahren nicht einfach. Die größere Firma kann ein Gerichtsverfahren jahrelang durch mehrere Instanzen ziehen. Während die Prozesse stattfinden, kann das Patent weiter verletzt werden und eine bedeutende Lücke in Umsatz und Gewinn der kleinen Firma schlagen. Noch schlimmer ist, dass die kleine Firma Rechtsanwälte zu ihrer Vertretung braucht, so dass eine Verzögerung des gerichtlichen Verfahrens zunächst viel Geld kostet. Unter Umständen kann die kleine Firma sogar wegen der Kosten in Konkurs geraten. Um dies zu vermeiden, gibt es zur Finanzierung des Gerichtsverfahrens Eigenkapitalkapitalanleger: Geldgeber, die darauf »wetten«, dass der Patentinhaber den Prozess gewinnt. Diese Geldgeber erhalten für die Übernahme der Gerichtskosten Geschäftsanteile an der Firma. Ein anderer Schutz besteht darin, einen starken Partner als Teilhaber des Patents aufzunehmen. Starke und sichtbare Partner können ihre Patentrechte manchmal nur durch bloße Anwesenheit durchsetzen. Aus diesem Grund setzten große Forschungsuniversitäten wie Stanford und Harvard aber auch die Fraunhofer-Gesellschaft die Rechte ihrer Patente so gut wie immer gerichtlich durch: Es soll sich möglichst niemand wagen, sich unrechtmäßig an ihren Patenten zu vergreifen.

Die andere Strategie besteht in der Verhandlung einer Lizenzgebühr. Selbst wenn die verletzende Firma die Probleme kennt, die ein Patentinhaber hat, seine Rechte vor Gericht zu verteidigen, wird sie dennoch oft die Lizenzgebühren zahlen. Immerhin wird das Gerichtsverfahren auch die angreifende Firma ein Vermögen kosten, der Ausgang des Verfahrens ist ungewiss und es wird billiger, dem Inhaber eine Lizenzgebühr zu zahlen.

Bei Spin-offs und Neugründungen sollte man sein Patent aber auch für den Fall einer möglichen Insolvenz beschützen. Kleine Firmen, denen das Geld trotz hervorragender Mitarbeiter und erstklassigen Patenten ausgeht, sind keineswegs Ausnahmen. Wenn die Firma in Konkurs geht, sind deren Patente Teil der Konkursmasse, der wertvollste Teil des Geschäfts geht verloren. Konkursverwalter verkaufen die Patente an die Meistbietenden, nicht selten an so genannte »Patenthaie«, Firmen, die vor der Öffentlichkeit verborgene Patente besitzen und später überraschend auftauchen, wenn diese Schutzrechte versehentlich verletzt wurden – um dann mit Klagen zu drohen. Eine Lösung für Erfinder und ihre Organisationen liegt darin, dass die Universität oder Forschungsorganisation dem Spin-off zunächst nur eine beschränkte Lizenz für die Nutzung und Weiterentwicklung der Erfindung erteilt, mit einer Option, nach einer gewissen Frist von z. B. fünf Jahren das Patent zu bestimmten Konditionen ganz an die Firma zu übertragen. Wenn der Spin-off vor dieser Zeit in Konkurs geht, bleibt der Universität oder Organisation doch das Patent erhalten.

7.9 Lizenzen

Mit der Erteilung von Lizenzen können nicht nur große Firmen, sondern auch Universitäten und freie Erfinder erhebliche Einnahmen erzielen.

Die Zustimmung des Patentinhabers, den geschützten Gegenstand herzustellen, anzubieten, in Verkehr zu bringen bzw. zu gebrauchen oder zu den genannten Zwecken einzuführen, wird in der Regel durch einen Lizenzvertrag geregelt, der oft die Nutzung der Erfindung inhaltlich, räumlich und zeitlich beschränkt. Die Lizenz kann als nicht-ausschließliche »einfache« Lizenz vergeben werden und erlaubt dann dem Erwerber nur den Gebrauch des Schutzrechts. Bei einer »ausschließlichen« Lizenz hat der Lizenznehmer darüber hinaus das Recht, für ein bestimmtes Gebiet oder für eine bestimmte Gebrauchsart als Einziger das Patent zu nutzen.

Viele große Firmen oder *Venture-Capital*-finanzierte Unternehmen benötigen ein ausschließliches Recht an einer Erfindung, um ein Produkt oder eine Leistung überhaupt wirtschaftlich entwickeln und anbieten zu können. Hat man einfache Lizenzen vergeben, verbaut man sich als Lizenzgeber unter Umständen den Weg zum großen Geld. Andererseits verzichtet man als Lizenzgeber mit der ausschließlichen Lizenz auf andere mögliche Einnahmequellen. Insofern sollte man die Vergabe jede der beiden Lizenzarten strategisch planen und reiflich überlegen.

Mit einer räumlichen Beschränkung kann im Lizenzvertrag ein Nutzungsrecht für Regionen, meist für ein oder mehrere Länder, vereinbart werden. Der Lizenznehmer darf dann nur innerhalb dieses räumlichen Bereiches das Schutzrecht nutzen. Nicht selten ist eine Beschränkung auf Europa, Amerika, Asien oder auf den *ROW (rest of world*). Mit einer zeitlichen Beschränkung kann die Nutzung des Patents für eine Dauer, maximal jedoch bis zum Ablauf der Schutzdauer des Schutzrechtes begrenzt werden. Durch den Lizenzvertrag können weitere Schranken vereinbart werden, so etwa eine mengenmäßige Beschränkung.

Der Vertrag verpflichtet den Lizenznehmer zur Zahlung der Lizenzgebühren, oft auch zur Kostenübernahme für die Aufrechterhaltung von Schutzrechten und Schutzrechtsanmeldungen. Häufig werden auch die Pflicht zur Geheimhaltung, eine Ausübungspflicht, eine Nichtangriffsklausel, manchmal auch Bezugspflichten und Weiterentwicklungspflichten vereinbart. Den Lizenzgeber verpflichtet der Vertrag zur Lizenzierung des Vertragsgegenstands sowie zur Anmeldung, Aufrechterhaltung und Verteidigung der lizenzierten Schutzrechte, oft auch zur Gewährleistung für die lizenzierten Schutzrechte sowie zur Aufrechterhaltung des Geheimnisschutzes. Lizenzgeber und Lizenznehmer werden vertraglich häufig zum Austausch von Schutzrechten und Know-how, zur Behandlung von Leistungsstörungen und Obliegenheiten nach Vertragsende verpflichtet.

Die Bemessung der Lizenzgebühr kann sehr verschieden geregelt werden.

- So gibt es gebührenfreie Lizenzen, bei denen die Gegenleistung meist in Form einer Übertragung von Erfindungen, Patenten, Patentanmeldungen, Verbesserungen oder Know-how besteht.
- Bei der Umsatzlizenzgebühr, der häufigsten Form der Gebührenzahlung, wird der Lizenzgeber am Umsatz der von ihm lizenzierten Produkte beteiligt.
- Unter der Festlizenzgebühr versteht man einen pauschalen, fest bezifferten Betrag, der den »Kaufpreis« für die Lizenzerteilung darstellt.
- Eine Optionsgebühr wird vereinbart, wenn der Lizenzerwerber die Möglichkeit erhalten soll, das sachliche, örtliche, persönliche oder zeitliche Vertragsgebiet oder den Charakter als einfache oder ausschließliche Lizenz später zu verändern.
- Mindestumsatzlizenzgebühren werden zur Absicherung von Umsatzlizenzgebühren vereinbart. Der Lizenznehmer trägt das Risiko, ob er die Mindestlizenz verdienen kann.

Ohne ausdrückliche vertragliche Vereinbarung hat ein Lizenznehmer keine Pflicht zur Ausübung des Nutzungsrechts. Die Vereinbarung einer Ausübungsverpflichtung ist dem Lizenzgeber stets zu empfehlen, weil der Lizenznehmer sonst die Möglichkeit hätte, ein Produkt vom Markt fern zu halten, das seinem eigenen Angebot Konkurrenz macht. Alternativ ist es möglich, zum Schutz des Lizenzgebers die Zahlung einer Mindestlizenzgebühr oder die Kündigungsmöglichkeit für den Lizenzgeber zu vereinbaren, wenn bestimmte Umsatzzahlen nicht erreicht werden.

Ähnlich wie eine Ausübungspflicht schützt eine Mindestlizenzgebühr den Lizenzgeber. Sie soll ebenfalls verhindern, dass Unternehmen Patente erwerben, um mit wenig Geld Konkurrenz zu verhindern und zugleich fortschrittliche Weiterentwicklungen, deren Einführung aufwendig ist, zu beschneiden.

7.10 Literaturempfehlungen

Arena, C. M. und E. M. Carreras, *The business of intellectual property*. 2008: Oxford University Press.

Johansson, F., *The Medici effect: breakthrough insights at the intersection of ideas, concepts, and cultures.* 2004: Harvard Business School Press.

Lange, M., *Die Optimierung des Anspruchsumfangs im Rahmen der Patentanmeldung.* Zeitschrift für Betriebswirtschaft, 2004. **74**(10): S. 975-994.

Meyer, J., *Das Edison-Prinzip – der genial einfache Weg zu erfolgreichen Ideen*. 2008: Campus.

Rivette, K., D. Kline, *Discovering new value in intellectual property.* Harvard Business Review, 2000. **78**(1): p. 54-146.

In den Vereinigten Staaten wird ein Patent dem erteilt, der die Erfindung als erster gemacht hat. Da für die meisten Branchen die USA der größte Einzelmarkt sind, ist es für die weltweite Verwertung essenziell, Patentschutz in den USA zu erlangen. Deshalb muss man sein Laborbuch so führen, dass es geeignet ist, die Tatsache und den Zeitpunkt der Erfindung zu beweisen. Es ist ein rechtlich wirksames Dokument, das belegt, was während eines Projektes zu welchem Zeitpunkt getan wurde, welche Erfindungen gemacht wurden und von wem.

Aufzeichnungen im Laborbuch müssen so detailliert und klar dokumentiert sein, dass sie von einem beliebigen Fachmann (*someone skilled in the art*) nachvollzogen werden können, die Ergebnisse nachgearbeitet und zusätzliche Ergebnisse erzielt werden können, auch ohne persönlichen Kontakt zum eigentlichen Erfinder. Dokumentiert wird, was getan wurde, wieso, wer den Vorschlag gemacht hat, wann und von wem der Vorschlag ausgeführt wurde, was die positiven oder negativen Ergebnisse waren und welche Schlussfolgerungen daraus gezogen wurden. Alle Details eines Projekts sollten aufgezeichnet werden, die Rohdaten und die Endergebnisse von Versuchen, Protokolle und der dem Versuch zugrunde liegende Ansatz, Berechnungen, auf denen Ergebnisse basieren, Details über die verwendeten Geräte und Zutaten und sogar eine Erläuterung benutzter Abkürzungen. Rohdaten von Messgeräten werden ebenso wie Zeichnungen, Fotografien, Computerausdrücke etc. dauerhaft auf Seiten des Laborbuches befestigt und das Eingeklebte wie auch die Seite so signiert, dass die Unterschrift über das Objekt und die Seite gleichzeitig reicht.

Alle Forschungs- und Entwicklungsanstrengungen, einschließlich der Ideen, die in Besprechungen entstanden, werden dokumentiert und zwar mit Angabe der Quellen der Ideen. Man dokumentiert, wann eine Idee formuliert wurde und wann die Umsetzung der Idee begonnen und beendet wurde. Auch Planungen für künftige Versuche und deren Protokolle werden notiert. Aufzeichnungen werden möglichst am Tag des Ereignisses eingetragen. Wenn das nicht geht, schreibt man auf, wann die eigentlichen Arbeiten durchgeführt oder die Information gefunden wurde. Jede Seite wird mit komplettem Namen und Angabe des Datums (inklusive Jahr!) signiert.

Falls die Datenfülle so groß ist, dass man sie in ein gebundenes Laborbuch nicht eintragen kann, legt man einen A4-Aktenordner an, oder man speichert die Daten auf einer CD. Bilder und Texte werden in diesem Fall möglichst als pdf-Dokumente mit Zeit und Datum versehen abgespeichert. Hilfreich ist ein Inhaltsverzeichnis auf der CD in Form eines pdf-, Word- oder Excel-Dokuments, um sicher zu dokumentieren, welche Daten sich auf der CD befinden. Ob Ordner oder CD, in beiden Fällen sollten exakten Verweise zwischen dem primären gebundenen Laborbuch und dem Order bzw. der CD und zurück dokumentiert bzw. abgespeichert werden.

Im Laborbuch werden Tatsachen dokumentiert. Die Aufzeichnungen sollten exakt, vollständig und umfangreich sein. Nicht ins Laborbuch gehören:

- Einschätzungen über Patentfähigkeit
- Überlegungen über die Notwendigkeit zusätzlicher Arbeiten, um den Versuch zu komplettieren oder kommerzielle Nutzbarkeit zu erreichen
- Negative Mutmaßungen über das Projekt oder Ergebnisse eines Versuchs
- Kommentare über das Wesen, die Qualität oder die Nützlichkeit der Ergebnisse eines Forschungsprojekts.

Jede Seite des Laborbuchs sollte möglichst bald, idealerweise am gleichen Tag, von einem Zeugen unterzeichnet werden. Der Zeuge sollte kein Miterfinder oder Mitarbeiter im Projekt, aber jemand mit einem Grundwissen über die bearbeitete Thematik sein. Eine nicht bezeugte Laborbuchseite hat in einem Patentstreit nur einen geringen rechtlichen Wert.

Ein Laborbuch ist fest gebunden, die Seiten sind nummeriert. Idealerweise enthält es ein Inhaltsverzeichnis mit den notwendigen Erläuterungen von Abkürzungen oder eigenen laborinternen Chiffren und Kodes. Alle Eintragungen erfolgen hintereinander, es bleiben keine Seiten oder längere Abschnitte frei. Falls dies unvermeidbar ist, markiert man die leeren Abschnitte mit einem großen Kreuz oder Zickzackstrich (der so genannten »Buchhalternase«). Die Eintragungen werden mit wasserfestem permanenten Stift oder Tinte gemacht. Unleserliche Eintragungen sind wertlos. Fehler werden weder gelöscht noch übermalt, sondern sauber durchgestrichen. Die richtige Information und der Grund der Berichtigung werden eingetragen und die Streichung mit Kurzzeichen und Datum versehen.

Nicht in Gebrauch befindliche Laborbücher werden zentral aufbewahrt, am besten in einem feuersicheren Tresor oder Schrank. Die Laborbücher werden nummeriert.

Falls alle Daten elektronisch aufgehoben werden, müssen die Dateien darauf Bezug nehmen, von wem und wann die Erfindungen gemacht wurden und wann die Dateien erzeugt wurden. Die Dateien müssen in Papierform lesbar ausgedruckt werden können. Da rechtliche Verfahren meistens erst Jahre nach der Erzeugung der Dateien stattfinden, sind die sorgfältige Aufbewahrung und Pflege der Dateien und der nötigen Software essenziell. Insgesamt gelten alle Vorschriften für handgeschriebene, gebundene Laborbücher auch für elektronische Laborbücher.

Checkliste 4 Lohnt sich eine Patentanmeldung?

- ☐ Ist die Erfindung neu?
  - Unterscheidet sie sich von Informationen beispielsweise in einer gedruckten Veröffentlichung?
  - Wurde die Erfindung nicht vor Kollegen, Beratern oder Kunden vorgestellt, ohne dass diese vorher eine adäquate Vertraulichkeitsvereinbarung unterschrieben haben?
  - Wurde das Produkt oder Verfahren nicht doch schon zum Verkauf angeboten?
- ☐ Ist diese Erfindung nicht nahe liegend im Vergleich zu dem, was es vorher gab?
  - Haben andere Leute versucht, das Problem zu lösen?
  - Hat es die Erfinder Mühe und Zeit gekostet, das Problem zu lösen?
  - Bei dieser Frage sollte man allerdings nicht zu streng mit sich sein: Die Erfindungshöhe ist immer eine Auslegungssache und Anforderungen an sie unterscheiden sich in verschiedenen Feldern.
  - Allein die Aufschrift *Patent pending* (Patenterteilung schwebend) kann einen vorübergehenden Schutz vor Nachahmern bieten.
- ☐ Bietet die Erfindung einen Wettbewerbsvorteil?
  - Ermöglicht sie eine Leistung, die vorher nicht möglich war?
  - Kann sie etwas billiger machen?
  - Kann sie etwas verbessern?
  - Wenn nicht, ist eine Anmeldung unwirtschaftlich.
- ☐ Wie groß ist der potenzielle Markt?

  Wenn er kleiner als etwa einige zigtausend Euro pro Jahr ist, braucht man in der Regel keine Konkurrenz fürchten und benötigt kein Patent.
- ☐ Wird der Markt noch in zwei Jahren existieren? Solange dauert das Erteilungsverfahren mindestens.
- ☐ Kann man das Produkt oder Verfahren auch mit einem Urheberrecht, Warenzeichen oder anderem Schutzrecht schützen?

  Diese sind nicht nur billiger, ein Warenzeichen kann Produkte auch noch viel länger schützen als ein Patent, das maximal zwanzig Jahre gelten kann.
- ☐ Hat jemand zur Erfindung beigetragen, der nicht verpflichtet ist, seine Rechte an den Erfinder abzutreten?

Die Rechte an einer Erfindung sollten unbedingt vor Anmeldung geklärt sein. Ein Rechtsstreit der möglichen oder auch nur eingebildeteten Miterfinder über die Rechte kann den Wert jedes Patentes zerstören.

- ❑ Lässt sich das Patent später im Markt durchsetzen?
  - Kann man entdecken, wenn jemand das Patent verletzt?
  - Wenn die Erfindung ein neues Herstellungsverfahren eines Produkts ist, dieses Produkt sich aber nicht von Produkten unterscheidet, die mit bekannten Verfahren gemacht wurden, wird es unmöglich sein, eine Patentverletzung nachzuweisen.
  - Eröffnet die Offenlegungsschrift des Patentes einfache Wege, das Patent durch andere Verfahrensschritte oder leichte Abwandlung der Erfindung zu umgehen? Wenn das zu leicht ist, dann ist es besser, das Know-how geheim zu halten, als ein Patent zu beantragen, das es den Wettbewerbern leichter statt schwerer macht.

8 Einige Grundkonzepte des Innovationsmanagements

Neue Technologien haben es nicht leicht: Sobald die ersten erfolgreichen Laborarbeiten in der Öffentlichkeit bekannt werden, ist die Aufmerksamkeit oft enorm. Sehr bald wollen die Öffentlichkeit, die Industrie und Finanziers nun fertige Produkte sehen. Jeder kennt Beispiele, wo bald die ersten Medien und Anwender über Produktmängel, Nebenwirkungen, Missbrauch und hohe Preise klagen, sobald eine Technologie den Markt erreicht hat. Wenig später werden oft frühe Misserfolge und Pleiten sichtbar; die neue Technologie trifft dann auf Missachtung, boshafte Berichterstattung und zuletzt auf Schweigen. Versuchen die Innovatoren danach, die Aufmerksamkeit auf die funktionierende zweite Generation zu lenken, lautet die Reaktion, »alles habe schon vor zwei Jahren nicht funktioniert und sei ein alter Hut.« Wenn die Kinderkrankheiten beseitigt sind, die Preise und der Service stimmen, sind wiederum Beschwerden zu hören: »Man hätte schon vor Jahren einsteigen müssen. Jetzt lohne es sich nicht mehr.«

8.1 Angebot und Nachfrage

Es ist nicht allzu lange her, dass die Marktdynamik durch Verkäufermärkte bestimmt wurde: Der Produzent bestimmte, wer seine Ware erhielt. Seit Beginn der Industrialisierung und in besonderem Umfang nach dem 2. Weltkrieg trifft man jedoch Käufermärkte an: Kunden haben die Wahl zwischen verschiedenen Produkten bzw. Anbietern. Die Nachfragemacht bestimmt das Angebot. In gewissem Sinn rollt nun eine dritte Welle der Marktdynamik: Finanzanleger und die Meinungsbildner in ihrem Umfeld bestimmen zunehmend, welche Art von Firmen, von Produkten und Technologien entwickelt werden können und sollen. Nicht nur Vorstände werden heute eher von Börsenkursen bestimmt als von der Ertragskraft oder der Nachhaltigkeit der eigenen Unternehmung, die beide zumindest zeitweise nur lose mit dem Börsenkurs in Verbindung stehen. Die Möglichkeit, Technologien in Start-Ups zu entwickeln, ist heute besonders abhängig von den schwankenden Anlagepräferenzen der Kapitalmärkte.

8.2 Technology Push und Market Pull

Produktgestalter entwickeln Ideen für Produkte und Dienstleistungen oft als Antwort auf Marktkräfte. Dieses Vorgehen nennt man Market- oder Consumer-Pull. Den Anstoß für solche Marktkräfte sind beispielsweise:

- die Nachfrage von Verbrauchern nach einem neuen oder verbesserten Produkt
- konkurrierende Angebote von einem anderen Hersteller
- der Wunsch des Herstellers, seinen Marktanteil bei einer bestimmten Produktfamilie zu steigern.

Manchmal entstehen neue Produkte aber auch durch Änderungen von Materialien, Herstellungsmethoden, Designs und Prozessen. Dieses Vorgehen nennt man *Technology-Push*. Technologische Änderungen können dazu führen, dass ein Hersteller ein Basisprodukt preiswerter oder wirksamer macht, dass Herstellungskosten sinken. Gelegentlich entwerfen Produktentwickler sogar neue oder verbesserte Produkte, weil sie das Gefühl haben, dass eine Nachfrage erst durch die Existenz des Produktes selbst geschaffen werden wird, wenn das Produkt sauber vermarktet wird. Ob solche Entwicklungen gelingen oder versagen, hängt vom Verbraucherverhalten ab, wie innovativ das Produkt ist und wie der Markt beschaffen ist.

Market Pull ist eine Konzept, das von Kaufleuten und Investoren besonders geschätzt wird. Es fällt leichter, die Bereitstellung von Ressourcen für einen Produktentwicklungszyklus zu rechtfertigen, der auf eine klare und quantifizierbare Nachfrage antwortet. Die Wirtschaftswissenschaft bestreitet ohnedies mit Recht dass es eine »Anregung von Nachfrage« gäbe: es gibt nur zugrunde liegende Nachfrage, die noch nicht deutlich artikuliert wird. Technology-Push ist dagegen die Domäne von Ingenieuren und Wissenschaftlern, von Idealisten, die sich sicher sind, dass etwas ankommen wird, wenn sie es erschaffen.

Es ist leichter, eine Geschäftsidee zu begründen, die auf Market Pull beruht, weil die Vorhersage von Verkaufszahlen auf messbaren Marktkonstellationen aufbauen kann. Eine Geschäftsidee auf der Basis von Technology-Push muss dagegen mit abgeschätzten Veränderungen der Akzeptanz begründet werden. Manchmal betrifft Technology-Push richtige Paradigmenwechsel. Kunden, die einen Paradigmenwechsel unterstützen, sind selten: Die wenigsten Nachfrager sind *early adopters*, Käufer der ersten Generation von Produkten und Technologien.

Erfolgreiche Unternehmen kombinieren oft Technology-Push und Market-Pull. Ansätze. Market-Pull sorgt für planbare Erträge für die nahe Zukunft. Gut umgesetztes Technology-Push bildet den Keim für künftige Einnahmen und überraschende Expansion.

8.3 Technologiezyklen

Der russische Wirtschaftswissenschaftler Nikolai Kondratiev veröffentlichte 1925 seine Beobachtung von volkswirtschaftlichen und technologischen Wellen. Diese Wellen entstehen durch einen Schwall grundlegender Innovationen, die technologische Revolutionen auslösen, die wiederum die Entstehung neuer wirtschaftlicher Sektoren bewirken. Die Ideen von Kondratiev wurden vom berühmten Wirtschaftswissenschaftler Joseph Schumpeter übernommen. Das Konzept prognostizierte sehr lange makroökonomische Zyklen mit einer zunächst geschätzten Dauer von je 50–54 Jahren. Die meisten Theoretiker stimmen mit dem »Schumpeter-Freeman-Perez«-Musterbeispiel von fünf Wellen seit der industriellen Revolution überein und damit, dass sich eine sechste Welle anbahnt. Diese fünf Zyklen sind

- Die Industrielle Revolution – 1771
- Das Zeitalter von Dampf und Eisenbahnen – 1829
- Das Zeitalter des Stahls, der Elektrizität und des Schweringenieurwesens – 1875
- Das Zeitalter des Öls, des Automobils und der Massenproduktion – 1908
- Das Zeitalter der Informatik und der Datenfernübertragung – 1971

Gemäß dieser Theorie sind wir jenseits des Wendepunkts des 5. Kondratiev.

8.4 Hypezyklen

Ein Hypezyklus ist die grafische Darstellung von der Reifung, der Annahme und der Umsetzung spezifischer Technologien. Der Begriff wurde von Gartner, einem Marktforschungs- und Analyseunternehmen in den Vereinigten Staaten, geprägt.

Seit 1995 benutzt Gartner Hypezyklen, um die übertriebene Begeisterung oder den *Hype* und die nachfolgende Enttäuschung zu charakterisieren, die typischerweise mit der Einführung neuer Technologien verbunden sind. Hypezyklen zeigen auch, wie und wann Technologien die Hypephase hinter sich lassen, praktische Vorteile bieten und allgemein anerkannt werden. Gemäß Gartner hilft die Analyse von Hypezyklen, den Hype von der Realität zu trennen und ermöglicht Entscheidern, zu beurteilen, ob eine bestimmte Technologie bereit für die Umsetzung ist.

Ein Hypezyklus besteht nach Gartner aus fünf Stufen:

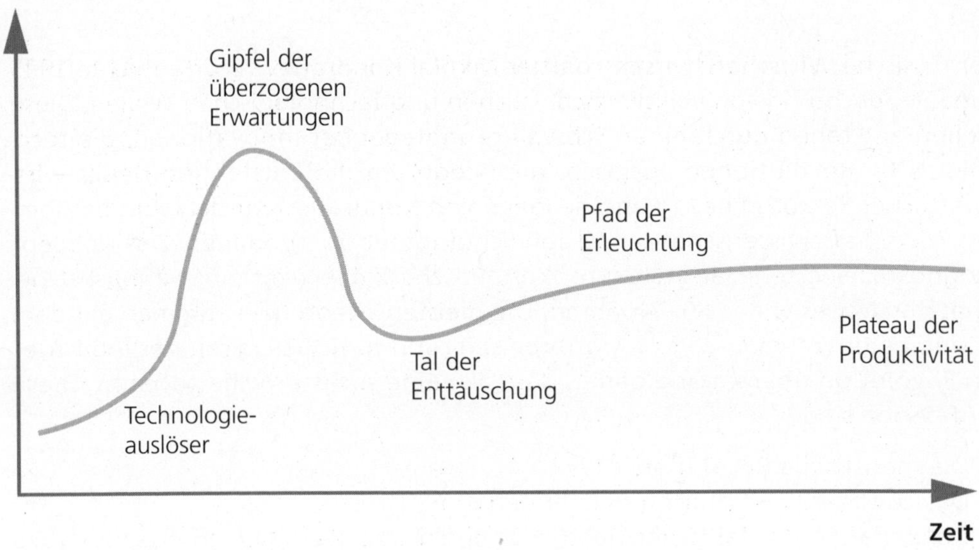

Abbildung 8.1: Der Hypezyklus (Quelle: Gartner Group)

Technologieauslöser Die erste Phase des Hypezyklus steht für einen technologischen Durchbruch, einen Produktstart oder ein anderes Ereignis, das signifikantes öffentliches Interesse erzeugt.

Gipfel der überzogenen Erwartungen In dieser Phase erzeugt ein Übermaß an Publizität übertriebene Begeisterung und unrealistische Erwartungen. Es gibt eventuell schon erste erfolgreiche Anwendungen der Technologie, aber die meisten Projekte scheitern.

Tal der Enttäuschung Viele Technologien geraten in diese Phase, weil die zu hohen Erwartungen enttäuscht werden müssen, weil das Potenzial der Technologie falsch eingeschätzt wurde oder schlicht, weil sie schon wieder aus der Mode gekommen ist. In den Medien spielt die Technologie jetzt kaum noch eine Rolle.

Pfad der Erleuchtung Einige Anwender setzen den Weg fort, experimentieren und beginnen, die Vorteile und die praktische Anwendung der Technologie zu verstehen.

Plateau der Produktivität Die Technologie wird zunehmend stabil und es entwickeln sich zweite und dritte Generationen. Die Endhöhe dieses Plateaus hängt davon ab, ob die Technologie in Massen- oder Nischenmärkten angenommen wird.

Ein berühmtes Beispiel ist das Internet. Die Erfinderin des Begriffs *Hype Cycle* und Gartner-Mitarbeiterin Jackie Fenn konnte mithilfe der Hypezyklus-Kurve den *Dotcom-Crash* bereits ein halbes Jahr im Voraus prognostizieren.

8.5 Technologie-Diffusion

Das Konzept der Diffusion der Innovation betrachtet, wie, warum und mit welchem Tempo sich neue Ideen und Technologien ausbreiten. Die Forschung dazu begann in den 1950er-Jahren an der University of Chicago mit Aufträgen von Fernsehproduzenten, die einen Weg suchten, die Wirksamkeit von Fernsehwerbung zu messen. Das Ergebnis der Untersuchung war, dass der meiste Einfluss nicht von den Medien selbst ausgeübt wurde, sondern von einer Kette, die von einer sehr kleinen Zahl von *early adopters* zu einer größeren Zahl von *secondary adopters*, von diesen dann zu *tertiary adopters* etc. führt. Auf jeder Ebene gab es auch horizontale Beeinflussungen: Sendungen konnten die Fortpflanzung der Akzeptanz von einer Ebene zur nächsten verstärken, aber es ist unwahrscheinlich, dass spätere Ebenen reagieren, bevor die vorhergehende Ebene das Produkt akzeptiert hatte.

Es stellte sich heraus, dass Menschen dazu tendieren, ein Produkt anzunehmen, wenn andere Menschen, die sie kennen, das Produkt angenommen haben und schätzen. Nachahmung ist der stärkste Weg zur Beeinflussung. Daher bestehen effektive Marketingstrategien darin, neue Produkte, Technologien und Ideen zuerst den *early adopters* anzubieten, dann die Diffusion zu jeder nachfolgenden Ebene zu bestärken, nicht aber Ressourcen auf den Versuch zu verschwenden, irgendeine Ebene zu erreichen, bevor sie bereit dafür ist.

Bereits im Jahr 1962 schlug Everett M. Rogers vor, dass Innovationen sich in einer Kultur in einer S-Kurve ausbreiten, weil zuerst *early adopters* die Technologie auswählen und die Mehrheit später folgt, mit der eine Technologie oder Innovation zum Allgemeingut wird.

Einige andere Phänomene können Innovationsakzeptanz beeinflussen, wie zum Beispiel die Kosten oder Netzwerkeffekte (Faxgeräte sind z. B. nur dann sinnvoll einzusetzen, wenn genügend Adressaten ebenfalls ein Faxgerät besitzen).

Nutzer passen oft Technologien den eigenen Bedürfnissen an, deshalb ändert sich teilweise der Charakter einer Innovation auf dem Weg von den *early adopters* zur Mehrheit der Verbraucher. Disruptive Technologien ändern wiederum die Diffusionsmuster für existierende Technologie durch den Beginn einer neuen und konkurrierenden S-Kurve.

Zuletzt gibt es für Technologien auch Pfadabhängigkeiten. Beispiele dafür gibt es in allen Technologiebereichen. Zur Verdeutlichung können Computer- und Softwaretechnologien dienen: Alte Systeme (auch *Legacy* genannt) zwingen den Nutzer, nur solche neue Software und Hardware zu verwenden, die die alten Daten verarbeiten können. Kunden benötigen nicht das beste Textverarbeitungsprogramm, sondern eines, das Microsoft Word-Dateien lesen kann. Solche Beschränkungen der Kompatibilität erzeugen ein so genanntes *Lock-In* für Kunden und zwingen unabhängige Produktentwickler dazu, Kompromisse einzugehen. Die Pfadabhängigkeitstheorie beschreibt, dass Strategien und Innovationen auch durch früher getätigte Investitionen, die Unternehmenskultur, das gesellschaftliche Umfeld ebenso wie informelle Regeln und Routinen festgelegt werden. So betrachtet folgen Organisationen, aber auch wissenschaftliche Fachgebiete einem »Entwicklungspfad«, den sie nicht ohne Weiteres verlassen können.

8.6 Disruptive Technologien

Eine disruptive Technologie oder disruptive Innovation ist eine technologische Innovation, Produkt- oder Dienstleistung, die statt einer »nachhaltigen« eine »disruptive« Strategie benutzt, um vorherrschende Technologien, umzustürzen oder existierende Produkte in einem Markt zu verdrängen. Der Erfinder des Begriffs *Disruptive Technologie*, Clayton Christensen, zeigte, dass es ist für etablierte Firmen oft vernünftig sein kann, disruptive Innovationen zu ignorieren, da sie zunächst schlecht mit existierenden Technologien oder Produkten mithalten können und der verfügbare Markt für eine disruptive Technologie oft irreführend klein wirkt im Vergleich zum Markt für die etablierte Technologie. Auch wenn eine disruptive Technologie als solche erkannt wird, zögern etablierte Organisationen oft, aus dieser Vorteil zu ziehen, da sie damit mit ihren eigenen, schon existierenden und einträglicheren technologischen Ansätzen in Wettbewerb treten würde. Christensen empfiehlt, dass etablierte Firmen diese Neuerungen beobachten und in kleine Firmen investieren sollten, die diese Innovationen umsetzen. Zugleich sollten sie die Ansprüche der Nachfrager in ihrem Kernmarkt weiter steigern, damit ihre Leistungsfähigkeit lange über der der disruptiven Technologien bleibt.

Disruptive Innovationen können grob in *low end*- und *new market*-Innovationen unterteilt werden. Die erste Art konkurriert am unteren Qualitätsende eines etablierten Marktes. Letztere schaffen einen neuen Absatzmarkt. Welche Art der Innovation vorliegt, bestimmt, mit welchen Produkteigenschaften Disruptoren erste Marktanteile gewinnen und von dort ihren Markt systematisch erweitern können.

8.7 Literaturempfehlungen

Albers, S., *Handbuch Technologie- und Innovationsmanagement: Strategie-Umsetzung-Controlling*. 2005: Gabler.

Bullinger, H.-J., *Fokus Technologie. Chancen erkennen, Leistungen entwickeln*. 2009: Hanser-Verlag.

Bullinger, H.-J., U. Seidel, *Einführung in das Technologiemanagement. Modelle. Methoden, Praxisbeispiele.* 1994: Teubner.

Erfolgstipp 5 Forschung über die Forschung

Parallel zur Entwicklung der natur- und ingenieurwissenschaftlichen Forschung haben Philosophen und Soziologen Theorien zur historischen Entwicklung und Methodik dieser Forschung entwickelt. Es gibt einige Wissenschaftstheoretiker und Werke, die zu kennen Teil der Allgemeinbildung unter Wissenschaftlern sein sollte. Zum Wesen der Forschung gehört auch die kritische Selbstreflexion.

Namenspatron vieler Institutionen ist Alexander von Humboldt. Nach ihm hat Susan Cannon im Jahr 1978 die Humboldt'sche Wissenschaft (*Humboldtian Science*) benannt, um die wissenschaftlichen Methoden des 19. Jahrhunderts zu beschreiben. Sie versteht darunter

- die Forderung höchster Genauigkeit bei Ermittlung und Erfassung von Messdaten
- Misstrauen gegenüber den theoretischen Mechanismen und Konzepten früherer Wissenschaft
- neue konzeptionelle Werkzeuge wie Koordinatensysteme, Schaubilder und Fehlerrechnung
- Genauigkeit, geistige Sorgfalt und Werkzeuge zur Erforschung nicht nur isolierter Themen im Labor, sondern für große, variable, wirkliche Phänomene.

Heute beginnen Werke über die Wissenschaftstheorie des 20. Jahrhunderts meistens mit dem 1934 erstmals erschienenen Werk des Philosophen Sir Karl Popper *Logik der Forschung*, in dem er die Methodik der Forschung nicht mehr als Suche nach ewigen Wahrheiten betrachtete. Er forderte, dass wissenschaftliche Aussagen »falsifizierbar« sein müssen. Jede Wahrheit bleibt demnach nur solange wahr, bis sie falsifiziert werden kann. Aussagen, die aus prinzipiellen Gründen nicht falsifizierbar sind, sind nicht wissenschaftlich.

Auch Kritiker von Poppers Thesen, wie z. B. Imre Lakatos betrachten in der Folge wissenschaftlichen Fortschritt nicht als eine kontinuierliche Annäherung an die ewige Wahrheit. Lakatos sieht den Fortschritt allerdings als eine Reihe von Problemverschiebungen, die uns ständig auf eine höhere Stufe gelangen lassen.

1962 veröffentlichte Thomas Samuel Kuhn das Buch *The Structure of Scientific Revolutions*. Er beschreibt die Wissenschaft als Abwechslung zwischen Phasen der Normalwissenschaft und der wissenschaftlichen Revolutionen. Ein wichtiger Begriff in Kuhns Konzept ist dabei das »Paradigma«, ein zweiter die »Revolution«, die stets mit einem Paradigmenwechsel verbunden ist: Wenn in einem wissenschaftlichen Fach über längere Zeit in Antworten auf zentrale Fragestellungen Widersprüche auftreten oder den bisherigen Rahmen sprengende Entdeckungen gemacht werden, beginnt eine Phase »außerordentlicher Wissenschaft«, in der die bisherigen Grundlagen infrage gestellt werden. Eine solche Krise ist möglicherweise mit einem Paradigmenwechsel verbunden, in dem der bisher bestehende Konsens über die wesentlichen Grundlagen einer wissenschaftlichen Disziplin durch einen neuen, breiten Konsens ersetzt wird.

Die Wissenschaftssoziologin Karin Knorr-Cetina untersucht und beschreibt wissenschaftliche Labors aus der Sichtweise und in der Sprache der Ethnologie: Laboratorien sind nicht lediglich Räume, in denen Experimente stattfinden, sondern Orte und Prozesse, mit deren Hilfe die Forscher (untereinander) neue soziale Ordnungen und neue Hierarchien bilden.

1994 haben Michael Gibbons, Camille Limoges, Helga Nowotny, Simon Schwartzman, Peters Scott und Martin Trow *The new production of knowledge: the dynamics of science and research in contemporary societies* veröffentlicht. Die Autoren argumentieren darin, dass sich die Art, wie Wissen geschaffen wird, ab Mitte des 20. Jahrhundert verändert hat. Anders als zuvor sei die Forschung nun

- vom Kontext bestimmt,
- interdisziplinär ausgerichtet,
- fokussiert auf die Lösung von Problemen,
- von multidisziplinäre Teams geprägt, die für kurze Zeitspannen gemeinsam spezifische Probleme der realen Welt bearbeiten.

Gibbons und seine Kollegen haben diese Wissensproduktion »Modus 2« genannt im Unterschied zu »Modus 1«, der traditionellen Forschung, die ihrer Meinung nach

- akademisch,
- von den einzelnen Forschern selbst initiiert,
- disziplinär ausgerichtet

war.

Unzählige Konzepte befassen sich mit der Definition von angewandter und von Grundlagenforschung. Zwei wichtige Werke zu diesem Thema hatten besondere Auswirkungen auf die Art und Weise, wie Wissenschaft betrieben und finanziert wird:

Im gesamten Innovationsprozess ging man früher von einem »Wasserfallmodell« aus, wie es in dem Manifest von Vannevar Bush *Science: The Endless Frontier* (1945) eindrucksvoll beschrieben wurde. In diesem Modell, das im Kern auch dem offiziell gültigen der OECD (dem so genannten *Frascati-Manual*) entspricht, beginnt die Wertschöpfungskette bei zweckfreier reiner Wissenschaft, aus der sich durch *spillover* die angewandte Forschung ergibt, die wiederum zu ingenieurwissenschaftlicher Forschung und schließlich zur Produktentwicklung führt; die Technologieentwicklung baut additiv auf dem neue Wissen auf, das von der Grundlagenforschung bereitgestellt wurde.

In *Pasteur's Quadrant: Basic Science and Technological Innovation* (1997) bezweifelt Donald Stokes die Sichtweise von Bush. Er teilt die Wissenschaft in drei Quadranten ein, je nachdem ob die Forschung an

- Anwendung,
- Erkenntnis
- oder beidem gleichzeitig

interessiert ist. Der Quadrant links oben bezeichnet die reine Suche nach Erkenntnis, den er den Quadranten von Bohr nennt, weil dieser keine Anwendung plante, als er nach einem angemessenen Strukturmodell des Atoms suchte. Den Quadranten rechts unten nennt er den Quadranten von Edison, da Edison sich und seinen Mitarbeitern nie erlaubt hätte, die grundlegende Bedeutung der Dinge zu untersuchen, die sie auf ihrer intensiven Suche nach gewerblicher Anwendung entdeckten.

Der zwischen den beiden liegende Quadrant von Pasteur bezeichnet Arbeiten, die die Suche nach Grundlagenverständnis und nach Anwendung verbinden.

Die zunehmend wichtigere Integration mehrerer Technologien erzwingt immer häufiger eine Abkehr vom rein sequenziellen, additiven Vorgehen in Forschung und Entwicklung. Forschung entzieht sich dem Produktionsprozeß eines Fließbandes. An seine Stelle tritt eine integrative, gleichzeitige Technologieentwicklung auf Feldern nicht nur unterschiedlicher Disziplinen sondern auch unterschiedlichen Reifegrades. Aufgrund der gegenseitigen Abhängigkeiten der Teiltechnologien erfordert das integrative Vorgehen ein höheres Maß an interdisziplinärer Kooperation: Integrative Technologieentwicklung setzt in der Regel eine Beteiligung von mehreren Forschungs- und Entwicklungspartnern sowie Zulieferern voraus.

9 Laufbahn an der Universität und an staatlich finanzierten Forschungseinrichtungen

9.1 Einleitung

Viele Studierende merken schon im Studium, dass Universität mehr bedeutet als die Vermittlung von Wissen. Freude an der Forschung, das Interesse, Wissen an Jüngere zu vermitteln, und ein hoher Grad an täglicher Selbstbestimmung machen eine akademische Karriere reizvoll. Neben der Möglichkeit, zum Professor, Lehrstuhlinhaber oder Institutsleiter aufzusteigen, bieten der akademische Mittelbau und die Gruppen- und Abteilungsleiterpositionen der zahlreichen öffentlichen Forschungseinrichtungen wie Fraunhofer- oder Max-Planck-Gesellschaft abwechslungsreiche Arbeitsmöglichkeiten. Dazu kommt, dass ein Wechsel von der akademischen Laufbahn in die Wirtschaft auch nach der Promotion und in einigen Fächern auch nach einer Post-Doktorandenzeit möglich ist. Die Karriereverläufe zahlreicher Vorstände sehr großer und mittlerer Unternehmen zeigen, dass eine Postdoc-Stelle an einer Einrichtung der angewandten Forschung mit eigener Forschungs- und Budgetverantwortung und mit Kundenkontakt, z. B. an der Fraunhofer-Gesellschaft, besonders gute Voraussetzungen für einen späteren Aufstieg in der Wirtschaft bietet.

9.2 Die Hochschullaufbahn

Die gängigen Stationen einer wissenschaftlichen Laufbahn werden mit »Graden« bezeichnet: Abitur, Bachelor, Vordiplom, Diplom, Master, Magister oder vergleichbare Abschlüsse, Doktorgrad oder mehrere Doktorgrade und ggf. die Habilitation, Berufung auf einen Lehrstuhl, schließlich die Emeritierung.

Die Hochschullaufbahn zeichnet sich durch Autonomie, ein vergleichsweise hohes Ansehen, intellektuellen Anspruch, interessante Begegnungen mit Studierenden, Kollegen und charismatischen Autoritäten und – nach der Verbeamtung – ein hohes Maß an wirtschaftlicher Sicherheit aus. Die Autonomie bedeutet freilich auch, dass die Aspiranten selbst dafür verantwortlich sind, ihre Grade und

Karriereschritte zu planen und konsequent zu verfolgen. Zwar kürzen Landesregierungen seit Jahren die Mittel für den akademischen Mittelbau; durch die Internationalisierung der Forschung, die Gründung auch privater Hochschulen und die Steigerung der Grundfinanzierung öffentlicher Forschungsorganisationen erweitern sich gleichzeitig aber andere Stellenmärkte für akademische Forscher. Dabei unterscheidet sich der Stellenmarkt in verschiedenen Fächern erheblich und eine Karriere lässt sich über Jahre – wie in der Wirtschaft auch – nur grob planen.

Wer mit Mitte vierzig noch immer keine Professur in Aussicht hat, der wird innerhalb und außerhalb der Universität Schwierigkeiten haben, eine attraktive Stelle zu finden. Es gibt dabei keine Anerkennung von Wartezeiten. Im Gegenteil: Auf einer Mitarbeiterstelle immer älter zu werden, birgt ein zunehmendes Risiko, von einem jüngeren Kollegen überholt zu werden.

Mit einem hohen Maß an eigenem Antrieb, Energie und der Bereitschaft, Verantwortung für sich selbst und andere zu übernehmen, wird man gleichwohl durchaus Freude an und Erfolg mit einer Karriere in der Wissenschaft haben. Zudem sind Universitäten und Forschungseinrichtungen nicht selten bereit, Zugeständnisse an die Anpassungs- und Teamfähigkeit der Wissenschaftler zu machen, die in dieser Form in der Wirtschaft nicht üblich wären.

» *Ein echter Gelehrter ist, wer andere durch seine Kritik voranbringt und zugleich auf Harmonie und freundschaftlichen Umgang bedacht ist. Seine Freunde bringt er durch Kritik weiter und im Umgang mit seinen Brüdern pflegt er Harmonie.* «

Konfuzius

Die Literatur und das Internet sind voll von Klagen über die wirtschaftliche Not und die hohen Risiken, die mit einer akademischen Laufbahn verbunden sind. Die Erfahrung zeigt, dass sich besonders diejenigen Forscher Sorgen machen, die keine intensiven Kenntnisse über ein Berufsleben außerhalb der akademischen Forschung erworben haben. Letztlich regelt der (Arbeits-)Markt über Angebot und Nachfrage langfristig die Arbeitsmöglichkeiten und diese sind offensichtlich – von Spitzen im Konjunkturzyklus abgesehen – im Saldo für akademische Positionen ausreichend attraktiv, um fast alle Stellen zu besetzen.

9.3 Außeruniversitäre Forschung

Die öffentlich finanzierte institutionalisierte Forschungslandschaft in Deutschland besteht aus den Hochschulen einerseits und zahlreichen Forschungseinrichtungen, die teilweise in großen Forschungsorganisationen zusammengeschlossen sind, andererseits. Neben den Hochschulen bietet die Vielfalt der unabhängigen Forschungszentren und Forschungsgesellschaften Arbeitsmöglichkeiten. Ihre Forschungsergebnisse und Erfindungen stehen den universitären Erfolgen in nichts nach.

Die **Max-Planck-Gesellschaft** zur Förderung der Wissenschaften e.V. (MPG) ist eine unabhängige gemeinnützige Forschungsorganisation, die überwiegend vom Bundesministerium für Bildung und Forschung finanziert wird. Sie wurde 1948 als Nachfolgerin der 1911 errichteten Kaiser-Wilhelm-Gesellschaft gegründet. Im Jahr 2007 gibt es 78 Institute und Forschungseinrichtungen der Natur-, Bio-, Geistes- und Sozialwissenschaften.

Die Max-Planck-Gesellschaft hat sich zum Ziel gesetzt, neue, besonders innovative Forschungsrichtungen aufzugreifen, die an den Universitäten in Deutschland noch keinen angemessenen Platz gefunden haben, wegen der interdisziplinären Ausrichtung nicht in die Fakultätsstrukturen von Universitäten einzuordnen sind oder einen Aufwand erfordern, der von Universitäten nicht erbracht werden kann. Einige Institute der Max-Planck-Gesellschaft erfüllen darüber hinaus auch Dienstleistungsfunktionen für die Hochschulforschung. Sie stellen teure Einrichtungen und Geräte zur Verfügung – von Teleskopen und anderen Großgeräten bis hin zu Spezialbibliotheken und Dokumentationen.

Die **Fraunhofer-Gesellschaft** zur Förderung der angewandten Forschung e. V. fördert und betreibt international vernetzt anwendungsorientierte Forschung mit dem Ziel eines unmittelbaren Nutzens für Unternehmen und Wirtschaft und zum Vorteil der Gesellschaft. Damit nimmt sie in der deutschen Forschungslandschaft eine besondere Stellung ein, da ihre Arbeitsergebnisse stets die praktische Anwendung zum Ziel haben.

Vertragspartner und Auftraggeber sind Industrie- und Dienstleistungsunternehmen sowie die öffentliche Hand. Im Auftrag und mit Förderung durch Ministerien und Behörden des Bundes und der Länder arbeiten in 57 Instituten an 40 Standorten (Zahlen von 2008) in ganz Deutschland Mitarbeiter an Forschungs- und Innovationsprojekten, die zur wirtschaftliche Entwicklung, zur Sicherung und Schaffung von Arbeitsplätzen sowie zur internationalen Wettbewerbsfähigkeit Deutschlands beitragen. Fraunhofer-Forscher entwickeln Produkte und Verfahren bis zur Anwendungsreife. Die Fraunhofer-Institute finanzieren ihren Betrieb nur knapp zu einem Drittel aus staatlicher Grundfinanzierung, zu einem weiteren Drittel aus staatlichen Aufträgen und wettbewerblich errungenen Fördermaßnahmen und zu mehr als einem Drittel aus Aufträgen der Wirtschaft. Daraus ergibt sich eine hohe unternehmerische Verantwortung der Institutsleiter, die diese in der Regel als Autonomie und Verpflichtung an die untergeordneten Wissenschaftler weitergeben. Die Fraunhofer-Institute arbeiten auf allen industrierelevanten technologischen Feldern der Informations- und Kommunikationstechnologie, Mikroelektronik, Werkstoffe und Bauteile, Oberflächentechnik und Photonik, Biowissenschaften und Sicherheitsforschung. Besondere Bekanntheit erlangte vor einigen Jahren das Erlanger Institut IIS der Fraunhofer-Gesellschaft durch die Erfindung und Patentierung des Audio-Kompressionsverfahrens MP3.

Die **Helmholtz-Gemeinschaft** Deutscher Forschungszentren e.V. ist ein Zusammenschluss von 15 (Stand 2008) naturwissenschaftlich-technischen und medizinisch-biologischen Forschungszentren, von denen ein großer Teil vor einigen Jahren in der Nuklearforschung tätig war, und deren Aufgabe es heute ist, auf breiterer Basis langfristige Forschungsziele der öffentlichen Hand zu verfolgen. Unter den Wissenschaftsorganisationen Deutschlands verfügt die Helmholtz-Gemeinschaft über das größte Finanzvolumen und forscht in den Bereichen Energie, Erde und Umwelt, Gesundheit, Struktur der Materie sowie Luftfahrt und Weltraum.

Die **Leibniz-Gemeinschaft** besteht aus 84 (Stand 2008) wissenschaftlich, rechtlich und wirtschaftlich eigenständigen Forschungsinstituten und Serviceeinrichtungen für die Forschung in Deutschland. Ihren Ursprung hat die Wissenschaftsgemeinschaft Gottfried Wilhelm Leibniz (WGL) in der so genannten »Blauen Liste« von Instituten und den ehemaligen Akademien der DDR. Leibniz-Institute arbeiten in Fächern von den Raum- und Wirtschaftswissenschaften über die Sozialwissenschaften bis hin zu den Natur-, Ingenieur- und Umweltwissenschaften. Neben reinen Forschungsinstituten gehören zur Leibniz-Gemeinschaft auch Serviceeinrichtungen für die Forschung und Museen mit angeschlossener Forschungsabteilung. Die allgemeinen Forschungsaufgaben der Leibniz-Institute liegen zwischen der erkenntnisorientierten Grundlagenforschung und der angewandten Forschung.

Neben den vier großen Forschungsgesellschaften bieten europäische Forschungseinrichtungen wie die *European Space Agency*, die *European Molecular Biology Organisation*, das *European Molecular Biology Laboratory*, die *European Organisation for Nuclear Research (CERN)*, das *European Southern Observatory*, die *European Synchrotron Radiation Facility*, das *Institut Laue-Langevin* sowie Bundesanstalten (z. B. *Physikalisch-technische Bundesanstalt*, *Bundesanstalt für Materialforschung*, *Bundesanstalt für Viruserkrankungen der Tiere* und viele andere) und unabhängige Forschungseinrichtungen wie das *Deutsche Zentrum für Künstliche Intelligenz*, zahlreiche Forschungseinrichtungen der Länder wie etwa das *Bayerische Zentrum für Angewandte Energieforschung* und Vereine und Stiftungen wie die *Papiertechnische Stiftung* attraktive Arbeits- und Entwicklungsmöglichkeiten für Forscher.

9.4 Angewandte Forschung im Industrieauftrag

Es gibt einerseits die öffentlich finanzierte Forschungslandschaft und andererseits die industrielle Forschung. Interessante Forschungsfelder liegen jedoch auch dort, wo sich staatliche und private Forschungsmittel ergänzen. Die Industrie hat andere Anforderungen als die Entscheider über öffentliche Förderung, die Gutachter und Referenten. Industriegeld finanziert Projekte, die Regierungen nicht bezahlen können oder wollen.

Philosophen, Journalisten, Politiker und Gruppenvertreter in Hochschulgremien machen sich immer wieder Sorgen, dass die Beeinflussung durch Gewinnstreben die Qualität und das Ethos der Forschung beeinträchtigen kann. Beispiele sind bekannt. So hat die Tabakindustrie in den USA parteiliche Forschungsprojekte finanziert und mit der Glaubwürdigkeit der Wissenschaftler ihr Ansehen und ihre Umsätze gefördert. Ähnliches gilt für manche Emittenten von klimaschädlichen Abgasen. Die Öffentlichkeit macht sich Sorgen, dass im Gesundheitswesen Finanzierung durch Industrieunternehmen bei klinischen Studien falsche Ergebnisse anregt und Daten und Resultate manipuliert werden. Die Zusammenarbeit mit der Wirtschaft erzeugt eine Tendenz zur Geheimhaltung, die dem freien Austausch in der Wissenschaft entgegensteht. Doch auch Regierungen versuchen mitunter, Einfluss zu nehmen. Und gerade in jüngster Zeit wurden Fälle bekannt, in denen Forscher ihre Ergebnisse manipuliert haben – aus falsch verstandenem Ehrgeiz.

Viele der unerwünschten Nebenwirkungen (Parteilichkeit, manipulierte Daten, Geheimhaltung und andere Interessenskonflikte) können also unabhängig von einer Industriefinanzierung zum Problem werden. Organisationen benötigen in jedem Fall einen Ethikkodex und anerkannte und gelebte Werte, egal ob Unternehmen in ihre Projekte involviert sind oder nicht.

Andererseits ist es speziell bei international agierenden Unternehmen nicht unüblich, Stipendien, Forschungsgelder und Preise zu vergeben, die nicht mit Restriktionen bei der Veröffentlichung verbunden sind, und für die der Geldgeber keine Exklusivität oder die Überlassung von Schutzrechten erwartet.

In Deutschland ist solches Sponsoring noch eher selten. Üblicher sind Auftragsforschungsprojekte mit unmittelbarer wirtschaftlicher Bedeutung für den Auftraggeber. Hier verzichten Forscher bewusst auf einen Teil ihrer Freiheit. Die Industrie wird niemanden beauftragen, der nur seine eigenen Interessen verfolgen will. Industrieprojekte sind mit besonders hohen Erwartungen an die Forscher verbunden. In echten Kooperationsprojekten tragen die Partner aus dem Institut und die Partner aus dem Unternehmen gemeinsam zum Projekterfolg bei. Beide bringen Wissen, Engagement und Ressourcen ein. Beide haben viel zu gewinnen und viel zu verlieren. Die Rahmenbedingungen, Gewährleistungen, der Grad der Geheimhaltung und die Verteilung von Schutzrechten werden vorab und gegebenenfalls nochmals während des Projekts sorgfältig und mithilfe von Fachleuten verhandelt. Die resultierenden Verträge bringen zwangsläufig meist gewisse Beschränkungen bei der Nutzung der Daten und Ergebnisse. Wichtig ist, dass beide Seiten sich vertrauen und sich gegenseitig fair behandeln.

Die meisten Universitäten, Forschungsorganisationen, Firmen und Fachgesellschaften haben Richtlinien für die Zusammenarbeit entwickelt, die sich bewährt haben. Dass die Verhandlungsführer und Juristen beider Seiten immer wieder versuchen, die Kompromisslinie zu ihren Gunsten zu verändern, gehört zum Spiel. Vorteilhaft sind Rahmenverträge, die projektübergreifend dazu beitragen, dass nicht um jede Formulierung gerungen werden muss und wertvolle Zeit zwischen Projektdefinition und Projektergebnis verloren geht.

In aller Regel erhalten die Auftraggeber das Recht, Publikationen vorab zu sehen, um prüfen zu können, ob vertrauliche oder patentfähige Informationen enthalten sind. Es gibt Musterverträge der britischen Regierung, die so genannten »Lambert Agreements«. Diese räumen den Auftraggebern 30 Tage ein, um die Manuskripte zu sichten und bis zu zwölf Monate, um patentfähige Ergebnisse zu schützen.

Vor Beginn von Absprachen über die Projektzusammenarbeit werden sehr oft Vertraulichkeitsvereinbarungen unterzeichnet. Wichtig ist, als Forscher nicht einfach zu unterschreiben, sondern von den Fachleuten der eigenen Organisation klären zu lassen, ob und welche Vereinbarungen man selbst unterzeichnen darf. Manchmal verbergen sich hinter scheinbar harmlosen Vereinbarungen weitgehende Rechte für die andere Seite, ohne dass der Nicht-Jurist das selbst erkennen könnte. Wer im Dienstverhältnis gar nicht berechtigt ist, Vereinbarungen zu unterzeichnen, bewirkt mit seiner Unterschrift dennoch fast immer gültige Verträge gegenüber Partnern im Außen und kann sich dadurch eine Menge Ärger einhandeln.

Wenn die Wissenschaftler selbst Bedingungen vereinbaren müssen, empfiehlt es sich, diese in einem so genannten Term-Sheet schriftlich festzuhalten und danach an die Juristen beider Seiten zu übergeben, um Zeit zu sparen und auch selbst Herr des Verfahrens zu bleiben.

Das *U.S. Business-Higher Education Forum* hat in einer Studie festgestellt, dass Doktoranden in der U.S.-Industrie im Durchschnitt sechs Monate länger für den Abschluss der Doktorarbeit benötigten als in öffentlich finanzierten Projekten. Die Zahlen sind vermutlich in Europa nicht viel anders. Industrieprojekte lohnen sich dennoch, weil sie den späteren Berufseinstieg massiv erleichtern, weil man an spannenden Themen arbeitet, die Auswirkungen auf Unternehmenserfolg, Wirtschaftswachstum und Arbeitsplätze haben, weil man Einblick in den Wissensreichtum und die Erfahrungen der Forscher und Entwickler der Industrie gewinnen kann. Industriekooperationen sind Glanzlichter im Lebenslauf junger Forscher. Hauptsächlich sind es Wissenschaftler, die in der Wissenschaft hohe Anerkennung genießen, die auch von der Industrie Aufträge erhalten. Viele interdisziplinäre Forschungsprojekte oder Projekte mit hohem Anwendungsbezug lassen sich gar nicht innerhalb von öffentlich finanzierten Projekten realisieren. In manchen Fächern steht die Industrieforschung sogar an der Spitze des wissenschaftlichen Fortschritts und ohne eine enge Zusammenarbeit würde die öffentlich finanzierte Forschung ganz den Anschluss verlieren. Insofern kann sich für den interdisziplinär und angewandt Forschenden die Zusammenarbeit mit der Industrie besonders lohnen.

10 Die Promotion

10.1 Überblick

Das Doktorat ist der höchste akademische Grad und wird durch die Promotion an einer Hochschule mit Promotionsrecht erlangt. Etwa 1,3 Prozent der deutschen Gesamtbevölkerung haben promoviert, wobei über ein Drittel der jährlichen Promotionen auf medizinische Fächer entfällt. Die Promotion ist Voraussetzung für die Bewilligung von öffentlichen Forschungsgeldern und für die Habilitation. Durch die Promotion entwickelt man ein erstes Forschungsprofil, knüpft Kontakte und sammelt wichtige Forschungserfahrungen. Die Promotion setzt in der Regel ein Hochschulstudium voraus, also einen Magister, ein Diplom, einen Masterabschluss, ein erstes Staatsexamen oder – unter bestimmten Voraussetzungen – ein mit »sehr gut« abgeschlossenes Fachhochschulstudium oder einen Bachelor (Hons). Die meisten Promotionsordnungen fordern außerdem mindestens die Gesamtnote »gut« für die Zulassung zur Promotion.

Zur Promotion gehört eine schriftliche Arbeit (Dissertation/Doktorarbeit), die eigene und neue wissenschaftliche Erkenntnisse enthält. Deren Erstellung benötigt je nach Fach zumeist zwei bis fünf Jahre, in denen der Doktorand von einem zumeist habilitierten Wissenschaftler, im Allgemeinen einem Professor (auch Doktormutter oder Doktorvater genannt), betreut wird. Die Berechtigung zur Betreuung von Doktoranden wird von Fakultät zu Fakultät unterschiedlich gehandhabt. Doktorarbeiten müssen in der Regel innerhalb einer Frist öffentlich zugänglich gemacht werden (als Buch, als Hochschulschrift, als Mikrofiche oder als Online-Publikation).

In manchen Fächern ist allerdings eine »kumulative« Promotion auf der Basis mehrerer wissenschaftlicher Publikationen möglich. Eine Dissertation muss dann nicht erstellt werden.

Doktorarbeiten können intern an der Universität oder extern in einer anderen Einrichtung oder in einem Unternehmen durchgeführt werden. Die mündliche Promotionsleistung wird von einer Kommission der Fakultät geprüft und besteht aus einer Disputation, in der die Dissertation verteidigt wird, oder einem Rigorosum, bei dem weitere Themenbereiche geprüft werden, oder aus beidem.

In den USA und in Kanada unterscheidet man übrigens »professionelle Doktorgrade«, die in manchen Studiengängen automatisch nach erfolgreichem Abschluss vergeben werden, zum Beispiel »Medical Doctor«, »Forschungsdoktorgrade«, die aufgrund eines Promotionsverfahrens vergeben werden, wie *Doctor of Philosophy* (Ph. D. oder DPhil) und »Doktorgrade für bestimmte Studiengänge«, die nicht zum Ph.D. führen, zum Beispiel *Doctor of Business Administration* (D.B.A.). Der angloamerikanische Doktorgrad wird hinter dem Namen getragen. Im Gebrauch als Anrede steht der Dr. aber vor dem Namen, ohne den Zusatz Ph. D.

10.2 Planung der Promotion

Da eine Promotion für längere Zeit das Leben des Promovenden wesentlich bestimmt und großen Einfluss auf den weiteren beruflichen Weg haben kann, sollte man sich früh Gedanken über die Planungen machen. Dazu gehören Fragen nach:

- Lebensplanung
- Berufsplanung
- Finanzierung
- Thema und Betreuung.

In einigen Branchen ist es sehr wichtig, für den Eintritt in die Forschung sogar unerlässlich, zu promovieren. In manchen anderen Berufsfeldern hat eine Promotion keinen fördernden Einfluss auf die Einstellungs-, oft jedoch auf die Aufstiegschancen. Deshalb ist es wichtig, sich darüber klar zu werden, welchen Berufsweg man einschlagen möchte. Dabei sollte man aber auch berücksichtigen, wie sehr eine Promotion durch die Arbeit in einer Wissenschaftlergruppe, durch die intellektuell stimulierende Atmosphäre und durch ein hohes Maß an Autonomie das Leben bereichern kann. Sie ermöglicht es, eigene Fähigkeiten zu erproben, sich zu präsentieren, Projekte zu planen und erste Mitarbeiter zu führen, also vieles zu lernen und zu probieren, in der Regel ohne das Risiko, durch erste Fehler sein Ansehen bei seinem späteren Arbeitgeber zu riskieren.

Das deutsche System ist traditionell ein »Meister-Schüler-Modell«. Es ist wenig strukturiert und formalisiert; die Doktoranden sind in der Mehrzahl als Mitarbeiter am Lehrstuhl beschäftigt, und die Abhängigkeit vom Betreuer ist hoch. Das US-System der »Doctoral studies« ist im Vergleich dazu strukturierter und formalisierter. Die Doktoranden sind als Studierende an einer »graduate school« eingeschrieben. Mehrere Professoren sind an der Promotion beteiligt.

10.3 Finanzierung

Die in Naturwissenschaften häufigste Variante zur Finanzierung von Promotionen sind Qualifikationsstellen, die die Hochschulen jährlich mit thematischem Schwerpunkt für Doktoranden ausschreiben. Es handelt sich meist um Halbtagsstellen mit dem Status eines wissenschaftlichen Mitarbeiters und einer Bezahlung nach dem Tarifvertrag für den öffentlichen Dienst (TVöD). Oft sind mit diesen Qualifizierungsstellen in kleinerem Umfang Tätigkeiten in der Lehre, z. B. die Durchführung von Praktika und Seminaren oder die Unterstützung einer Vorlesung, verbunden.

Alternativ kann man sich um ein Stipendium bewerben. Diese werden üblicherweise nur für die Dauer von zwei Jahren gewährt mit der Konsequenz, dass Stipendiaten Lösungen finden müssen, die restliche Zeit ihrer Promotion zu finanzieren. Oft decken Stipendien auch nicht die Kosten für Reagenzien, Apparate oder für Reisen zu Kongressen.

Auch bei Forschungsgesellschaften wie der DFG, bei Unternehmen, Stiftungen oder Ministerien kann man Drittmittel akquirieren. Dies übernimmt meist der Betreuer, denn das Einwerben von Drittmitteln ist in der Regel nur bereits Promovierten mit einem Arbeitsplatz an einer Hochschule oder einem Forschungsinstitut gestattet.

In der Abschlussphase der Promotion kann ein Darlehen bei der Finanzierung des Lebensunterhaltes helfen.

Eine weitere Möglichkeit der Finanzierung einer Promotion besteht darin, diese bewusst »nebenberuflich« zu erstellen. Dadurch verlängert sich die erforderliche Zeitdauer meist erheblich. Andererseits sind nebenberuflich Promovierende flexibler und nicht direkt von einem Finanzgeber abhängig; auch die Dauer der Promotion wird nicht z. B. von einer befristeten Stelle an einer Hochschule limitiert. Promotionskosten sind als Werbungskosten steuerlich absetzbar. Manche Firmen bieten auch die Möglichkeit, als externer Doktorand einer Hochschule eine bezahlte Promotion im Unternehmen anzufertigen. Insbesondere bei den meisten Forschungsorganisationen gibt es regelmäßig bezahlte Promotionsmöglichkeiten.

Laut Befragungen sind etwa drei Viertel der Doktoranden als Mitarbeiter an Universitäten beschäftigt. Nur etwa ein Zehntel sind weder in der Wissenschaft beschäftigt noch Stipendiumsempfänger.

Entscheidend für die Dissertation ist natürlich die Themenfindung. Diese hängt eng mit der Wahl der Hochschule und des Betreuers zusammen. Dabei gilt es zu entscheiden, ob man sich an seiner jetzigen Hochschule wohlfühlt oder an einer anderen Hochschule bessere Möglichkeiten, eine bessere Ausstattung, einen namhafteren Betreuer finden würde, ob ein Hochschulwechsel Auswirkungen auf die Finanzierung des Promotionsvorhabens (Umzug, Kinderbetreuung, ...) hätte. Wenn man in die Forschung gehen möchte, ist es in einer steigenden Zahl von Fächern ohnedies obligatorisch, während der Qualifikationsphase den Arbeitgeber mehrfach zu wechseln und mehr als eine Hochschule intensiv kennen zu lernen.

Spätestens bei Ende des Studiums sollte man ungefähr wissen, in welchem Themenbereich man forschen will. Begeisterung für das Thema ist essenziell für den Erfolg der Arbeit! Der Wahl des richtigen Betreuers und der richtigen Hochschule kommt eine ebenso große Bedeutung zu. Die Feinplanung einer Promotion kann nur gemeinsam mit dem Betreuer erfolgen, da dessen Präferenzen, Kontakte, Ausstattung und natürlich Schwerpunkte zu berücksichtigen sind.

10.4 Betreuung

Schon mit der Auswahl des Betreuers der Diplomarbeit und erst recht des Betreuers der Doktorarbeit trifft man eine grundsätzliche Entscheidung mit tiefem Einfluss auf das spätere Leben, nicht nur auf das Berufsleben. Für eine erfolgreiche Laufbahn sollte man auf dessen wissenschaftliche Kompetenz achten. Ein schlechtes *Standing* des Betreuers in der wissenschaftlichen Welt wirkt sich negativ auf die eigene Promotion aus. Aber auch die menschlichen Qualitäten und die Qualität der Beziehung müssen berücksichtigt werden. Betreuer und Promovend müssen über einen langen Zeitraum miteinander zurechtkommen und sich verstehen. Ein Betreuer, dem der Promovend sympathisch ist, wird sich wahrscheinlich mehr für ihn einsetzen als für jemanden, den er nicht mag. Es kann deshalb fatale Folgen haben, an einem Betreuer festzuhalten, mit dem »die Chemie nicht stimmt«. Wer sich nach Beginn der Doktorarbeit sehr schlecht betreut fühlt, sollte dies ansprechen und gemeinsam mit dem Betreuer nach Lösungen suchen; ggf. auch einen Wechsel erwägen. Da man lange Zeit mit seinem Betreuer verbringen wird und der eigene Erfolg in der Forschung erheblich vom Betreuer abhängt, sollte man sich immer um ein ausgewogenes Verhältnis bemühen.

Während der Promotion wird sehr selbständig gearbeitet; der Promovend gestaltet den Prozess selbst. Man darf deshalb auf keinen Fall erwarten, dass ein Betreuer den Promovenden für das Thema motiviert. Es ist im Gegenteil die Aufgabe des Promovenden, Betreuer und andere für ein Thema zu begeistern.

Der Betreuer ist Sparringspartner und hilft zudem, wenn man nicht weiterkommt,

- bei der Formulierung von Fragestellungen
- bei der Festlegung des methodischen Ansatzes
- bei der Planung der Forschungsarbeiten
- bei der Veröffentlichungsstrategie.

Alles, was die Promotion betrifft, kann zunächst mit ihm, danach gegebenenfalls auch mit anderen besprochen werden. Bei einer Finanzierung der Promotion über Drittmittel sollte der Betreuer diese beantragen. Er ist der Erste, der die Arbeit liest, sie kritisiert und Verbesserungsvorschläge macht. Am Ende entscheidet der Betreuer, ob die Dissertation abgegeben werden kann.

Die Kontaktaufnahme zum Doktorvater verläuft informell, indem man auf den »Wunsch-Betreuer« zu geht und ihr/ihm seine Idee für ein Promotionsvorhaben darlegt, teilweise auch umgekehrt, indem man von einem Professor das Angebot zu promovieren erhält. Formelle Auswahl- und Annahmeverfahren erfolgen vor allem bei Graduiertenkollegs und anderen Promotionsprogrammen. Bundesweite Promotionsmöglichkeiten findet man im Hochschulkompass der Hochschulrektorenkonferenz (HRK). Wenn der Kontakt erst aufgebaut werden muss, kann man in die Sprechstunde des ausgesuchten Betreuers gehen bzw. mit seiner Sekretärin einen Termin vereinbaren. Auf diesen Termin muss man sich selbstverständlich gründlich vorbereiten:

- einen groben Entwurf für ein Exposé mitbringen
- einstudieren, die Kernpunkte des Vorhabens kurz vorzutragen und auf Fragen zu antworten
- sich überlegen, welche Fragen man selbst an den Betreuer hat.

Wer selbst eine überdurchschnittlich gute Arbeit schreiben will und erst recht, wer eine erfolgreiche Karriere in der Wissenschaft machen will, sollte sich unbedingt einen überdurchschnittlich engagierten Betreuer suchen. Dieser kann auch den Kontakt zur Wissenschaftsgemeinde herstellen, damit der Promovend sich einen ersten Namen erarbeiten kann, und Tipps geben, die man sich sonst erst über die Arbeitspraxis und einige Enttäuschungen hätten erarbeiten müssen. Ein guter Betreuer wird den Zeitrahmen der Promotion im Auge behalten, dafür sorgen, dass man nicht zu stark mit hochschulinternen Nebentätigkeiten belastet wird, und er wird eine gute Vernetzung der Doktoranden etwa in Form von Kolloquien oder Klausurtagungen organisieren.

Ob ein Betreuer dies leisten wird, erfährt man am besten von anderen, gegenwärtigen oder früheren Doktoranden.

10.5 Graduiertenkollegs

Graduiertenkollegs bieten einen relativ neuen Weg zur Promotion. Sie werden von mehreren Hochschullehrern getragen, die jeweils ein eigenes Forschungsprojekt verfolgen, oft hochschulübergreifend an mehreren Hochschulen im In- oder Ausland. Häufig sind Graduiertenkollegs auch auf Interdisziplinarität angelegt, so dass auch die beteiligten Studenten meist aus verschiedenen Fächern kommen.

Graduiertenkollegs beruhen auf einem festgelegten Programm kombiniert mit einer individuellen Weiterbildung, wobei die intensive Betreuung der Promovenden ein integraler Bestandteil ist. Die meisten Graduiertenkollegs gehören zum Programm der Deutschen Forschungsgemeinschaft (DFG). Die Stipendien für diese Kollegs werden in üblichen Stellenanzeigen ausgeschrieben. Die DFG bietet auf ihrer Website weiterführende Informationen und ein Verzeichnis aller von ihr geförderten Graduiertenkollegs. Die Max-Planck-Gesellschaft (MPG) hat die *International Max Planck Research Schools* geschaffen. Diese richten sich gleichermaßen an deutsche und ausländische Promovenden und forschen in enger Verzahnung mit Hochschul- und Max-Planck-Instituten. Promotionsstipendien in geförderten Kollegs gibt es derzeit auch von der Hans-Böckler-Stiftung sowie der Konrad-Adenauer-Stiftung.

10.6 Bearbeitung der Doktorarbeit

In manchen Fällen baut eine Doktorarbeit unmittelbar auf einer vorangegangenen Diplomarbeit auf. In der Diplomarbeit kann man Risiken eingehen, Neues probieren ohne große Gefahr, mit der Arbeit zu scheitern. Die Doktorarbeit sollte dagegen so ausgerichtet sein, dass man im Notfall auch bei Misslingen wesentlicher experimenteller Grundansätze oder theoretischer Methoden zu einem Erfolg kommen kann. Eine Doktorarbeit entwickelt sich in drei Phasen, die man bildlich mit dem Wachsen der Ernte auf dem Feld vergleichen kann. In der ersten Phase (30-40 Prozent der Zeit) wird gesät: Der Doktorand liest die Fachliteratur, macht Experimente, rechnet Konzepte durch und probiert vieles aus, verschafft sich ein tiefes Verständnis der Materie und gewinnt dadurch viele kleine Erkenntnisse und Anhaltspunkte. In dieser Zeit wird der Außenstehende oft keine wirklichen Fortschritte erkennen. Die Eintragungen im Laborbuch sind umfangreich – aber noch nicht sehr systematisch. In der Wachstumsphase der Arbeit (ebenfalls 30-40 Prozent der Zeit) wächst das Material. Wann immer möglich, versucht man gemeinsam mit seinem Betreuer, Forschungsergebnisse in zwei bis vier Publikationen in referierten Journalen zu verarbeiten und bekommt damit auch Feedback von Fachzeitschriften und deren Gutachtern, das wiederum in die Arbeit einfließt. Eventuell betreut man selbst Praktikanten und Diplomanden, die ihrerseits Teilaspekte der Arbeit bearbeiten, aus denen im Idealfall wieder kleine Publikationen werden mit dem betreuenden Doktoranden als Mit-Autor. In der letzten Phase der Arbeit wird geerntet: Die gesamte Arbeit wird in Buchform gebracht, in ein kohärentes Ganzes überführt.

Das Zusammenschreiben dauert in der Regel mehrere Monate, was die Fokussierung und die Kohärenz der Dissertation schwierig macht. Immer wieder muss man sich erneut des Duktus der Arbeit bewusst werden. Jedes Mal blickt man aus anderer Perspektive auf die Arbeit. Während des Schreibens finden sich Ablenkungen in der Arbeitsgruppe und zuhause, die am Schreiben hindern. Deswegen ist es beim Schreiben der Dissertation wie bei jedem anderen großen Werk empfehlenswert, sich zweimal zehn Tage alleine (!) in eine preiswerte Unterkunft auf dem Land (nicht zu attraktive Umgebung) zurückzuziehen, versorgt, verpflegt und ohne Ablenkung nur zu schreiben und spazieren zu gehen. Nach dem ersten Arbeitsaufenthalt recherchiert man intensiv Informationen, stimmt sich mit dem Betreuer ab, erholt sich, führt gegebenenfalls Simulationen, Experimente oder Berechnungen durch, deren Notwendigkeit erst beim Zusammenschreiben sichtbar wurde. Dann kommt der zweite Durchlauf am Rückzugsort. Nach diesem sollten 95 Prozent der Arbeit fertig sein. Wenn die Eltern, Freunde oder andere Unterstützer eine entlastende und ablenkungsfreie Umgebung bieten können, ist das natürlich ebenso gut wie der teurere Aufenthalt im Hotel.

10.7 Post-Doc

Als Post-Doktoranden (auch Post-Doc) bezeichnet man Wissenschaftler, die nach der Promotion an einer Universität oder einem Forschungsinstitut befristet angestellt sind und in dieser Zeit forschen. Oft wird eine Post-Doktoranden-Stelle durch Drittmittel finanziert. Die Stelle ist in der Regel auf einen Zeitraum von zwei Jahren befristet. Es gibt aber auch Befristungen auf sechs Monaten oder auf bis zu fünf Jahre. Spezifische Stipendien werden für Post-Doc-Aufenthalte im Ausland vergeben. Insbesondere in der Grundlagenforschung in den Naturwissenschaften kann es sinnvoll sein, eine oder mehrere Post-Doc-Stellen an einer anderen Universität und möglichst im Ausland anzunehmen. Diese dienen der Vertiefung wissenschaftlicher Kenntnisse und Fertigkeiten des Post-Doktoranden, dem Ausbau seiner Publikationsliste, dem Sammeln von Erfahrungen in verschiedenen Forschungsinstituten, in manchen Fällen auch der Vorbereitung auf die endgültige Übersiedlung in ein anderes Land, z. B. in die USA. Man lernt andere Arbeits- und Kommunikationsstile kennen, emanzipiert sich mit einem eigenständigen Profil von seiner ursprünglichen Arbeitsgruppe und erweitert das wichtige wissenschaftliche Netzwerk.

Besonders in den Naturwissenschaften wie der Chemie und den Biowissenschaften sind Stellen als Post-Doktorand im Ausland wichtige Schritte in der akademischen Laufbahn.

Wer in den Naturwissenschaften und der Hochschule Karriere machen will, für den sind die Post-Doc-Phase und die ersten Jahre danach entscheidend. Die Ergebnisse und die Entscheidungen, die ein Forscher in dieser Phase vorweisen kann, gestalten die Rahmenbedingungen für den Rest seiner Laufbahn.

Es ist deshalb essenziell zu wissen, was die älteren Kollegen in Gremien und Berufungskommissionen wichtig finden und wie sie wissenschaftliche Qualität beurteilen. Post-Docs, Habilitanden und Juniorprofessoren werden an der Qualität ihres wissenschaftlichen Denkens und der Bedeutung der konzeptionellen und praktischen Fortschritte, die sie in der Wissenschaft gemacht haben, gemessen. Gutachter in Gremien und Kommissionsmitglieder beurteilen dies im Prinzip aufgrund von nur drei Parametern:

- Geltung und Anerkennung
- Ergebnisse und Produktivität
- Einfluss oder Wirkung.

Die Veröffentlichungs-Produktivität lässt sich am einfachsten messen und ist deshalb oft das Erste, was berücksichtigt wird. Zitierungen der Veröffentlichungen werden üblicherweise benutzt, um die Wirkung zu messen. Wer seine Geltung im Feld aufbauen will, sollte sowohl kurze als auch ausführliche Publikationen in Zeitschriften veröffentlichen, die so anerkannt sind wie irgendwie möglich und die im wichtigsten Zitationsindex berücksichtigt werden.

Reviews und Überblicksartikel werden mit am häufigsten zitiert. Dennoch sollte man als junger Forscher nicht zu viele solche Übersichten veröffentlichen, weil diese sehr zeitaufwändig sind und die Kommissionsmitglieder sie vielleicht eher als Dienstleistung für die wissenschaftliche Gemeinschaft denn als eigenständige Forschung werten. Wer sich auf das aktive Schreiben von Originalpapers konzentriert und Reviews erst dann schreibt, wenn sie an ihn herangetragen werden, liegt meist richtig.

Die ideale Forschungs- und Publikationsstrategie sollte so ausgerichtet sein, dass mehrere neue und aufregende Ergebnisse entstehen können. Bei jeder Untersuchung sollte man bei Beginn darüber nachdenken, wie eine Publikation aussehen könnte und die Publikation dann weiter bearbeiten, wenn die Ergebnisse frisch sind. Kurze Publikationen, so genannte *Letters* oder *Technical Notes* in anerkannten Fachzeitschriften, eignen sich vorzüglich dafür, seinen eigenen Namen zeitnah mit einem Thema in Verbindung zu bringen.

» *Auf seinen Lorbeeren auszuruhen ist so gefährlich wie auf einer Schneewanderung ausruhen. Du nickst ein und stirbst im Schlaf.* «

Wittgenstein

10.8 Literaturempfehlungen

Gunzenhauser, R., E. Haas, *Promovieren mit Plan*. 2007: Verlag Barbara Budrich / utb.

Messing, B. und K. Huber, *Die Doktorarbeit – vom Start zum Ziel: Lei (d) tfaden für Promotionswillige*. 2004: Springer.

Stock, S., et al., *Erfolgreich promovieren: ein Ratgeber von Promovierten für Promovierende*. 2006: Springer.

Erfolgstipp 6 Forschungspläne

Zweck des Forschungsplanes

Welche Forschung würde man betreiben, wenn man jetzt gleich eine eigene, unabhängige Gruppe leiten könnte? Wer sich auf eine Dauerstelle bewirbt, beispielsweise auf eine (Junior-) Professur, benötigt häufig so einen Forschungsplan, meist für mindestens fünf Jahre. In den USA ist es sogar üblich, einen Zehnjahresplan zu präsentieren. Das ist in der Forschung ein sehr langer Zeitraum. Wer die Frage, was oder wie man dann forschen will, plausibel beantworten kann, zeigt eine Qualifikation für eine Professur. Dass so ein Plan nach spätestens drei Jahren komplett überarbeitet werden muss, weil sich in der Forschung alles ständig ändert, versteht sich von selbst und nimmt dem langfristigen Entwurf nicht seine Bedeutung.

Kurz und knapp ist der Zweck eines Forschungsplans, eine gewünschte Position zu erhalten. Das Ziel des Forschungsplans ist, dem Berufungsausschuss zu zeigen, dass die eigene Berufung langfristig gerechtfertigt ist. Der Forschungsplan dient aber auch einem anderen, sehr wichtigen Zweck: Er trägt zur Entwicklung zum Wissenschaftler bei. Der Forschungsplan ist eine Straßenkarte für den Beruf als Forschungsexperte. Eine seiner Funktionen ist, die eigene intellektuelle Sicht und die eigenen Bestrebungen zu demonstrieren. Er erfordert kreatives und schöpferisches Denken, das ein erfolgreicher Forscher in seinem Beruf braucht.

Aber auch, wer sich noch nicht um eine Position als Abteilungsleiter oder Professor bewirbt, kann davon profitieren, einen Forschungsplan zu erstellen. Dieser ist nämlich nicht nur eine gute Grundlage für eine Präsentation, er dient auch zum Schärfen und Verfeinern der eigenen Vorstellungen und deren Darstellung.

Das Schreiben eines Forschungsplans lenkt den Blick nach vorne: Was wird man forschen, wenn man sein eigenes Labor hat? Wer schon angefangen hat, an sein eigenes Labor zu denken und einen ersten Planentwurf hat, wird es später leichter haben, die Pläne zu optimieren.

Wer bereits versucht, eine Stelle zu finden, sollte sich auch überlegen, was das Komitee sehen möchte.

Viele der im Folgenden getroffenen Bemerkungen gelten übrigens auch für Förderanträge für langfristige Forschungsprojekte.

Wie geht man vor?

Jungen Wissenschaftlern, die in den »Niederungen« der praktischen Forschungsarbeit stecken und sich auf das Schreiben des nächsten Fachartikels oder Förderantrags konzentrieren, fehlt in der Regel zunächst der Überblick, den man braucht, um hypothetische, langfristige Szenarien zu entwickeln. Man benötigt dafür Zeit und (räumlichen) Abstand. Wie bei fast allen Aufgaben, denen man die nötige Zeit und Konzentration widmet, werden aber nach einiger Zeit des konzentrierten Nachdenkens die Gedanken fließen: es bilden sich erst Vorstellungen und Bilder, dann ein langfristiger Plan.

Zweckmäßigerweise beginnt man mit dem Formulieren von Hintergrundinformationen für Laien über die eigenen aktuellen Forschungsinteressen. Dies zwingt einen dazu, das Prinzipielle zu bedenken und das Wesentliche, Nachhaltige herauszuarbeiten und so zu formulieren, dass das Interessante, das Aufregende an der eigenen Arbeit klar wird. Dazu kommt eine Liste der eigenen Veröffentlichungen, der Papers, die gerade erstellt werden, der Kooperationen und der Projekte, in denen man bereits Erfahrungen gesammelt hat, kurz, eine Aufstellung all dessen, was man erreicht hat, und all derer, die man auf seiner Seite weiß.

Als Nächstes berücksichtigt man, dass es nicht mehr ausreicht, sich ein Forschungsprojekt auszuwählen, man muss auch bedenken, wo das Geld dafür herkommen soll. Also muss man Finanziers oder Förderer überzeugen, dass die eigenen Ideen zu deren Initiativen und Planungen passen. Also recherchiert man auf den relevanten Websites, analysiert, welche Anträge schon gefördert wurden, und was in langfristigen Strategiepapieren und Konzepten steht. Vielleicht plant man auch angewandte Forschungsprojekte, die von Industrieunternehmen finanziert werden sollen. Man prüft in jedem Fall die eigenen Konzepte und vergleicht sie mit dem, was Finanzierung gefunden hat, um ein Gefühl dafür zu bekommen, ob das Eigene wettbewerbsfähig ist.

Jetzt können die Forschungsziele formuliert werden. Richtig liegt man, wenn diese ehrgeizig und überdurchschnittlich auf einen selbst wirken.

Sobald das alles schriftlich festgehalten ist, weiß man, wo man steht und wo man hin will.

Die Wege zu den kurzfristigen Zielen sollten sehr viel ausführlicher beschrieben werden als die zu den langfristigen. Im Prinzip könnte man für die kurzfristigen Ziele gleich Förderanträge formulieren, deshalb müssen sie wirklich präzise Aussagen über wirklich umsetzbare Forschungsarbeiten enthalten. Der größere Kontext erst zeigt die Bedeutung und die langfristigen Entwicklungspotenziale einer Forschungsaufgabe.

Jetzt fehlt noch, wie und mit welchen Mitteln man seine Ziele erreichen will. Strategien beschreiben nicht spezifische Experimente oder Berechnungen, sondern nur Werkzeuge und Ansätze. Hier ist der Ort, alle passenden Schlagwörter einzubringen. Nun hat man jedes Element, um ein Konzept für einen Fünf- oder

Zehn-Jahresplan zu schreiben, alles muss nur noch in die richtige Reihenfolge gebracht werden: Einführung, Forschungsziele, Forschungsstrategie, langfristige, dann kurzfristige Forschungsziele, mögliche Finanzierungsquellen, mögliche Förderanträge und Kunden, Publikationslisten und Kooperationen. Es lohnt sich, die potenziellen Förderanträge, Kunden und Finanzierungsquellen zusammen in einem gesonderten Abschnitt zur Finanzierungsstrategie aufzunehmen. Man nimmt damit die Forschungsziele auf und zeigt, dass man auch an die Umsetzung denkt.

Das Schreiben eines solchen Plans ist eine interessante, lehrreiche und motivierende Erfahrung im Forscherleben. Das Lesen des eigenen Plans sollte motivieren. Man wird sich später immer wieder auf ihn beziehen.

Wie schreibt man einen überzeugenden Forschungsplan?

Ein guter Forschungsplan vermittelt der Kommission ein überzeugendes, beruhigendes, glaubhaftes Bild, wie man forschen und führen wird, sobald man dann in deren Institution arbeitet. Man erzählt eine Geschichte – eine glaubhafte, glaubwürdige Geschichte – wie das Labor in drei, wie in fünf Jahren aussehen wird: gut finanziert, lebhaft, fruchtbar, mit wertvollen, ehrgeizigen aber realistischen Forschungszielen, die sich gut mit der Mission des Instituts und mit der anderen Forschung am Standort ergänzen und das Institut voranbringen. Damit es kein Missverständnis gibt: Man schreibt oder erzählt nicht wörtlich: »in fünf Jahren wird mein Labor lebhaft, ergiebig und gut finanziert sein.«, sondern durch das Beschreiben des Forschungsalltags überzeugt man davon, dass dies gelingen wird.

Um eine gute Geschichte zu erzählen, wählt man zuerst ein wichtiges Thema. Wenn die Forschung, die man plant, den Schreiber selbst nicht überzeugt, wird kein Erzähltalent es erreichen, dass eine Kommission aus klugen Wissenschaftlern überzeugt wird. Wenn man selbst die Arbeit nicht bedeutend findet, gibt es nur eine richtige Konsequenz: das Feld zu ändern. Forschung hat das Ziel, Erkenntnisse zu liefern. Objektive Erkenntnisse zu erarbeiten, ist schwer und erfordert Leidenschaft. Wer die nicht spürt, sollte dringend eine Forschungsarbeit finden, bei der er leidenschaftlich sein kann. Es ist nicht leicht, mitten im Kurs die Richtung zu ändern. Aber es lohnt sich, ein bedeutendes Forschungsfeld zu wählen, um der eigenen Einstellungschancen, Förderchancen, Berufungschancen, Führungsfähigkeit und Arbeitszufriedenheit willen. Wenn es sein muss, muss man eine zweite Post-Doc-Phase anhängen.

Um die Berufungskommission für die Einstellung zu gewinnen, muss man sie außerdem überzeugen, dass die eigene Leidenschaft gerechtfertigt ist und, dass es sich lohnt, in diese zu investieren. Man wählt spezifische Ziele. »Krebs zu heilen« oder das Standardmodell der Teilchenphysik zu überwinden sind keine passenden Ziele für den Forschungsplan eines Individuums: aufregend, aber viel zu groß, um noch glaubhaft zu sein. »Tumorwachstum hemmen«, ist ein Beispiel für ein besseres Ziel, weil es erreichbar ist und großes Potenzial in sich trägt, insbesondere, wenn dieses Ziel von verschiedenen spezifischen technologischen Strategien getragen wird. Die Kombination eines offenkundig wichtigen Ziels mit interessanten, durchführbaren Ansätzen ist die Basis des Forschungsplans. Spezifisch zu sein, heißt nicht, in jedes Detail zu gehen. Man benötigt im Plan nur so viel Detail, wie die Aufgabe erfordert.

Wer eine Stelle an einer Institution erhalten will und die Forschung ernst nimmt, muss seine zukünftigen Kollegen überzeugen, dass man die jugendlichen und leicht beeinflussbaren Jahre hinter sich gelassen hat, in denen jede Idee vielversprechend zu sein scheint, obwohl sie nicht umsetzbar ist. Man demonstriert der Kommission, dass einem, trotz des nach wie vor vorhandenen Idealismus, die Jahre der Promotion und der Postdoktorandenzeit geholfen haben, den Unterschied zwischen guten Ideen und bloßen Wünschen zu erkennen. Man darf in Forschungsplänen keine Wolkenkuckucksheime bauen, die nicht auf stabilen Daten aufbauen; am besten fügt man bereits vorläufige Daten bei. Sie sind das überzeugendste Argument für die Machbarkeit eines Forschungsplans. Wer sie hat, sollte sie auch nutzen – positive Ergebnisse sind stets von Interesse und überzeugen. Wer keine vorläufigen Daten aufweisen kann, dem traut man auch keine realistische Forschungsfragestellung zu.

Der Plan muss angepasst werden. Man kann nicht den gleichen Plan an Harvard und eine Provinzhochschule, nicht den gleichen an ein Max-Planck-Institut und ein Institut der Fraunhofer-Gesellschaft senden. Es gibt große Unterschiede zwischen den Institutionen und ihren Berufungskommissionen, nicht nur in der Art der Verfahren, sondern auch in den Erwartungen an die Bewerber. Deshalb ist es wichtig, die Kultur eines Instituts kennen zu lernen, auch indem man Informationen über zurückliegende Einstellungsverfahren sammelt. Manchmal sollte man redundante Forschungsansätze mit einbeziehen und einfallsreich sein. Wer als Forscher erfolgreich sein will, darf sich meist nicht auf eine einzige Methodik beschränken. Manche Institutionen suchen allerdings gezielt jemanden, der eine bestimmte Methodik beherrscht und mitbringt.

Unabhängigkeit und Erreichtes

Forschungsinstitutionen, die verschiedene Stellen besetzen wollen, berücksichtigen, dass diese Stellen für unterschiedlich weit entwickelte Kandidaten ausgeschrieben sind, und, dass jede Stelle ganz eigene Anforderungen an die Erfahrung und das Alter eines Kandidaten stellt.

Eines der wichtigsten Ziele, die viele Forschungseinrichtungen und Universitäten mit der Anstellung von Forschern verbinden, ist die Aussicht auf Einwerbung von Projektmitteln. Wer bereits erfolgreich Fördermittel beantragt oder Industrieprojekte selbst akquiriert hat, hat naturgemäß Vorteile gegenüber Bewerbern, die noch keine Mittel eingeworben haben. Wieder andere Institutionen suchen in erster Linie Originalität und schöpferische Ideen, gekoppelt mit Nachweisen einer erfolgreichen Umsetzung.

Es gilt in jedem Fall, die eigenen Chancen zu demonstrieren, indem man zeigt, dass man neben einem tiefen wissenschaftlichen Verständnis eigene Ideen und die Fähigkeit mitbringt, unabhängig von einem Betreuer zu arbeiten.

Wer noch Zeit hat, baut gleichsam ein eigenes Labor in den Räumen des Betreuers auf, bespricht mit ihm, wie man eine eigene Forschungsnische innerhalb der größeren Forschungsausrichtung schaffen kann, wie man eigene originelle Ideen bearbeiten will und wie sie zur Forschungstätigkeit des Betreuers passen.

Bei den meisten Kandidaten wurden die gesamten Resultate jedoch im Labor von anderen, erfahrenen Wissenschaftlern als ein Teil von deren Forschungsstrategie gesammelt. Wie unterscheidet man dann seine eigene Forschung von der des Betreuers? Diese offensichtliche Zwickmühle muss man im Text des Forschungsplans lösen,

- zeigen, dass die eigenen Ideen frisch und neu sind
- zeigen, dass sie auf der Arbeit beruhen, die man unter der Betreuung eines anderen in dessen Labor gemacht hat.

Die besten Forschungspläne bauen in der Regel auf der früheren Erfahrung des Bewerbers auf, aber sind nicht direkte Verlängerungen ihrer Arbeit als Post-Doc.

Wer noch kein eigenes Labor geführt hat, ist meist gut beraten, seine Argumentation so aufzubauen: »Diese Arbeiten entstanden, als ich Doktorand oder Post-Doc war. Ich habe bei diesen Arbeiten neue, wichtige Gedanken entwickelt, die ich jetzt umsetzen möchte. Jetzt suche ich eine unabhängige Position, ich will die Dinge ein klein wenig anders anpacken als bisher, aber was ich vorschlage, profitiert von meinem Wissen und meinen Fähigkeiten, die ich während früherer Phasen meiner Ausbildung gewonnen habe.«

Besonders wichtig ist es sicherzugehen, dass der ehemalige Chef die gleiche Einschätzung vertritt. Ein Kandidat hat idealerweise eine gute, offene Beziehung zu seinem Betreuer und wenn dem so ist, sollte man seine Strategie mit ihm koordinieren. Man bespricht mit ihm, welche jetzigen oder künftigen Arbeiten wem zuzuordnen sind, welche Aussagen man im Forschungsplan vorstellen will und welche er in seinem Empfehlungsschreiben. Die beiden Ausführungen werden in vielem übereinstimmen, aber nicht perfekt aneinander angepasst sein.

Da alle Beteiligten (der Kandidat, sein bisheriger Betreuer und die Berufungskommission) Klarheit suchen, ist gegen Koordination nichts einzuwenden, wenn die Ideen, die ein Kandidat beansprucht, auch die eigenen sind. Wer aber nur die Ideen des Betreuers nimmt und als eigene darstellt, handelt falsch, selbst wenn der Betreuer dem Plan zustimmt.

Die Form des Planes

Ob ein Forschungsplan eingereicht werden sollte und wie lang er gegebenenfalls sein muss, unterscheidet sich von Fachgebiet zu Fachgebiet, von Fachbereich zu Fachbereich; auch im Laufe der Zeit ändern sich Gepflogenheiten. Manchmal sollte ein Plan nicht mehr als drei Seiten, manchmal mindestens zwölf Seiten umfassen. Am besten fragt man vorsichtig nach. Er sollte sorgfältig, aber auch begeisternd geschrieben sein. Wer nicht gut schreiben kann, sollte sich Hilfe holen. Der Plan sollte in jedem Fall eine Zusammenfassung von etwa einer halben Seite enthalten. Auch die Struktur und die Anordnung sind wichtig. Die verschiedenen Absätze und die Gedanken darin sollten durch viel Weißraum aufgelockert werden. Im PowerPoint-Zeitalter wirken »Bulletpoint«-Listen immer gut, seitenlange Absätze schlecht. Eine gut gestaltete Grafik mit Aussagekraft ersetzt viele hundert Wörter. Klare Tabellen und Illustrationen wirken kompetent und überzeugend. Der Lebenslauf und die Empfehlungsschreiben werben für die Person, nicht der Forschungsplan. Der Fokus des Plans liegt also auf der Arbeit, nicht auf der Person des Bewerbers.

Eine einzige schlechte Darstellung oder ein wissenschaftlicher Fehler, den ein Gutachter oder Kommissionsmitglied entdeckt, kann die ganze Bewerbung ruinieren. Fehler bei Literaturzitaten, Schreibfehler, Formulierungen, bei denen sich der Leser sehr anstrengen muss, um sie zu verstehen, und ein uneinheitliches oder gar schlampiges Layout sind strikt zu vermeiden.

Unpräzise Allgemeinplätze werden leicht als Anzeichen eines oberflächlichen, unpräzisen Denkens interpretiert. Man muss also die schwierige Balance bewältigen, dem Leser detailliert zu zeigen, dass der Kandidat weiß, was er behandelt, aber nicht zu viel Details zu bringen, die die Berufungskommission eher verwirren oder langweilen. Man hält den Plan kurz und konzentriert sich auf die Hauptthemen.

Die enthaltenen Fragestellungen müssen aus ihrem Zusammenhang heraus begründet werden. Es sollte unbedingt erwähnt werden, welche anderen Arbeiten im Feld gemacht wurden und werden. Ansätze, die in einem Vakuum ohne Hinweis auf andere Wissenschaftler erscheinen, werden niemanden überzeugen.

Ein guter Forschungsplan enthält mehr als eine einzige Idee. Selbst der beste Plan kann in der Forschung scheitern; selbst führende Wissenschaftler können von anderen und deren Ergebnissen überholt werden. Der Forschungsplan sollte kohärent sein, ein gemeinsames, übergreifendes Thema haben; aber die Einzelthemen sollten nicht so nahe beieinander liegen, dass sie als bloße Abwandlungen einer einzigen Idee wirken.

Selbst wenn für eine Bewerbung ein Forschungsplan nicht eingereicht werden soll, haben sollte man ihn stets. Auch hier hilft wieder das Schreiben, seine Gedanken und Ideen zu ordnen und sich innerlich auf die künftigen Aufgaben vorzubereiten.

11 Die akademische Hierarchie

11.1 Die Professur

Überblick

Eine Professorenstelle ist in Deutschland traditionell eine verbeamtete Position mit einer Berufung in den Staatsdienst auf Lebenszeit. In Österreich wurde die Verbeamtung vor einigen Jahren abgeschafft. Im Fächerdurchschnitt betreut in Deutschland ein Professor rund 62 Studierende. Während die Gesamtzahl der Professorenstellen seit Mitte der 90er-Jahre nahezu unverändert blieb, ist der Frauenanteil innerhalb der Professorenschaft seit 1995 von 8 auf 15 Prozent gestiegen. 2006 gab es 5 657 Professorinnen an deutschen Hochschulen.

Universitätsprofessoren (Univ.-Prof.) werden heute in den Besoldungsgruppen W 3 oder W 2 eingestuft. Ein Professor der Besoldungsstufe W 3 (ehemals C4) ist in der Regel Lehrstuhlinhaber, der im Haushaltsplan über mehrere Stellen für wissenschaftliche Mitarbeiter und einen größeren Etat verfügt. Professoren der Besoldungsgruppen W 2 (ehemals C3) wurden früher auch als Extraordinarien oder außerordentliche Professoren bezeichnet. Vor der Novellierung des Hochschulrahmengesetzes 1976 nannte man C3/C4-Professoren Ordinarius oder ordentlicher Professor mit dem Recht, nach dem Eintritt ins Rentenalter als Emeritus zu wirken.

In Deutschland gilt – trotz einiger Lockerungen an manchen Hochschulen – grundsätzlich das Hausberufungsverbot: Wer sich auf eine W 2- oder W 3-Professur bewirbt, darf nicht an der Hochschule, an die er sich bewirbt, mit einer festen Stelle angestellt sein. Damit sollen Bevorzugungen und Nepotismus erschwert werden. Privatdozenten, die ausschließlich nicht bezahlte Titellehre anbieten, fallen nicht unter das Hausberufungsverbot.

Strukturprofessuren

W 2- und W 3-Stellen werden durch ein kompliziertes und langwieriges Berufungsverfahren besetzt, das je nach Hochschule und Fachbereich variiert. Fachhochschulen nennen anders als Universitäten bei Berufungsverfahren oft Ansprechpartner, die Auskunft zum Procedere geben.

Der jeweils zuständige Fachbereich setzt eine Berufungskommission ein, die den Berufungsvorschlag vorbereitet. Sie besteht aus stimmberechtigten Mitgliedern (mehrere Professoren, eine Vertretung des akademischen Mittelbaus und der Studierendenvertretung) sowie Mitgliedern in beratender Funktion (ggf. Vertretung der Behinderten, externe Sachverständige, Gleichstellungsbeauftragte, Mitglieder anderer Fachbereiche, manchmal auch der bisherige Stelleninhaber). Stellen für Hochschullehrer müssen öffentlich ausgeschrieben werden, in einigen Ländern international.

Eine engere Auswahl der Bewerber wird anhand der Bewerbungsunterlagen getroffen. Ein besonders aufwändiges Layout der Unterlagen lohnt sich oft nicht, da die Kommissionen die Kandidaten meist anhand eigens erstellter tabellarischer Übersichten mit den wesentlichen Angaben (z. B. Alter, Forschungsschwerpunkte, Anzahl der Publikationen, Höhe der eingeworbenen Drittmittel usw.) direkt vergleichen. Für Bewerbungen um eine Professur gilt das für Unternehmensbewerbungen typische Gebot der Kürze meist nicht. Die Qualifikation steigt, je mehr Projekte und Aufgaben man in Forschung und Lehre vorweisen kann, je facettenreicher das wissenschaftliche Profil im Lebenslauf ist.

Nach einer ersten Sichtung der Unterlagen werden von einem Teil der Bewerber weitere Schriften angefordert. Anschließend referieren Kommissionsmitglieder einzelne Kandidaten in der Kommission. Als Letztes werden wenige in die nähere Auswahl gezogene Bewerber an meistens ein bis zwei Tagen zur Vorstellung eingeladen, oft verbunden mit einer Institutsführung und auch mit einem Essen mit einzelnen Mitgliedern der Berufskommission.

Die Vorstellung besteht immer aus einem

- öffentlichen Vortrag mit anschließender Diskussion zur Beurteilung der Befähigung für Forschung und Lehre
- nichtöffentlichen Gespräch mit der Kommission, in dem auch berücksichtigt wird, ob der Bewerber als Kollege an die Fakultät passen würde,

manchmal auch aus

- Probevorlesung
- Präsentation des eigenen Lehr- oder Forschungskonzeptes
- Präsentation eigener Forschungsvorhaben
- Adhoc-Präsentation zu einem kurzfristig vorgegebenen Thema

und sehr selten aus einem Assessment-Center oder Gutachten durch Personalberater.

Für jeden Kandidaten holt die Kommission zwei bis drei Gutachten auswärtiger Professoren ein, bisher meist Einzelgutachten, zunehmend vergleichende Gutachten bei denen jeder Gutachter alle infrage kommenden Kandidaten vergleicht. Nun legt die Berufungskommission Zusammensetzung und Reihenfolge der Berufungsliste fest, die meist aus drei Einzelvorschlägen besteht. Das protokollierte Berufungsverfahren und die Berufungsliste müssen von allen Ebenen der Hochschule bestätigt werden, also von der Fakultät, vom Senat und von der Hochschulleitung. Alle diese Gremien können das Verfahren aus wichtigen Gründen an die Kommission zurückverweisen.

Je nach Hochschule und Bundesland erteilt die Hochschulleitung oder das zuständige Wissenschaftsministerium den Ruf. Danach beginnen Verhandlungen mit der Stelle, die den Ruf ausgesprochen hat (Berufungsverhandlungen) und Verhandlungen mit der jetzigen Hochschule (Bleibeverhandlungen) um Vergütung und die Ausstattung mit Räumen, Geräten, Budgets und Personal. Rufe werden in den Mitgliederzeitschriften der wissenschaftlichen Fachgesellschaften und den Publikationen der Hochschulen veröffentlicht und gelten als Auszeichnungen. Berufungsverhandlungen und Bleibeverhandlungen sind eine der wenigen Möglichkeiten, die eigene Situation und die Finanzierung der eigenen Forschung dauerhaft zu verbessern. Wer den Eindruck erweckt oder dafür bekannt geworden ist, sich auf Stellen nur zu bewerben, um bessere Bleibeverhandlungen an der eigenen Universität zu führen oder das Prestige zu verbessern, wird nicht mehr auf Listenplätze ausgewählt werden. Das Verhältnis von Rufannahme und Rufablehnung liegt bei etwa vier zu eins. Bei der Gruppe der bereits mindestens dreimal Berufenen liegt die Quote der Ablehnungen aber bei 55 Prozent. Die ganz überwiegende Mehrheit der Erstberufenen nimmt den Ruf hingegen an. 2006/2007 wurden fast 16 Prozent der Befragten mit wachsender Tendenz in ein befristetes Arbeitsverhältnis berufen. Von dieser Praxis sind vornehmlich die Erstberufenen betroffen. Nur 30 Prozent der Verfahren sind innerhalb eines Jahres abgeschlossen. Von der Bewerbung bis zum Dienstantritt bzw. der Realisierung des Bleibeangebots verstreichen bei mehr als einem Drittel der Fälle über 18 Monate mit der Folge von Vakanzen, da nicht jede vorübergehend freie Professur vertreten wird. Die individuellen Verhandlungen nehmen dagegen meist weniger als drei Monate in Anspruch.

Alternativen zu Strukturprofessuren

Gemeinsam berufene Professoren Gemeinsam berufene Professuren dienen der engen Anbindung von Forschungsorganisationen an die Universitäten. Gemeinsam berufene Professoren haben neben ihrem Amt an der Hochschule auch eine Leitungsfunktion an einer außeruniversitären Einrichtung inne. Ihr Lehrdeputat ist dabei meist deutlich herabgesetzt. Das Gehalt wird in der Regel von der außeruniversitären Einrichtung getragen. In der Fraunhofer-Gesellschaft ist so gut wie jeder Institutsleiter gleichzeitig als Lehrstuhlinhaber an eine Universität berufen. Bevor eine gemeinsam berufene Professur eingerichtet werden kann, schließen die finanzierende Organisation und die berufende Universität eine Rahmenvereinbarung oder vereinbaren in Ergänzung zu einer existierenden die neuen Modalitäten der Finanzierung und der Ausstattung.

Nach dem so genannten Berliner Modell (Erstattungsmodell) wird ein Professor von der Forschungsorganisation finanziert und nach Berufung von der berufenden Hochschule mit einem geringen Lehrdeputat zur Leitung des Instituts oder einer Abteilung der Forschungsorganisation freigestellt. Er kann, muss aber nicht an der Universität forschen, da die Verpflichtung zur Forschung in der Forschungsorganisation erfüllt wird. Er erhält Räume und manchmal auch Personal aus dem Budget der Hochschule, kann, muss aber nicht an der akademischen Selbstverwaltung teilnehmen.

Nach dem Jülicher Modell (Beurlaubungsmodell) wird der Professor von der Universität berufen und gleichzeitig für die Leitungsfunktion in der Forschungseinrichtung freigestellt. Der Beurlaubte übernimmt in der Regel für 2 Semesterwochenstunden Aufgaben in der Lehre der Universität, ist aber – anders als beim nachfolgend beschriebenen Karlsruher oder beim Berliner Modell – kein Teil der akademischen Selbstverwaltung.

Das Karlsruher Modell (Personalunionsmodell) beinhaltet, dass einem Professor auf dem Stellenplan der Universität (Strukturprofessur) durch eine Forschungsorganisation eine Nebentätigkeit als Abteilungs- oder Institutsleiter bezahlt wird. Der Hauptteil der Vergütung wird von der Universität getragen. Der Professor behält alle Rechte und Pflichten der anderen, »nur« an der Hochschule tätigen Professoren.

Neben gemeinsam berufenen Professoren gibt es auch Stiftungsprofessuren und Lehrstühle, die von einer externen Stiftung finanziert werden.

Juniorprofessur Die Einrichtung einer Juniorprofessur ermöglicht es, sich auch ohne Habilitation für eine Lebenszeitprofessur zu qualifizieren. In Österreich und der Schweiz lautet die Bezeichnung Assistenzprofessur. Juniorprofessuren sind auf zunächst drei und – nach positiver Zwischenevaluation – insgesamt sechs Jahre befristet. Im unwahrscheinlichen Fall der negativen Evaluierung kann die Position um ein Jahr verlängert werden, um den Übergang in den außeruniversitären Arbeitsmarkt zu erleichtern.

In Anlehnung an die im Hochschulrahmengesetz eröffnete Möglichkeit eines *Tenure Track* (Berufungsmöglichkeit auf eine Lebenszeitprofessur an derselben Hochschule ohne Ausschreibung) wurde in einigen Bundesländern das Hausberufungsverbot gelockert. Es gibt große Unterschiede: Juniorprofessuren mit Verbeamtung nach W 1 West, 100 000 Euro Anfangsausstattung, zwei Mitarbeiterstellen, Professor-Titel auf Lebenszeit und tatsächlicher Unabhängigkeit und Juniorprofessuren mit Anstellung nach W 1 Ost, ohne Anfangsausstattung, ohne Mitarbeiterstellen, ohne Tenure-Track und ohne Professor-Titel.

Wie die ehemaligen habilitierenden Hochschulassistenten werden Juniorprofessoren zunächst für drei Jahre ernannt. Dies führt zu einer Zwischenevaluation der Juniorprofessoren im Laufe des dritten Jahres. Um auch Mitarbeitern in Fachbereichen, in welchen die Juniorprofessur unpraktikabel ist, die Möglichkeit zur Habilitation zu geben, wurde in einigen Bundesländern die Möglichkeit geschaffen, Akademische Räte in ein Beamtenverhältnis auf Zeit zu berufen. Dies ersetzt die früher übliche Einstellung als Wissenschaftlicher Assistent (Gehaltsstufe C 1).

Vergleichbare Positionen außerhalb der Universität Neben Juniorprofessuren existieren Positionen als Leiter einer wissenschaftlichen Nachwuchsgruppe im Rahmen des Emmy-Noether-Programms der Deutschen Forschungsgemeinschaft, in Form von Helmholtz-Nachwuchsgruppen (Helmholtz-Gemeinschaft) und innerhalb der Max-Planck-Gesellschaft. In der Fraunhofer-Gesellschaft gibt es in jedem Institut Projektleiter- und Abteilungsleitungsstellen aus denen heraus ein weiterer Karriereschritt in der Industrie, in der Wissenschaft und am Institut erreicht werden kann.

Honorarprofessuren, Vertretungsprofessuren und Lehrbeauftragte Die Bezeichnung »Außerplanmäßiger Professor« (apl. Prof.) kann von Hochschulen mit Promotions- und Habilitationsrecht an Personen verliehen werden, die sich habilitiert und die Lehrbefugnis haben und dazu in Forschung und Lehre Leistungen erbracht haben. Die Bezeichnung ist keine Amtsbezeichnung und in der Regel nicht mit einem Beschäftigungsverhältnis an einer Hochschule verknüpft. In einigen Bundesländern ist die Fortführung des Titels »Professor« nach der Verabschiedung und Beendigung der Tätigkeit an eine Erlaubnis durch die zuständige Landesbehörde gebunden.

Honorarprofessoren (*Adjunct Professor*) sind nebenberufliche Hochschullehrer, die mit der Hochschule besonders verbunden sind. Sie halten Lehrveranstaltungen, sind aber weiter in ihrem Beruf tätig. Honorar erhalten Honorarprofessoren für ihre Lehrtätigkeit in der Regel nicht. Ziel der Honorarprofessur ist es, Personen aus der beruflichen Praxis auch für die Lehre zu gewinnen. Im Gegensatz zum Ehrendoktorgrad wird die Bezeichnung »Honorarprofessor« ohne den einschränkenden Zusatz »h. c.« (honoris causa) verwendet, was die Honorarprofessur besonders bei Führungskräften aus der Wirtschaft beliebt macht.

Wenn eine Professur etwa wegen Pensionierung oder Weggang des Inhabers vorübergehend unbesetzt ist, können promovierte, meist bereits habilitierte Wissenschaftler in einer zeitlich befristeten Einstellung semesterweise die Verwaltung einer Professur übernehmen und heißen »Vertretungsprofessoren«. Sie können entweder Erfahrungen sammeln, die in der späteren Bewerbungsphase auf andere Professuren nützlich sein können (Vertretung sine spe). Oder sie vertreten mit der Chance, die Professur danach als regulärer Professor übertragen zu bekommen (Vertretung cum spe).

Lehrbeauftragte Der ursprüngliche Zweck von Lehrbeauftragten war es, Dozentinnen und Dozenten aus der beruflichen Praxis zu gewinnen, um das Lehrangebot der hauptberuflich Lehrenden der Hochschulen sinnvoll zu ergänzen. Lehrbeauftragte erhielten die Chance, sich zu profilieren. Zwischenzeitlich ist es üblich geworden, dass Hochschulinstitute einen Stamm an bewährten Lehrbeauftragten unterhalten.

Professoren in angloamerikanischen Ländern Die Position des *Lecturers* oder des *Assistant Professors* ist traditionell der Einstiegstitel in das angloamerikanische System nach der erfolgreichen Promotion. Die Einstellung auf Lebenszeit (in den USA und in Kanada: *promotion to tenure*) erfolgt oft gleichzeitig mit der Beförderung zum *Associate Professor*. Doktoranden oder *Ph.D. Candidates* sind oft als *Teaching Assistant* (in Großbritannien *Tutor*) oder *Research Assistant* beschäftigt. Dies hängt von der Universität, der individuellen Finanzierung (Höhe der Stipendien) und den Forschungsprojekten des Doktorvaters oder der Doktormutter ab. Das US-amerikanische System sieht in der Regel drei Stufen von Professuren vor:

Assistant Professor (entspricht der deutschen Assistentenstelle oder Juniorprofessur): Voraussetzung ist eine qualifizierte Promotion;

Associate Professor (entspricht der deutschen außerordentlichen Professur): Voraussetzung ist eine Qualifikation als Assistant Professor;

Full Professor (entspricht der deutschen ordentlichen Professur): Voraussetzung ist eine Qualifikation als Associate Professor oder eine außerordentliche wissenschaftliche Leistung.

Selbstverständlich gibt es daneben auch in den USA Ehrenprofessuren und Professoren, die ausschließlich in der Forschung tätig sind (z. B. in firmeneigenen Forschungsinstituten).

Besoldung von Professuren

Nach einer Studie des DHV, einer Interessenvertretung von Professoren, beträgt die Besoldung eines deutschen Professors im Jahr 2007 als Jahresgrundgehalt ohne Leistungsbezüge in der Besoldungsgruppe W 2 insgesamt 46 680 Euro pro Jahr, in der Besoldungsgruppe W 3 insgesamt 56 683 Euro pro Jahr. Der Besoldungsdurchschnitt mit Einbezug der Leistungsbezüge liegt an deutschen Hochschulen und Universitäten bei ca. 71 500 Euro.

Die durchschnittliche Vergütung eines Professors an einer US-amerikanischen, öffentlichen Hochschule beträgt etwa 98 000 USD und an privaten Hochschulen 127 000 USD. In der Schweiz ist die Besoldung der Professoren kantonal und separat für die eidgenössischen Hochschulen und Universitäten geregelt. Die Professorentätigkeit an der Universität Zürich und an der ETH Zürich wird zwischen 158 953 CHF und 247 280 CHF vergütet. In Österreich ist zwischen Professoren mit Beamtenstatus und Professoren ohne Beamtenstatus zu unterscheiden. Universitätsprofessoren im Beamtenstatus haben abhängig von ihrer Dienstzeit und ohne diverse Zulagen ein gesetzlich vorgeschriebenes Bruttojahresgehalt zwischen 44 669 Euro und 83 370 Euro bzw. mit Dienstalterzulage 92 253 Euro, während Universitätsprofessoren ohne Beamtenstatus mit ihrer Universität ein Bruttojahresgehalt zwischen 42 604 Euro und 127 813 Euro frei verhandeln können. Die Jahresgehälter außerordentlicher Universitätsprofessoren liegen zwischen 39 702 Euro und 74 677 Euro brutto, jene von Assistenzprofessoren zwischen 28 980 Euro und 60 698 Euro (Alle Werte von 2007).

Allerdings ist ein direkter Vergleich schwierig, da in anderen Ländern andere Pensionsregelungen bestehen, andere Lebenshaltungskosten anfallen und andere Steuersätze gelten.

11.2 Professoren an Fachhochschulen

Die Amtsbezeichnung an Fachhochschulen, Kunst- und Musikhochschulen und an Pädagogischen Hochschulen lautet im Gegensatz zur Universitätsprofessur »Professor«. Seit Einführung der Besoldungsordnung W werden sie in die Besoldungsgruppen W 2 und W 3 eingestuft. Professoren sind Beamte oder Angestellte. Für die Berufung an Fachhochschulen werden die Promotion und in der

Regel eine mindestens fünfjährige Berufspraxis (davon drei Jahre außerhalb der Hochschule) sowie besondere Leistungen bei der Anwendung oder Entwicklung wissenschaftlicher Erkenntnisse und Methoden erwartet.

11.3 Literaturempfehlungen

Bär, S., *Forschen auf Deutsch: Der Machiavelli für Forscher und solche, die es noch werden wollen*. 2002: Harri Deutsch.

Janson, K., H. Schomburg und U. Teichler, *Wissenschaftliche Wege zur Professur oder ins Abseits. Strukturinformationen zu Arbeitsmarkt und Beschäftigung an Hochschulen in Deutschland und den USA*. 2007: Waxmann Verlag.

Hermann, D. (ed.), *Handbuch der Forschungsstipendien und Förderpreise*. 2008: Alpha Informations GmbH

Erfolgstipp 7 Wissenschaftspreise

Neben den wissenschaftlichen Veröffentlichungen gelten Wissenschaftspreise als die wesentlichen Indikatoren für die Qualifikation eines Forschers. In den USA und England und zunehmend auch in Deutschland ist die Anerkennung durch *awards, scholarships* und *fellowships* ein wesentlicher Prüfstein für das wissenschaftliche Ansehen und die Karriere. Der Stellenwert der Preise im Wettbewerb der Forscher wird dennoch häufig unterschätzt.

In den vergangenen zehn Jahren ist die Zahl der Wissenschaftspreise und Forschungsstipendien um über 50 Prozent gestiegen. Besonders hohe Zuwachsraten verzeichneten Preisen und Stipendien für den wissenschaftlichen Nachwuchs sowie Innovations- und Erfinderpreise. Derzeit gibt es in Deutschland oder für deutsche Wissenschaftler etwa 2 400 Wissenschaftspreise und Forschungsstipendien, die jährlich oder in einem festen Turnus von über 600 Geldgebern und Sponsoren an Wissenschaftler verliehen werden. Die Spanne reicht von Preisen für Diplomarbeiten bis zum Nobelpreis. Wenn es ein Preisgeld gibt, ist es üblicherweise nicht als persönliche Vergütung, sondern zweckgebunden zur Förderung der Forschung gedacht.

Die gleichzeitige Bewerbung eines Aspiranten um mehrere verschiedene Preise ist nicht selten. Eine individuelle Beschäftigung mit der Ausrichtung des jeweiligen Preises ist unerlässlich. Die formalen Voraussetzungen für Preise, z. B. Antragstermine, Teilnahmevoraussetzungen oder die Altergrenze sind unbedingt zu beachten, da nach Antragsschluss nur in den allerseltensten Fällen noch Ausnahmen gemacht werden. Die Vorschlagsberechtigung muss eingehalten werden, angesehene Preise erlauben selten die Eigenbewerbung.

Aber auch wenn z. B. nur Rektoren oder Präsidenten einen Vorschlag melden dürfen, geht die Initiative selten von diesen selbst aus. Die meisten wünschen sich Initiative aus der eigenen Institution, da einerseits mit dem Preis nicht nur die einzelnen Forscher, sondern indirekt auch die Einrichtung, von der der Preisträger kommt, geehrt wird, aber die Leitung andererseits nur selten selbst einschätzen kann, wer für eine Preisnominierung infrage kommt. Deshalb ist sie auf Vorschläge angewiesen, wobei zu beachten ist, sich nicht selbst für eine Nominierung vorzuschlagen, sondern Kollegen darum zu bitten und den Dienstweg über den Fachbereich oder die Institutsleitung einzuhalten.

Der Kandidat sollte eine Person bitten, den Vorschlag einzureichen, von der er weiß, dass sie beurteilen kann, auf welchem Niveau man forscht. Nur die Leitung einer Organisation oder Hochschule kann und sollte auch dann vorschlagen, wenn sie selbst nicht »vom Fach« ist. Außer bei lokal oder regional begrenzten

Ausschreibungen sollte der Vorschlag idealerweise aus einem möglichst weit entfernten Ort, eventuell sogar aus dem Ausland kommen und nicht von Personen, die seit Jahren gemeinsam mit dem Kandidaten in Projekten geforscht haben.

Man sollte sich als Bewerber nicht zuletzt auch wegen des Arbeitsaufwandes nur dort bewerben, wo eine realistische Chance besteht. Die Liste der bisherigen Preisträger zeigt, ob man selbst mit seinen wissenschaftlichen Arbeiten auf dem Niveau der Ausgezeichneten liegt. Sollte die eigene Bewerbung für eine Auszeichnung nicht erfolgreich gewesen sein, kann sich dennoch eine erneute Bewerbung lohnen, auch weil man damit sein Interesse an der Auszeichnung und an der fördernden Institution zeigt.

Der Eigenbewerbung oder dem Vorschlag durch einen Dritten sind in der Regel eine Antragsbegründung, ein Lebenslauf, die auszuzeichnende Arbeit, einschlägige Veröffentlichungen und Gutachten beizulegen. Gutachten werden vor allem bei Nachwuchswissenschaftlern verlangt, bei Dissertationen meist die Promotionsgutachten. Bei hochrangigen Preisen, bei denen der Lebenslauf der Kandidaten aus sich heraus überzeugen sollte, werden meist keine Gutachten gefordert.

Bei vielen Preisen besteht das Auswahlkomitee nicht nur aus anerkannten Wissenschaftlern, sondern auch aus wissenschaftlichen Laien oder Personen des öffentlichen Lebens. Auch wenn die Auswahl der Preisträger meist auf Vorschlag von oder nach Rücksprache mit Wissenschaftlern erfolgt, muss der Antrag in Aufbau, Erscheinungsbild und allgemein verständlicher Zusammenfassung auch die nicht-wissenschaftlichen Juroren überzeugen können.

Die Kriterien und Auswahlverfahren unterscheiden sich erheblich von Preis zu Preis, von Sponsor zu Sponsor, von Fachgebiet zu Fachgebiet. Beim Nobelpreis sind Nominierung und Auswahlverfahren besonders lang und streng. Dies ist eine der Hauptursachen dafür, dass die Bedeutung des Nobelpreises im Verlauf der Jahre immer noch gewachsen ist. Das Nobelkomitee sendet Formblätter als persönliche und exklusive Einladung an ungefähr 3000 ausgewählte Personen oder Organisationen, um sie aufzufordern, Nominierungen einzureichen. Die Namen der Nominierten werden nicht öffentlich bekannt gegeben und auch die Nominierten selbst erfahren nichts davon. Nach Ende der Frist werden die Nominierungen durch das Komitee gesichtet und eine Liste von ungefähr zweihundert vorläufigen Kandidaten erstellt. Diese Liste wird an ausgewählte Experten im betreffenden Feld weitergeleitet, deren Empfehlungen dann an das jeweils vorgesehene Auswahlkomitee weitergeleitet werden, z. B. beim Medizinnobelpreis an eine Versammlung von fünfzig Mitgliedern. Diese Mitglieder stimmen dann in einem Wahlverfahren über den Preisträger ab. Für die Vergabe des Nobelpreises in Physik oder Chemie ist Voraussetzung, dass die Wichtigkeit der Leistungen sich über die Jahre bestätigt hat. In der Praxis bedeutet dies, dass der Abstand zwischen der Entdeckung und der Auszeichnung typischerweise etwa 20 Jahre beträgt.

Checkliste 5 Erfolg in der Wissenschaft

- ❑ Ich weiß, was für ein Mensch ich bin, wo meine Fähigkeiten liegen, welche Art von Tätigkeit ich anstrebe. (Erkenne Dich selbst.) Ich kenne alle Möglichkeiten, die mir aufgrund meiner Ausbildung und Fähigkeiten offenstehen.
- ❑ Ich weiß, welche Regeln eingehalten, welche Regeln umgangen und welche Regeln ignoriert werden sollten.

  Ein Beispiel für eine Regel, die unbedingte Geltung besitzt: Forschung besteht aus Untersuchungen und Publikationen. Beispiele für Regeln, die zwar gelten, bei denen es aber in seltenen Fällen dennoch gut ist, sie zu ignorieren, sind, dass man bei Förderanträgen wenigstens vorläufige Daten haben sollte oder, dass die Forschung immer durch Hypothesen ausgelöst werden sollte. Eine Regel, die zwar gut wäre, deren Einhaltung dem einzelnen Forscher dennoch nicht in der Karriere hilft, ist beispielsweise, dass gute Lehre auch zu einer erfolgreichen Karriere an der Universität verhelfen sollte.
- ❑ Ich bin vernetzt.

  Ob man sich in der Industrie, in einer Forschungsorganisation oder an der Universität befindet, erfolgreiche Forscher sind Teil eines beruflichen Netzwerks, weil *Networking* eine Fähigkeit ist, die man im gesamten Berufsleben braucht. Sie suchen sich Mentoren und Kooperationspartner, verbinden sich mit Kollegen und Communities und suchen beständig nach Feedback, um wachsen zu können.
- ❑ Ich habe einen Plan.

  Wer sehr beschäftigt ist, verliert leicht aus den Augen, wohin es eigentlich gehen soll. Erfolgreiche Forscher planen in die Zukunft und planen von dort zurück in die Gegenwart. Wer weiß, wo er in drei Jahren sein will, kann von dort nach hinten planen und die Meilensteine festlegen, die ihn dorthin bringen.
- ❑ Ich weiß, wie ich mir Themen stelle.

  Erfolgreiche Forscher wählen die Gebiete ihrer Forschung nach dem Maß des Interesses im Feld und danach, welche Art der Forschung man finanziert bekommen kann. Erfolgreiche Stellenbewerber wählen sorgfältig aus, welche Chancen sie verfolgen wollen, statt das zu nehmen, was ihnen in den Schoß fällt.
- ❑ Ich konzentriere mich.

Aus fast jeder Untersuchung über erfolgreiche Menschen ergibt sich, dass Fokussierung essenziell ist. In der Wissenschaft ist Besessenheit kein Schimpfwort. Man erwartet von den besten Wissenschaftlern, dass sie von ihrer Arbeit »besessen« sind. Das drückt sich oft auch in der Zahl der Stunden aus, die sie im Labor verbringen.

- ❑ Ich finde die Balance.

Unabhängigkeit und Teamwork sind Beispiele für Dinge, bei denen man die richtige Gewichtung finden muss. Ebenso muss man die richtige Balance zwischen der Arbeit im Labor, der Pflege der körperlichen Fitness und dem Privatleben finden.

- ❑ Ich gebe mein Bestes.

Sein Bestes zu geben, heißt nicht, stets auf Perfektion zu bauen. Sein Bestes zu geben, heißt, jeden Tag ein adäquates Maß zu schaffen.

- ❑ Ich übernehme Verantwortung.

Erfolgreiche Forscher zögern nicht, Verantwortung für Dinge zu übernehmen, die andere ablehnen würden.

- ❑ Ich nehme Anteil.

Auch wenn das Image des Wissenschaftlers noch manchmal von einer gewissen Gefühlskälte oder Ichbezogenheit geprägt ist, ist die Realität doch ganz anders. Die meisten erfolgreichen Forscher pflegen mit beachtlichem Einfühlungsvermögen Beziehungen, behandeln ihre Kollegen, Mitarbeiter, Studenten und Praktikanten mit Respekt und sind Außenstehenden gegenüber hilfreich. Dabei gilt es auch hier, die Balance zu wahren und nicht zu vergessen, auch für die eigenen Bedürfnisse und Interessen einzustehen.

12 Stellen im Patentwesen

12.1 Patentprüfer am Deutschen Patentamt

Besondere und forschungsnahe Stellen im öffentlichen Bereich finden sich auch im Patentwesen. Bevor Albert Einstein Professor wurde, war auch er sieben Jahre Patentprüfer. Prüfer überprüfen eingereichte Patente und Gebrauchsmuster auf ihre Patentierbarkeit. Sie lernen also Erfindungen und Ideen kennen, bevor diese veröffentlicht werden. Sie haben großen Einfluss darauf, diese Ideen im Prüfverfahren zu formen und mit zu gestalten. Patentämter suchen vereinzelt Generalisten, aber in der Regel hoch spezialisierte Wissenschaftler, die ein Talent haben, zu schreiben und zu formulieren. Juristisches Wissen erwerben die Prüfer am Amt in einer eigenen zweijährigen Ausbildung, die speziell auf Wissenschaftler und Ingenieure zugeschnitten ist.

12.2 Technische Richter

Die technischen Richter des Bundespatentgerichts werden aus dem Kreis der Patentprüferinnen und -prüfer des Deutschen Patent- und Markenamts ausgewählt. Sie verfügen über ein abgeschlossenes Hochschulstudium und eine mindestens fünfjährige Berufspraxis im Bereich der Naturwissenschaften oder Technik. Außerdem haben sie im Rahmen der Ausbildung zum Patentprüfer eine Schulung im Patentrecht und den Besonderheiten des Erteilungsverfahrens erhalten. Nach den Bestimmungen des Patentgesetzes können sie als Richter an das Bundespatentgericht berufen werden, wenn sie »in einem Zweig der Technik sachverständig« sind. Sie üben das Richteramt zunächst für die Dauer eines Jahres als Richter kraft Auftrags aus, werden von einem erfahrenen technischen Mitglied ihres Senats ausgebildet und nehmen an internen Fortbildungsveranstaltungen teil. Nach erfolgreichem Abschluss des Erprobungsjahres werden sie zu Richtern am Bundespatentgericht ernannt. Die technischen Richter des Bundespatentgerichts haben den gleichen Status wie die auf Lebenszeit ernannten Berufsrichter (Juristen) und stellen somit im deutschen Gerichtsaufbau eine Ausnahme dar.

12.3 Patentprüfer am Europäischen Patentamt

Auch ein europäischer Patentprüfer benötigt für seine Tätigkeit wissenschaftliches Fachwissen, Sprachkenntnisse und Interesse an juristischen Fragen.

Bewerber für eine Aufgabe als Prüfer müssen die Staatsangehörigkeit eines der 31 Mitgliedstaaten der Europäischen Patentorganisation besitzen, ein abgeschlossenes Hochschulstudium der Ingenieur- oder Naturwissenschaften absolviert haben, über sehr gute Kenntnisse in zwei der drei Amtssprachen (Deutsch, Englisch, Französisch) verfügen sowie die Bereitschaft mitbringen, die dritte zu lernen.

Das Europäische Patentamt führt ein zweijähriges Ausbildungsprogramm für neu eingestellte Prüfer an deren Dienstort (München, Den Haag oder Berlin) durch, bei dem sich Lehrveranstaltungen in der Gruppe und Einzelunterricht abwechseln. Die Ausbildung vermittelt juristische und praktische Fachkenntnisse; sie umfasst unter anderem Übungen zu spezifischen IT-Tools, Datenbanken, Recherchemethoden und Verfahren. Die Prüfer lernen, die Patentierbarkeitskriterien – Neuheit, erfinderische Tätigkeit und gewerbliche Anwendbarkeit – anzuwenden. Sie arbeiten ab ihrem ersten Arbeitstag mit echten Patentanmeldungen, werden aber von ihrem Betreuer eng begleitet.

Patentprüfer am Europäischen Patentamt werden in der Regel verbeamtet. Die Besoldung umfasst ein Grundgehalt, das durch diverse Zulagen und Beihilfen ergänzt wird. Dienstbezüge und zusätzliche Leistungen unterliegen einer relativ günstigen amtsinternen Steuer und sind von der staatlichen Einkommenssteuer befreit.

12.4 Patentanwälte

Ein Patentanwalt wird nach einem erfolgreichen Abschluss eines technischen oder naturwissenschaftlichen Studiums an einer Universität, meist auch nach einigen Jahren Forschungserfahrung, im Bereich des gewerblichen Rechtsschutzes ausgebildet: 26 Monate bei einem Patentanwalt, zwei Monate beim Deutschen Patent- und Markenamt sowie sechs Monate beim Bundespatentgericht in München. Der Patentanwalt muss sowohl mit dem Mandanten als auch mit dem Prüfer beim Patentamt auf wissenschaftlicher Ebene kommunizieren können. Patentanwälte pflegen meist zu den Mandanten in Forschung und Entwicklung langfristige Beziehungen. Zu Beginn eines neuen Falls wird die Erfindung ausführlich besprochen. Danach arbeitet der Patentanwalt eine Patentanmeldung aus, die beschreibt, was der Mandant geschützt haben will und reicht diese beim

Patentamt ein. Während des Prüfungsverfahrens auf Neuheit und Erfindungshöhe muss der Patentanwalt auf einem hohen wissenschaftlichen Niveau mit dem Prüfer kommunizieren können, der im Unterschied zu den Patentanwälten nur für ein Fachgebiet zuständig und entsprechend spezialisiert ist. Selten wird eine Patentanmeldung auf Anhieb akzeptiert, vielmehr argumentieren Prüfer und Anwalt in einem langen Schriftwechsel über die Erfindung. Streitigkeiten mit dem Patentamt werden vor dem Bundespatentgericht ausgetragen.

Meist gibt es statt oder neben dem nationalen weitere Verfahren beim Europäischen Patentamt oder bei einem US-Patentamt, deren Koordination auch vom Patentanwalt geleistet wird. Arbeiten in englischer Sprache gehört deshalb für deutschsprachige Patentanwälte zum Alltagsgeschäft.

13 Der Start als Manager in der Industrie

13.1 Überblick

Im Allgemeinen ist es die Aufgabe der Forschung, Wissen zu schaffen und Wahrheiten zu erarbeiten.

Die Aufgaben von Forschung und Entwicklung in der Industrie sind spezieller: Es geht darum, Produkte, Verfahren, Systeme und Dienstleistungen zu finden, die dem Unternehmen wirtschaftliche Chancen eröffnen. Alles in allem erzeugt Industrieforschung Optionen für ein Unternehmen, das Geschäft auszuweiten, in Produktion und Beschaffung Kosten zu senken oder die Qualität zu steigern. Der Kernbereich der Innovation – das »F« in F&E – liegt im Finden neuer Produkte. Diese tragen dazu bei, die Produktpalette der eigenen Firma von der des Wettbewerbs abzuheben und schaffen einen Wettbewerbsvorteil im Markt. Damit diese Arbeit effektiv getan werden kann, benötigt die industrielle Forschung und Entwicklung klare Zielsetzungen: Manager in der Forschung verfügen über ein ausgezeichnetes Verständnis des spezifischen Marktes, in dem die Firma tätig ist; sie kennen die bestimmenden Einflussgrößen und pflegen einen engen Kontakt zu den Kollegen im Marketing, wenn sie Forschungs- und Entwicklungsziele auswählen und anpassen. Industrieforscher bewegen sich in einem komplexen Geflecht von Beziehungen und Erwartungen der Kunden, der anderen Abteilungen im Unternehmen, der Vorgesetzten und der Eigentümer.

Ein Forschungsmanager muss sich nicht nur in dieser Matrix zurechtfinden, er muss auch erfolgreich in sehr kurzen Zeiträumen zu Ergebnissen kommen sowie auf sich sehr schnell ändernde Umstände reagieren können.

Manche Industrieforscher sind auch in der so genannten Applikation tätig. Hier gilt es, die Produkte der eigenen Firma durch technische Unterstützung der Kunden aufzuwerten. Diese Aufgabe verlangt Einfühlungsvermögen, eine flinke Auffassungsgabe und die Fähigkeit, effektive und schnelle Lösungen für Probleme zu finden. In vielen kleinen Firmen ist diese Art der Forschung aus Kosten- und Zeitgründen die einzige, die im Haus ausgeführt wird.

Industrieforscher müssen sich in der Regel mit Analytik oder anderer Messung der Produktqualität, elektronischer Datenverarbeitung, Patentwesen, Normierung und – nicht nur im Pharma- und Medizintechniksektor – mit staatlichen Regulierungen und Umweltschutzauflagen auskennen.

» *Menschen, mit denen Du Wissen austauschst, sind nicht unbedingt auch die, mit deren Prinzipien Du übereinstimmst. Menschen, mit deren Prinzipien Du übereinstimmst, sind nicht unbedingt auch die, mit denen Du gemeinsame Ziele aufstellst. Menschen, mit denen Du gemeinsame Ziele aufstellst, sind nicht unbedingt auch die, denen Du all Deine Gedanken mitteilst.* «

Konfuzius

Viele Aufgaben, die traditionell in den Forschungsabteilungen der Firmen angesiedelt waren, z. B. Analytik, viele Einzelschritte der Pharmaforschung oder explorative Forschungsprojekte in neuen Gebieten werden heute bevorzugt an externe Dienstleiter vergeben (*Outsourcing*), wenn mit der Durchführung im eigenen Haus kein Wettbewerbsvorteil verbunden ist.

Wie Forschung und Entwicklung organisiert sind, hängt sehr von der Größe und Branche des Unternehmens ab. Die Organisationsformen unterliegen einem stetigen Wandel und werden abgesehen von gelegentlichen Rückschlägen ständig effektiver und effizienter. Es gibt eine Dynamik hin zu eigenverantwortlichen Teams und mehr *Empowerment* der Einzelnen in der Organisation einerseits und immer besserer Überwachung und Kontrolle des Innovationsfortschrittes, bei dem Forschung und Entwicklung sehr eng an das Marketing und die *Corporate Strategy* angebunden sind, andererseits. Beispielsweise lässt die Firma 3M den Mitarbeitern 20 Prozent der täglichen Arbeitszeit, um eigene Projekte verfolgen zu können, und organisiert gleichzeitig die Hauptprozesse der Forschung und Entwicklung (die übrigen 80 Prozent) im Sinne eines immer effektiveren und schnelleren Innovationsfortschrittes. Das Acceleration Management in vielen Firmen gewinnt parallel zur Open Innovation an Bedeutung. Der Austausch mit externen Forschern in anderen Unternehmen und Forschungsorganisationen im Sinne von Open Innovation schafft Anregungen und Inspiration, verschafft Information über den rapide wachsenden Stand der Technik und die sich entwickelnden Märkte.

Die Kenntnis dieser Entwicklungen ist unverzichtbar, obwohl Anfänger als Forschungsmanager meist in der spezifischen Aufgabe des Labor- oder Arbeitsgruppenmanagements tätig werden.

Arbeitsgruppen und Labors gibt es in vielfältigen Aufgaben und Größen, deren Leitung jedoch eine gemeinsame Basis an Managementfähigkeiten erfordert.

Durch die Einführung einer schlankeren Organisation haben sich die Karrieremöglichkeiten für Forscher und ihre Mitarbeiter zwar verringert, gleichzeitig aber wurden durch neue Entwicklungsmöglichkeiten außerhalb der klassischen Forschung, z. B. im Produktmanagement oder im Business Development (inklusive der Vorbereitung und Begleitung von Firmenaufkäufen und Fusionen) erweitert.

13.2 Der Wechsel vom Institut in die Industrie

Der Wechsel aus dem Institut in eine Firma lässt sich durchaus vergleichen mit einem Umzug von einem Kontinent zu einem anderen. Im Institut noch Gebieter über das eigene Arbeitsumfeld oder zumindest den eigenen Laborplatz, war der Hauptantrieb die Leidenschaft und das Forscherinteresse. Man war zwar formal einem wissenschaftlichen Betreuer unterstellt, aber vermutlich die meiste Zeit auf sich selbst gestellt, wenn man Fortschritte in der eigenen Arbeit machen wollte. Belohnung war der Master, das Diplom oder der Doktortitel.

In der Wirtschaft trifft man auf ganz andere Erwartungen. In einem Forschungsinstitut kommt man als Alleingänger im Labor oft auch gut zurecht, Firmen pflegen jedoch eine Betriebskultur, in der Identifikation mit der Firma und dem Team und Mannschaftsgeist erwartet werden. Manche Firmen legen besonderen Wert auf klare Hierarchien und eine strikte »Befehlskette«, in der man an einen Vorgesetzten berichtet, dessen eigene Leistung wiederum danach beurteilt wird, wie seine Mitarbeiter arbeiten. Wichtige Entscheidungen werden von Vorgesetzten getroffen und man selbst führt »nur« aus. Es kann sogar passieren, dass man ein Projekt mit Engagement bearbeitet und es unabgeschlossen beenden muss, weil die Leitung es nicht mehr wichtig findet.

Mit Promotion steht man in der Laborhierarchie weit oben, in der Firma ist man nun der Neuling. In dieser Situation ist es am besten, zuzuhören und von den Kollegen zu lernen, seine Fähigkeiten als Teamplayer zu entwickeln und vorsichtig und diplomatisch beim Vorschlag neuer Ideen aufzutreten. In Firmen zählen letzten Endes Mitarbeiterzufriedenheit oder Innovation weniger als der Gewinn.

Wer nach mehr Verantwortung und höheren Aufgaben strebt, kann seine Flexibilität unter Beweis stellen, indem er sich freiwillig für Projekte meldet, die andere nicht übernehmen wollen. So erlangt man einen guten Überblick über die Möglichkeiten seiner neuen Position und entwickelt Stärken, von denen weder man selbst noch die Vorgesetzten etwas ahnten.

Firmen bieten häufig Programme zur persönlichen und beruflichen Weiterentwicklung und Weiterbildung ihrer Mitarbeiter. Man sollte sich nicht scheuen, diese Programme in enger Abstimmung mit seinem Vorgesetzten aktiv für sich zu nutzen.

Kurse und Weiterbildung in Gebieten, in denen man Schwächen hat oder Potenziale sieht, können eine neue Sprache, neue Computerfähigkeiten, Grundkenntnisse des Controlling, Mitarbeiterführung oder bessere Wege des Zeitmanagements und viele weitere Themen betreffen. In kürzester Zeit kann man das, was man im Institut gelernt hat, auf seinem Weg in der Wirtschaft weiterentwickeln. Was immer am Ende der Entwicklung steht, Planung und Kommunikation werden dafür wesentliche Erfolgsfaktoren sein.

Eine große und lohnende Herausforderung im privaten Sektor liegt in der Improvisation, dem Finden prompter Lösungen für Probleme. Wissenschaftler neigen dazu, sich Probleme zu suchen und sie dann anzupacken, während in der Industrie der Anreiz für Forschung üblicherweise von einem praktischen Bedarf her kommt. In der Industrie hält man sich an die Theorien, die funktionieren, und achtet nicht so sehr darauf, ob sie schön, elegant oder akademisch genug sind. Das bedeutet nicht, dass Industrieforscher die Wissenschaft aufgegeben hätten. Die meisten Industrieforscher profitieren von ihrer wissenschaftlichen Ausbildung jeden Tag, wenngleich sie die meiste Zeit eher als Generalisten gefordert sind. Oft lernt man in der Industrie mehr über sein wissenschaftliches Feld als in der so genannten reinen Forschung. Das wissenschaftliche Wissen wird breiter durch die Zusammenarbeit mit anderen Experten, sei es in Universitäten und Forschungsorganisationen, sei es in der Industrie. Man liest weniger wissenschaftliche Fachartikel, aber reist und trifft die Leute, die diese Artikel schreiben, um von ihnen die wirklichen Zusammenhänge und Highlights ihrer Forschung zu erfahren.

Einer der größten Unterschiede gegenüber der Arbeit an einem Institut betrifft den Umgang mit den Problemen anderer. An der Universität werden Probleme oft in Einsamkeit gelöst, in der Bibliothek oder vielleicht mit einem einzigen Betreuer. In einer Firma verbringt man oft mehr Zeit am Telefon und mit E-Mails sowie in Meetings. Häufig ist die Forschertätigkeit in der Industrie mit Geschäftsreisen verbunden. Man fliegt in eine andere Stadt, spricht mit Kunden, Lieferanten oder Forschungspartnern und kommt nicht selten am gleichen Abend wieder zurück.

Trotz dieser Herausforderungen und Anstrengungen ist die Arbeit in der industriellen Forschung für viele sehr motivierend, weil sie einen wissenschaftlich fordert, man jederzeit auf dem Stand der Technik und im ständigen Austausch mit anderen Menschen bleibt.

13.3 Führungsverantwortung

Frischgebackene Führungskräfte und Menschen, die nie eine Führungsposition erreicht haben (darunter auch so mancher Coach), assoziieren mit einem Chefposten vor allem Autorität. Sie erwarten, dass einem die Chefposition zuallererst die Freiheit und Autonomie bringt, das zu bewirken, was für das Unternehmen am besten ist. Wem Verantwortung übertragen wird, erlebt zunächst das Gegenteil: Führungskräfte sind nicht freier, sondern eingezwängter, vor allem, wenn sie zuvor als brilliante und kreative Forscher besonders große Freiräume genossen haben. Nun sind sie in ein Beziehungsgeflecht eingebunden. Es kann demütigend sein zu erleben, dass jemand, der für einen arbeitet, durch Boykott und Obstruktion dafür sorgen kann, dass die eigene Karriere Schaden nimmt. Mindestens ebenso viel Einfluss haben auch Kollegen, Vorgesetzte, Kunden und andere Personen innerhalb und außerhalb des Unternehmens. Wer ganz an der Spitze steht, hat es mit Eigentümern, Aktionären und Venture-Capital-Investoren zu tun. Diese »Externen« stellen unbedingte und oft gegensätzliche Anforderungen an die Führungskraft. Es kommt also darauf an, Beziehungen zu den entscheidenden Personen aufzubauen, ohne die die Ressourcen fehlen, die das Team zum Arbeiten braucht. Wer sich auf die Erfüllung der inhaltlichen Aufgaben konzentriert, ist in großer Gefahr zu scheitern. Wer sein Hauptaugenmerk darauf verwendet, die eigenen Mitarbeiter anzuleiten und zu führen, ist schon einen Schritt weiter. Am wichtigsten ist jedoch in den heutigen Firmenkulturen, die externen Ressourcen, die Versorgung des eigenen Teams mit finanzieller Ausstattung, Wissen, Personal und der Aufmerksamkeit der obersten Leitung zu managen.

Wer ohne Personalverantwortung ist, assoziiert weiterhin mit dem Chefposten in der Regel Prestige, Ansehen und Anerkennung. Das Ansehen des Vorgesetzten ist aber oft außerhalb der Organisation spürbarer als im Alltag der Firma: Insbesondere die besten Mitarbeiter erfüllen nicht einfach nur Anweisungen und Befehle, weil ein Vorgesetzter dies verlangt. Forscher tun dies besonders selten. Viele Manager sind überrascht, wie schwer es ist, sich Respekt und Autorität bei den Mitarbeitern und Kollegen zu erarbeiten. Dabei ist wissenschaftlich-technisches Können wichtig, um Kompetenz zu demonstrieren. Mindestens ebenso wichtig ist die Fähigkeit, den Mitarbeitern zuzuhören, ihnen Vertrauen entgegenzubringen, Interesse an ihnen zu zeigen. Je mehr Manager in der Lage sind, Macht und Einfluss mit ihrem Team zu teilen, umso erfolgreicher sind sie in der Regel.

Durch bewusste Gestaltung der Teamkultur, durch das Prägen von Normen und Werten einer Gruppe kann eine Führungskraft die kollektive Kraft der Gruppe und damit das Engagement und die Leistung jedes Einzelnen oft besser steigern als durch individuelles Führen einzelner Mitarbeiter.

Mitarbeiter ohne Führungsverantwortung erwarten von ihren Vorgesetzten häufig, dass Abläufe im Team und im Unternehmen reibungslos funktionieren. Es ist aber unglaublich schwer, die verschiedenen Handlungsstränge und Abläufe alle gleichzeitig im Auge zu behalten und auf sie einzuwirken. Während diese Abläufe oder Prozesse also viel besser funktionieren, wenn Einzelne innerhalb des Teams sich darum kümmern, kann niemand außer dem Chef Veränderungen initiieren, den Kontext, in dem das Team agiert, an veränderte Rahmenbedingungen anpassen.

Es ist ein weit verbreiteter Irrtum zu glauben, dass das bestmögliche Erfüllen der Wünsche von Chefs, Aktionären und Kunden die eigene Karriere und das Ergebnis der eigenen Arbeit am meisten voranbringen. Wer genau nach Erwartungen und Zielen der anderen fragt, wer unbewusst Anpassungsbereitschaft und ein offenes Ohr für Anweisungen aller Art signalisiert, lädt andere ein, allzu anspruchsvolle, unrealistische oder gar widersprüchliche Ziele zu definieren. Eine Topposition erwirbt man weder mit Dominanzstreben noch mit Anpassungsbereitschaft, sondern mit Kompetenz und vor allem mit einer Leidenschaft und einem Engagement, die geeignet sind, andere anzustecken. Themen, innere Bedürfnisse, Anliegen, die eine Passion wecken können, sind vielfältig: ein besonderer Arbeitszuschnitt, nach dem man strebt, eine Botschaft, die man der Welt mitteilen möchte, ein soziales Anliegen, das man beachtet wissen will. Wichtig ist, dass die Sache, für die man brennt, einen wirklich aus tiefster Seele motiviert. Oft sind innere Anliegen verschüttet, unbewusst und man hat keinen Zugang zu ihnen.

» *Viel zuviel Wert auf die Meinung anderer zu legen,*
ist ein allgemein herrschender Irrwahn. «

Schopenhauer

Nur wenn das innere Anliegen in einer Weise gegeben ist, die einem Sicherheit gibt, entsteht echte Souveränität im Management. Die Umwelt beobachtet sehr genau, ob es einer Führungskraft gelingt, ihre eigene Agenda zu schaffen.

13.4 Networking

Neben innerem Anliegen und Kompetenz ist für das Fortkommen die Zugehörigkeit zu Netzwerken von großer Bedeutung. Je höher man in der Hierarchie kommt, wo alle Manager untereinander mehr oder weniger bekannt sind und über viele mehr oder weniger oberflächliche Kontakte verfügen, desto wichtiger wird ein Kreis wohlgesinnter Freunde aus vielfältigen, nicht nur geschäftlichen Bereichen, die Feedback geben und einen in vertrauensvoller Weise auf andere Meinungen, Urteile und Perspektiven aufmerksam machen. Netzwerke eröffnen die Chance, Menschen um einen Gefallen bitten und selbst helfen zu können. Zugehörigkeit heißt, Verbundenheit, Freundschaft und Dankbarkeit zu erleben. Es bedeutet, Freunde regelmäßig zu treffen, sich ihnen in vielen Facetten seiner Persönlichkeit zu zeigen inklusive der Schwächen und Ängste. Es bedeutet aber auch, selbst darauf zu achten, was einem Freund und Partner schaden und was ihn voranbringen könnte. Zugehörigkeit heißt, dass ein Manager sich selbst, aber auch der Umwelt glaubhaft versichert, dass er genau dort ist, wo er hingehört, an der Spitze des Unternehmens, der Abteilung oder des Projektteams.

Stage-Gate-Prozess

Eine große Anzahl von erfolgreichen Unternehmen hat ein robustes System entwickelt, um die Entwicklung von Produkten von der Ideenfindung bis zum Markteintritt und darüber hinaus zu steuern. Das bekannteste ist wohl der *Stage-Gate* Prozess nach Robert Cooper. Das Stage-Gate-Verfahren entstand aus der Analyse der Vorgehensweise einiger erfolgreicher Teams in Industrieunternehmen. Sein Ziel ist es, dafür zu sorgen, dass alle Teams die Schritte und Aktivitäten durchführen, die Organisation, Führung und das Projektdesign haben, das Projekte brauchen, um aussichtsreich zu sein. Der Stage-Gate-Prozess unterteilt ein Entwicklungsvorhaben in mehrere, einzelne Abschnitte und so genannte Tore (*Gates*).

Der Ablauf ist im Prinzip derselbe wie beim gestaffelten Kauf von Optionsscheinen auf ein Investment. Man kauft am Anfang eine Option für wenig Geld und nach sorgfältiger Prüfung wird entschieden, ob weiterhin investiert wird. Jeder Abschnitt oder Arbeitsgang ist teurer als der vorhergehende. Weil die Unbekannten bei jedem Schritt kleiner werden, wird das Risiko effektiv geregelt. Tore wirken als Qualitätssicherungs-, *Go/Kill-* und Priorisierungsstelle und gleichzeitig als die Stelle, an der der Pfad für den nächsten Projektschritt festgelegt wird.

In der Produktentwicklung gibt es mehrere Phasen:

Ideengenerierung Ideen für neue Produkte können von Kunden der Forschungsabteilung, Konkurrenten, dem betrieblichen Vorschlagswesen, Verkäufern oder durch Marktforschung kommen. Formale Kreativitätstechniken können genutzt werden, wie zum Beispiel Brainstorming, TRIZ, *Attribute listing*, *forced relationships* oder morphologische Durchleuchtung. Eine Beschreibung dieser strukturierten Kreativitätstechniken würde den Rahmen dieses

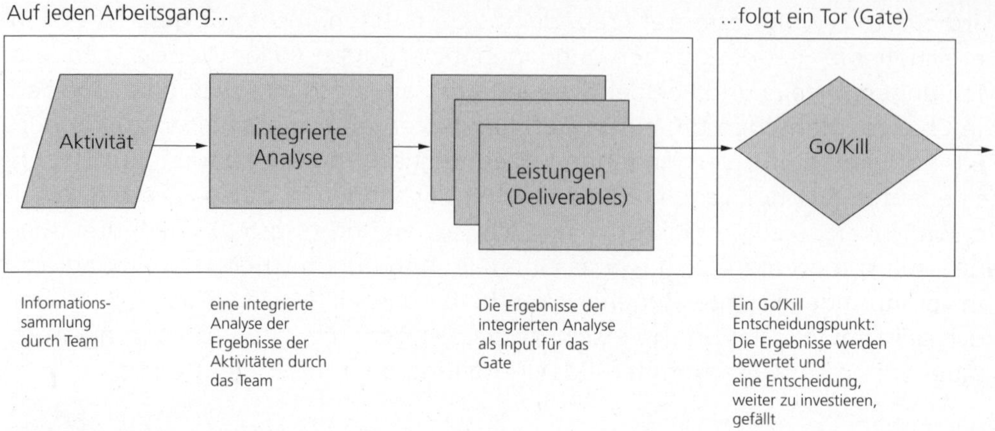

Abbildung 13.1: Der Stage-Gate Prozess besteht aus Abschnitten der Informationssammlung, auf die *Go/Kill* Weichenstellungen folgen.

Ratgebers sprengen. Bei Bedarf sollte man sich auf die vorliegende Literatur stützen oder noch besser einen Einführungskurs in derartige Techniken besuchen.

Business Case Dies ist die wesentlichste Phase des Stage-Gate-Prozesses, die entscheidet, ob ein Projekt gelingt oder scheitert. Hier werden das technische Marketing und die wirtschaftliche Machbarkeit bewertet mit einem Business-Case als Ergebnis, der drei Hauptbestandteile hat:

- Produkt und Projektdefinition
- Projektrechtfertigung und Erfolgsrechnung
- Projektplan.

Entwicklung Die Business-Case Planung wird hier in konkrete Leistungen übersetzt. Die Produktentwicklung findet statt, der Fertigungsplan oder die Tätigkeitsplanung wird ausgearbeitet, die Markteinführung wird konzipiert und entwickelt; Testpläne für die nächste Phase werden definiert.

Prüfung und Validierung Der Zweck dieser Phase liegt darin, die Validität des ganzen Projekts zu bestimmen:

- das Produkt an sich
- das Produktionsverfahren
- Marktakzeptanz
- Wirtschaftlichkeit des Projekts

Markteinführung

- Vollständige Vermarktung des Produkts, der Beginn der Serienproduktion und der Markteinführung

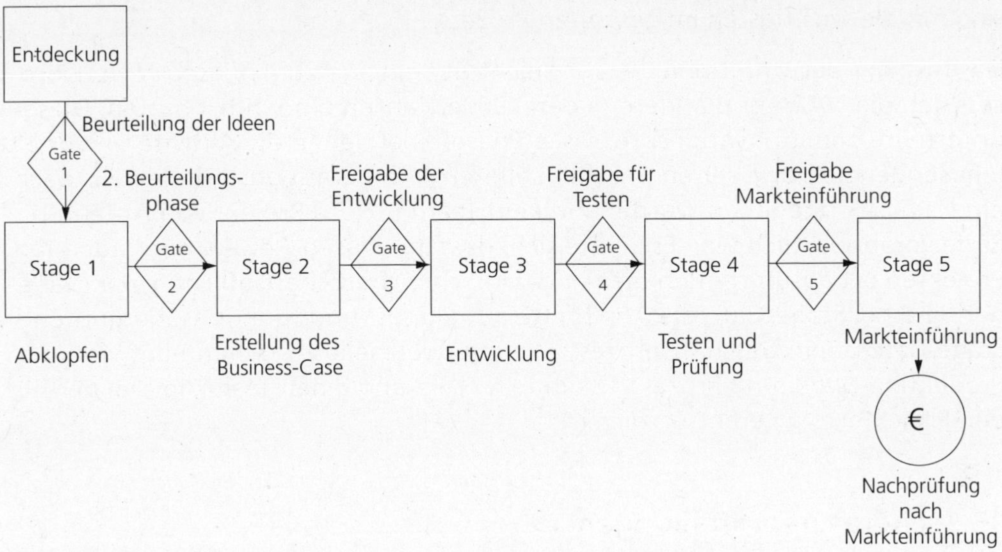

Abbildung 13.2: Der StageGate-Prozess in der Produktentwicklung

- Nachprüfung nach Markteinführung/Kontinuierliche Verbesserung

Einige Monate nach der Markteinführung findet eine Nachprüfung (*Post-Launch Review*) statt. Dabei kontrolliert das Team einerseits, wie nahe Marktakzeptanz, Kundenzufriedenheit und Wirtschaftlichkeit der ursprünglichen Zielsetzung gekommen sind und diskutiert kritisch, wie das Projekt umgesetzt wurde. Lernerfahrungen werden dokumentiert und Verbesserungsmöglichkeiten für künftige Projekte identifiziert.

Mittlerweile wird der Stage-Gate Prozess oftmals als Softwareprodukt eingesetzt und unterliegt damit der Gefahr, zum Dateneingabe-System herab zu sinken. Wenn Software eingesetzt wird, dann kann sie das Dokumentenmanagement im Prozess erleichtern und den Informationsfluss fördern. Die Aktivitäten müssen im Team und die Go/Kill-Entscheidungen von Menschen getroffen werden, sonst wird der Stage-Gate-Prozess sinnlos.

Die Qualität der Weichenstellungen der Tore (*Gates*) ist entscheidend für den Erfolg des Stage-Gate-Prozesses. Ausgerechnet diese wurden in vielen Unternehmensuntersuchungen häufig als kritischster und schwächster Punkt identifiziert.

Wichtig ist, dass der Stage-Gate-Prozess von Anfang an eingesetzt wird. Die ersten drei Phasen (Ideenfindung, Abklopfen und betriebwirtschaftliche Analyse) sind mit die wichtigsten im gesamten Prozess.

Das ist einer der Unterschiede, aber nicht der einzige zum *phased-review-process* den die NASA und andere in den 1960er Jahren eingeführt hatten. Dieser unterteilte den Innovationsprozess in Phasen, bei denen die Aktivitäten vor allem sequenziell und selten parallel abliefen, die Verantwortung jeweils nach einer Phase abgegeben wurde, und kein Team für das Projekt von Anfang bis Ende verantwortlich war. Es zeigte sich, dass im *Phased-Review* die Dauer von Projekten oft ausuferte und niemand wirklich rechenschaftspflichtig war. Dagegen sind bei Stage-Gate die Abschnitte abteilungs- und funktionsübergreifend. Stage-Gate ist ein Geschäftsprozess – kein sequenzieller Forschung-Entwicklung-Produktion-Marketing Prozess. Es gibt ein Team und einen Teamkapitän, der für den Projekterfolg verantwortlich ist.

13.5 Literaturempfehlungen

Bamfield, P., *Research and development in the chemical and pharmaceutical industry.* 2007: Wiley-VCH.

Becker, D., et al., *Forschung und Entwicklung managen-Erfolgsfaktoren für die Automobilindustrie.* Laboratorium für Werkzeugmaschinen und Betriebslehre der RWTH Aachen & KPMG Deutsche Treuhandgesellschaft, 2005.

Cooper, R., S. Edgett und E. Kleinschmidt, *Portfolio management for new products.* 2001: Perseus Books.

Echter, D., *Was Topmanager antreibt.* Harvard Business Manager, 2007 (März): p. 72-81.

Hill, L., *Becoming a manager: How new managers master the challenges of leadership.* 2003: Harvard Business School Press.

Pinchot, G., *Intrapreneuring: Why you don't have to leave the corporation to become an entrepreneur.* 1985: HarperCollins.

Erfolgstipp 8 Business-Case und Investitionsrechnung

Die Erstellung eines Business-Case wird in sehr vielen Branchen und bei sehr vielen Gelegenheiten benötigt:

- wenn ein Ingenieur mit der Projektleitung für die Entwicklung eines neuen Produkts oder ein IT-Leiter mit der Einführung einer neuen Software beauftragt ist und dem Vorstand ein Finanzkonzept inklusive Marktgröße, Erfolgschancen und Kosten für die kommenden Jahre liefern muss
- wenn die Gründer eines Start-Ups bei potenziellen Investoren um Finanzierung werben
- wenn ein Verkäufer einen großen Kreis von Ansprechpartnern beim Kunden von seinem Produkt überzeugen will
- oder wenn ein Forscher einem Kunden ein Angebot für ein Auftragsforschungsprojekt unterbreiten will.

Der Begriff Business-Case wird in Deutschland entweder mit »Fallstudie« oder mit »Wirtschaftlichkeitsberechnung« übersetzt. Im Folgenden ist mit Business-Case die Wirtschaftlichkeitsberechnung mit der dazugehörenden Beschreibung des Projektes oder der Investition gemeint. Der Business-Case ist das Herz jedes wirtschaftlichen Projekts. Er beschreibt die Ursachen für das Projekt und die Begründung, es angesichts der Kosten und Chancen, des Nutzens und der Risiken durchzuführen.

Ein Business-Case besteht aus folgenden Bestandteilen:

- Auslöser des Projekts
- Analyse des Kontexts: Firmenziele/Chancen, Ausrichtung an der Geschäftsstrategie (Priorität)
- Value Proposition: Erwünschte wirtschaftliche Ergebnisse, eine Zeitabschätzung für das Eintreten der Ergebnisse (*Roadmap*), greifbarer und mittelbarer Nutzen der Ergebnisse, quantifizierter Wert des Nutzens, Wirtschaftlichkeitsberechung, finanzielle Szenarien, die Risiken und Kosten der Nichtdurchführung, Projektrisiken (für Projekt, Betriebsergebnisse und Unternehmen/Organisation)
- Fokus: Problem- und Lösungsrahmen, Annahmen und Beschränkungen, welche identifizierte und evaluierte Optionen, Analyse des Umfangs, der Skalen und der Komplexität
- Deliverables: Ergebnisse, geplante Leistungen und Nutzen
- betroffene Ebenen der Organisation (intern und extern), Schlüsselpersonen, Abhängigkeiten

- Arbeitsumfang: Vorgehen, Definition von Phasen und Abschnitten, Anpassungen, Technische Leistungen, Aufgliederung des Arbeitsumfangs, Projektplan und Ablauf, Kritischer Pfad
- benötigten Ressourcen: Projektleitungsteam, Überwachungsteam, Personalbedarf, Finanzierung
- Commitments/Zusagen Projektsteuerung, Reporting, Meilensteinplan, Finanzplanung (Budget und Zeitplan). Diese verbindlichen Zusagen durch das Projektteam oder den Projektleiter sind essenziell und unverzichtbar.

Der Sinn des Business-Case ist, zu demonstrieren dass der Verbrauch von Ressourcen, wie zum Beispiel Geld oder Personalkapazität in einer Organisation, von wirtschaftlichem Nutzen ist. Das Management, der Investor oder der Auftraggeber benötigen den Business-Case, um sicherzugehen, dass

- das Investment sich lohnt,
- die wichtigen Fragestellungen konsequent und gründlich durchdacht und geprüft wurden,
- das Projekt von allen wesentlichen und qualifizierten Führungskräften befürwortet, unterstützt und geleitet wird,
- die Ergebnisse und Projektfortschritte ordentlich dokumentiert und gemessen werden,
- die Firma die Fähigkeit zur vollständigen Ausführung hat,
- die zugeordneten Ressourcen der Firma dort eingesetzt werden, wo der größte Wertzuwachs zu erwarten ist,
- Projekte mit gegenseitiger Abhängigkeit in der optimalen Reihenfolge durchgeführt werden,
- bei einer Auswahl unter verschiedenen Business-Cases das am meisten lohnende Projekt umgesetzt wird.

Ein formaler Business-Case-Prozess in einer Organisation stellt zudem sicher, dass diejenigen, die ein Projekt vorschlagen,

- dessen Wert gegenüber der Organisation begründen
- nur Projekte vorschlagen, die der Organisation einen darstellbaren Nutzen bringen
- ökonomisch mit den Kosten und der Aufmerksamkeit und Zeit des Managements umgehen.

Der Business-Case existiert während der gesamten Laufzeit eines Projekts und sollte regelmäßig wieder evaluiert werden, um die Frage zu beantworten: Ist das Projekt immer noch realisierbar und lohnend? Business-Case Betrachtungen sollten im Minimum bei der Konzeption eines Projekts, dem Start, nach jedem Arbeitsabschnitt, bei Steuerungsphasen aufgrund von Einflüssen und bei Abschluss des Projekts im Rahmen eines Project-Reviews stattfinden.

Investitionsrechnung

Preise entstehen in der Marktwirtschaft durch Wettbewerb. Einige der Konkurrenten eines Business-Case um Zusage und Finanzierung sind offensichtlich: andere Anbieter, andere Start-Ups, andere neue Produkte oder Leistungen, die intern oder extern vorgeschlagen werden und andere Forschungsprojektvorschläge. Für die meisten Technologen nicht so offensichtlich, aber bei Betriebswirten und Kaufleuten tief verankert, ist, dass man auch gegen den Anleihemarkt und die Börse konkurriert. Die Finanziers müssen überzeugt werden (meistens handelt es sich um Kaufleute), dass sie Geld besser in das Projekt oder den Start-Up stecken als in Anlagen oder Aktien.

Für Technologen ist bedauerlich, dass meistens entweder Anleihen relativ hohe und quasi risikofreie Zinsen bringen oder die Börse ziemlich gut läuft. Wenn also das wahrgenommene Risiko der Investition in Finanzmarktinvestitionen viel niedriger ist als das Risiko in Innovationsprojekten zu investieren, sind die Chancen auf Finanzierung für letztere schlechter.

Immerhin gibt es einen sehr einfachen Weg, die Wirtschaftlichkeit von Projekten zu kalkulieren und sich so die besten Argumente für sein Projekt zu schaffen. Diese Berechnung heißt Nettobarwert (NBW) oder *Net Present Value (NPV)*.

Er berechnet den zeitlichen Wert der Investitionen in das Projekt in einem definierten Zeitraum durch Kalkulieren eines gleichwertigen Barwertes einer Investition in Finanzinstrumente.

Er bietet die Möglichkeit, beim Bewerten mehrerer Investitionsoptionen Äpfel mit Äpfeln zu vergleichen. Die Methode, die der NBW-Berechnung zugrunde liegt, heißt abgezinster Cashflow (*Discounted Cashflow*). Für Naturwissenschaftler und Ingenieure ist die Berechnung eines NBW kein Problem, insbesondere, weil man keine Konventionen über Abschreibungen, Rückstellungen, keine doppelte Buchführung oder andere buchhalterische Techniken beherrschen muss. Für eine grobe Rechnung kann man zudem auch die Steuern weglassen und so die Berechnung auf dem berühmten Bierdeckel oder auf der Rückseite eines gebrauchten Briefumschlags durchführen. Der NBW ist zudem eine Funktion, die im Standardumfang von Tabellenkalkulationsprogrammen wie Excel enthalten ist.

Wer einen NBW rechnen kann, versteht besser, wie und warum neue Produktentscheidungen getroffen wurden und wie manche scheinbar unrealistisch hohe

Bewertungen von Start-Ups und Konzernen entstanden. Das Variieren von Annahmen im Business-Case wirkt sich automatisch im NBW aus. Mit dem NBW kann man die wirtschaftlich beste Option für den richtigen Business-Case durch Spielen mit den Parametern finden.

Der NBW beruht auf nur drei Variablen. Naturwissenschaftler sind gewohnt, alles zu hinterfragen. Es bringt jedoch nichts, den NBW oder wie er berechnet wird, infrage zu stellen, weil die Betriebwirte ihn als Standardinstrument kennen und seit Jahren erfolgreich verwenden. Stattdessen ist die Wahl und Begründung der Variablen die Debatte wert. Diese entscheiden über die Finanzierung. Das Endergebnis der NBW-Berechnung ist so genau und so zuverlässig wie die Genauigkeit und die Zuverlässigkeit der Werte dieser Variablen, die in die Berechnung einfließen.

Die erste dieser Variablen ist die Dauer, das heißt die Zeit des Produktlebenszyklus. Darunter versteht man die Zeitspanne ab dem Moment, wo die Geldausgaben für die Produktentwicklung beginnen bis zu dem Moment, wo entschieden wird, das Produkt aus dem Markt oder aus dem Gebrauch zu nehmen. Illusionen sollte man sich keine machen: Kaufleute wissen, dass alle Produkte einen endlichen Lebenszyklus haben. Hightech -Produkte haben in der Regel eine kürzere Lebensdauer als viele andere Produkte. Die Dauer wird in Jahreseinheiten angegeben und soll hier mit N bezeichnet werden.

Die zweite Art von Variablen sind die jährlichen Nettoeinnahmen. Das ist der Gesamtbetrag an Einnahmen (oder Ersparnissen), den das Produkt Jahr für Jahr während der Gesamtlebensdauer erzielen wird, nachdem alle Kosten abgezogen sind. Vermutlich ist dieser Gesamtbetrag in jedem Jahr unterschiedlich. Wenn es zwei Jahre dauert, bis das Produkt marktreif oder einsatzfähig ist, dann ist die Zahl aufgrund der fehlenden ausgleichenden Einnahmen bei anfallenden Anfangsentwicklungskosten in diesen zwei Jahren negativ. In den Folgejahren, in denen die Zahl positiv wird, entspricht sie den Einnahmen oder Ersparnissen, die das Produkt erzielt, minus aller Kosten, die für Marketing, Vertrieb, Produktion, Kundenbetreuung und Wartung entstehen. Wenn das Produkt im Markt erfolgreich ist, wird der Betrag wachsen und wachsen, bis irgendwann Marksättigung erreicht ist, und dann wieder sinken. Wir bezeichnen diese Variable als $A[i]$ wobei i die (vergangenen) Jahre bezeichnet, die von 0 bis $N-1$ laufen.

Die dritte Variable sind die Kosten des Kapitals, genauer die gewichteten durchschnittlichen Kapitalkosten (*Weighted Average Cost of Capital*) WACC. Dabei handelt es sich letztendlich um den Zinssatz, der jedes Jahr zu erzielen wäre, wenn die Finanzmittel nicht im Projekt eingesetzt würden, sondern stattdessen in einer Finanzanlage mit ähnlichem Risikoprofil. Darin geht also nicht nur ein, wie profitabel andere Investitionen wären, sondern auch, wie hoch deren Risiko im Vergleich eingeschätzt wird. Obwohl die Zahl de facto nicht in jedem Jahr gleich hoch sein kann, wird sie in allen üblichen NBW-Berechnungen mit einem konstanten Wert angenommen. In normalen Industrieprojekten rechnet man oft mit einem Wert von etwa 0,15 (15 Prozent), in Venture-Capital-Investitionen wegen des höheren Risikos eines Totalverlustes je nach Phase oft zwischen 0,25 und 0,4. Diese Variable wird hier mit *C* bezeichnet.

Es gibt verschiedene Arten, die Formel auszudrücken, die alle äquivalent sind. Eine davon ist:

$$\text{NBW} = \sum_{i=0}^{N-1} \frac{A[i]}{(1+C)^i}$$

oder als Excel-Funktion = NBW(C,A_1, A_2,. . .)

Fiktives Beispiel zur NBW-Berechnung

Ein Firmengründer hat eine neue Technologie zum Aufbereiten von Schmutzwasser gefunden. Er schätzt, es würde eine Million Euro und zwei Jahre Zeit kosten, sie zu entwickeln und herzustellen. Weil man einiges in Labors und Produktionsanlagen investieren und auch einige Lizenzen auf fremde Patente zahlen muss, entstehen zu Projektbeginn Anfangskosten, die im zweiten Jahr nicht anfallen; deshalb fällt ein größerer Teil der Kosten in das erste und weniger ins zweite Jahr.

Man erwartet, die Produktlebensdauer des Aufbereitungsverfahrens sei acht Jahre, bis dahin haben Konkurrenten eine billigere Version entwickelt und die eigene findet keine Käufer mehr.

Damit beträgt *N* zehn Jahre: zwei Jahre Entwicklung und acht Jahre Produktverkauf.

Man rechnet, dass die größten Verkaufszahlen im vierten Jahr nach Produkteinführung gelingen.

Unter Berücksichtigung des Preises, der Kosten und der Zahl der Aufbereitungsverfahrens, die man zu verkaufen hofft, werden die Gesamteinnahmen A[i] wie folgt erwartet:

A[0] = –700 000 €	A[5] = 500 000 €
A[1] = –300 000 €	A[6] = 250 000 €
A[2] = 50 000 €	A[7] = 100 000 €
A[3] = 100 000 €	A[8] = 70 000 €
A[4] = 250 000 €	A[9] = 20 000 €

Auf den ersten Blick nicht schlecht: Für ein Investment von 1 000 000 € innerhalb von zwei Jahren bekommt man 1 340 000 € zurück. Das entspricht einem Nettoerlös von 340 000 € oder 34 Prozent der ursprünglichen Investitionen.

Es fehlt noch der Wert für C, die Kapitalkosten. Die Zahl setzt man meistens nicht selbst ein, sondern die Betriebswirte oder Finanziers bestimmen diese je nach Risikoklasse, in die dieses Projekt fällt oder nach den Vorgaben für die gesamte Firma. In unserem Beispiel nehmen wir an, die Kaufleute sehen das Projekt als sehr sicher an und begnügen sich mit 10 Prozent oder 0,1.

Dann beträgt der Nettobarwert des Projekts:

$$\begin{aligned} \text{NBW} &= -700\,000/(1,1)^0 - 300\,000/(1,1)^1 + 50\,000/(1,1)^2 \\ &\quad + 100\,000/(1,1)^3 + 250\,000/(1,1)^4 + 500\,000/(1,1)^5 \\ &\quad + 250\,000/(1,1)^6 + 100\,000/(1,1)^7 \\ &\quad + 70\,000/(1,1)^8 + 20\,000/(1,1)^9 \\ &= -700\,000 - 272\,727 + 41\,322 + 75\,131 + 170\,753 \\ &\quad + 310\,460 + 141\,118 + 51\,316 + 32\,656 + 8\,482 \\ &= -141\,489 \end{aligned}$$

Der Wert der Investitionen ist mit diesen Cashflows also negativ, das Investment rechnet sich betriebwirtschaftlich nicht. Es würde also überhaupt keinen Sinn machen, diese Rechnung Investoren vorzutragen.

Der Erfinder fängt also an, die Variablen zu prüfen, mit denen er Verbesserungen erzielen kann:

Ein möglicher Weg könnte sein, mit weniger Anfangsinvestment auszukommen: Man kann die Lizenzen ja auch erst im dritten Jahr bezahlen und muss dann in den ersten beiden nur eine kleine Minimalgebühr berücksichtigen.

Man stellt halb so viele Entwickler ein, die doppelt so schnell arbeiten, weil ein kleines Team weniger Teambesprechungen benötigt.

Ein billigere Laboreinrichtung, gebrauchte Produktionsmaschinen und Produktion im Schichtbetrieb, um das Investment besser auszunutzen, wirken noch besser.

Ein weiterer Weg könnte sein, das Marketing zu verstärken, was zwar die Anfangskosten erhöht, aber dafür sorgt, dass die Einnahmen schneller steigen und über längere Zeiträume ganz oben bleiben.

Man kann auf zweitaufwändige Prüf- und Designüberarbeitungsphasen verzichten, sodass die Entwickler in halber Zeit fertig sind. Man kann aber auch doppelt so viele Entwickler einstellen und damit die Hälfte der Zeit einsparen.

Auch könnte man Gründe suchen, warum die Produktlebenszeit des Aufbereitungsverfahren doch länger sein wird: Wegen der Klimakatastrophe und dem weltweiten Wassermangel wird es auch vielleicht in 11 und 12 Jahren noch einen Markt für Aufbereitungsverfahrens geben; durch Patentschutz kann man die Exklusivität des Aufbereitungsverfahrens auf mindestens 18 Jahre erhöhen.

Reduziert man dann noch die Produktions- und Wartungskosten für das Aufbereitungsverfahren, dann erniedrigt man die Stückkosten (*costs of goods sold* (COGS)).

Man setzt billigere Materialien ein: Wenn ein Teil kaputt geht, verkauft die Firma eins mehr.

Man kann auch die Verkaufskosten jedes Geräts zur Aufbereitung erhöhen. Gut, damit geht die verkaufte Stückzahl herunter – aber vielleicht sinkt sie nicht ganz so sehr und die Nettoeinnahmen steigen insgesamt doch an?

Oder man senkt den Preis und bietet Mengenrabatte. So steigen die Stückzahlen und wegen des Volumeneffekten sinken auch die Produktions- und Vertriebskosten.

Jeder Produktmanager kennt diese Strategien und viele weitere, um an den Variablen des NBW zu drehen. Das hört sich vielleicht wie Tricksen an. In Wirklichkeit ist dies der richtige Weg, alle Optimierungsmöglichkeiten zu finden und dann nur die Technologien zu finanzieren, bei denen bei optimalen Parametern eine marktübliche Dividende zu erzielen ist.

Damit lässt sich auch verstehen, warum so viele bekannte Firmen in etwa ähnliche Gewinnmargen erzielen – über die verschiedenen Branchen hinweg: Letztlich entsteht mit der Business-Case und NBW-Logik ein globales Gleichgewicht. Extrem viele Firmen rechnen mit dem NBW und benutzen ähnliche Werte für das WACC.

Die Kreativität der Produktmanager, Acceleration-Manager und Entwickler wird benötigt, um die jeweils effizientesten Investitionen zu finden.

Alles in allem erzielen auf dem ganzen Globus die so arbeitenden Firmen für ihre Investoren im Durchschnitt die Verzinsung, die der Firmengründer vor Projektbeginn mit der Planung für seine Firma übertreffen muss, um überhaupt starten zu dürfen, oder die der Manager innerhalb der Firma braucht, um sein Projekt bewilligt zu bekommen.

14 Forscher als Existenzgründer

14.1 Einführung

Sich als Forscher selbständig zu machen oder ein eigenes Unternehmen zu gründen, stellt eine besondere Herausforderung dar.

Als Lohn für diesen Einsatz muss ein Unternehmer oder Freiberufler eher mehr arbeiten als andere. Studien zeigen jedoch, dass bei Selbständigen die Lebenszufriedenheit im Schnitt höher ist.

Das liegt an dem Mehr an Selbstbestimmung, vor allem aber auch an einem Mehr an Erfolgserlebnissen.

Existenzgründungen sind außerdem für die Volkswirtschaft wichtig: Durch sie erscheinen neue Anbieter auf den Märkten, die für den Wettbewerb, Kern unserer Wirtschaftsordnung, wichtig sind. Gründerinnen und Gründer verwirklichen innovative Ideen und sorgen für Fortschritt, Wachstum und Wettbewerbsfähigkeit. Existenzgründungen schaffen in vielen Fällen nicht nur für die Gründer, sondern auch für Mitarbeiter neue Arbeitsplätze. Durch Existenzgründungen wachsen neue Unternehmen nach und bestehende bleiben erhalten. Wie wichtig Existenzgründungen sind, lässt sich an der Bedeutung der mittelständischen Unternehmen insgesamt ablesen. Mittelständische Unternehmen stellen 99,7 Prozent aller umsatzsteuerpflichtigen Unternehmen und 70,9 Prozent aller sozialversicherten Arbeitsplätze.

Selbständigkeit, heißt »selbst und ständig« die Verantwortung für sich zu übernehmen. Deshalb sollte ein beginnender Unternehmer den Geschäftsplan (*Businessplan*) für die Firmengründung unbedingt selbst schreiben: weil man sich dabei klar werden muss, in was man sich begibt, aber auch, wie man das Marketing, das Networking und die Bearbeitung der Aufträge optimieren kann. Zu viele Menschen stürzen sich in das Geschäftsleben, ohne eine klare Vorstellung, was das für ihr Leben bedeutet oder wohin das Geschäft sich entwickeln wird. Ein Businessplan hilft dem Gründer außerdem, erfolgreicher zu sein, weil man an alle Aspekte und Probleme gedacht hat, die dem Geschäft oder einem selbst begegnen könnten.

Wobei man unbedingt Hilfe in Anspruch nehmen sollte, sind die rechtlichen und buchhalterischen Aspekte des Geschäfts. Nichtsdestotrotz wird der Gründer selbst für das Tagesgeschäft verantwortlich sein, auch für die tägliche Verwaltung, auch für die Beauftragung des Buchhalters, der ab und zu in die Firma kommt, um die Zahlen zu ordnen und für die Bestellung und Beaufsichtigung des Steuerberaters. Deshalb sollte man auch als technisch ausgebildeter Gründer über die Grundlagen des Wirtschaftsrechts und der Buchhaltungssysteme Bescheid wissen.

14.2 Eigenschaften erfolgreicher Unternehmer

Sich auf eigene Beine zu stellen, heißt: Aktiv werden, recherchieren, fragen, lernen, kommunizieren, planen, rechnen und entscheiden. Unternehmer unterscheiden sich von anderen Wissenschaftlern, die als abhängig Beschäftigte arbeiten, weil sie

- schon am Anfang eine klare Vorstellung haben, wie das aus ihrer Sicht perfekte Unternehmen sein müsste
- sich dabei nicht von anderen beirren lassen
- ihre Finanzmittel genau im Blick haben und zudem so schnell wie möglich jemanden einstellen, der Geld verwalten kann
- nur die besten Spitzenkräfte ins Management holen
- nie aufgeben.

Dies gilt für jeden Unternehmer, egal ob Naturwissenschaftler, Ingenieur oder »normale/r« Kaufman/-frau. Wer zudem die Persönlichkeit und die Charaktereigenschaften hat, Forschung in vermarktbare Produkte zu verwandeln, braucht dazu weiterhin auch ein Gefühl für Kunden, Märkte und Finanzen.

Ideal wären Gründer, die zur Hälfte Kaufmann und zur Hälfte Technologe und Forscher sind. Menschen, die ein technisches Fach und Betriebswirtschaft studiert haben, sind aber selten. Noch seltener sind diejenigen, die dann auch in beiden Bereichen exzellent sind. Viele erfolgreiche technologische Innovatoren und Unternehmer haben es auch ohne formale betriebswirtschaftliche Ausbildung geschafft. Sieht man sich diese genauer an, findet man einige Übereinstimmungen:

- Unternehmerische Forscher sind innovativ. Statt andere nachzuahmen, sind sie permanent auf der Suche nach Wegen, das konventionelle Design, die üblichen Produkte und Prozesse mindestens einen Schritt weiter und besser zu entwickeln als alle anderen.

- Sie sind risikobereit. Gute Wissenschaftler sind meist vorsichtige Menschen, die erst Schlüsse ziehen, wenn sie alle Fakten und Tatsachen zu einem Thema genau kennen. Unternehmer übernehmen im Gegensatz dazu Risiken, weil sie wissen, dass es geschäftliche Entscheidungen ohne ein gewisses Maß an Wagnis nicht gibt. Ein unternehmerischer Forscher muss beide Aspekte vereinen und die richtige Balance finden, sich so viele Informationen beschaffen wie möglich, aber nicht zögern, Risiken einzugehen, wenn die Lage es verlangt.
- Sie sind anwendungsorientiert. Selbst wenn eine Entdeckung aus einer wissenschaftlichen Perspektive bahnbrechend sein mag, nützt sie einem Unternehmen, einem Kunden oder einem Investor nichts ohne denjenigen, der die komplette Bandbreite ihrer wirtschaftlichen Anwendungen überblickt. Die Welt ist voll von Wissenschaftlern, die regelmäßig an Projekten arbeiten, die »vielleicht einmal« wirtschaftlich angewendet werden können. Effektive unternehmerische Forscher schätzen dagegen zwar die Forschung um ihrer selbst willen, konzentrieren sich persönlich aber darauf, wirtschaftlich erfolgreiche Anwendungen zu schaffen.
- Unternehmerische Forscher sind kommunikativ. Der Vorgang, ein Produkt aus dem Forschungslabor bis ins Ladenregal zu bringen, beruht auf Zusammenarbeit. Menschen, die große Anteile ihrer Zeit allein in einem Labor oder in einer Werkstatt verbringen wollen, sind meist nicht die erfolgreichen Umsetzer von Technologien in Produkte.
- Sie haben Sinn fürs Geschäft. Ein unternehmerischer Forscher kann nicht immer ein Fachmann in allen Nuancen der Betriebswirtschaft sein, muss aber ein kaufmännisches Grundverständnis mitbringen und bereit sein, auf seinem Weg mehr betriebswirtschaftliches Wissen und Erfahrungen anderer aufzunehmen.
- Im Ernstfall muss ein erfolgreicher Unternehmer auch bereit sein, zu entlassen, Leute vor den Kopf zu stoßen und Konflikte einzugehen, um den langfristigen geschäftlichen Erfolg zu sichern. Ein Wissenschaftler, der die Mechanismen des Kapitalismus und des freien Markt verabscheut, wird sicherlich kein guter Kandidat für eine Firmengründung.
- Unternehmerische Forscher sind kundenorientiert. Kunden wollen Produkte, die »genau« auf ihre Bedürfnisse passen. Für einen Unternehmer liegt die Herausforderung darin, zu verstehen, was das Wörtchen »genau« für einen Kundenkreis bedeutet, der groß genug ist, dass eine ausreichende Marktnachfrage zustande kommt. Der erfolgreiche Unternehmer ist ein engagierter Zuhörer, der sich an die realen Marktanforderungen und deren Wandel anpasst. Wer als Unternehmer viel Zeit darauf verwendet, zu verstehen, warum er falsch liegt, wird mit großer Wahrscheinlichkeit ein Jahr später viel mehr Produkte oder Dienstleistungen verkaufen, als jemand, der sich nur bestätigen will, dass er selbst recht hat und die Kunden und der Wettbewerb unrecht.

- In gewissem Sinn müssen wirklich erfolgreiche Unternehmer auch gegen den Strom schwimmen. Bestehende Unternehmen befassen sich meist intensiv mit ihren aktuellen Kunden, um neue Ideen für Produktverbesserungen oder Änderungen des Marketing-Mix zu entwickeln. Damit verbessern sie zwar ihr Angebot und führen auch neue Produkte ein, aber keine bahnbrechenden Neuerungen und keine Differenzierung. Im Gegensatz dazu schaffen Neugründungen neue Märkte, ändern die Spielregeln und entwickeln ganz neue Produkte oder Geschäftsmodelle. Das Neue kann dabei in technologischem Vorsprung liegen, muss sich aber im Begründen neuer Preiskategorien, besserer Produkte oder bisher unerreichter Servicequalität niederschlagen. Gründer lassen deshalb die gewohnten Grenzen des Wettbewerbs außer Acht und richten den Blick auf ganz andere Branchen, weitere strategische Gruppen und Käuferkreise und ergänzende Produkt- und Serviceangebote.

» *If you believe that a product will be a success, it is because you know and understand the concept already. But so do your competitors. Products that occupy new niches or form the basis for a whole new branch like FedEx, CNN, Post-its or Ziplocs will usally be applied in fields which were unimaginable at the time of their launching. It's as simle as that.* «

Tom Peters (Einer der beiden Autoren des Bestsellers *In Search of Excellence*)

14.3 Wege zum eigenen Unternehmen

Erfindungen aus dem Labor in den Markt zu bringen, erfordert ein erhebliches Maß an technischem Sachverstand. Man muss nicht nur die Wissenschaft, die der Entdeckung zugrunde liegt, sehr gut verstehen, sondern auch das Produktmanagement, Patentverfahren, Steuern, Personalwesen und viele andere Fragestellungen. Es wäre falscher Stolz, nicht schon früh die Fachkenntnis von anderen Leuten einzuholen, die man braucht. Die meisten Menschen sind sehr hilfsbereit, einen beginnenden Firmengründer mit ihrem Rat zu unterstützen. Diese Chance sollte man sich keineswegs entgehen lassen.

Ein Weg, sein Wissen zu erweitern, ist das Eingehen strategischer Partnerschaften mit Individuen und Organisationen. Man benötigt nicht diejenigen, mit denen man sich blind versteht, sondern es kommt darauf an, die Partner so zu suchen, dass diese dort Stärken einbringen, wo die eigenen Schwächen liegen. Ein Vollblutwissenschaftler sollte erwägen, sich mit einem erfahrenen Unternehmer und

Gründer zusammenzuschließen. Umgekehrt lohnt es sich immer auch, mit einer Universität, Forschungsorganisation oder technischen Experten zusammenzuarbeiten, denn niemand ist in allen Gebieten Fachmann, schon gar nicht auf dem ganzen Weg von der Erfindung bis hin zum Produkt.

» *An alliance is like a chain. It is not made stronger by adding weak links to it. An alliance should be valuable and hard to get.* «

Walter Lippmann

Zwar führt eine Partnerschaft natürlich dazu, dass der Gewinn geteilt werden muss. Ein Produkt, das es nie vom Reißbrett in den Markt schafft, wäre aber keine gute Alternative zum Teilen. Man sollte versuchen, stets mit den besten Partnern zu arbeiten. Die Besten – das sind nicht unbedingt die größten oder bekanntesten. Oft ist es klüger, mit den Inhabern (den so genannten Partnern) einer kleineren Kanzlei oder Beratungsfirma zu arbeiten, als mit einer großen Kanzlei, wenn diese, was bei kleinen Mandaten nicht selten ist, für die Betreuung nur Berufsanfänger abstellt.

Viele Wissenschaftler neigen dazu, strikte Zeitpläne zu vermeiden, da ihrer Erfahrung nach die Forschung selbst die Zeitachse determiniert. Der unternehmerische Erfolg lebt und stirbt aber mit der Fähigkeit, vereinbarte Fristen einzuhalten. Anders als die Grundlagenforschung erfordert die wirtschaftliche Umsetzung das Erfüllen fester Zeitpläne. Kapitalanleger und Kunden brauchen eine vernünftige Schätzung, wie lang es dauern wird, bis das Produkt ausgeliefert werden kann, um eine rationale Investitionsentscheidung treffen zu können. Wer keine vernünftige Zeitplanung vorlegen kann, sollte wahrscheinlich zusätzliches Fachwissen einholen oder warten und weitere Schritte dann unternehmen, wenn die Forschung weiter gekommen ist.

Wirtschaftliche Umsetzung braucht einen Champion – jemanden, der den Prozess vorantreibt und Probleme löst, wenn sie entstehen. Auch wenn man in gewissen Phasen im Verfahren auf Fachkenntnis von anderen angewiesen ist, ist es wichtig, engagiert zu bleiben und die Energie einzubringen, um das Projekt nach vorne zu bewegen.

So wichtig wie es im Labor ist, nur die besten Kräfte zu finden und einzustellen, gilt das erst recht, wenn man sich selbständig macht und die eigene Existenz fundamental von der erfolgreichen Arbeit der Mitarbeiter abhängt. Entscheidend wird sein, wen man als ersten Mitarbeiter in die Firma holt. Mit diesem gemeinsam wird man die Firmenkultur und alle künftigen Mitarbeiter prägen.

Wie überall, aber besonders in jungen Firmen, ist es entscheidend, immer mit den Besten der Besten zu arbeiten. Der Hauptgrund, warum Firmen scheitern oder Erfolgsgeschichte schreiben, ist das Management. Vor allem bei Venture-Capital finanzierten Firmen darf man das Wachstum niemals unterschätzen, das bewältigt werden muss. Die Welt ist voll von Firmengründungen, die nicht die besten Wissenschaftler einstellen, die beim Management die zweite Wahl nehmen, nur weil es schwierig ist, die guten Leute zu finden und zu motivieren.

Wer immer »Nein« zur zweiten Wahl sagt, setzt sich zwar unter Druck, wird am Ende aber gelassener und erfolgreicher sein. Die erste Wahl beginnt übrigens schon bei der Wahl des richtigen Sekretariats und endet nicht bei der Auswahl des besten Finanzvorstands.

Beim Rekrutieren zeigt sich schnell, ob die eigenen Investoren hier tatsächlich mit ihrem Netzwerk so helfen können, wie sie oft verkünden. Letztlich ist es die Aufgabe der Gründer, die besten Leute zu finden und an Bord zu holen. Das geht am besten über Netzwerke, aber leider oft nicht über die Netzwerke der Geldgeber.

14.4 Marktforschung

Mangelhafte Marktforschung ist ein verbreitetes Defizit bei Firmengründungen, weil es schwierig und teuer scheinen kann, echte Marktuntersuchungen durchzuführen. Es gibt nur einen Weg, dieser Falle zu entgehen: durch Hartnäckigkeit, auch wenn das bedeutet, manchmal mit unangenehmen Feedback aus dem Markt konfrontiert zu werden. So unangenehm das ist, ist es der einzige Weg, der glücklich macht und zu echtem Erfolg verhilft.

Die Versuchung ist groß, den leichtesten Weg zu nehmen: sich auf Trends und existierende Marktstudien (Sekundärmarktforschung oder Multi-Client-Studies) zu verlassen oder externe Marktforschungsinstitute zu beauftragen. Bei einem neuen Geschäft in einem vorher unerschlossenen Markt gibt es jedoch keine Alternative zur primären Marktforschung, das heißt zu unmittelbarer Befragung oder Beobachtung der Kunden. Studien, Statistiken und Berichte können zwar hilfreich sein, um Finanzierung zu finden, aber den guten Unternehmer selbst überzeugen nur harte eigene Recherchen und Befragungen von wirklichen potenziellen Kunden.

» *If you have decided to be an entrepreneur, then also decide to become a market researcher. Ultimately, the two are inseparable.* «

Bruce Woodry (Geschäftsführer von Aurora Angels Capital)

Viele lassen sich auch von ihren potenziellen Lieferanten beraten (z. B. Hersteller von Labors und Apparaten, potenzielle Auftragsforscher, Werbeagenturen und Anbieter von Markstudien). Dies ist besonders gewagt, weil diese berechtigterweise Aufträge erhalten und Geld verdienen wollen – und deshalb die Geschäftsidee oder das neue Produkt immer etwas rosiger sehen.

Ein positives und energisches Herangehen an Marktforschung ermöglicht es Unternehmern, die kritischste aller Entscheidungen zu treffen: Soll ich die nächsten Jahre meines Lebens in diesem Geschäft verbringen? Soll ich meine unersetzbare Lebenszeit und Energie in dieses Projekt stecken?

Deshalb sollte man auf die Beantwortung dieser Frage die allergrößte Sorgfalt verwenden und alle Informationen einholen, die zu bekommen sind. Ein unternehmerisches Restrisiko bleibt immer. Jedoch sollte man sich nicht vorwerfen müssen, den Sprung in die Selbständigkeit leichtsinnig gemacht zu haben. Gleichzeitig sollte man sich ein genaues Bild über die Marktchancen verschaffen, um keine wichtigen Optionen zu verpassen.

Selbst finanzschwache Gründer ohne großes Budget können erfolgreich hochwertige Studien durchführen, wenn sie schöpferisch, einfallsreich und vor allem beherzt sind. Um sich nicht selbst zu betrügen, sollte man sich konsequent an ein klares Vorgehen in fünf Schritten halten:

- Festlegung, wie die Untersuchung durchgeführt werden soll z. B. one-on-one Interviews, Fokusgruppen, Meinungsumfrage
- Entwicklung der Interviewfragen
- Identifizierung und Anwerbung der Teilnehmer
- Befragung
- Schlussfolgerungen aus den Ergebnissen der Studie ziehen

Aus Höflichkeit werden viele Befragte dem potenziellen Anbieter nicht rundheraus mitteilen, dass sie einem Produkt wenige Marktchancen geben. Es ist ja bekannt, daß in Fragebögen das »Ja« im Durchschnitt etwas 10% häufiger angekreuzt wird als das »Nein«. Außerdem hat man als Gründer mit großer Wahrscheinlichkeit in seinem Bekanntenkreis vor allem so genannte *early adopters*, die sich immer für Neues interessieren. Man bekommt also unter Umständen kein repräsentatives Feedback. Deshalb lohnt erkundigt man sich sinnvollerweise insbesondere auch, ob die Befragten glauben, dass Dritte aus der eigenen Branche und dem eigenen Umfeld das Produkt brauchen und wie groß der Gesamtmarkt von möglichen Käufern sein könnte. Damit bekommt man oft ehrlichere und gültigere Antworten.

Häufig lohnt es sich, zunächst eine kleine Zahl von möglichen Kunden für Fokusgruppen anzuwerben, da man mit diesem Instrument ein besonders gutes

Gefühl für den Markt entwickeln kann, und dann deren Ergebnisse durch eine Meinungsumfrage zu bestätigen oder zu widerlegen.

Fakten ermöglichen richtige Entscheidungen. Außerdem sind Marktuntersuchungen ein Vorspiel zum Verkauf der Produkte und Dienstleistungen. Man erfährt dabei, was man alles noch wissen muss, um ein Angebot für den Markt zu entwickeln und ob das Angebot überhaupt die Entwicklung lohnt.

Wenn die Fragen geklärt sind,

- welcher Markt adressiert wird,
- wie die Zielgruppe genau aussieht (soll zum Beispiel das Produkt nur an andere Forschungsinstitute verkauft werden, soll es in jedem Unternehmen einer wichtigen Branche anwendbar sein oder wird der breite Konsumentenmarkt adressiert?)
- wie Kunden das Produkt anwenden werden,

ergeben sich Fragen zum Wettbewerb:

- Wer sind die Wettbewerber?
- Wo liegen deren Produkte, Eigenschaften und Vorteile?
- Was ist an meinem neuen Produkt besser als bei Produkten, die schon auf dem Markt sind? Lohnt das Kosten-Nutzen-Verhältnis das Risiko, das sich aus der Einführung und Akzeptanz des neuen Produktes ergibt?
- Wie werden Wettbewerber auf die Einführung eines Konkurrenzproduktes reagieren?

Immer wieder liest man Businesspläne, denen zufolge das Produkt so neu ist, dass es keinen Wettbewerb gibt. Das kann aber nicht sein.

Wenn es einen wirklichen Bedarf gibt, dann wird er auch jetzt mittelbar bedient: Falls keine unmittelbaren Wettbewerbsprodukte im Markt sind, verwenden Nutzer meist Substitute, die sich in Form und Funktion unterscheiden, die aber gleiche übergeordnete Bedarfe erfüllen.

Ein gutes Beispiel ist das amerikanische Steuererklärungsunternehmen Intuit, das analysierte, dass die wesentliche Konkurrenz für das eigene Produkt nicht aus den anderen Softwarelösungen im Markt bestand, sondern darin, dass Steuerpflichtige die Finanz- und Steuersachen mit Papier und Stift erledigen. Somit galt es, ein Produkt zu entwickeln, welches ein ähnliches Preisniveau wie dieses manuelle Vorgehen erreichte.

» *There is no market with zero competition.* «

Erfahrene Finanziers und Förderer werfen Pläne, in denen keine Substitute oder echte Wettbewerbsprodukte beschrieben sind, deshalb meist gleich in den Papierkorb.

14.5 Wagniskapital

Finanzinvestoren versetzen ein Unternehmen in die Lage, schnell und energisch zu wachsen. Finanzierungskapital steht im Prinzip auf den internationalen Märkten im Überschuss zur Verfügung, allerdings in einem Zyklus von Ebbe und Flut: Während es immer wieder Phasen gibt, in denen viele Investoren durch leichtsinnige oder schlecht betreute Investitionen viel Geld verloren haben und sich fast alle aus dem Markt zurückziehen, gibt es auch Phasen, in denen einzelne Investoren mit Technologie-Investitionen schnell reich wurden und in Folge fast alle Anleger am Goldrausch teilnehmen wollen.

Für Risikokapitalinvestoren macht nicht die Produktidee den Hauptwert eines Start-Ups aus, sondern es sind die Gründerinnen und Gründer. Die langfristigen Erfolgschancen hängen maßgeblich von einer ausgewogenen Zusammensetzung des Gründungsteams ab. Die Finanziers legen meist Wert darauf, dass neben technischen Spezialisten ein bis zwei kaufmännische sowie vertriebserfahrene Gründungsmitglieder Teil des Teams sind und bereits unternehmerische Führungserfahrung mitbringen.

In den USA gibt es dafür eine eigene Dienstleistung, die so genannten *Contract CFOs* (wörtlich: Auftragsfinanzvorstände) aber auch in Europa gibt es zunehmend Firmen, die das leisten, was normale, nichtspezialisierte Steuerberater meist nicht gut genug können.

Noch wichtiger als die fachliche Zusammensetzung sind eine stabile, vertrauensvolle Zusammenarbeit der Gründer und der gemeinsame unbedingte Erfolgswille.

Unternehmen, die Jahre brauchen, um ihre Technologie marktreif zu bekommen, haben Vorteile, wenn sie sich über die gesamte schwierige Phase, in der sie auf externe Finanzierung angewiesen sind, in einem wachsenden Kapitalmarkt finden und mit der Hausse die teuren Phasen der Markteinführung finanzieren oder sich wenigstens mit hinreichend finanziellen Reserven für die letzte Phase vor dem Markterfolg rüsten können. Zu starten, wenn die Kapitalmärkte reichlich sprudeln, dann erst wenig Kapital einzuwerben und den großen Finanzbedarf erst später stillen zu wollen, kann dagegen gefährlich sein und endet nicht selten in einer Insolvenz.

» *Take the money when you get it, not when you need it.* «

Rolf Christoph Dienst (Gründer der Venture-Capital-Firma Wellington Partners)

In aller Regel erfolgen Finanzierungen von Start-Ups in mehreren Phasen. Üblich ist es, den Firmen Kapital für die nächsten ein bis drei Jahre zur Verfügung zu stellen und dann von ihnen zu verlangen, mindestens einen weiteren, noch größeren Investor mit an Bord zu holen. Die neuen Investoren beobachten jedoch genau, ob die alten Gesellschafter im Rahmen ihrer Möglichkeiten an den Finanzierungsrunden teilnehmen. Ist das nicht der Fall, werden auch neue Investoren sich scheuen. Insofern ist man insbesondere von den Finanziers der ersten Runde über sehr lange Zeit sehr abhängig.

Üblicherweise wollen Risikokapitalinvestoren nach spätestens fünf bis sieben Jahren mit großem Gewinn ihre Anteile verkaufen. Meistens geschieht dies in Form eines Börsenganges oder eines Verkaufs der Firma an einen Konzern. Nach einer so genannten Lock-Up Periode von bis zu zwei Jahren nach dem Börsengang, in der keiner der Gesellschafter seine Aktien verkaufen darf, verkaufen die Investoren ihre Aktien sukzessive am Kapitalmarkt und schütten die Erträge an die eigenen Anleger aus oder re-investieren in neue Start-Ups. Die Gründer haben dann statt der ursprünglichen Investoren neue Anleger im Unternehmen, die aber nicht mehr auf junge, sondern auf börsennotierte Unternehmen spezialisiert sind.

Die zweite Chance zum so genannten Exit besteht im so genannten »Tradesell«: Die Firma wird an ein großes Unternehmen verkauft, das so Technologie, Kunden und Know-how erwirbt.

Meist gibt es in den Gesellschafterverträgen zwischen Gründern und Investoren Mitveräußerungsrechte, so genannte Take-Along Klauseln, die vorsehen, dass jeder der Gesellschafter seine Anteile an Dritte nur verkaufen darf, wenn der Käufer auch die Anteile anderer Gesellschafter zu gleichen Konditionen erwirbt. Manchmal sind aber die wissenschaftlichen Gründer vom Take-Along ausgenommen. Umgekehrt kann es sein, dass ein Erwerber darauf besteht, alle Unternehmensanteile zu kaufen. Meist zwingen in diesem Fall die Verträge auch die wissenschaftlichen Gründer, mit auszusteigen (Mitverkaufsverpflichtung, Drag-Along).

Fast alle Investoren bestehen auf Verträgen, die den Zufluss an Geld in mehrere Phasen staffeln und an die Erreichung gewisser Meilensteine binden. Im schlechtesten Fall können solche Meilensteinvereinbarungen dem Unternehmen die notwendige Flexibilität nehmen, auf Änderungen des Kapitalmarktes, der Kundenmärkte und der Technologie zu reagieren.

Es gibt Anleger, die ehrliche, verlässliche und hilfreiche Sparringspartner für die jungen Gründer sind, dem jungen Unternehmen nicht nur mit Geld, sondern auch mit Erfahrung, Rat und Kontakten zur Seite stehen. Meist handelt es sich um Self-made-Geschäftsleute, die selbst aus einem technologischen Fach kommen und nicht nur finanzielle Gründe haben, jungen Unternehmen auf die Beine zu helfen. Sie werden auch Business-Angels genannt. Weiterhin gibt es institutionelle Anleger, spezialisierte Firmen, die seit Jahren und Jahrzehnten in Hightech-Gründungen investieren. In Deutschland gibt es aber nicht mehr als drei bis vier wirklich erfahrene Fondsgesellschaften, die über ihre Historie nachweisen, dass sie vielen Firmen zum Erfolg verholfen haben.

Um dem Anlegedruck der internationalen Märkte und der lokalen Anleger zu entsprechen, gründen in Boomzeiten zudem reichlich Banken, Technologiekonzerne und Geldberater Venture-Capital Gesellschaften. Oft verfügt das Management dieser Anleger selbst über wenig Erfahrung im Venture-Capital und ist sehr abhängig von den Entscheidungen der Mutterkonzerne oder der Privatanleger. Fast immer werben insbesondere diese Firmen lautstark mit ihrem Know-how, Netzwerk und Rat. Es ist ratsam, diese Aussagen durch das Einholen von Erfahrungsberichten bei zuvor finanzierten Firmen und bei anderen Finanzanlegern zu verifizieren, bevor man sich bindet. Leider verschwinden solche Investmentfirmen nach Ende des Goldrausches oft schnell aus dem Markt, selbst wenn das mit großen Verlusten für die Mutterfirmen verbunden ist.

Die Verträge mit den Start-Ups sehen meistens vor, dass Finanzinvestoren bei allen wichtigen unternehmerischen Entscheidungen ein Vetorecht haben, auch bei der Einstellung von Führungskräften der ersten und zweiten Reihe. Dilettantisch agierende Anleger können die Firmenentwicklung zu einem unkalkulierbaren Glückspiel für die Gründer werden lassen, die mit ihrer Existenz am Unternehmen hängen.

» *Es ist nicht gleichgültig, woher das Geld kommt* «

Zusammenfassend kann man sagen, dass eine Beteiligung zuverlässiger Business-Angels, einer der Top Venture-Capital-Gesellschaften oder ein Börsengang einem jungen Unternehmen außerordentliche Wachstumschancen eröffnen kann. Bei der Auswahl der Investoren sollten aber Gründer genauso kompromisslos sein wie bei der Auswahl des Schlüsselpersonals und bei den eigenen Leistungsansprüchen an sich selbst.

14.6 Andere Finanzierungsformen

In der Regel erhalten Existenzgründer kaum Kredite von Banken. Leider informieren viele Hausbanken zudem nicht über die Möglichkeiten des European Recovery-Program. Das Geld aus dem berühmten Marshallplan oder ERP, das die USA Nachkriegseuropa zur Verfügung gestellt hatten, wurde damals nicht als Zuschuss, sondern in Form von Krediten zur Verfügung gestellt. Das Geld floss größtenteils verzinst zurück. Das Geld aus dem Marshallplan ist heute noch da und wird als Kredit an Gründer vergeben. Daneben gibt es auch Zuschüsse und Kredite der Landesförderbanken. Die Antragstellung und Abwicklung von ERP und Landesförderprogrammen erfolgt über die Hausbank der Antragsteller.

Die vielleicht beste Möglichkeit zur Finanzierung eines erfolgreichen Start-Ups liegt allerdings darin, dass sich die Gründer in einer ersten Phase auf Serviceleistungen konzentrieren und so das Eigenkapital für die Produktentwicklung erwirtschaften. So kann ein Unternehmen, das eine spezielle Software entwickeln will, einen Service anbieten, um gewünschte Funktionen vor Ort beim Kunden zu programmieren und dabei auch noch Erfahrungen und Kapital sammeln. Ein Life-Science-Unternehmen, dessen Ziel es ist, ein eigenes Analyseverfahren zu entwickeln, kann zunächst seine eigenen Analysekapazitäten für externe Auftraggeber anbieten.

Selbstverständlich braucht ein Unternehmen mit einer eigenen Dienstleistungs-Einnahmequelle mehr Zeit, um mit einem neuen Produkt am Markt zu sein, als ein rein produktorientiertes Unternehmen. Doch letztlich ist es leichter zu finanzieren und unabhängiger von externen Geldgebern.

Es gibt zudem eigentlich immer Förderprogramme, die junge Unternehmen durch Zuschüsse und Kredite unterstützen, die Art der Förderung variiert über die Jahre. Auskunft geben Ausgründungsberatungen und Technologietransferstellen der Forschungsorganisationen, der Universitäten, der IHKs, der Landesministerien und der Technologiebeteiligungsgesellschaft des Bundes. Ein eigenes Kapitel (Nr. 18 auf Seite 247) dieses Buches beschäftigt sich mit Förderanträgen.

14.7 Selbständigkeit als Berater

Wer der Meinung ist, seine wissenschaftliche Expertise ist für die Leute außerhalb des universitären Umfelds von genügend hohem Wert, kann sich auch als Berater selbständig machen oder sich einem existierenden Beratungsunternehmen anschließen.

Dabei reicht es nicht, ein Reklameschild an die Tür zu hängen und zu erwarten, dass die Kunden von selbst kommen. Jeder Kaufmann weiß, dass der Erfolg bei jedem Produkt davon abhängt, wie viel und wie gut man den Start des Produkts, den *product launch* geplant hat. Man sollte sich deshalb unbedingt selbst die Mühe machen, einen kraftvollen Businessplan für das Beratungsgeschäft zu entwickeln.

Zu einem Businessplan für wissenschaftliche Beratung gehört eine Wachstumsplanung. Von Beginn an sollte man eine Vorstellung haben, bei wie vielen Arbeitsstunden pro Woche man sich wohlfühlt – egal, ob man die Beratung neben einer Tätigkeit in der Forschung oder als Vollzeitaufgabe anbietet. Wenn die Geschäftsidee stimmt, sollte man sich rasch einen Ruf gemacht haben und die Nachfrage bald das Angebot übertreffen. Wird man dann die Kunden wegschicken? Wird man neue Mitarbeiter einstellen, um die Aufträge zu bewältigen? Dann braucht man auch mehr Verwaltung und geht zudem Risiken ein, weil man bei Auftragseinbrüchen sein Personal nicht so schnell abbauen kann (und eventuell auch will), wie nötig wäre, um in den schwarzen Zahlen zu bleiben. Man geht durch Personaleinstellung die Verpflichtung ein, genug Aufträge hereinzuholen, um die Mitarbeiter zu bezahlen.

Genauso gründlich wie das Wachstumspotenzial sollte man die möglichen Märkte für seine Dienstleistung durchdenken. Wer ist bereit, für diese Dienstleistung »gutes Geld« in die Hand zu nehmen? Es ist wichtig, bereits erste Kontakte in die Industrie zu haben. Als Berater wird man jedoch bald nicht mehr die neueste Innovation erfinden und anbieten. Man muss also über den Tellerrand hinaussehen und eine Vorstellung entwickeln, für was die Kunden bereit sind, zu zahlen. Vielleicht wird man sein Wissen auch Geldanlagefirmen, Venture-Capital-Unternehmen und Patentanwälten verkaufen können, damit diese die Potenziale von neuen Firmen oder Technologien beurteilen können. Auf jeden Fall muss man seinen Markt sehr gut verstehen, um die Zukunft seines Geschäfts abschätzen zu können.

Es gibt also eine Menge nachzudenken und zu dokumentieren, bevor man sein Werbeschild als Berater aufhängt. Dies sollte man aber nicht als Hindernis begreifen, sondern als eine Chance, die eigene neue Rolle und Aufgabe besser zu verstehen. Der Planungsprozess wird einen viel darüber lehren, was einen selbst als Wissenschaftler und als Person einzigartig macht.

14.8 Literaturempfehlungen

Carter, S., *How to Make Your Business Run Without You: Streamline Your Business Operations to Pave the Way for More Business, Bigger Profits, and a Business That Virtually*

Runs Itself. 1999: Nasus Publishers.

Faltin, G., *Kopf schlägt Kapital: Die ganz andere Art, ein Unternehmen zu gründen – von der Lust, ein Entrepreneur zu sein.* 2008: Hanser Verlag.

Ferriss, T., *4-hour Work Week: Escape the 9-5, Live Anywhere and Join the New Rich,* 2008: Vermilion.

Gerber, M., *The E-myth revisited: why most small businesses don't work and what to do about it.* 1995: HarperBusiness.

Erfolgstipp 9 Effektive Pitches vor Investoren

Einen mündlichen Kurzvortrag (*Pitch*) vor Kapitalanlegern zu halten, unterscheidet sich sehr vom Einreichen eines geschriebenen Businessplans. Ein guter Kurzvortrag nimmt die Höhepunkte aus dem Businessplan, illustriert diese durch Anekdoten, Beispiele, Belege, Folien und arrangiert sie so, dass das Gesamtwerk den Kapitalanlegern gefällt. Wer das richtige Angebot zu haben meint, kann sich einem Risikokapitalforum stellen. Manche Businessplanwettbewerbe bieten auch so genannte Boot-Camps, bei denen man mit Trainern seinen Kurzvortrag vorbereiten und optimieren kann

1. Jedes Wort sollte schriftlich ausformuliert werden. Dabei geht es um die Beantwortung von Fragen der Investoren, nicht um Informationen über sich selbst. Risikokapitalgeber fragen stets die gleichen, fundamentalen Fragen: Was ist die Chance? Wie wird das Geschäft profitabel? Wie kann ich als ein Kapitalanleger möglichst viel vom Gewinn abbekommen? Es gibt zu viele Präsentationen, in denen Produktdetails im Mittelpunkt stehen und alles andere auf wenige Folien zusammengedrängt wurde!
2. Es geht darum, Vertrauen zu wecken. Ein Weg dazu ist, sich in eine der Kategorien einzuordnen, in die die Risikokapitalgeber bereits erfolgreich investiert haben. Es bringt selten etwas, ein »einmaliges« Produkt anzupreisen, Risikokapitalgeber tendieren dazu, »einmalig« mit »klein« zu assoziieren – mit einem einzelnen Produkt anstatt eines Geschäfts. Vor allem wollen Risikokapitalgeber den »proof of concept« sehen. Was die Leute brauchen, ist gut. Noch besser ist es, wenn die Kunden ohne es nicht leben könnten. Man sollte also nicht die Produktvorteile aufzählen, sondern in Euro beziffern, was den Kunden der Bedarf oder die Ersparnisse wert sind.
3. Think big: Größer, viel größer. Es ist eine falsche Annahme, dass Risikokapitalfonds ihre Erwartungen wegen der dot.com-Krise reduziert haben. Heute wollen sie Firmen mit einem »adressierbaren« Markt von 1 Milliarde € oder mehr sehen. Man selbst muss eine mindestens dreijährige Finanzplanung vorlegen und die darin gemachten Annahmen über die Zahl der verkauften Einheiten mit der Zahl der Kunden die es dafür braucht, belegen. Diese Aussagen sind mit Fakten zu stützen.
4. Die eigene Erfahrung sollte man sichtbar darstellen, selbst wenn man als Vortragender nicht der Geschäftsführer oder Vorstandsvorsitzender ist. Wer spricht, ist im Moment die wichtigste Person der Unternehmensleitung. Die Kapitalanleger hören zu. Also gilt es, die eigenen Erfolge zu besprechen, den eigenen Wert zu demonstrieren. Wenn die Firma nur ein nagelneuer Start-up ohne Kunden und ohne Umsätze ist, investieren Risikokapitalgeber in die Fähigkeit der Unternehmensleitung, die Planung auszuführen.

5. Jeder Cent, den man einwerben will, ist zu begründen. Mit Details zeigt man, dass man ein guter Manager ist. Was genau will die Firma mit dem Geld machen? Wenn man in die Einzelheiten geht, ist es wahrscheinlicher, dass die Risikokapitalgeber einem mehr Geld geben.
6. Den Kapitalanlegern gegenüber kann man durchaus auch Planungen zeigen, wen man einstellen möchte und wie viel dieser High-Performer kosten wird. Es ist gut wenn die Unternehmensleitung heute noch nicht komplett ist. Die Risikokapitalgeber wollen mindestens teilweise dabei sein, wenn Führungskräfte in die Firma kommen.
7. Unbedingt werden alternative Exil-Strategien benötigt. Da ein Börsengang nicht immer wahrscheinlich ist, gilt es Wettbewerber zu finden, die man selbst aufkaufen kann oder an die man später die eigene Firma innerhalb eines so genannten *Tradesell* verkaufen kann.

Erfolgstipp 10 Auswahl und Koordination der Beiräte

Wenige Entscheidungen tragen so sehr zum langfristigen Erfolg einer Firma oder eines Forschungsinstituts bei wie die Art und Zusammensetzung des Aufsichtsrates. Forschungsinstitute und Hightech-Firmengründungen können erheblich von einem gut zusammengestellten wissenschaftlichen Beirat oder einem Kuratorium profitieren. Gute Beiräte bringen Durchdringung, Überblick, Kontakte und Ressourcen in die Organisation.

Ein Firmengründer oder ein Institutsleiter steht deshalb vor dem Problem, die geeigneten Beiräte zu finden, zu gewinnen und den Beirat oder Aufsichtsrat mit maximalem Effekt zu nutzen.

1. Am Anfang steht das Nachdenken über eine konkrete Vorstellung vom Gremium und seinen Mitgliedern. Sobald man diese übergeordnete Vorstellung hat, fragt man sich, welche Art von Menschen in das Gremium passen würde, wie diese dem Gründer oder Institutsleiter helfen werden und das Geschäft fördern. Es sollten Leute sein mit
   - vielfältigen, sich ergänzenden persönlichen Netzwerken und Fähigkeiten
   - Verantwortung und Engagement für Teilhaber und anderen Beteiligten
   - Wissen über die Firma oder das Institut und seine Branche
   - strategischer Vision
   - pragmatischer Problemlösungskompetenz
   - Netzwerken und Kontakten, um Personal, Fördermittel, Finanzierung und andere Ressourcen für die Firma oder das Institut anzuwerben
   - moralischem Auftreten
2. Als nächstes entwickelt man eine langfristige und überzeugende Perspektive für die Firma und definiert danach Regelwerke und Abläufe für Gremiensatzung, Anwerbung, Vergütung, Bewertung und Entlassung der Mitglieder.
   - Das Gremium sollte eine ungerade Mitgliederzahl haben, um ein Patt bei Abstimmungen zu vermeiden. Eine gute Zahl für den Anfang sind fünf, weil diese ausreichend vielfältige persönliche Kontakte mitbringen. Für die Auswahl sind Vielfalt der Meinungen, Kontakte und Zugang zu Ressourcen entscheidend.
   - Gremienmitglieder sollten von außen kommen, Mitarbeiter und Familienmitglieder sind nicht ideal, weil sie die Ideen wahrscheinlich nicht infrage stellen und erweitern. Anderseits nützen einem auch Superstars nicht, die wenig oder keine Zeit haben, sich zu engagieren.
   - Gremienmitglieder erwarten oft ein Honorar. Außerdem fühlen sich bezahlte Gremienmitglieder eher verpflichtet, sich einzusetzen und zuverlässig

zur Verfügung zu stehen. Manche Aufsichtsräte bekommen eine Sitzungsgebühr, um ein permanentes Engagement sicherzustellen, sind eine monatliche oder vierteljährliche Gebühr plus Ersatz der Auslagen oft sinnvoller. In USA sind bei *start ups* einmalige Aktienoptionen von 0.25 Prozent bis 0.5 Prozent des Stammkapitals und einer Vestingperiode (d. h. frühest möglicher Zeitpunkt zum Anteilsweiterverkauf) von drei bis fünf Jahren nicht unüblich. Eine Directors- and Officers-Versicherung deckt nicht nur die Risiken der Geschäftsführung, sondern auch von Gremien in erheblichem Maß ab und entlastet die Beiräte oder Aufsichtsräte.

- Ein Beirat braucht einen Vorsitzenden. Meistens ist es besser, wenn der Vorsitz nicht vom Geschäftsführer oder Institutsleiter ausgeübt wird. Der Vorsitzende bekommt eine etwas höhere Vergütung als der Rest des Beirats. Er setzt die Sitzungsplanung fest, überwacht die Tagesordnung, koordiniert die Ausschüsse und achtet darauf, dass man mit der wertvollen Zeit des Beirats und seiner Mitglieder respektvoll und effizient umgeht.
- Eine Festlegung von Amtsperioden oder eine andere Befristung von Amtszeiten erlaubt die gesunde Durchmischung und Auffrischung des Beirats. Beiräte sollten sich im Verlauf der Zeit ändern, um die Bedürfnisse der Firma oder des Instituts zu erfüllen. Untätige Mitglieder müssen verabschiedet werden, um die richtige Arbeitseinstellung und Platz für neues Blut zu schaffen. Die heutigen Beiratsmitglieder können dabei helfen, eine Liste potenzieller Kandidaten zu entwickeln und zu pflegen

3. Mit der Rekrutierung des Beirats beginnt auch seine Gestaltung. Gute Beiräte sind auf persönlichen Beziehungen aufgebaut. Geschäftsführer und Institutsleiter brauchen Leute, mit denen sich flüssig arbeiten lässt und sind diesen idealerweise bereits schon vor der Berufung im persönlichen Netzwerk verbunden. Beiräte sollten begeistert davon sein, in der Firma und miteinander mitzuwirken. Auch wenn das kurzfristig klingt, sollte man Beiräte danach aussuchen, ob sie die Fähigkeiten und Kontakte mitbringen, die der Firma oder dem Institut heute helfen, die Meilensteine und Ziele der nächsten achtzehn bis vierundzwanzig Monate zu erfüllen.

- Sobald die Liste der Kandidaten vorliegt, setzt man Prioritäten. Bestimmte Kandidaten können, wenn sie zugesagt haben, mit ihrem Namen und ihren Kontakten helfen, andere anzuwerben. Unabhängig davon, ob die Angesprochenen zu- oder absagen, sollte man die Fragen stellen, nach erstens möglichen Interessenkonflikten, die man selbst nicht kennt und zweitens, ob sie andere Kandidaten kennen, die man in Betracht ziehen sollte.
- Selbstverständlich wird nicht jede Einladung angenommen. Nach jedem Erfolg und jeder Absage aktualisiert und priorisiert man seine Liste neu

und macht weiter.

4. Ein Beirat muss bald und oft genutzt werden. Wie die Organe eines Lebewesens verkümmern Beiräte, wenn sie nicht benutzt werden. Auch wenn die Terminfindung nie leicht fällt, sollte man sich regelmäßig treffen. Geschäftsführer oder Institutsleiter sollten darauf achten, Informationen und Sitzungsunterlagen für die Beiräte oder Aufsichtsräte möglichst früh zu versenden, damit die Beiräte Zeit zum Nachdenken haben. Man sollte die Beiräte über die eigenen Prioritäten informieren. Wenn Problemstellungen in der Zeit zwischen Sitzungen entstehen, sollte man mit den Beiräten kommunizieren.

Einen guten Beirat aus dem Nichts aufzubauen, kann eine der besten und wichtigsten Entscheidungen sein, die den langfristigen Erfolg vorantreibt.

Checkliste 6 Gründung eines Technologieunternehmens

Wer sich entschlossen hat, eine Firma zu gründen, sollte sich gründlich prüfen. Hier sind einige Fragen, die man sich stellen sollte. Wenn man nicht jede einzelne Frage mit einer Sicherheit von mindestens 80 Prozent zufrieden stellend beantworten kann, sollte man vermutlich von der Gründung absehen.

- ❑ Habe ich Erfahrungen und Rat von Fachleuten eingeholt? Mögliche Quellen von Informationen, die man idealerweise alle in Anspruch nehmen sollte, sind Technologietransferstellen, IHK, Landeswirtschaftsministerium, Ehemalige des Instituts, die Firmen leiten oder gegründet haben, Förderbanken und Steuerberater.
- ❑ Nutze ich Netzwerke und Kooperationen? Habe ich Kontakt zum Marketing-Club, zum Selbständigenverband, zum lokalen Verein oder Cluster der Technologieunternehmer und habe ich persönliche Gespräche mit einzelnen Mitgliedern dieser Verbände?
- ❑ Habe ich eine überzeugende Planung für die nächsten Jahre? Wurde diese mit wohlmeinenden, aber kritischen Freunden oder Experten besprochen und hat auch diese überzeugt? Potenzielle Investoren werden genau hinterfragen, wie man mit seinem Geschäftsmodell Geld verdienen wird. Zyniker unter den Investoren werden das Gespräch mit der Frage beginnen, wem sie ihre Anteile für wie viel in zwei Jahren weiterverkaufen können. Diese Fragen, egal, ob sie wirklich gestellt werden oder nicht, müssen zufrieden stellend beantwortet werden, weil sie sonst auf Lücken in der Businessplanung verweisen.
- ❑ Bin ich ein »self-starter«? Kann ich mich selbst und andere motivieren? Kann ich auch unter schwierigen Bedingungen immer wieder der Antrieb sein?
- ❑ Werde ich in der Lage sein, die besten Talente und Manager anzuwerben? Das erste Team besteht vielleicht nur aus einem selbst und ein paar externen Helfern wie Patentanwälten, Rechtsanwälten, Steuerberatern, PR-Beratern und Werbeagenturen. Kann ich diese zumindest teilweise über Gewinnbeteiligungen oder Anteilsoptionen bezahlen und so für die richtige Motivation und Zielrichtung sorgen? Wenn ein oder wenige erste Mitarbeiter bereits im Team sind: sind diese überdurchschnittlich intelligent, loyal und pragmatisch? Um das erste Kernteam herum wird das gesamte zukünftige Team gebildet werden.
- ❑ Erfüllen meine Produkte und Dienstleistungen echte, einleuchtende Bedürfnisse oder Nachfragen? Kenne ich meine Kunden genau genug?
- ❑ Ist sichergestellt, wie ich neue Produkte und Dienstleistungen entwickeln kann? Man kann selbst nur einen kleinen Teil seiner Energie und Zeit in

eigene Forschung und Entwicklung stecken. Wie erfolgreich man als Manager sein wird, hängt sehr stark davon ab, wie man Produktentwicklung, Markteinführung und Vermarktung seiner Leistungen koordinieren kann.

❑ Kenne ich meinen Wettbewerb genau? Kenne ich deren Leistungsspektrum, deren Preise und Geschäftsmodelle? Unbedingt sollte man bedenken, dass es in der Regel immer einen Wettbewerb geben muss: wenn es keinen Wettbewerb gibt, gibt es auch keine Nachfrage.

❑ Ermöglicht meine Technologie wirklich neue Fähigkeiten, Markt- oder Kostenvorteile? Ist sie einzigartig? Hat eventuell jemand anderes die Technologie schon erfunden und geschützt? Habe ich alle Patent- und Literaturrecherchen durchgeführt?

❑ Brauche ich Lizenzen von anderen? Bekomme ich diese ganz sicher zu akzeptablen Preisen? Ideen, die an der Universität oder bei einem anderen Arbeitgeber entwickelt wurden, gehören typischerweise der Organisation. Eine Firma zu gründen, erfordert in diesem Fall gekonnte Verhandlungen mit der Verwaltung und den Vorgesetzten.

❑ Wie viel kann Zeit kann ich überbrücken, wenn Einnahmen ausfallen? Wenn die Firma wächst und investieren muss, das Volumen zunimmt, kann ich dann auch überbrücken? Was passiert mit mir und meinen Mitarbeitern, wenn man über einen längeren Zeitraum keine Finanzierungsrunde schafft?

❑ Gibt es fundamentale Bedrohungen? Kann es sein, dass das eigene Produkt teurer angeboten werden muss, als Wettbewerbsprodukte oder Substitute (andere Wege zur Befriedigung des Kundenbedürfnisses)?

❑ Kann ich persönlich die Interessenskonflikte zwischen Kunden, Investoren und Mitarbeitern ausbalancieren und steuern? Teammitglieder erwarten eine Unterstützung in der beruflichen Entwicklung, eine Berücksichtigung der familiären Verantwortung und eine hohe Sicherheit. Das Unternehmen verlangt die besten Köpfe an der richtigen Stelle, eine stetige Anpassung der Organisation und der Personalstärke an die Finanzierungs- und Marktsituation. Investoren wollen maximales Wachstum und hohe Gewinne sehen. Es ist immer wieder eine echte Herausforderung, die sachgerechte, optimierte Umsetzung von Geschäftserfordernissen mit guten persönlichen Beziehungen zu den Mitarbeitern zu verbinden.

❑ Kann ich Planung und Opportunitätsmanagement verbinden? Als Führungskraft muss man zu erwartende Schwierigkeiten einplanen und sich Freiraum schaffen, unerwartete zu lösen.

- ☐ Wie viel bedeutet mir Erfolg? Wenig im Geschäftsleben macht solche Lebensfreude, wie eine Idee bis zur Vermarktung zu treiben. Erfolg unterstützt die Selbstachtung und bietet Raum, die eigenen Potenziale, die Problemlösungskompetenz und die Kreativität herauszufordern. Vom Markt akzeptierte Produkte und Dienstleistungen bieten ein Maximum an wirtschaftlicher Unabhängigkeit. Nicht jedem gelingt es aber, tägliche Probleme oder Kritik zu überwinden, die einem den langen Weg zum Erfolg schwer machen.

Checkliste 7 Beirats- und Ausschusssitzungen

Sitzungen von Beiräten, Aufsichtsräten, Kuratorien etc. finden zwar nur viertel-, halb- oder sogar nur jährlich statt, aber sie sind für das Leben eines Instituts oder einer Firma sehr wichtig. Hier sind ein paar wichtige Punkte, die beachtet werden sollten:

- ❑ Kenne ich die Satzung? Wer mit einem Gremium zu tun hat, sollte sich die Satzung gründlich durchlesen. Meist enthält sie Festlegungen, mit wie viel zeitlichem Vorlauf zu einer Gremiensitzung eingeladen werden muss, ob die Einladung mit eingeschriebenem Brief zu erfolgen hat, ob Beschlussvorlagen vorher zugesandt werden müssen etc.
- ❑ Sind Hotelzimmer nötig? Wenn Gremienmitglieder von außerhalb anreisen, sollte man rechtzeitig vor der Sitzung ein Kontingent mit genügend Hotelzimmern provisorisch reservieren.
- ❑ Gibt es ein Mittagessen oder einen Imbiss? Sind Tagungsgetränke vorhanden? Oft ist es sinnvoll, am Vorabend des Treffens ein gemeinsames Abendessen in einem guten Restaurant zu veranstalten. Wenn man dies plant, muss auch der Tisch im Restaurant rechtzeitig gebucht werden.
- ❑ Wann muss die Einladung versandt werden? Mit dem in der Satzung vorgeschriebenen Vorlauf (wenn nichts in der Satzung steht, zwei bis drei Wochen vor der Sitzung) versendet man eine Einladung an alle Teilnehmer mit Anreisebeschreibung, Zeitplanung und einer vorläufigen Tagesordnung.
- ❑ Gibt es ein System zur Teilnahmebestätigung? Dies kann aus einer Webseite bestehen, aber auch die Möglichkeit, sich per Postkarte, E-Mail oder Telefon anzumelden, kann sinnvoll sein. Wichtig ist, dass man rechtzeitig vor der Veranstaltung einen Überblick hat, wer zugesagt hat und wer absagen musste.
- ❑ Ist der Vorsitzende gewählt? Hat man einen möglichen Kandidaten für den Vorsitz angesprochen und dessen Bereitschaft geklärt? Der Vorsitzende des Gremiums ergibt sich aus der Satzung oder er wird zu Beginn der Sitzung durch Wahl bestimmt. Als Organisator sollte man ggf. den gewünschten Vorsitzenden vorab anrufen und seine Verfügbarkeit abklären. Auf keinen Fall sollte am Anfang der Sitzung eine lange Debatte über Sitzungsleitung die Laune der Teilnehmer verderben.
- ❑ Steht die Tagesordnung? Ist diese satzungsgemäß? Der Vorsitzende verteilt zu Sitzungsbeginn Kopien der Tagesordnung und fragt nach Wünschen zur Abänderung der Tagesordnung oder der Aufnahme neuer Punkte.

- ❑ Ist die Tagesordnung fokussiert genug? Die Tagesordnung sollte so geplant sein, dass die Sitzungsdauer ausreicht, um alle Punkte zu diskutieren und alle notwendigen Punkte zu beschließen.
- ❑ Ist Raum für Änderungen? Auch mit Änderungen sollte die Tagesordnung so konzentriert sein, dass keine Punkte ausfallen müssen, weil einzelne Teilnehmer zum nächsten Termin oder zum Flugzeug müssen.
- ❑ Ist der Ausschuss beschlussfähig? Meistens ist ein Gremium nur dann beschlussfähig, wenn eine gewisse Anzahl abstimmungsberechtigter Mitglieder anwesend ist. Zu Beginn der Sitzung stellt der Vorsitzende fest, ob das Gremium beschlussfähig ist oder nicht. Wenn die Zahl der Anwesenden nicht für die Beschlussfähigkeit ausreicht, sind die getroffenen Beschlüsse rechtlich nicht bindend.
- ❑ Wird immer wieder geprüft, ob Beschlussfähigkeit noch besteht? Wenn Mitglieder vorzeitig gehen, muss auch geprüft werden, ob man danach noch beschlussfähig ist. Wenn nicht, können keine bindenden Beschlüsse mehr gefasst werden.
- ❑ Wurden Versammlungsleiter und Protokollführer korrekt bestimmt? Der erste formale Beschluss betrifft ggf. die Wahl des Versammlungsleiters und des Protokollführers. Als nächstes wird die Tagesordnung beschlossen und danach das Protokoll der letzten Sitzung formal bestätigt.
- ❑ Wurde geprüft, ob die einzelnen Beschlüsse gefasst werden dürfen? Es können nur solche Beschlüsse gefasst werden, die durch Satzung oder Gesetze nicht übergeordneten Gremien, wie z. B. der Gesellschafter- oder Aktionärsversammlung vorbehalten sind.
- ❑ Wird ein Protokoll erstellt? Die gesamte Gremiensitzung sollte durch eine Person, die nicht die Sitzung leitet, schriftlich festgehalten werden. Das Protokoll ist wichtig: »Wer schreibt, der bleibt«.
- ❑ Wurde das Protokoll der vorhergehenden Sitzung beschlossen? Das Protokoll und die darin enthaltenen Beschlüsse werden in der Regel erst endgültig wirksam, wenn das Protokoll der letzen Sitzung beschlossen wurde.
- ❑ Wurde das Protokoll innerhalb einer Woche nach der Sitzung an die Teilnehmer verschickt? Enthält es den Hinweis auf Ort und Zeit der nächsten Sitzung?

15 Business Development

Business Development ist eine Sammelbezeichnung für Vorgehensweisen, die konzipiert wurden, um ein Unternehmen wirtschaftlich wachsen zu lassen.

Es besteht aus Aktivitäten wie

- Bewertung von Marketingchancen und Zielmärkten
- Informationssammlung über Kunden und Wettbewerber
- das Finden mögliche Kunden (der so genannten *leads*)
- Bewirken von Folgeaufträgen
- Entwerfen formaler Angebotsschreiben
- Entwurf von Geschäftsmodellen

Business Development enthält die Bewertung von Geschäften und das Erkennen von deren vollen Potenzial unter Verwendung von Werkzeugen wie Marketing, Vertrieb, Informationsmanagement und Kundenservice. In einem erfolgreichen Unternehmen hört Business Development nie auf, sondern bleibt ein fortlaufender Prozess. Erfolgreiches Business Development erfordert oft in mehrfacher Hinsicht interdisziplinäre Ansätze und nicht nur »Verkaufen an Kunden«. Fast immer benötigt ein wachsendes Geschäft eine detaillierte Strategie, die finanzielle, juristische und technologische Möglichkeiten und Potenziale sowie Werbung einsetzt. Business Development lässt sich nicht auf einfache Schemata reduzieren, die zu allen oder wenigstens vielen Konstellationen passen, denen Unternehmen alltäglich gegenüberstehen werden. Neue und unvorhergesehene Herausforderungen verlangen Kreativität, um ein Unternehmen auf dem Pfad nachhaltigen Wachstums zu halten.

Kleine Firmen im Privatbesitz oder manche Forschungsinstitute verzichten oft auf professionelles Business Developments und verlassen sich stattdessen auf ihre existierenden Kontakte oder darauf, dass Kunden mit ihren Bedürfnissen irgendwie zu ihnen kommen werden. Dies hat zur Folge, dass sie ihre Beziehungen, die sehr oft persönlich oder zu lose sind, nicht wirksam einsetzen können. Dann bleibt das Folgegeschäft oft aus, die »Pipeline« leer.

Dabei meint man mit der Pipeline den künftigen Zufluss potenzieller Kunden, den die Firma heute erzeugt: Jeder potenzielle Kunde steht mit einer prozentualen Wahrscheinlichkeit der voraussichtlichen Umsätze in einer Liste. Der gewichtete Durchschnitt aller potenziellen Kunden in der Pipeline dient dazu zu planen,

Ressourcen und Personal, somit Chancen und gleichzeitig Kosten entweder aufzustocken oder abzubauen.

In größeren und etablierten Firmen besonders in technologiebezogenen Branchen bezieht sich Business Development oft auf das Schaffen und Managen strategischer Beziehungen und Allianzen mit anderen Firmen. In solchen Fällen ergänzen sich die Firmen gegenseitig wirksam in

- ihren Technologien
- anderem Know-how
- Schutzrechten
- Produkten
- Dienstleistungen
- oder Marktzugang,

ohne Zeit und Geld damit zu verlieren, diese selbst mit inneren Ressourcen zu erlangen. Die Einnahmen werden mittels einer Lizenzvereinbarung geteilt. Beispielsweise kann sich eine Biotechnologiefirma mit einem neuen Medikament und mit einer erfolgreichen Technologie mit einer großen Pharma-Firma zusammenschließen, die eine existierende Kundenbasis und Vertreterteams hat, um zusammen den Markt zu durchdringen und den Gewinn zu teilen.

Angesichts des Reichtums an Ansätzen, durch Identifizieren, Forschen, Analysieren und Verfahren des Markteintritts, konzentriert sich Business Development in diesen Firmen auf die Implementierung des strategischen Businessplans durch Eigenkapitalfinanzierung, Erwerbung/Veräußerung von Technologien, Produkten und Firmen sowie die Entwicklung strategischer Partnerschaften.

15.1 Geschäftsmodelle (*Business Models*)

Das Geschäftsmodelldesign als Teil des strategischen Managements und seine Implementierung in Organisationsstruktur (Organigramme, Arbeitsabläufe, Personal etc.) und Systeme (IT-Architektur, Produktionseinrichtungen) bestimmt, wie optimiert eine Organisation ihre Technologien, ihr Know-how und Ressourcen zu Geld machen kann. Produkte oder Dienstleistungen, deren Vertrieb, die Mitwirkung der Kunden, Vertrieb an mehrere Kundengruppen (z. B. Anzeigenkunden und Abonnenten einer Zeitschrift) oder Preisgestaltung in einem Zusammenhang erfolgen, gehören zusammen. Ein Geschäftsmodell ist eine Abstraktion dessen, wie ein Geschäft funktioniert. Im Mittelpunkt steht die Idee, dass man mit ein und demselben Produkt oder der Leistung auf verschiedene Art Geld verdienen kann.

Es gibt sehr viele Konzepte über Geschäftsmodelle. Einige Beispiele für Geschäftsmodelle, die in den letzten Jahren genutzt und beschrieben wurden, sind:

- Das Abonnements-Geschäftsmodell
- Das Rasierklingen-Geschäftsmodell (Wurm und Angelhaken)
- Das Direktvertriebsmodell (Umgehung des Einzelhandels)
- Das Premium-Geschäftsmodell (bezahlpflichtige »Premium«-Dienste)
- Das freemium-Geschäftsmodell (Mischung aus freien Basisleistungen und kostenpflichtigen Premium-Diensten)

Jedes Geschäftsmodell besteht aus den folgenden Elementen:

1. Infrastruktur der Wertschöpfung
2. Nutzenversprechen
3. Kundenmanagement
4. Ertragsmodell

Die Infrastruktur der Wertschöpfung enthält:

- Kernkompetenzen, die notwendig sind, damit die Firma das Geschäftsmodell umsetzen kann
- das Partnernetzwerk, geschäftliche Allianzen von Partnern und Unterlieferanten, die sich gegenseitig ergänzen.

Das Nutzenversprechen besteht aus dem logischen Grundprinzip, das ein Geschäft für das Unternehmen und für die Kunden gleichermaßen attraktiv macht.

Das Kundenmanagement befasst sich damit, mit wem Geld verdient wird. Es beinhaltet:

Zielkunden Die Zielgruppe für die Produkte und Dienstleistungen eines Unternehmens

Vertriebswege Vertriebswege sind die Möglichkeiten, Produkte und Dienstleistungen an Kunden anzubieten und auszuliefern.

Kundenbeziehungsmanagement Kundenbeziehungen sind die Bindungen, die eine Organisation zwischen sich selbst und verschiedenen Kundensegmenten aufbaut und pflegt.

Ertragsmodell Das Ertragsmodell beschreibt, wie sich verschiedene Arten der Einnahmen ergänzen und summieren. Es betrachtet die Kosten und die Einnahmen:

> **Kostenstruktur** Darunter versteht man die finanziellen Konsequenzen aus den Mitteln, die im Geschäftsmodell verwendet werden, inklusive der Gemein- und Managementkosten.

Einnahmen Die Art, wie eine Organisation Geld durch verschiedene Einnahmeströme verdient, oder auch die Zusammensetzung des Umsatzes.

Eines der bekanntesten Geschäftsmodelle ist das so genannte Rasierklingen-Geschäftsmodell. Es besteht daraus, dass man ein Grundprodukt (z. B. einen Rasierklingen-Halter) zu einem sehr geringen Preis anbietet, teilweise mit Verlust. Dieses Grundprodukt entspricht einem Wurm am Angelhaken. Das Geld wird mit den Verbrauchsmaterialien (*Refill*), assoziierten Produkten oder Dienstleistungen verdient, die während des Gebrauchs des Grundprodukts immer wieder gekauft werden. Beispiele sind Rasierklingen-Halter (Wurm) und Klingen (Haken), Mobiltelefone (Wurm) und Verbrauchsminuten (Haken), Tintenstrahldrucker (Wurm) und Druckerpatronen (Haken), pdf-Reader (Wurm) und pdf-Writer (Haken).

15.2 Wertschöpfungsketten

Die Analyse von Wertschöpfungsketten wird eingesetzt, um die wesentlichen Geschäftsprozesse einer Organisation zu identifizieren und festzustellen, wie sie aufeinander einwirken. Mit Wertschöpfungskette (auch logistische Kette, *Supply Chain* oder Lieferkette) wird der Weg eines Produktes oder einer Dienstleistung bis zum Verbraucher mitsamt der in jeder Stufe erfolgten Wertsteigerung (Mehrwert) bezeichnet. Die Idee der Wertschöpfungskette wurde 1985 von dem Wirtschaftswissenschaftler Michael E. Porter eingeführt. Von der Wertschöpfungskette zu unterscheiden ist die Wertkette (*Value Chain*), welche sich ausschließlich auf die intraorganisationalen Bereiche bezieht. In der Literatur werden beide Begriffe jedoch manchmal auch synonym gebraucht.

Jede Organisation beruht auf Prozessen und Tätigkeiten, die durchgeührt werden, um Dienstleistungen und Produkte zu entwickeln, herzustellen und zu vertreiben. Diese Aktivitäten lassen sich als eine Wertkette darstellen. Die Wertkette beschreibt, was eine Organisation macht, wie sie es macht, also wie sie ihre Geschäftsstrategie umsetzt.

In jeder Wertschöpfungskette lassen sich Aktivitäten oder Tätigkeiten identifizieren, welche einen Kundennutzen bzw. Wettbewerbsvorteile schaffen. Diese Aktivitäten gilt es zu fördern und auszubauen. Solche Aktivitäten werden Wertaktivitäten (*value activities*) genannt.

Wertaktivitäten können in zwei Hauptkategorien klassifiziert werden:

- primäre Aktivitäten
- unterstützende Aktivitäten

Primäre Aktivitäten sind die Aktivitäten wie die Herstellung, der Verkauf und der Kundendienst. Unterstützende Tätigkeiten sind Aktivitäten, die für die Ausübung der primären Aktivitäten erforderlich sind (Einkauf, Forschung & Entwicklung, Personalwesen, Führungs- und Informationssysteme). Beide Aktivitätstypen können eine Quelle für Wettbewerbsvorteile bilden.

Um Kosten zu verringern und um Leistung zu verbessern, darf eine Organisation die einzelnen Wertaktivitäten nicht unabhängig voneinander betrachten; die Analyse muss Aktivitäten und Verbindungen zwischen Aktivitäten einbeziehen.

Verbindungen existieren nicht nur innerhalb der Wertkette einer Organisation, sondern überschreiten organisatorische Grenzen. Diese Verbindungen entsprechen den internen Verbindungen und beeinflussen die Kosten oder Leistung der Organisation.

Jedes Produkt bzw. jede Dienstleistung einer Organisation ist eine Beitrag für die Wertkette ihres Kunden. Um erfolgreich zu sein, muss eine Organisation für ihre Kunden Wettbewerbsvorteile durch eine Beinflussung von deren Wertkette schaffen, d. h., einen positiven Effekt auf die Kosten bzw. Leistungsfähigkeit der Kunden haben.

15.3 Beispiel für eine Wertschöpfungskette – die Arzneimittelforschung

Die moderne Arzneimittelforschung erfolgt derzeit in mehreren, aufeinander folgenden Schritten: In der biologischen Forschungsphase geht es darum, den Ansatzpunkt im Körper, in einem Organ oder in den Zellen zu entdecken, an dem ein Medikament ansetzen kann, um eine Krankheit zu bekämpfen. Dieser Ansatzpunkt, das so genannte Target, ist häufig ein Protein, das in dem biologischen Prozess, der für die Krankheit verantwortlich ist, eine Rolle spielt.

Wenn man das Target kennt (Target-Identifizierung) und sichergestellt wurde, dass es auch tatsächlich bei der Krankheit eine Rolle spielt (Target-Validierung), gilt es in einer chemischen Forschungsphase herauszufinden, welche chemische Substanz auf den Zielort wirkt (Wirkstoffsuche). Ergänzend werden spezielle Computersimulationsprogramme entwickelt und verwendet, um herauszufinden, welches Target welche Substanz geeignet sein könnte (Computer Aided Drug Design). Im experimentellen Test, dem Screening, wird untersucht, welche Wirkung die neu synthetisierten Stoffe haben. Ist ein für das gewählte Target vielversprechender Wirkstoff-Kandidat gefunden, wird in der präklinischen Phase im Reagenzglas, an Zellkulturen oder Versuchstieren geprüft, ob er toxisch ist,

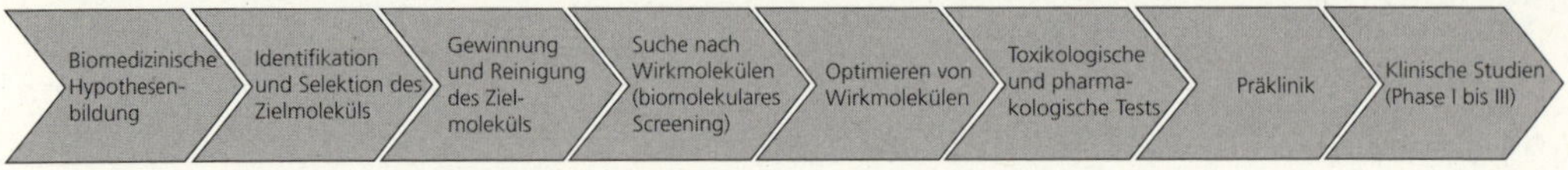

Abbildung 15.1: Wertschöpfungskette der Arzeneimittel-Forschung

ob er vom Körper aufgenommen werden kann, vom Körper aufgenommen und ausgeschieden wird (Wirkstoffprüfung).

Von vielen Tausend Substanzen am Anfang des Screenings bestehen nur noch einige wenige die präklinische Phase. Diese Substanzen werden patentiert und so vor Nachahmern geschützt. Zuletzt wird der Wirkstoff in drei Schritten in der klinischen Phase zum zugelassenen Medikament. Dabei werden die Wirksamkeit für den Menschen, die Dosierung und Verträglichkeit an Testpatienten überprüft. Ein sehr großer Teil der verbleibenden Wirkstoffkandidaten zeigt in der klinischen Phase Probleme und nur sehr wenige Wirkstoffe erreichen am Ende der Forschung die Patienten und den Markt. Wie grundsätzlich bei Wertschöpfungsketten gibt es für jede Phase spezialisierte Unternehmen. Viele Firmen decken aber auch alle Wertschöpfungsphasen ab.

15.4 Literaturempfehlungen

Osterwalder, A. and Y. Pigneur, *Business Modell Generation*. 2009: Selbstverlag.

Porter, M., *Competitive advantage: Creating and sustaining superior performance*. 1998: Free Press.

Slywotzky, A., D. Morrison and B. Andelman, *The profit zone: how strategic business design will lead you to tomorrow's profits*. 1998: Wiley.

Slywotzky, A., et al., *Profit patterns: 30 ways to anticipate and profit from strategic forces reshaping your business*. 1999: Times Business.

Checkliste 8 Ist eine Technologie überzeugend?

Die Analyse der Wertschöpfungskette ist ein nützliches Instrument für Investitionsmanager, um die wirtschaftliche Arena zu verstehen, in der ein Unternehmen tätig ist. Ebenso ist sie für Unternehmen wertvoll, damit es die richtigen Fragen nicht in technischen Details verliert. Ein Investitionsmanager muss bewerten, ob das Unternehmen eine Positionierung vorgenommen hat, aus der es gut die Kunden erreichen kann, kein Problem hat, sein Produkt herzustellen, und genug Verhandlungskraft besitzt, um zu verhindern, dass es von den anderen Anbietern in der Wertschöpfungskette verdrängt wird.

- ❑ Kann ich die Wertschöpfungskette auf ein Blatt Papier skizzieren oder in einer PowerPoint-Präsentation darstellen? Kann ich außerdem die Wertschöpfungskette der Branche beschreiben?
- ❑ Weiß ich, was die wichtigsten Leistungen für die Kunden sind und was die Kunden dafür bezahlen (werden)?
- ❑ Habe ich mir überlegt, welche Teile der Wertschöpfungskette ich einnehmen werde und welche von anderen (Partner, Hersteller, Lieferanten und Distributoren) eingenommen werden?
- ❑ Leistet mein Unternehmen eine substanzielle Wertschöpfung in der Wertschöpfungskette?
- ❑ Kann mein Unternehmen kann außergewöhnlich billig und leicht einige Schritte in der Wertschöpfungskette überspringen?
- ❑ Habe ich eine Strategie, meine Verhandlungsmacht gegenüber den anderen Akteuren zu erhöhen, oder habe ich eine starke Marktposition, weil meine direkten Kunden oder Lieferanten kleine, zerstreute Käufer und Verkäufer sind, die keine Verhandlungsstärke haben? Oder können die direkten Kunden oder Lieferanten mein Unternehmen leicht unter Druck setzen oder haben sie wenig Interesse beim Arbeiten mit einer neuen Technologie oder Start-up-Firma?
- ❑ Kann ich den Verbraucher leicht erreichen, kann zwischen verschiedenen Vertriebswegen wählen oder habe ich eine umsetzbare Kommunikationstrategie, Verbraucher so zu informieren, dass auch schwer zu erreichende Verbraucher wirksam erreicht werden?
- ❑ Sind die Quellen (eigene Erfahrung, Internet, Marktforschung, Jahresabschlüsse etc.) meiner Informationen, die ich benutzt habe, um die Wertschöpfung zu

analysieren, zuverlässig? Habe ich bessere Quellen als nur allgemeine Markt- und Trendstudien?

16 Mitarbeiter führen und finden

16.1 Elan in Teams

Jeder kennt Teams, bei denen beständig ein gewisser Glanz zu verspüren ist, bei denen Energie spürbar fließt und Wille und Zuversicht deutlich zu fühlen sind. Vielleicht kennt der eine oder andere aber ebenso auch Arbeitsgruppen, bei denen jedes Mitglied die Lösung von Problemen nur von außen erhofft, jeder lediglich die Schwierigkeiten und Belastungen der Arbeit sieht und alle oder fast alle in einem Status der Problemtrance verharren. Deshalb ist der Elan unverzichtbare Voraussetzung erfolgreicher Forschungsarbeit, und es ist die Aufgabe jedes Teammitglieds, diesen Elan immer wieder neu zu entfachen. Jeder hat die Aufgabe, seine Kollegen anzustecken, damit die Dynamik nicht in den dissipativen Einflüssen von außen und innen verloren geht.

Es kommt nicht nur auf die Führungspersönlichkeit, sondern auf jeden im Team an. Es gibt Teams, bei denen der Enthusiasmus fast nur von den Teammitgliedern kommt. Ein völlig lustloses Team kann auch der beste Teamleiter nicht alleine in Schwung versetzen. Ungeachtet dessen hat eine Führungspersönlichkeit mehr Einfluss als andere Einzelne auf den Elan und Erfolg einer Arbeitsgruppe.

16.2 Führung

Führung bedeutet, den Mitarbeitern und der Organisation, den Kunden und den Geldgebern Orientierung und Richtung zu geben. Führungsleistung muss sich an dem messen lassen, was das individuelle Unternehmen oder die individuelle Forschungsorganisation braucht:

- Mitarbeiter-Engagement
- Entwicklung von Mitarbeiter-Potenzialen
- Forschungsergebnisse
- Erfüllung der wirtschaftlichen Kennzahlen
- nachhaltige Innovationen
- aktive Bewältigung von Veränderungsprozessen

Besondere Bedeutung haben kommunikative Aufgaben der Führungskraft wie das Herausfiltern und Verteilen der für das Team wichtigen Information, die in der schnellebigen, globalisierten Umwelt von überallher hereinquellen. Ebenso sind Rückmeldungen an den Einzelnen und das gesamte Team von besonderer Wichtigkeit. Rückmeldungen an Mitarbeiter und Kollegen sind sehr förderlich, wenn sie so erfolgen, dass sie die gewünschte Wirkung zeigen, nämlich, wenn sie nicht zu defensiver Verteidigung anregen.

Menschen in Führungsverantwortung müssen Mut machen, gerade in einem sich verändernden Umfeld. Als Grundlage dient die notwendige Weitsicht bei der Ausrichtung der Organisation. Aber auch in unvorhergesehenen Krisensituationen sind Chancen vorhanden, die man nutzen kann. Dafür benötigt eine Führungspersönlichkeit Kreativität, Vorbildwirkung und Nähe zu den Mitarbeitern.

Führungskunst schafft es, den Bedürfnissen des Unternehmens und denen der Menschen gleichzeitig gerecht zu werden. Führung bewirkt, dass Mitarbeiter Verantwortung übernehmen, dass das Potenzial derMitarbeiter freigesetzt wird, dass die Mitarbeiter morgens gerne zur Arbeit kommen.

» *Macht ist die Fähigkeit, andere zu bewegen, etwas zu tun. Gewalt ist die Fähigkeit, andere zu bewegen, etwas gegen ihren Willen zu tun.* «

Max Weber (Mitbegründer der Soziologie in Deutschland)

Eine Führungspersönlichkeit in der Forschung ist zu Recht meistens selbst Fachmann. Sie beherrscht ihr Fachgebiet, wird als Experte von ihren Mitarbeitern konsultiert, erkennt sehr schnell fachliche Defizite in ihrem Bereich. Eine wirklich gute Führungspersönlichkeit erliegt dennoch nicht der Versuchung, die wichtigen Entscheidungen alle selbst zu treffen. Stattdessen hat sie eine Vision und gibt eine langfristige Perspektive, mobilisiert und inspiriert ihre Mitarbeiter und bindet sie in ihre Denkweise ein. Sie schafft Bewegung im Unternehmen oder der Organisation und bewirkt Veränderungen.

Wie bereits im Kapitel *Start als Manager in der Industrie* auf Seite 163 beschrieben, sind die Erwartungen an die Möglichkeiten und Aufgaben von Führungskräften häufig widersprüchlich. Dazu kommt, dass es die unten aufgeführten, im Prinzip gleichwertigen Optionen gibt, wie Organisationen geführt werden. Auch wenn alle Optionen in der Praxis von Bedeutung sind und funktionieren, haben verschiedene Menschen oft sich widersprechende Bilder im Kopf, wie ihre Organisation gut geführt werden. Jeder Einzelne in Führungsposition sollte sich klar werden, welche Rolle ihm selbst am besten liegt und zur Organisation passt und sich nicht durch unpassende Erwartungen irritieren lassen.

Der deutsche Soziologe Max Weber unterschied bereits in den Zwanzigerjahren drei ideale Arten von Führung, Herrschaft und Berechtigung:

- Traditionale oder patrimoniale Herrschaft beruht auf dem Alltagsglauben an die geltenden Traditionen und die Legitimität der durch sie Berufenen
- Charismatische Herrschaft beruht auf dem Glauben an die Heiligkeit oder Heldenkraft einer Person und der durch sie geschaffenen Ordnung
- Bürokratische oder rationale Herrschaft beruht auf dem Glauben an die Legalität gesetzter Ordnungen (Gesetze, Regeln, Zuständigkeiten).

Max Weber bezog diese Grundformen auf legitime Machtausübung in Staaten. Die Organisationswissenschaft hat sie aufgegriffen und hinsichtlich der Führung in Unternehmen und Organisationen modifiziert:

- Patriarchalischer Führungsstil: Dieser zeichnet sich aus durch unumschränkte Alleinherrschaft, Mitarbeiter werden an Entscheidungen nicht beteiligt, es gelten streng hierarchische Ordnung und unbedingten Gehorsam und Disziplin
- Charismatischer Führungsstil: Dieser beruht auf starker persönlicher Ausstrahlung
- Bürokratischer Führungsstil: Dieser leitet sich aus den Regeln ab. Instrumente sind Pläne, Richtlinien, Stellenbeschreibungen und Dienstanweisungen. Die Funktion ist nicht an eine Person gebunden, sondern auf Zeit verliehen und übertragbar.

Reste der traditionellen Herrschaftsformen zeigen sich unter anderem an Anreden, die vereinzelt noch in der Universität (Magnifizenz für den Univesitätspräsidenten, Spektabilität für den Leiter einer Fakultät/Dekan, Herr Professor, Herr Doktor) gebräuchlich sind. In der Führungsliteratur kommt sie oft gar nicht vor oder hat einen eher schlechten Ruf. Traditionelle Führung sorgt jedoch für Stabilität und verhindert, dass alle Positionen stetig infrage gestellt und diskutiert werden.

Charismatische Führung ist wichtig bei der Neugründung von Unternehmen, für den Start großer, ehrgeiziger Projekte und bei der Bewältigung großer Krisen, wo etablierte Vorgehensweisen gescheitert sind und durch gemeinsame andersartige Anstrengungen ersetzt werden müssen. Sie bringt jedoch keine Garantie, dass Enthusiasmus und Mission richtig, ethisch oder erfolgreich sein werden. Zum charismatischen Führungsstil gehören die Fähigkeiten,

- komplizierte Ideen in einfache Nachrichten zu konzentrieren

- mithilfe von Analogien, Symbolen, Metaphern und Geschichten zu kommunizieren
- Risiko zu genießen
- optimistisch zu sein
- rebellisch zu sein

Müssen charismatische Führer glaubwürdig und authentisch sein? Gardner und Alvolio, 1998 betrachten charismatischen Führungsstil nur als ein Verfahren, Eindruck zu machen.

Die Wahrheit liegt irgendwo dazwischen. Ohne eigene Überzeugung wird man kaum auf Dauer andere überzeugen können. Ohne eine bewusste Inszenierung wird man nicht dauerhaft genug die notwendige Stärke ausstrahlen, die für einen charismatischen Führungsstil notwendig ist.

Die rationale Führung kommt in der Literatur über Führungsstile und Firmenkulturen besonders schlecht weg. Sie wird oft mit Reglementierung und Starrheit in Verbindung gebracht. Formale Strategien, Pläne, Projekt- und Prozess- und Qualitätsmanagement, Controlling, Vorschriften und Regelungen können aber auch dazu beitragen, dass

- Kunden und Mitarbeiter, die einen Anspruch auf Gleichbehandlung haben, gleich behandelt werden
- auf Ordnung und Gerechtigkeit geachtet wird
- Arbeitsabläufe rationalisiert werden
- an der Spitze des Unternehmens gefällte Entscheidungen schnell bis in die untersten Verzweigungen hinein umgesetzt werden.

» *Bevor wir andere führen, müssen wir uns selbst führen können.* «

Ursachen für Fehler in der Mitarbeiterführung

Es kommt immer wieder vor, dass Forscher, Entwickler und Manager, die in Führungspositionen aufsteigen, den Elan auf dem Weg verlieren. Irgendwann werden die Tage ausgefüllt mit Budgetdiskussionen, Sitzungen mit Marketing- und Produktionsabteilungen, Motivationsgesprächen mit dem eigenen Team und mit dem Nachdenken über neue Organisationsstrukturen. Die Gefahr besteht, dass der »aufgestiegene« Forscher das Gefühl hat, trotz harter Arbeit den ganzen Tag nichts Sinnvolles erreicht zu haben. Statt mit der Forschung selbst, beschäftigt man sich mit Leitungsaufgaben und Organisation, also für viele »echte«

Forscher keine sinnstiftenden Tätigkeiten. Das eigene Wertesystem bewertet die Strukturaufklärung eines Enzyms, die Entwicklung einer Brennstoffzelle oder das Design eines Flugzeuges höher als die Managementfunktion. Es ist deshalb sehr wichtig, dass ein Forscher, der Führungsaufgaben übernimmt, auch sein internes Wertesystem entwickelt, so dass er nicht mehr nur die Arbeit am Labortisch, sondern die Herausforderungen, die mit dem Management verknüpft sind, wertschätzt.

Es gibt Führungskräfte, die den Anspruch an sich stellen, stets souverän erscheinen zu müssen. Die kreativen, unabhängigen, neugierigen und intelligenten Mitarbeiter, die man sich in der Forschung wünscht, wissen, dass das unmöglich ist. Jeder Mensch hat Grenzen; der Zwang, stetig dazuzulernen, wird von Jahr zu Jahr größer. Niemand kann über allen Dingen stehen. Rational betrachtet, weiß das jeder. Es ist jedoch wichtig, auch die inneren Erwartungen anzupassen, damit man selbst Elan und Freude empfinden und auf andere übertragen kann. Wer den Anspruch auf Perfektion aufgibt, lernt, Risiken eingeht, Fehler akzeptiert und offen und bewusst das Gelernte zur Gestaltung der Zukunft anwendet, setzt ungeahnte Energien in seinem Team frei.

Wer viele Mitarbeiter leitet, genießt meistens mehr mehr Ansehen und erzielt auch oft ein höheres Gehalt. Wenn Vorgesetzte allerdings für mehr als drei bis sieben Mitarbeiter direkt und unmittelbar verantwortlich sind, führt dies in der Regel zu einem exponentiell ansteigenden Koordinationsbedarf, der das Voranschreiten der Projekte wesentlich hemmen kann. Ab einer gewissen Teamgröße benötigt man also Unterstrukturen und eine gewisse Hierachie in der Gruppe.

16.3 Die Langezeitstudien von *The Gallup Organization*

Viele Berater und Bücher des Selbstmanagements sehen den Erfolg von Führungskräften und deren Mitarbeitern in einer Veredelung im Sinne eines Ausgleichens ihres Profils: Die eigenen Talente sollten so bleiben wie sie sind, an den so genannten Defiziten sollte man intensiv arbeiten.

In der Praxis, so die Ergebnisse der bekannten Gallup-Studien über Führungsverhalten, wird kein wirklich erfolgreicher Manager, versuchen, ein ausgeglichenes Profil anzustreben. Kein Forscher, der es wirklich weit gebracht hat, erreichte seine Ziele, indem er sich mit seinen eigenen Schwächen beschäftigt hat. Wem die Übung bei Reden und Vorträgen fehlt, wird vom Üben profitieren. Bei wem überzeugendes Auftreten aber überhaupt nicht in der persönlichen Ausstattung vorgesehen ist, aus dem wird auch durch Medientrainings und Praxis niemals ein charismatischer Redner.

» *Die Menschen sind weniger vorhersehbar als wir glauben. Verschwende nicht Deine Zeit bei dem Versuch, etwas hinzuzufügen, was die Natur nicht vorgesehen hat. Versuche, herauszuholen, was in ihnen steckt.* «

M. Buckingham; Curt Coffman (Gallup-Institute)

Das Hauptergebnis der Gallup-Studie ist das Wissen über unsere »Untalente«: »Niemand ist überall gut. Jeder Mensch hat mehr Talentdefizite als Talente. Die meisten davon sind gänzlich ohne Bedeutung. Man sollte sie in diesem Fall einfach ignorieren. Erfolgsrelevante Schwächen sollte man tunlichst nicht ignorieren. Gute Manager beherzigen das. Sobald sie erkennen, dass hinter einem Leistungsdefizit eine Schwäche steckt, ziehen sie Konsequenzen«.

Es gibt, so die Autoren der Studie, drei Möglichkeiten, sein Führungskönnen zu verbessern:

- Entwicklung eines Hilfssystems
- Ausfindigmachen eines komplementären Partners
- Verlagerung des Tätigkeitsgebiets

Gute Vorgesetzte zeichnen sich dadurch aus, dass sie sich über diese Optionen rasch ein Bild machen und sich für den besten Weg entscheiden.

Die erfolgreichsten Manager bevorzugen deshalb auch einige Mitarbeiter gegenüber anderen, sie glauben nicht, dass jeder Mitarbeiter bei richtiger Förderung alles erreichen kann. Das Grundprinzip besagt, dass hervorragende Teams hervorragende individuelle Leistungen benötigen.

Schwächen zu neutralisieren, ist bei jedem Mitarbeiter angesagt. Wer jedoch feststellt, dass er bei einem bestimmten Mitarbeiter überwiegend damit beschäftigt ist, Schwächen in den Griff zu bekommen, hat vermutlich die Stelle falsch besetzt. In diesem Fall gilt es, so Buckingham und Coffman, den Grundfehler zu korrigieren, nicht den Mitarbeiter.

Gute Manager sorgen für hervorragendes Leistungsfeedback. Dies sollte man aber nicht mit den jährlichen Leistungsbeurteilungsprozeduren mit ihrem Papierwust und ihrer Verbesserungsmanie verwechseln.

Laut den in der Gallup-Studie befragten Führungskräften lässt sich der jährliche Aufwand für Leistungsbesprechungen auf rund vier Stunden beziffern. Ob es sich, um 20-Minuten-Gespräche einmal im Monat oder um ein einstündiges Gespräch einmal im Vierteljahr handelte, stets bildet dieses Leistungsfeedback über das ganze Jahr hinweg einen festen Teil der Zusammenarbeit zwischen Manager und Mitarbeiter. Wer hierfür keine vier Stunden im Jahr aufbringen kann, hat entweder zu viele Leute oder den falschen Job.

Hauptziel ist es, nicht die Evaluierung nach dem Muster, das Eine abzustellen oder das Andere zu verbessern, sondern dem Mitarbeiter seinen Arbeitsstil en detail vor Augen zu führen und ein Gespräch über die dahinter liegende Talentstruktur zu ermöglichen. Danach richtet sich der Blick sofort nach vorne, orientiert an der Frage, wie der Mitarbeiter seinen Stil möglichst produktiv einsetzen kann. Häufig geht es darum, was der Vorgesetzte einbringen kann, um die Talentlücken seines Mitarbeiters zu kompensieren.

16.4 Mitarbeitermotivation

Mitarbeiter stellen an Führungskräfte vor allem den Anspruch, dafür zu sorgen, dass die wirklich benötigten Ressourcen zur Verfügung stehen. Wem es nicht gelingt, über Projektaufträge aus dem oberen Management, Kundenaufträge, Förderprojekte oder eine Grundausstattung die Arbeitsvoraussetzungen für die Mitarbeiter zu schaffen, darf sich nicht wundern, wenn diese verunsichert sind, sich aus ihren Aufgaben verabschieden, anfangen, einem selbst dazwischen zu reden, oder die Organisation verlassen.

Insbesondere gute Mitarbeiter verlieren zudem das Interesse an ihrer Arbeit, wenn sie nicht immer wieder vor neue Herausforderungen gestellt werden. Vorgesetzte sollten deren Arbeitsumfeld deshalb immer wieder anregend prägen. Mitarbeiter, die den Anreiz bekommen, sich in neuen Herausforderungen zu erproben und zu bewähren, werden wesentlich effektiver und erfolgreicher. Mitarbeiter, die das Gefühl haben, dass sie in ihrer Arbeit etwas zu sagen haben, werden bewegt, ihr Bestes zu geben. Man sollte sie deshalb einbeziehen, regelmäßige Teambesprechungen durchführen, den Input der Mitarbeiter einfordern und bestätigen.

Auf der Wunschliste fast aller Mitarbeiter steht an oberster Stelle, mit Würde und Respekt behandelt zu werden. Respekt kann man mit wenigen, einfachen und wirksamen Aktionen zeigen, die im Folgenden beschrieben sind. Die gleiche Aufzählung kann dazu dienen, unnötige, gedankenlose und ungewollte Kränkungen zu vermeiden.

- Man kann nie genug Anerkennung zeigen. Ein guter Vorgesetzter wird Mitarbeitern, Kollegen und Hilfskräften jeden Tag anders und neu mitteilen, wie sehr man sie wertschätzt. Kleine Überraschungen und Beweise des Vertrauens helfen den Leuten das ganze Jahr lang, sich wertgeschätzt zu fühlen.

- Vertrauen bildet die Grundlage effektiver Kommunikation, Mitarbeiterbindung, Teammotivation. Vertrauen mobilisiert das Quäntchen von Engagement und Energie, das Menschen freiwillig leisten und das den Unterschied macht, ob die Ergebnisse exzellent sind oder nur gut.
- Mitarbeiterbeteiligung, nicht zuerst im finanziellen, sondern im inhaltlichen Sinne gedacht, schafft eine Atmosphäre, in der die Menschen Einfluss auf Entscheidungen und Handlungen haben, die ihre Aufgaben beeinflussen. Teambildung findet statt, wenn eine Führungskraft weiß, wann man informieren, überreden, hinzuziehen, einbeziehen oder delegieren muss.

Mentoring ist mehr, als Leute in Kurse zu schicken, mehr als harte Arbeit seitens der Mitarbeiter. Entwicklung braucht Menschen, die bereit sind, zuzuhören und ihren Kollegen zu helfen. Entwicklung braucht Trainer, Leiter und Fürsprecher. Als Mentoren kommen nur loyale, der Organisation fest verbundene Mitarbeiter und Führungskräfte in Frage.

16.5 Einarbeitung neuer Mitarbeiter

Es gibt nicht den »besten« Führungsstil, der in jeder Situation geeignet ist. Eine Führungskraft sollte eine klare Vorstellung von der Befähigung und Einarbeitungsreife jedes direkt unterstellten Mitarbeiters haben, um angemessen auf diesen eingehen zu können.

Situationsbezogenes Führen, heißt Neulinge anders zu behandeln als bereits eingearbeitere Mitarbeiter. Wenn Anfänger rasch Einblick in die Zielsetzungen, Verfahren und verfügbaren Methoden gewinnen, können sie ihre Talente und Fähigkeiten schneller im Sinne der gemeinsamen Ziele einsetzen. Integration und Einarbeitung zurückzustellen wegen anderer Dinge, die scheinbar höhere Wichtigkeit haben, rächt sich oft.

Das situative Führungsmodell von Hersey und Blanchard betont den Reifegrad des Mitarbeiters und bildet diesen in einer Führungsstil-Matrix aus. Diese unterscheidet die Führungsstile Unterweisen bzw. Anweisen (*Telling*), Verkaufen (*Selling*), Beteiligen (*Partizipating*) und Delegieren (*Delegating*). Als Situationsvariablen werden die Fähigkeiten der Mitarbeiter bezüglich der zu realisierenden Aufgabe, d. h., Fachwissen, Fertigkeiten und Erfahrung sowie die Bereitschaft bzw. Motivation zur Aufgabenrealisierung, einbezogen. Ausgehend von dem so bestimmten Entwicklungsstand der Mitarbeiter wird der geeignete Führungsstil bestimmt.

Folgende Faktoren bestimmen die Befähigung eines Mitarbeiters:

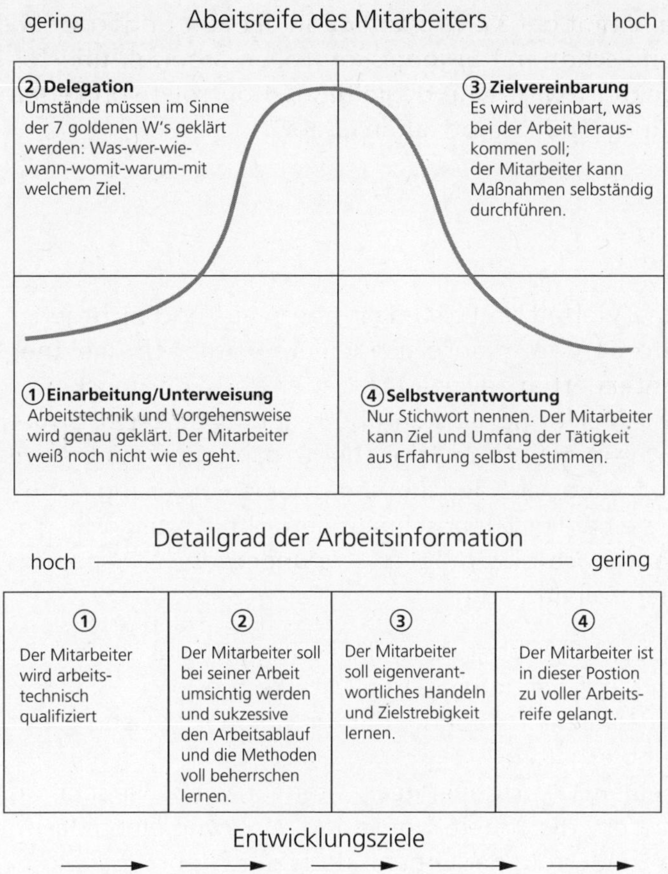

Abbildung 16.1: Situatives Führungsverhalten nach Blanchard

- Berufserfahrung
- Qualifikation
- Verantwortungsbewusstsein
- Selbständigkeit
- Leistungsbereitschaft

Ziel des situativen Führungsverhaltens ist, die Entwicklung der Mitarbeiter zu besserer Befähigung zu unterstützen: Wird die Aufgabe sehr gut bewältigt, ermöglicht man dem Mitarbeiter bei einer ähnlichen Aufgabe mehr Beteiligung und Freiräume; bei Misserfolgen oder unzureichenden Ergebnissen wird eine Rücknahme der Beteiligung und eine stärkere Kontrolle und Unterweisung verwendet.

Mit steigender Arbeitsreife nimmt der Kontrollaufwand der Führungskraft ab. Wer bei geringer Arbeitsreife schon mit Ergebniskontrollen arbeitet, überfordert den Mitarbeiter. Umgekehrt wird eine begleitende Kontrolle von reifen Mitarbeitern als Bevormundung und Demotivation erlebt.

16.6 Handling C Performers

Jede Organisation weist eine Vielfalt an Leistungsträgern auf und nicht jeder Mitarbeiter ist für eine Beförderung in anspruchsvollere Aufgaben geeignet. Amerikanische Managementexperten teilen Mitarbeiter und Führungskräfte gerne in drei Gruppen ein. A-Performer leisten überragend viel. B-Performer leisten gute Arbeit. C-Performer tragen zum Erfolg der Organisation auf gerade noch akzeptable Weise bei. Es liegt auf der Hand, dass eine Förderung von A- und B-Performern den Erfolg einer Forschungseinheit beträchtlich steigert. Aber insbesondere mit den gerade noch akzeptablen Leistungen der C-Performer sollte man sich auf gar keinen Fall abfinden.

- C-Performer in Führungspositionen begrenzen die Leistungsfähigkeit und die Wachstumsmöglichkeiten der ihnen unerstellten Mitarbeiter.
- Sie frustrieren Kollegen der gleichen Ebene, die für viel mehr Leistung nur etwa die gleiche Vergütung erhalten.
- Wer je unter oder neben einem C-Performer gearbeitet hat, weiß, wie sehr das das Weiterkommen behindert, die Arbeitsmotivation senkt und einen davon abhält, größere Beiträge zum Erfolg der Organisation zu leisten.

Schlechte Nachrichten übermittelt niemand gerne. Das ist auch bei Vorgesetzten nicht anders – ob der Mitarbeiter nun am Ende der Probezeit steht oder in seiner augenblicklichen Position nicht zurecht kommt. Egal wie man es angeht, egal auch, wie versiert man ist, jemandem den Job wegzunehmen, fällt nie leicht. Diese Situationen sind nämlich nie eindeutig:

- Wo beginnt das inakzeptable Leistungsniveau? (Bei der Durchschnittsleistung, wenn kein sichtbarer Aufwärtstrend zu erkennen ist)
- Wie lange lässt man den Mitarbeiter auf diesem Niveau erfolglos stagnieren? (Nicht sehr lange)
- Hat man als Vorgesetzter genug Unterstützung gegeben?

Manchen Managern machen diese Fragen so zu schaffen, dass sie das Problem ganz von sich wegschieben. Sie wählen den vordergründig leichten Weg, indem sie einen zweiten Mitarbeiter einstellen, der die Leistungslücke auffüllen soll.

Erfolgreiche Gruppenleiter verfahren jedoch nach dem Motto »Hart aber herzlich« – kompromisslose Konzentration auf exzellente Leitung und echtes Interesse am Mitarbeiter.

Auf die Gallup- Frage »Würden Sie sich eher nach dem Wunsch des Mitarbeiters richten, oder würden sie nach dem entscheiden, was gut für ihn ist«, antworteten die erfolgreichsten Manager stets: »Eher nach dem entscheiden, was gut für ihn ist.« Mitarbeiter in Schwierigkeiten wollen ihre Situation oft nicht wahrhaben und reagieren entsprechend verstimmt. In vielen Fällen sind sie Jahre später, mit dem nötigen Abstand, dankbar.

Dennoch unternehmen viele Vorgesetzte nichts, um C-Performer in der Leistung zu verbessern, und machen sich allerhöchstens meist unergiebige Gedanken, wie sie diese wieder loswerden können. Leistungsschwache Mitarbeiter sind unglücklich und schaden der Organisation und der Forschung. Deshalb sollte man das Problem jedes Mal entschieden angehen: C-Performer müssen ihre Leistungsfähigkeit erhöhen (wenn passend mit Hilfe von Weiterbildung und Training), sich auf Stellen bewegen, wo sie höhere Leistungen erbringen, oder, wenn überhaupt nichts anderes mehr möglich ist, die Firma oder das Labor verlassen.

16.7 Alumni, Wiedereinstellungen, Kündigungen

» *I want our people to feel that in joining BCG, they have joined a second family, and they remain part of that family for the rest of their lives.* «

Carl Stern (President and CEO of Boston Consulting Group)

Wer das Leben kennt, weiß, dass man niemals alle Mitarbeiter, insbesondere die besonders leistungsstarken, in der Organisation halten kann. Menschen gehen in Rente oder werden von Wettbewerbern abgeworben. Unternehmerische Persönlichkeiten gründen eigene Firmen. Andere finden Angebote woanders, mit denen die eigene Organisation nicht mithalten kann.

Insbesondere im Forschungsbereich gehört Mitarbeiterfluktuation oft zur Firmenpolitik. Dass bei den großen Strategieberatungen »up or out« gepflegt wird, etwa 10 Prozent der Berater es zum »Partner« bringen, aber 20 bis 25 Prozent der Berater »jährlich abgehen«, ist allgemein bekannt. Doch auch bei der großen

Forschungsorganisation Fraunhofer-Gesellschaft verlassen beispielsweise jährlich etwa 8 Prozent aller Mitarbeiter das Unternehmen, meist im Sinne eines Karrieresprunges in die Wirtschaft oder in die akademische Forschung.

Niemand kann alle guten Mitarbeiter halten. Deshalb gilt es, den Schaden aus der Mitarbeiterfluktion zu begrenzen und sogar Nutzen aus ihr zu ziehen.

Zunächst bedeutet jeder Verlust einer Spitzenkraft, dass man etwas unternehmen muss, um die Lücke zu füllen, Bewerbungen bearbeiten, Auswahlgespräche führen und eine neue Person auf Tempo bringen. Nichtsdestotrotz ist das Wort »Verlust« eigentlich gar nicht angemessen. Wenn der Mitarbeiter zu einem Kunden oder einem potenziellen Kunden geht, dort mit dem Glück des Tüchtigen Karriere macht und als erfahrener Auftragsforscher weiß, wie gut das Forschungsniveau seiner früheren Gruppe ist, gewinnt man einen Kunden mit einem beachtlichen Budget dazu. Falls der Abgehende ansonsten aber nach ein paar Jahren merkt, dass das Leben im Großkonzern oder das Leben in der mittelständschen Firma auch Tücken hat, kommt derjenige vielleicht sogar in seine frühere Forschungsorganisation zurück, mit einem erheblichen Mehr an Praxiswissen und an Firmenkontakten. Forschungsorganisationen und Universitäten pflegen wie die großen Beratungshäuser deshalb mehr und mehr »Alumni-Programme«, die den Kontakt zu früheren Mitarbeitern aufrecht erhalten, richten aktuelle passwortgeschützte Adressverzeichnisse früherer Mitarbeiter ein, zu denen nur Alumni Zugang haben, senden diesen Stellenangebote, bieten ihnen Zugang zu neuesten Forschungsergebnissen und veranstalten Events, die Alumni mit heutigen Mitarbeitern zusammenbringen.

Wichtiger als alle Programme zur Kontaktpflege mit früheren Mitarbeitern ist die richtige Reaktion auf die Kündigung. Ein guter Vorgesetzter gratuliert zum Karriereschritt, beauftragt die Personalabteilung, alle Unterlagen für die Beendigung des Arbeitsverhältnisses zügig bereitzustellen, signalisiert Wertschätzung in einer kleinen Abschiedszeremonie oder sogar Feier, nimmt zwei bis drei Monate nach dem Abschied Kontakt auf, um zu sehen, wie es demjenigen geht, und informiert ihn regelmäßig über neue Stellenangebote der eigenen Firma. Keinesfalls reagiert man mit Vorwürfen oder Selbstmitleid auf die Wechselabsicht.

Wiedereinstellungen spielen in den meisten Organisationen oder Firmen keine große Rolle. Das ist bedauerlich, denn wiedereingestellte frühere Mitarbeiter

- kennen den Job und wissen, wo man anpacken muss
- kommen mit einem Schatz an Erfahrungen zurück, die sie einbringen können
- signalisieren an das Team, dass das Arbeiten woanders auch nicht besser und schöner ist.

Die Offenheit zur Einstellung ehemaliger Mitarbeiter sollte regelmäßig kommuniziert werden (»Unsere Tür steht allen wertvollen früheren Mitarbeitern stets offen«). Jede Rückkehr sollte gefeiert werden.

Abschiedsgespräche sind ein ebenfalls viel zu selten genutztes Mittel, um herauszufinden, welche wahren Gründe ein Weggehen hat, helfen so bei der kontinuierlichen Verbesserung und senden ein Signal der Wertschätzung an den Gehenden. Diese Interviews behandeln die Frage, was denjenigen ursprünglich für die Firma oder die Organisation gewonnen hat, wie er seinen letzten Vorgesetzten schätzt (am besten mit einer Punkteskala und verschiedenen Dimensionen, z. B. Kommunikationsfähigkeit, Führungsstärke, Fairness, Mitarbeiterentwicklung etc.), wie man den Arbeitsplatz verbessern könnte, warum jemand geht.

16.8 Mitarbeiterrekrutierung als Geschäftsprozess

Wie viele andere Geschäftsprozesse hängt das Engagieren von Mitarbeitern und Führungskräften von der Qualität jeder einzelnen Tätigkeit ab, die in dem gesamten Prozess durchzuführen ist. Am wichtigsten für den Erfolg einer Stellenbesetzung ist aber die Attraktivität, die man selbst als möglicher Arbeitgeber bei Bewerbern und Mitarbeitern genießt. Es ist offensichtlich, dass die besten Kandidaten sich bei den Arbeitsgruppen und Firmen bewerben, bei denen zum einen deren Ruf in der wissenschaftlichen Gemeinschaft und in der Allgemeinheit hervorragend ist, und zum anderen deren Management-Stil, Organisation und Stabilität ihren eigenen Präferenzen und Interessen entspricht.

In vielen Feldern bewerben sich Stellenbewerber eher bei einer Organisation als bei einem einzelnen Menschen. In der Forschung zählt die Person des einstellenden Vorgesetzten meist jedoch deutlich mehr als alles andere. Wie überall sonst auch sind beim Teamaufbau die Forscher erfolgreich, die etwas von der Forschung verstehen aber sich nicht nur auf diese konzentrieren. Sie sind unverwechselbar, werden erkannt – immer wieder, überall. Sie haben Charakter und Identifikationspotenzial.

Vielleicht braucht man für die Besetzung einer Stelle für ein Projekt oder eine Daueraufgabe eine sehr schnelle Lösung. Den falschen Mitarbeiter loszuwerden, kostet aber viel mehr Aufwand, Nerven und Geld, als die Zeit aufzuwenden, den Richtigen zu finden.

Wie bei jedem Geschäftsprozess lernt man auch beim Einstellen mit jedem Bewerber dazu. Nach jeder wichtigen Personalgewinnung sollte eine Analyse erfolgen, in der jeder Schritt des Verfahrens bewertet wird, Schwächen und deren Wurzel erkannt und Verbesserungsmöglichkeiten identifiziert werden.

Bedarfsanalyse

Je genauer man die Anfoderungen beschreiben kann, umso leichter tut man sich auch mit dem Finden der richtigen Personen. Eine Analyse der kommenden Personalbedarfe beginnt mit der Prüfung der Anforderungen des Labors, des Leistungsvermögens der jetzt tätigen Mitarbeiter, der erwarteten finanziellen Möglichkeiten (Budget, Fördermittel, Aufträge) und des Bewerbermarkts. Im öffentlichen Dienst müssen natürlich auch der Stellenplan und die Vorschriften für die Einstellung betrachtet werden.

Wenn eine Wiederbesetzung ansteht, kann man auf die Tätigkeit des jetzigen Stelleninhabers aufbauen, indem man analysiert, was dieser jetzt macht. Allerdings sollte man diese Ausrichtung nicht einfach blind übernehmen, sondern die Neubesetzung zum Anlass nehmen, die wesentlichen Verantwortungen und Aufgaben zu überprüfen.

Nach der Bedarfsanalyse folgt eine Aufgabenanalyse, eine Liste über alle Pflichten und über die zur Erfüllung dieser Pflichten benötigten Fähigkeiten, Kenntnisse und Verantwortlichkeiten. Daraus resultiert eine Tätigkeitsbeschreibung, die alle Pflichten und die Verantwortlichkeiten der Position definiert.

Außerdem sollte man sich gründlich Gedanken machen, welche Fähigkeiten und persönlichen Eigenschaften zu der Aufgabe und der Organisation passen würden:

- die Voraussetzungen (Ausbildung und Erfahrung), die man für die Stelle braucht
- die benötigten persönlichen Eigenschaften (z. B. zwischenmenschliche Fähigkeiten, besonders hohe Intelligenz, EDV-Kenntnisse, Beherrschung besonderer Technologien, Industrieerfahrung, praktische Erfahrung in einer führenden Forschergruppe, Erfahrung in Großkonzernen oder Kleinunternehmen)
- besondere Merkmale der eigenen Organisationskultur (z. B. Teamorientierung, Konformitätserwartungen, Vergütungssystem)
- der eigene Führungsstil (z. B. autoritär, fördernd, unabhängig, etc.)

Zu viele Forscher, die nur das akademische Umfeld kennen, tendieren dazu, nur Leute des eigenen Ausbildungsstandes in Betracht zu ziehen. Sie meinen, dass sie starke Abteilungen oder Teams aufbauen können, indem sie Leute mit homogenen Stärken und Persönlichkeiten einstellen – Leute wie sie selbst.

Eine Vielfalt von Charakteren, Arbeitsweisen und Entstcheidungsstilen ist aber besonders in der Forschung meist eine Voraussetzuung für die Qualität.

Die Bedingungen an Ausbildung und Erfahrung sollten darum auf einer eingehenden Analyse der spezifischen Aufgaben und Verantwortlichkeiten einer Position basieren: Die ehrliche Frage, ob eine spezifische Ausbildung wirklich notwendig ist, kann Suchaufwand, Kosten und auch Frustration vermeiden helfen.

Wenn ein guter Kandidat noch nicht alles erlebt hat, kann man überlegen, ob das Fehlende noch »on the job« erlernt werden kann. Gerade der Nachwuchsforscher, der seine Publikationsliste, Netzwerke und Preise in einer begrenzten Zahl von Lebensjahren erwerben muss oder der Start-Up Entrepreneur, der in Finanzierungsrunden Übermenschliches erreichen muss, sollte nicht vergessen, Erfahrung und Wissen in das Team zu holen. Langfristig ist man allerdings mit einem brillanten Berufsanfänger besser beraten als mit einem unterdurchschnittlichen Berufserfahrenen.

» *Hire for character, train for skills.* «

Michael Josephson (Gründer des Josephson Institute of Ethics)

Persönliche Fähigkeiten, auf die man achten sollte, sind:

Charaktereigenschaften Wie geht ein Kandidat seine Aufgabe an und wie arbeitet er mit anderen zusammen?

Analytische und kreative Fähigkeiten Wie analysiert er Probleme und wie findet er neue Lösungsansätze?

Entschlusskraft Manche Menschen entscheiden nüchtern, analytisch, strukturiert und sachlich; andere verlassen sich mehr auf Intuition. Manche treffen Entscheidungen schnell, während andere über lange Zeit nachdenken. Einige benötigen Konsens, während andere sich eine eigene Meinung bilden und diese umsetzen.

Motivation Die persönlichen Ziele des Kandidaten, Interessen, Energie, Tatkraft und bisherigen Karriereforstchritte zeigen die Höhe der Motivation an. Fragen, die man sich stellen sollte, sind, ob die Aufgabe zu den persönlichen Anliegen des Kandidaten passt, ob er die Aufgabe mit Begeisterung und Energie erfüllen wird.

Zwischenmenschliche Fähigkeiten Zwischenmenschliche Fähigkeiten und Verhalten hängen unmittelbar zusammen. Welche Eigenschaften werden aus Sicht der Vorgesetzten, der Gleichrangigen und der Mitarbeiter zu guten Leistungen führen? Ein Buchhalter sollte im Idealfall geduldig, vorsichtig und formell sein, eine Vertriebskraft eher energisch und extrovertiert.

Forschungsteams profitieren besonders von einem Mix aus verschiedenen Teamrollen.

Teamrollen

Wenn ein Team maximale Leistungen erbringt, dann liegt das meist daran, dass jedes Teammitglied klare Verantwortlichkeiten hat und ausübt. Manchmal sind die Verantwortlichkeiten niemals festgesetzt worden, sondern haben sich über die Zeit fest eingespielt. Allerdings gibt es durchaus Teams mit klaren Aufgabenverteilungen, die trotzdem nicht ihre wahren Möglichkeiten ausschöpfen. Der britische Wissenschaftler Meredith Belbin untersuchte viele Jahre Teamarbeit und wurde für seine Beschreibung der Teamrollen bekannt. Er definiert »Teamrolle« als »eine Tendenz, sich auf bestimmte Weise zu verhalten, Beträge zu leisten und sich auf andere zu beziehen«. Seine Veröffentlichungen definieren neun solcher Teamrollen, die dem Erfolg von Teams zugrunde liegen. Belbin fordert den Einzelnen auf, seine Teamrolle in einem bestimmten Team zu verstehen, damit jeder seine Stärken entwickeln und seine Schwächen korrigieren und so zum Teamerfolg beitragen kann.

Teams geraten aus dem Gleichgewicht, wenn alle Teammitglieder gleiche Verhaltensweisen oder Teamrollen zeigen. Das trifft nicht nur auf gleiche Schwächen, sondern auch auf gleiche Stärken zu: Wenn alle Teammitglieder die gleiche Stärke haben, konkurrieren sie um Aufgaben und Verantwortungen, anstatt zu kooperieren. Ein ideales Team wird so zusammengestellt, dass alle Teamrollen besetzt sind und dass mögliche Spannungen oder Schwächen unter den Teammitgliedern minimiert werden.

Belbin definierte auch charakteristische Schwächen, die jede Teamrolle begleiten können, und nannte diese »zulässige« Schwächen (siehe Tabelle 16.1). Idealerweise ist sich jedes Teammitglied seiner charakteristischen Schwäche bewusst und beachtet sie.

Vielfalt stärkt und erweitert die Teamkultur, erhöht die Wahrscheinlichkeit, dass ein Team kreative Ideen und Lösungen findet sowie zuverlässig umsetzen kann, und ermöglicht es, dass die Stärken der einen Teammitglieder durch die der anderen ergänzt werden und einer die Schwächen des anderen ausgleicht.

Stellenbeschreibungen

Sobald die Anforderungen einer Position erfasst sind, ist es an der Zeit, eine Stellenbeschreibung zu formulieren. Eine klare, schriftlich dokumentierte, er-

Tabelle 16.1: Teamrollen (Quelle Meredith Belbin)

Teamrolle	Rollenbeitrag	Charakteristika	zulässige Schwächen
Neuerer/ Erfinder	bringt neue Ideen ein	unorthodoxes Denken	oft gedankenverloren
Wegbereiter/ Weichensteller	entwickelt Kontakte	kommunikativ, extrovertiert	oft zu optimistisch
Koordinator/ Integrator	fördert Entscheidungsprozesse	selbstsicher, vertrauensvoll	kann als manipulierend empfunden werden
Macher	Mut, Hindernisse zu überwinden	dynamisch, arbeitet gut unter Druck	ungeduldig, neigt zu Provokation
Beobachter	untersucht Vorschläge auf Machbarkeit	nüchtern, strategisch, kritisch	mangelnde Fähigkeit zur Inspiration
Teamarbeiter/ Mitspieler	verbessert Kommunikation	baut Reibungsverluste ab, kooperativ	diplomatisch, unentschlossen in kritischen Situationen
Umsetzer	setzt Pläne in die Tat um	diszipliniert, verlässlich, effektiv	unflexibel
Perfektionist	vermeidet Fehler	stellt optimale Ergebnisse sicher, gewissenhaft, pünktlich	überängstlich, delegiert ungern
Spezialist	liefert Fachwissen und Information	selbstbezogen, engagiert, Fachwissen zählt	verliert sich oft in technischen Details

gebnisorientierte Stellenbeschreibung prägt den Einstieg und hilft dem neuen Mitarbeiter, die Kultur und Ziele der Firma oder der Organisation zu verstehen.

Eine Stellenbeschreibung ist ein Profil der Aufgabe, ihrer Hauptfunktionen, des Unterstellungsverhältnisses, des zeitlichen Umfangs und der benötigten Voraussetzungen. Sie ermöglicht es sowohl potenziellen Kandidaten als auch allen, die am Einstellungsprozess beteiligt sind, die Aufgabe zu erklären. Falls man während der Probezeit kündigen muss, liefert die Stellenbeschreibung eine objektive Basis dafür.

» *Grundsätzlich gibt es zwei mögliche Typen von Bewerbern: Wer nur einen Arbeitsplatz sucht, ist zufrieden, wenn er ihn gefunden hat, und seine Aktivität lässt nach. Wer eine Aufgabe sucht, erreicht mit der Anstellung ein Zwischenziel und die Aktivität beginnt erst richtig. Diesen zweiten Typ sucht man.* «

Manche Organisationen haben ein festes Format für Stellenbeschreibungen.

Eine Stellenbeschreibung enthält folgende Elemente:

- Berufsbezeichnung und Organisationsbereich
- Verantwortungen und Aufgaben
- Verantwortlicher für die Einstellung und Vorgesetzter
- Zusammenfassung der Aufträge, Verantwortungen und Ziele
- Bezahlung, Arbeitszeit und Arbeitsort
- erforderliche Qualifikationen
- erfoderliche persönliche Fähigkeiten

Viele Mitarbeitereinstellungen scheitern daran, dass die Firma oder Organisation sich nicht genau überlegt hat, wen sie eigentlich wirklich benötigt. Die Entwicklung einer Stellenbeschreibung bietet eine Gelegenheit, eine Aufgabe neu zu entwerfen, statt die Stelle wieder zu besetzen, die vorher da war.

Das Finden der richtigen Kandidaten

Es gilt zunächst, alle relevanten zielgerichteten Kommunikationskanäle zu nutzen, um die offene Position zu bewerben und damit dafür zu sorgen, dass der Anteil qualifizierter Kandidaten im Bewerberpool so hoch wie möglich ist. Typische Kanäle sind Personalberatungsagenturen, Zeitungskleinanzeigen, Empfehlungen von Kollegen, Hinweise an Fachzeitschriften, berufliche und wissenschaftliche Gesellschaften und das Internet. Eine sehr gute langfristige Option zur Einstellung (und später Übernahme) qualifizierter Kandidaten sind die Vergabe von Praktika und Diplomarbeiten sowie Partnerschaft mit Hochschulen, Universitäten und Fachgesellschaften. Persönliche Empfehlungen von jetzigen Mitarbeitern funktionieren oft auch erstaunlich gut. Für jede Position sollte man auch prüfen, ob es bereits heute in der Firma oder Organisation mitarbeitende mögliche Bewerber gibt, die für einen Aufstieg oder eine neue Herausforderung geeignet sind, und diese ansprechen. Erst recht sollte man interne Bewerbungen gut prüfen. Andererseits kann es manchmal auch sehr sinnvoll sein, bewusst außerhalb der eigenen Organisation zu suchen, um neue Ansichten, Fähigkeiten und Erfahrungen einzubringen. Innovatoren sind oft Menschen, die Talente in mehrfachen Disziplinen entwickelt haben und diese einsetzen, um lästige und umständliche Verfahren im Unternehmen und der Gesellschaft zu durchbrechen. Sie möchten in Organisationen arbeiten, die wissen, wie man sie interessiert und engagiert hält. Sie sind besser in der Lage, Verbesserungsmöglichkeiten zu finden und anzugehen, als manch andere mit einem engeren beruflichen Horizont.

Das Sichten der Lebensläufe

Ein ansehnlicher Bewerberpool stellt sicher, dass man im Anstellungsverfahren eine Auswahl hat, bedeutet aber auch, dass man mehr Aufwand mit dem Aussortieren hat. Man beginnt auf Basis des Stellen- und Aufgabenprofils mit dem Sichten der Bewerbungsschreiben, Zeugnisse und Lebensläufe. Frühere exzellente Leistungen und Erfolge einer Person sind ein gutes Indiz für zukünftige Leistungen.

Ab und zu trifft man insbesondere in der Wissenschaft auf hervorragende potenzielle Mitarbeiter, denen es missglückt, sich in einer Bewerbung ins rechte Licht zu setzen. Diese muss man notfalls außerhalb eines systematischen Bewerbungsverfahrens einstellen. Mit Ausnahme sehr einseitig Begabter kann man jedoch damit rechnen, dass eine unterdurchschnittliche Bewerbung für einen unterdurchschnittllichen Kandidaten steht.

Wenn die Zahl der Bewerbungen sehr groß ist, sortiert man in der ersten Stufe alle Bewerbungen von Kandidaten aus, die die grundlegenden Anforderungen nicht erfüllen. In der zweiten Stufe erstellt man die Liste der stärksten Bewerber. Dazu dienen folgende Kriterien:

- Nachweise von Leistungen, Erfolgen und Ergebnissen
- Karriereziele, die zu der angebotenen Aufgabe passen. Da manche Bewerber im Bewerbungstraining lernen, ihre vorgeblichen Berufsziele auf das Stellenangebot zuzuschneiden, kann man sich dabei nicht auf die expliziten Angaben im Anschreiben verlassen, sondern muss auch zwischen den Zeilen lesen.
- Individueller Ausdruck im Rahmen der üblichen Standards. Auch im Berufsalltag müssen sich Führungskräfte und Forscher selbständig zurechtfinden und sollten sich nicht nur nach einem Schema richten.

Auf dieser Stufe berücksichtigt man auch feinere Unterschiede unter qualifizierten Bewerbern – z. B. die Länge und Qualität der fachlichen Erfahrung, die Wissenschaftliche Erfahrung im Vergleich zur Managementerfahrung, die Art der Forschungsstätten, in denen sie in der Vergangenheit tätig waren, etc.

Im Bewerbungsschreiben sollten sich Anworten zu allen definierten Anforderungen in der Ausschreibung finden. Wer als Bewerber die Anforderungen nur umformuliert bzw. sogar wörtlich wiederholt oder aber alle seine Fähigkeiten aufführt, ohne dass sie für die Aufgabe relevant sind, geht möglicherweise sonst auch ineffektiv mit der eigenen Zeit und der des Adressaten um. Ein wenig aussagekräftiger Lebenslauf verrät ebenfalls viel über die zu erwartende Fähigkeit, zielgerichtet zu arbeiten.

Die Schulzeugnisse sind oft schlecht einschätzbar, insbesondere, da sich Leistungsbewertungen oft von Schule zu Schule, erst recht von Land zu Land unterscheiden. Gerade bei der Einstellung von Mitarbeitern, die aus einem ganz anderen Fach kommen als der Forscher, sollte man sich von herausragenden Hochschulzeugnissen nicht beeindrucken lassen. Auch hier ist die Fächerwahl wichtiger. Hat sich beispielweise ein Betriebwirt nur auf weiche Fächer wie z. B. Marketing konzentriert, oder hat er sich einseitig auf harte, aber rein faktenbasierte Themen wie Bilanzierung und Buchhaltung fokussiert? Hat ein Biologe Scheine in Mathematik erworben? Hat ein Physiker sich nur mit Theorie beschäftigt?

Junge Unternehmen und Forschungsinstitute benötigen bei Schlüsselkräften meist Generalisten.

Arbeitszeugnisse sagen in der Regel viel mehr über den Betreffenden aus. Ausschließlich auf die Bewertung der Leistung und Führung zu achten, reicht aber auch hier nicht aus. Ein wichtiges Kriterium ist, wie sich die übertragenen Aufgabenbereiche und die Verantwortung entwickelt haben. Ein wohlgemeintes Zeugnis vermittelt die Begeisterung und Sympathie des Erstellers. Allerdings sollte man berücksichtigen, in welcher Art von Unternehmenskultur das Zeugnis erstellt wurde: Es gibt um Exaktheit bemühte Vorgesetzte, die andere Maßstäbe anlegen als beispielsweise Vorgesetzte, die Mitarbeiter bewusst wohlwollend führen und erst recht wohlwollend verabschieden. Was in einem Großkonzern als exzellent bewertet wird, muss es in einer Hochschulgruppe nicht sein, und umgekehrt. Besonders sorgfältig sollte man darauf achten, ob ein nicht kündbarer Mitarbeiter durch hervorragende Beurteilung »weggelobt« werden soll.

Beim Sichten der Bewerbungen achtet man auch auf Warnzeichen, die auf Schwächen hinweisen wie, zum Beispiel:

- Regelmäßige kurzfristige Anstellungen, besonders, wenn der Bewerber seit mehr als ein paar Jahren arbeitet
- Kein logischer Karrierefortschritt. Brüche sind zwar möglich, müssen aber erklärt werden
- Das Fehlen eines roten Fadens in Bewerbung und Lebenslauf.

Das Bewerbungsgespräch

Ein Bewerbungsgespräch hat nur einen Zweck: den Interviewer und den Bewerber mit den notwendigen Informationen zu versorgen, die beide für eine bestmögliche Entscheidung brauchen. Aufgrund der hohen Bedeutung und der Kürze der Zeit jedes Bewerbungsgesprächs sollte das Interview sehr gut vorbereitet werden. Manchmal schaltet man auch ein Telefoninterview vorab. Bei einer wichtigen Position wird das Bewerbungsverfahren wahrscheinlich wenigstens zwei Gespräche enthalten.

Drei Prinzipien stärken die Effektivität dieser Auswahl sehr:

- Für die Aussortierung eher ungeeigneter Kandidaten sollte möglichst wenig und für die Auswahl der wahrscheinlichsten Bewerber möglichst viel Zeit aufgewendet werden
- Wenn die Papierlage uneindeutig ist, sollte man zunächst Schein und Tatsachen voreinander trennen
- Ein Vergleich aller Kandidaten untereinander ist längst nicht so effektiv, wie jeden mit dem bislang Leistungsstärksten zu messen

Das erste persönliche Interview dient dazu, das Bewerberfeld auf drei bis maximal sieben Kandidaten einzuengen, und dauert meist bis zu 60 Minuten. Bei einfacheren Positionen kann man alle Fragen in diesem Interview klären. Anderenfalls vereinbart man ein weiteres Interview. Dabei sollte man sehr selektiv vorgehen und nur wenige und nur geeignete Bewerber erneut einladen, also respektvoll und wertschätzend mit seiner eigenen Zeit und der ebenso wertvollen Zeit der Kandiaten umgehen. Im zweiten Interview zieht man oft auch andere Personen hinzu, die von der Einstellung betroffen sind: mögliche Vorgesetzte, Kollegen oder andere Manager. Dieses zweite Bewerbungsgespräch bringt oft mehr von der »wirklichen« Person ans Tageslicht.

Strukturierte oder unstrukturierte Interviews

Es gibt zwei Möglichkeiten, bei Bewerbungsgesprächen vorzugehen, strukturiert oder unstrukturiert. In einem strukturierten Bewerbungsgespräch fragt man alle Kandidaten die gleichen Fragen, damit die Antworten verglichen werden können. Solche Gespräche gelten als gerecht und objektiv, ergeben aber manchmal nicht so fundierte Einsicht in das Können und den Charakter der einzelnen Bewerber. Unstrukturierte Interviews sind Einzelunterhaltungen, bei denen Kandidaten verschiedene Fragen gestellt bekommen. Sie folgen einer Linie, die maximalen Aufschluss verspricht. Dabei lernt man meist mehr über die einzelnen Kandidaten, aber es wird schwieriger, ihre Erwiderungen zu vergleichen. Ab und zu fehlen dem Entscheider sogar am Schluss Schlüsselinformationen, die benötigt werden, um eine Entscheidung zu treffen. Der Königsweg zwischen diesen beiden Vorgehensweisen besteht darin, durch Vorbereitung von Kernfragen zu gewährleisten, dass alle essenziellen Punkte erfasst werden, und durch einen unstrukturierten Anteil des Bewerbungsgesprächs fruchtbare Fragemöglichkeiten zu eröffnen, die weder man selbst noch die Kollegen vorausplanen können.

Über Fragen

Gute Fragen in einem Bewerbungsgespräch

- haben jeweils ein Ziel
- beziehen sich auf die Entscheidungsfindung und die Stelle
- ermutigen Kommunikation
- machen keine Angst.

Gute Fragen werfen ein günstiges Licht auf den Fragenden und zeigen Interesse und Vorbereitung.

Gute Fragen sind:

- Selbstschätzungsfragen, die den Kandidaten zu bringen, sich über seine eigenen zwischenmenschlichen Fähigkeiten Gedanken zu machen.
- Fragen über Erreichtes, bei denen man den Bewerber bittet, seine Qualitäten zu belegen. Sie helfen dem Interviewer, herauszufinden, wie und warum etwas erreicht wurde, und zeigen den Beitrag des Kandidaten an diesem Erfolg.
- Allgemeine Fragen über die Einschätzung von Forschungsgebieten, Technologien, Märkten und Managementmethoden. Die Antworten zeigen, wie ein Bewerber seine Antwort formulieren und seine Gedanken ordnen kann.
- Konkrete Fragen. Sie ermöglichen es dem Bewerber, sein technisches Wissen und seine Problemlösungskompetenz unter Beweis zu stellen.

Schlechte Fragen sind:

- Fragen, die dem Bewerber eine Antwort nahe legen, die man hören will.
- Irrelevante Fragen, die nur Zeit vergeuden.

Gute Antworten sind präzise und haben Aussagekraft. Wenn ein in Frage stehendes Verhalten erst durch mehrfaches Nachhaken ans Licht kommt, ist die Wahrscheinlichkeit groß, dass es sich um kein gewohnheitsmäßiges Element seiner Persönlichkeitsstruktur handelt. Eine Antwort muss spezifisch und spontan sein.

Weiterhin sollte man Folgendes beachten:

- Der erste Eindruck ist oft falsch. Viele Interviewer treffen innerhalb der ersten zehn Minuten ihre Entscheidung. Dabei verkennt man leicht sein Gegenüber
- Wenn sich der Bewerber im Gespräch wohl fühlt, öffnet er sich und gibt mehr Informationen preis.
- Der Interviewer sollte mehr zuhören als reden. Nicht derjenige, der redet, steuert das Bewerbungsgespräch, sondern derjenige, der die Fragen stellt und zuhört.

- Der Interviewer macht sich Notizen.
- Um voreilige Schlüsse zu vermeiden, konzentriert man sich auf wiederholtes Verhalten und Muster im Lebenslauf, um den Kandidaten kennen zu lernen

Auswahl der Bewerber

Trotz eines strukturierten, methodischen Ansatzes zur Bewertung der Bewerber ist das Auswahlverfahren letzlich subjektiv. Etwas dieser Subjektivität lässt sich vermeiden, indem man

- sich nicht übermäßig von der Reife oder Erfahrung einerseits oder durch Schwung, Jugend und Elan andererseits beeindrucken lässt
- Ruhe oder ein reserviertes Auftreten nicht als Mangel an Motivation interpretiert
- die Fähigkeit eines Bewerbers, »das Interviewspiel« zu spielen, oder seine Fähigkeit, leicht ins Gespräch zu kommen, nicht mit Intelligenz oder Befähigung verwechselt
- vermeidet, dass persönliche Vorurteile die Einschätzung beeinflussen, etwa weil ein Bewerber einen an andere oder an sich selbst erinnert
- nicht annimmt, dass Absolventen gewisser Hochschulen oder Arbeitgeber automatisch besser qualifiziert sind als andere
- sich nicht von Fachsprache oder Jargon beeindrucken lässt
- sich nicht nur auf zu wenige Schlüsselqualifikationen konzentriert und dabei die Abwesenheit anderer übersieht
- die Motivation, noch mehr zu erreichen, hoch genug schätzt

Mitarbeiterentwicklung

Die vorherigen Absätze beschreiben, wie man Stellen besetzen kann. Die Entwicklung von Mitarbeitern ist mindestens ebenso wertvoll. Damit schafft man einen Kreis von kompetenten Mitarbeitern,

- die dann an Ort und Stelle sind, wenn man sie braucht
- die dann Führung oder Expertenpositionen übernehmen können, wenn die Gruppe oder Organisation wächst
- die die Firma, das Labor oder die Forschungsorganisation kennen
- die mit der fachlichen Community, den Kunden und der Branche vertraut sind.

Entwicklungsmöglichkeiten halten gutes Personal und setzen ein Zeichen der Wertschätzung an die Belegschaft. Nicht zuletzt sorgen sie dafür, dass man im mittleren und oberen Management Personen findet, die Führungskompetenz mit einer Nähe zur Arbeit in der Technologie und der Forschung aufweisen. Studien belegen zudem, dass Mitarbeiter, die an Weiterbildungsmaßnahmen teilnehmen, zufriedener mit ihrem Arbeitgeber sind.

In großen Organisationen sind Weiterbildung und Mitarbeiterentwicklung meist Aufgaben einer spezialisierten Gruppe in der Personalabteilung. Gute Vorgesetzte überlassen die Verantwortung für Personalentwicklung aber nicht diesen Fachkräften. Jede Führungskraft ist für das Personal, »das Humankapital« verantwortlich, das ihm unterstellt wurde. Mitarbeiterentwicklung ist ein Investment wie andere Investitionen auch, es zahlt sich aus und verringert darüber hinaus die Kosten von Mitarbeiterfluktuation. Dabei sollte die Mitarbeiterentwicklung selbstverständlich im Rahmen der Firmenziele und Organisationstrategie erfolgen und sich gleichzeitig an wirklich talentierte und engagierte Mitarbeiter richten. Eine Untersuchung der Universität Harvard in den 1980-er Jahren ergab, dass mindestens die Häfte der untersuchten Führungskräfte zuvor Vorgesetzte hatten, die sie als Mentoren gefördert hatten. Mentoring ist zunehmend auch ein Kriterium für Nachwuchskräfte für die Annahme einer neuen Stelle.

16.9 Literaturempfehlungen

Belbin, R. M., *Team Roles At Work.* 1993: Butterworth Heinemann.

Belbin, R. M., *Management Teams: Why they succeed or fail.* 2003: Butterworth Heinemann.

Blanchard, K., S. Johnson *Der Minuten-Manager.* 2002: Rowohlt Taschenbuch.

Bradford D. S. and B. Smart, *Topgrading: How Leading Companies Win by Hiring, Coaching and Keeping the Best People.* 2007: Penguin.

Buckingham, M., C. Coffman, *Erfolgreiche Führung gegen alle Regeln.* 2001: Campus

Glen, P., *Leading Geeks: How to Manage and Lead the People Who Deliver Technology.* 2002: Jossey-Bass.

Vorbereitung

Wenn es um eine Beschaffung eines Softwarepakets mit Kosten von 250 000 € geht, denkt man vorher lange darüber nach, was man braucht und welche Anforderungen das Produkt erfüllen muss, bildet eine Liste der Hauptaspekte, die man diskutieren muss. Es ist nicht unwahrscheinlich, dass die Kosten der Verpflichtung eines neuen Mitarbeiters ähnlich hoch sind. Zur Vorbereitung geht man deshalb die Stellenbeschreibung nochmals durch und macht sich eine Liste von Verantwortlichkeiten und Aufgaben der Stelle, der Fähigkeiten und Erfahrungen, die benötigt werden. Um jeden dieser Bereiche mit dem Bewerber durchzugehen, sollte man mehrere Fragen im Voraus vorbereiten.

Die Eröffnung

Das Ziel dieser Phase ist, den Kandidaten zu entspannen. Ein guter Interviewer ist pünktlich und freundlich, stellt sich selbst zu Beginn kompetent vor und erläutert als nächstes die Struktur des Gesprächs. Etwas Humor hilft meist sehr, die Spannung zu nehmen. Im Lebenslauf finden sich Informationen, die einem helfen, eine Beziehung aufzubauen, etwa, wenn man zu einem Erfolg oder einer Erfahrung gratulieren kann, oder bemerkt, dass man etwas gemeinsam hat. Die Eröffnung sollte etwa 15 Prozent des Bewerbungsgesprächs ausmachen.

Der Hauptteil

Im Hauptteil erfasst man die Qualifikationen, Fähigkeiten, Kenntnisse und Erfahrung und vergleicht sie mit der vorliegenden Stellenbeschreibung. Am besten hält man sich direkt an die Abfolge im Lebenslauf. Man versucht, Verhaltensmuster und Gewohnheiten zu finden, die dem idealen Profil entsprechen. Man gewinnt im Gespräch eine Einschätzung über die persönlichen Qualitäten des Kandidaten, wie zum Beispiel Führung, Problemlösungskompetenz, Kommunikation, Teamfähigkeit und Motivation.

Mit Szenario-basierten Fragen analysiert man, wie Menschen dazu neigen, Probleme zu behandeln, wie sie vergangene ähnliche Probleme gelöst haben. Man bittet den Kandidaten um eine Einschätzung, wie konkrete frühere Vorgesetzte oder Mitarbeiter antworten werden, wenn man Referenzen einholt. Wie würden diese die Stärken und Schwächen, die Erfolge und die Fehler des Bewerbers beschreiben?

Ausserdem bittet man auch um Arbeitsproben und Referenzen, die man nach dem Interview prüfen kann. Der Kandidat sollte nur vorlegen, was nicht vertraulich ist. Es kann sich um Verkaufsbroschüren, Produkte, Marktstudien, Trainigskurse und vor allem um Publikationen und Patente handeln. Diese praktischen Arbeiten können sehr viel über das Leistungsvermögen eines Kandidaten aussagen. Auch wenn es manchmal nicht einfach für den Kandidaten ist, greifbare Belege beizubringen, lohnt es sich, auf diese zu bestehen.

Als Interviewer gibt man eine logische Abfolge des Gesprächs vor. Wenn der Kandidat von dieser Linie abweicht, lenkt man ihn zurück.

Notizen während des Gesprächs sind unverzichtbar. Sie dienen dazu, sich an bedeutsame Tatsachen und Eigenschaften des Kandidaten zu erinnern. Diese Phase sollte etwa 75% des Bewerbungsgeprächs umfassen.

Der Abschluss

Auf alle Fälle ist hier angesagt, für die eigene Organisation zu werben. Dabei sollte man natürlich die Aspekte hervorheben, bei denen damit zu rechnen ist, dass sie den Bewerber interessieren, die Stelle anzunehmen. Man dankt dem Bewerber für das Kommen, erklärt wie und wann er zu einem Fortsetzungsinterview eingeladen würde oder wie man sich entschieden hat. Man fragt, ob der Kandidat noch Fragen hat, insbesondere, ob es noch Fragen gibt, deren Beantwortung seine Entscheidung beeinflussen, sich am nächsten Schritt des Verfahrens wieder zu beteiligen. Wenn dafür keine Zeit mehr bleibt, lädt man ihn ein, diese Fragen später am Telefon zu klären. Einige Kandidaten werden in dieser Phase nach dem Gehalt und Zulagen fragen. In einigen Organisationen klärt die Personalabteilung diese Fragen. Andere gestatten es dem Interviewer, das Gehalt oder den Gehaltbereich zu nennen.

Zum Abschluss schüttelt man dem Bewerber die Hand, verabschiedet ihn und bringt ihn zur Tür oder seinem nächsten Ziel. Nachdem er gegangen ist, ist die beste Gelegenheit, die noch frisch im Gedächtnis haftenden Beobachtungen zu notieren.

Einholen von Referenzen

Man prüft Referenzen am Ende des Auswahlverfahrens. Das Einholen von Referenzen ist essenziell, da geeignete Referenzgeber den Bewerber über einen sehr langen Zeitraum hinweg kennen – weit länger als man jemanden in einem oder mehreren Bewerbungsgesprächen kennen lernen kann. Die Prüfung von Referenzen hat zwei Ziele: Das erste ist, zu bestätigen, dass der Bewerber seine Position,

Arbeitserfahrung und Erfolge ehrlich dargestellt hat, was er von seiner Arbeitserfahrung erzählt hat, wo und wie lange er beschäftigt war, welche besonderen Aufgaben er hatte. Das zweite Ziel ist, mehr über die Erfolge und Misserfolge des Bewerbers zu lernen, über Arbeitsweise, Stärken und Schwächen.

Referenzen einholen ist keine beliebte Aufgabe, deshalb wird sie oft vernachlässigt. Der Wert der Auskünfte ist aber so hoch, dass man ihr nicht aus dem Weg gehen sollte. Man benötigt in jedem Fall das Einverständnis des Bewerbers und darf auf gar keinen Fall durch das Einholen von Referenzen Einfluss auf die jetzige Anstellung des Bewerbers nehmen, da meist die Firma des Bewerbers nicht weiß, dass er sich auf eine Aufgabe anderswo beworben hat. Selbst vom Bewerber erlaubte Referenzen von jetzigen Vorgesetzten oder Verantwortlichen sind immer mit besonderer Vorsicht zu genießen: Schlechte Mitarbeiter werden oft durch Lob attraktiv gemacht, um sie loszuwerden, gute zu wenig gelobt.

Allerdings sind auch viele ehemalige Arbeitgeber vorsichtig. Am Telefon oder persönlich erhält man meist eine offenere Auskunft, schriftlich eingeholte Referenzen zählen wenig. Man sollte sich etwas Zeit nehmen, eine Beziehung zum Referenzgeber aufzubauen, damit dieser mitteilsamer wird. Danach beschreibt man kurz die Aufgabe und fragt, ob diese auf die Person des Bewerbers passt. Nicht jeder Arbeitgeber beurteilt Menschen nach dem gleichen Prinzip und oft weichen die Gesamturteile über eine Person wegen der unterschiedlichen Betrachtungsweise weit voneinander ab. Man sollte deshalb keine pauschalen Fragen stellen, sondern konkret und nach Fakten und Einzelbeispielen für die Handlungsweise und die Erfolge und Misserfolge fragen. Professionelle Personalberater nutzen zudem jeden Referenzgeber, um sich über diesen einen nächsten Referenzgeber zu erschließen (»Kennen Sie jemand, der mir mehr über die Erfahrung des Kandidaten in diesem Gebiet sagen kann?«) Mit je mehr Leuten man spricht, desto klarer das Bild.

Checkliste 9 Bewerbungsgespräch in der Industrie

- ❑ Bin ich bereit, neue Ideen aufzugreifen und Korrekturen vorzunehmen, wenn die neuen Erkenntnisse dazugekommen sind?
- ❑ Besuche ich Networking Events und Weiterbildungsmaßnahmen, die sich auf nichtwissenschaftliche Aufgaben beziehen?
- ❑ Pflege ich einen Stapel von Kontaktadressen und potenziellen Kontakten, die mir für meine Forschung nützlich sein können? Finde ich regelmäßig Möglichkeiten, diese zu nutzen?
- ❑ Gebe ich wichtigen Telefongesprächen Gewicht und Wirkung, indem ich sie mit einem Briefen bestätige und mein Interesse an der speziellen Person, der Organisation oder dem Vorgang ausdrücke? Finde ich Wege, an die Adressen zu kommen?
- ❑ Bin ich in der Lage, potenziellen Arbeit- oder Auftraggebern zu erzählen, was ich für sie leisten kann? Kann ich mich dabei gut und knapp ausdrücken?
- ❑ Weiß ich über die Industriepartner und die Industrieprojekte am Lehrstuhl Bescheid? Kenne ich die Absolventen des Instituts, die in der Industrie Karriere gemacht haben? Nutze ich Gelegenheiten, mit Industrievertretern in Kontakt zu kommen und in den entsprechenden Projekten zu arbeiten?
- ❑ Weiß ich genug über die Arbeit in großen Konzernen, bei Mittelständlern, bei Beratungsunternehmen und bei Start-Ups? Kenne ich meinen Arbeitsstil und meine Präferenzen gut genug, um zu wissen, in welcher Umgebung ich am meisten leisten kann und mich am wohlsten fühle?
- ❑ Habe ich für meine Zukunft eine Fokussierung vorgenommen und einen Plan gemacht?

Checkliste 10 Einarbeitung

- ❑ Die Einarbeitungsphase wurde gemeinsam mit dem neuen Mitarbeiter geplant und die Planung gemeinsam dokumentiert.
- ❑ Als Ziel wurde allen Beteiligten klar kommuniziert, dass der neue Mitarbeiter in seiner Aufgabenwahrnehmung möglichst bald Kompetenzen erwirbt und von allen betroffenen Abteilungen und Mitarbeitern darin unterstützt wird.
- ❑ Ein Arbeitskollege wurde dem neuen Mitarbeiter zu Seite gestellt. Teammitglieder, die direkt neben dem neuen Mitglied arbeiten, wissen, wie man in der Arbeitsumgebung zurechtkommt und Leistungen erbringen kann.
- ❑ Der Mitarbeiter ist mit den Spielregeln und Eigenheiten der neuen Organisation und seiner direkten Teamumgebung vertraut gemacht worden. Dazu gehören gemeinsame Wertvorstellungen.
- ❑ Der neue Mitarbeiter kennt die Organisationsstrukturen und Abläufe, Namen, Gesichter, Titeln, Rollen und Hierarchien, die das Team gestalten. Dies ist besonders wichtig wenn das neue Teammitglied von außerhalb der Organisation kommt, aber auch wesentlich bei Mitarbeitern, die intern gewechselt sind.
- ❑ Der Neue kennt die benötigten Verfahren und Prozesse und weiß, wie er diese zu verwenden hat. Jedes Labor, jedes Institut, jede Abteilung hat eigene Abläufe und Prozesse, die sich von anderen unterscheiden, Verfahren, die im Laufe der Zeit übernommen und angepasst worden sind. Neue Teammitglieder waren wahrscheinlich Profis bei den Prozessen in der letzten Arbeitsstelle, wirken möglicherweise überfordert und erfolglos, wenn sie nicht strukturiert in die neuen Abläufe eingewiesen werden.
- ❑ Der neue Mitarbeiter kennt Werkzeuge, Programme, Technologie und Formulare. Dazu gehört beispielsweise auch eine gründliche Einführung in die Datenablage – auf dem Server und im Aktenschrank.
- ❑ Der Neue kennt die Ziele, die Alleinstellungsmerkmale und die Mission seines neuen Arbeitgebers. Die Basis jedes Teams ist, dass die Mitglieder gemeinsame Ziele verfolgen. Manchmal reicht es nicht, dass Neue die Mission verstehen, sondern es bedarf der erneuten gemeinsamen Diskussion der Zielsetzungen, damit neue Mitglieder Gehör finden und auch in dieser Hinsicht gleichwertige Teammitglieder werden können.
- ❑ Es gibt Fortschrittsgespräche mit dem Vorgesetzten (täglich, wöchentlich, monatlich?).

❑ Der Prozess der Einarbeitung wird jährlich überprüft. Verbesserungsmöglichkeiten werden identifiziert und getestet.

17 Parabel: Tom Sawyer streicht einen Zaun

Eines der wichtigsten Werke des Managements verbirgt sich in einem Jugendbuch. In Mark Twains *Tom Sawyer* im Kapitel *Tom Sawyer streicht einen Zaun* findet man ein schlüssiges Konzept zur Delegation von Aufgaben, von der Mobilisierung von Ressourcen und der Motivierung von Teammitgliedern. Die Wirtschaftstheorie nahm lange an, dass sich Menschen wirtschaftlich rational verhalten, Leistungen nur erbringen, wenn sie dafür einen unmittelbaren Gegenwert erhalten. Das Geschichte von Mark Twain zeigt, dass Menschen Aufgaben übernehmen, weil sie schwer und anspruchsvoll sind, und dass sie manchmal sogar bereit sind, Opfer zu bringen, um anspruchsvolle Aufgaben übernehmen zu können.

Die Forschung selbst bietet überzeugende Beispiele für diese Art der Delegation: In kaum einer anderen Branche ist die Fähigkeit, andere kostenlos mitarbeiten zu lassen, so fundiert erprobt und breit angewendet wie in der Wissenschaft (Gutachter, Autoren von Fachbeiträgen, Beiräte, Kuratorien, Studenten, Praktikanten, etc.). In jüngster Vergangenheit entstanden neue e-Business-Konzepte, die ein weiteres Beispiel für die Bereitschaft von Menschen zeigen, Zeit und Energie einzusetzen, um Aufgaben zu erfüllen: *User-generated-content* Angebote wie Wikipedia, Facebook, Myspace, Youtube oder Flickr demonstrieren, wie viel man erreichen kann, wenn man andere motiviert, umsonst für einen zu arbeiten.

Forscher, Führungskräfte und Manager können dennoch immer noch eine Menge dazu lernen, wie man Mitarbeiter, Kunden und andere dazu bringt, sich zum Vorteil des Akteurs zu engagieren und einzubringen.

Die genannte Geschichte berichtet, wie der Knabe Tom Sawyer seine Arbeit an die anderen Jungen der Kleinstadt delegiert, wie delegierte Arbeit allen Beteiligten Freude und Spaß macht und wie sie effizient erledigt werden kann: Tom betrachtete die Arbeit, die ihm seine Tante aufgetragen hatte, und empfand eine tiefe Melancholie. Als Jungen aus der Stadt an ihm vorbeikamen, dachte Tom, einen oder zwei von ihnen zu bezahlen, um das Projekt zu vollenden, aber hatte nicht genug bei sich, um den Wert eines Nachmittags Freiheit zu kaufen. Als Tom sich wieder der Arbeit zuwandte, kam ihm eine Inspiration, und anstatt zu nörgeln, fing er an, in Stille und gelassener Weise zu arbeiten. Bald kam ein Junge vorbei und versuchte Tom zu reizen, dass es eine Schande wäre, dass Tom wegen der Arbeit nicht Schwimmen gehen könne. »Gut, vielleicht ist es so und vielleicht ist es auch nicht. Alles, was ich weiß, ist, dass es Tom Sawyer recht ist wie es ist.« Nach einigen Minuten Zuschauen, wie Tom seine Arbeit genoss, fragte der andere, ob er das Streichen ein wenig probieren dürfe. Tom antwortete, dass vielleicht nur ein Junge von Tausend oder sogar zwei Tausend den Zaun so gut anstreichen könnten wie die Tante es will.

Zögernd übergab Tom seinen Malerpinsel im Tausch für einen angebissenen Apfel. Bald kamen mehr und mehr Jungen, um sich dem ersten beim Tünchen des Zauns anzuschließen. Tom zog sich zurück unter einem Schatten eines Baums und leitete das Malen. Nicht lang, und der Zaun war sorgfältig mit drei Schichten Farbe bedeckt. Tom lernte an diesem Tag eine wichtige Lektion menschlichen Verhaltens. Um zu erreichen, dass ein Mensch eine Aufgabe wünscht, ist es nur notwendig, dass es schwierig ist, die Aufgabe übertragen zu bekommen.

Was kann ein Forschungsmanager von Tom Sawyer lernen?

- Arbeit zu delegieren ist nicht dasselbe wie Arbeit zuzuteilen. Wer eine Aufgabe delegiert, teilt seine eigene Arbeit mit anderen. Wenn man nur Arbeit anweist, teilt man nicht eigene Arbeit, sondern vergibt Aufgaben. Wer Aufgaben delegiert, verfolgt die Gesamtziele, selbst Freiheit für andere Unternehmungen zu bekommen und seine Mitarbeiter neue Fähigkeiten zu lehren.
- Arbeit, die man delegieren will, muss attraktiv sein. Niemand wird jemandem eine Aufgabe abnehmen wollen, der über diese Aufgabe nörgelt. Tom hätte nie andere Jungen für das Anstreichen interessieren können, wenn er sich beschwert hätte.
- Die Risiken, die im Delegieren stecken, lohnen sich meist, wenn ein Arbeitnehmer darum bittet, bei der Arbeit zu helfen. Man kann wie Tom zunächst vorgeben, zu zögern, aber letztlich sollte man seinen Mitarbeitern gestatten, einem bei der Aufgabe zu helfen.
- Die Arbeit die einem Mitarbeiter zugewiesen wird, sollte als hochwertig empfunden werden. Tom erzählte den Jungen, dass nur bestimmte, seltene Talente den Zaun anstreichen können, wie die Tante es wollte. Wenn man entweder einen Mitarbeiter bittet, einen Teil seiner Arbeit zu übernehmen oder wenn dieser bittet, diese vollenden zu dürfen, sollte man der Arbeit und der Person, die sie übernehmen soll, einen hohen Wert zumessen.
- Die Überwachung der Person, die die delegierte Arbeit bekommen hat, sollte man nicht vernachlässigen. Die Delegation sollte so herausfordernd sein, dass es den Mitarbeiter reizt, neue Fähigkeiten zu entwickeln. Daher kann es sein, dass der Mitarbeiter Training und Ermutigung braucht, um die Aufgabe gemäß den Erwartungen zu vollenden.

Tom Sawyer übernahm nicht irgendwelche anderen operativen Aufgaben. Wer erfolgreich delegiert, sollte eine Multiplikator-Wirkung erreichen. Die Delegation sollte einen selbst befreien, schöpferischer zu sein, und einem mehr Zeit geben, neue Aufgaben zu finden, die es seiner Organisation oder sich selbst ermöglichen, seine Ziele zu erreichen.

18 Förderung für Karriere, Forschung und Firmengründung

18.1 Einführung

In den allerersten Jahren einer Karriere reduziert sich das Problem der Finanzierung der Forschung und des eigenen Unterhalts meist auf die Frage, ob der Chef für eine Ausgabe aufkommen wird. Federico Rosei und Tudor Johnston beschreiben dies in *Survival skills for scientists* als die Situation eines Kükens im Nest. Wenn der Altvogel mit Futter (Projektmitteln) kommt, gilt es, so sehr aufzufallen, dass man selbst und das eigene Projekt möglichst viel abbekommen. Sobald man das Nest verlässt, muss man allerdings möglichst schnell selbst lernen, Beute zu machen.

Diese Situation eines »Kükens« ist üblicherweise die Situation eines Diplomanden oder Doktoranden im Team, der sich auf sein Projekt und seine Ausbildung konzentrieren kann und keine Verantwortung hat, selbst für die Finanzierung zu sorgen – außer durch gute Resultate.

In manchen industriellen Forschungslabors oder in manchen öffentlichen Forschungseinrichtungen mag es heute noch so sein, dass man auch in späteren Stadien der Karriere als Wissenschaftler in ähnlicher Weise die Forschungsmittel zugeteilt bekommt, oder, um es positiv auszudrücken, man sich nicht durch die Beschaffung von Mitteln von der Forschung abhalten lassen muss.

Immer öfter wird man aber auch in den meisten dieser Einrichtungen Mittel von den operativen Bereichen des Unternehmens oder von Fördergebern einwerben müssen, um zu überleben.

Wer also ein interessantes, für sich und für andere wichtiges Projekt in die Realität umsetzen will, obwohl die eigene Organisation nicht genug Gelder zur Verfügung stellt, um die erforderlichen Ressourcen wie Personal und Sachmittel zu finanzieren, benötigt andere Quellen. Infrage kommt eine Finanzierung durch bewilligte Förderanträge oder durch Aufträge, die dieses Projekt direkt oder über Überschüsse finanzieren. Neben der Projektförderung gibt es die Möglichkeit der personellen Förderung über Stipendien, etwa für Nachwuchsforscher, für Frauenförderung, ja selbst für Forschungsstars, die aus dem Ausland nach

Deutschland kommen, und Forschungspreise. An der Universität nennt man alle derartigen Mittel von außen »Drittmittel«.

18.2 Stipendien

Stipendien (*Fellowships*) und Fördermittel (*Grants*) sind die erste Finanzierung, die ein junger Wissenschaftler üblicherweise einwerben kann, ein Stipendium einer Stiftung, des DAAD für die Promotion oder die Postdoc-Zeit oder eigene Programme einer Forschungsorganisation wie das Attract-Programm der Fraunhofer-Gesellschaft. Stipendien umfassen in einigen Fällen auch Reisemittel und Sachkosten, oft aber nur das persönliche Gehalt des Forschers.

Der Übergang zwischen Stipendien und Preisen ist teilweise fließend. Der wohl best dotierte stipendienähnliche Preis in Deutschland ist der *Research in Germany Award* genannte Internationale Forschungsfonds der Alexander von Humboldt-Stiftung, der es ermöglicht, zukunftsweisende Forschung an deutschen Hochschulen und Forschungseinrichtungen, unbelastet von administrativen Zwängen und mit einer hohen Freiheit hinsichtlich der Arbeitsbedingungen durchzuführen. Die Rahmenbedingungen für persönliche Bezüge und die Ausstattung dieses Preises können durchaus großzügig genannt werden, das Preisgeld umfasst 5 Millionen € für experimentell bzw. 3,5 Millionen für theoretisch arbeitende Forscher (Näheres dazu findet sich auf der Homepage der Alexander von Humboldt-Stiftung).

Zwischen diesem Preis und kleinen Stipendien, beispielsweise für die Fertigstellung einer Diplomarbeit, gibt es ein breites Spektrum an Fördermöglichkeiten.

Besonders hervorzuheben sind die Stipendien für weiblichen wissenschaftlichen Nachwuchs: Einige Länder fördern Promotionen oder Postdoc-Arbeiten von Frauen mit Stipendien. Wenige Länder vergeben Kontaktstipendien, damit Forscherinnen und Forscher während der Kindererziehung den Anschluss an die Entwicklung des eigenen Faches halten können.

Wiedereinstiegsstipendien in einigen Bundesländern ermöglichen nach einer Kindererziehungsphase die Fertigstellung einer Forschungsarbeit oder die Einarbeitung in ein neues Forschungsgebiet.

Über alle Fördermöglichkeiten in diesem Kontext informieren die Gender-Mainstreaming, Frauen- oder Gleichstellungsbeauftragten oder die Forschungsförderungsreferate der Hochschulen.

Alle Stipendien haben fünf Vorteile:

- Weil die Kosten des Forschers nicht bezahlt werden müssen, bleiben dem Betreuer meist mehr Mittel für Sachkosten und studentische Hilfskräfte, die der Arbeit zugute kommen können
- Weil man das Stipendium oft unabhängig von der zukünftigen Forschungsumgebung erwirbt, hat man viel mehr Auswahl, wo man hingehen kann und will
- Gelder für ganze Forschungsprojekte einzuwerben, erfordert normalerweise noch mehr Aufwand als für einzelne Stipendien. Wer bereits eigenes Geld für Promotion oder Post-Doc besorgt hat, hat bereits einen Bonus im Lebenslauf und hat auch schon erste Erfahrungen im Stellen von Anträgen
- Stipendien sind oft besser bezahlt als vergleichbare Forscherstellen, die aus dem Budget des Betreuers bezahlt werden. (Allerdings können Sie auch Nachteile in Bezug auf die soziale Absicherung durch Arbeitslosen,- Kranken- und Rentenversicherung haben)
- Außerdem sind sie wertvolle Leistungsmerkmale im Lebenslauf

» *Long after the Fellowship money is gone, the presence of the fellowship in your CV is a permanent benefit.* «

Federico Rosei und Tudor Johnston (Autoren von *Survival Skills for Scientists*)

Das Timing ist dabei wichtig. Häufig gibt es bestimmte Fristen und festgelegte Zeiten, zu denen Förderanträge eingereicht werden müssen. Man sollte spätestens zwei Monate vor Antragsschluß beginnen, den Antrag zu schreiben. Wenn die erste Fassung fertig ist, empfiehlt es sich, diese eine Woche in die Schublade zu legen, bevor man sie nochmals überarbeitet. Wer kann, sollte diese Version dann nochmals mit seinem jetzigen Betreuer oder einem anderen Experten durchgehen, bevor man den Antrag einreicht. Nicht selten kann man auch telefonisch oder sogar persönlich bei der fördernden Stelle Auskünfte einholen. Wer das maßvoll und spezifisch einsetzt, ist vielleicht sogar bei dem späteren Auswahlverfahren im Vorteil. Wenn es sich lohnt, überhaupt eine Bewerbung einzureichen, dann lohnt es sich erst recht, sich die Zeit zu nehmen, die es braucht, um eine sehr gute Bewerbung einzureichen.

Es gibt Aspekte bei der Bewerbung, die bei jeder Förderagentur ähnlich sind, und andere, die sich von Organisation zu Organisation unterscheiden. Es führt kein Weg daran vorbei, neben den allgemeinen Förderrichtlinien auch den speziellen Auftrag und die generelle Zielsetzung der Förderorganisation zu studieren und bei der Formulierung des Antrags zu berücksichtigen. In frühen Phasen der Forscherlaufbahn zählen vor allem die Noten im Studium und Gutachten. In späteren Phasen wird neben einem Lebenslauf und der Publikationsliste häufig eine

Zusammenstellung der besten eigenen Forschungsergebnisse und deren Wirkung innerhalb und außerhalb der Wissenschaft verlangt. Wie schon im einführenden Kapitel dieses Buches bemerkt, sollte jeder Forscher seinen Lebenslauf permanent aktualisieren und sich Gedanken machen, was er bisher erreicht hat. Dann fällt es auch leichter, solche Bewerbungen zu erstellen. Bei Forschern mit einigen Jahren Erfahrung wird außerdem oft ein Projektvorschlag verlangt. Meistens heißt das, dass ein solcher Projektvorschlag im Vorfeld mit dem Stipendiengeber ausgehandelt werden muss.

Es ist sinnvoller, sich einmal zu oft zu bewerben als zu wenig. Mangelnder Erfolg wird nicht öffentlich sichtbar, nur das eigene Ego könnte Schaden nehmen. Das soll keineswegs heißen, dass man nachlässige Anträge stellen soll, aber dass man es sich nicht zu sehr zu Herzen nehmen sollte, wenn ein Antrag abgelehnt wird. Solange man genug Pfeile im Köcher hat, kann man immer einen nächsten nehmen und weitermachen.

Einige der anschließend beschriebenen Forschungsförderer vergeben auch Stipendien. Weitere Organisationen, die Stipendien vergeben, finden sich beispielsweise in einem der beiden jährlich erscheinenden Nachschlagewerke *Handbuch der Wissenschaftspreise und Forschungsstipendien* und *Forschungshandbuch*.

18.3 Förderanträge

Einen Förderantrag stellen kann jeder, der die formale Qualifikation besitzt (in der Regel ist eine abgeschlossene Promotion Voraussetzung). Wer in einer öffentlich-finanzierten Forschungsinstitution beschäftigt ist, muss eine Grundausstattung nachweisen – diese muss der Geförderte zur Verfügung stellen. Bezahlt wird in diesem Fall in der Regel nur, was zusätzlich zur Grundausstattung für ein spezifisches Forschungsvorhaben benötigt wird, wie Personalmittel, Sachmittel, Reisekosten sowie Publikationskosten etc. Wer in einem Unternehmen arbeitet oder eines gründen will, bekommt in der Regel nur einen Zuschuss von meistens etwa 50 Prozent. Dabei werden aber alle Kosten berücksichtigt, bei der Finanzierung von Stellen also auch die Neben- und Gemeinkosten. so dass manchmal fast 100 Prozent der Gehälter finanziert werden können.

Die meisten Fördermittel in Deutschland kommen von der Deutschen Forschungsgemeinschaft (DFG), die alle Fächer und Fachgebiete berücksichtigt, der Volkswagen-Stiftung, die bestimmte Schwerpunktbereiche fördert, den Bundesministerien für Bildung und Forschung und für Wirtschaft und Arbeit, der Deutschen Bundesstiftung Umwelt, die anwendungsbezogene Umweltprojekte unterstützt, und dem Deutschen Akademischen Austauschdienst (DAAD), der Auslandsaufenthalte finanziert.

Es gibt zudem Stiftungen, die häufig Projekte fördern, die die großen Fördergeber nicht in ihren Schwerpunktbereichen berücksichtigen. Am wichtigsten ist der Stifterband der Deutschen Wissenschaft, der über 350 Stiftungen als Treuhänder verwaltet. In den USA treten zudem häufig Firmen als Sponsoren für grundlegende Forschungsarbeiten auf, ein Trend, der auch in Deutschland langsam beginnt.

Immer wichtiger werden die Förderprogramme der Europäischen Union. Außerdem vergeben andere Ministerien des Bundes und der Länder, Behörden und Vereinigungen Fördermittel. Falls ein Forschungsthema nicht in den USA vertreten ist, kommt beispielsweise auch das amerikanische NIH als Förderer für Forscher in Europa mit diesen Forschungsthemen in Frage.

Für die Vergabe von Fördermitteln für die Forschung steht also in Deutschland eine Vielzahl an Quellen zur Verfügung, leider fehlen jedoch dabei Transparenz und Übersichtlichkeit. Die Kunst besteht darin, ein Programm zu finden, das zum eigenen Forschungsthema und Forschungsrahmen passt. Es gibt erfreulicherweise einige Datenbanken und Handbücher, die einen guten Überblick über die Fördermöglichkeiten verschaffen können:

- das Förderportal der Bundesregierung (`http://foerderportal.bund.de`)
- die Internetpräsenz der europäischen Forschungsförderung: Cordis (`http://www.cordis.lu`)
- die Förderdatenbank ELFI
- das Forschungshandbuch 200X
- Fachverlag Deutscher Wirtschaftsdienst: *Der Neue Ratgeber zur Wirtschaftsförderung. Finanzmittel des Bundes und der Länder* (für Existenzgründer und Unternehmen)

Das Bundesministerium für Bildung und Forschung (BMBF) bietet auf seiner Website `http://www.bmbf.de` Texte, Broschüren und Datenbanken, die vielfältige und fundierte Informationen zu den Förderprogrammen des BMBF und anderer öffentlicher Institutionen geben. Eines der Angebote des BMBF ist die Internet-Seite `http://www.forschungsportal.net`, eine Suchmaschine für Personen, Einrichtungen und Dissertationen, ergänzt um einen Überblick über die deutsche Forschungslandschaft. Auch mit der Förderdatenbank des Bundes `http://www.foerderdatenbank.de/` gibt die Bundesregierung einen aktuellen Überblick über die Förderprogramme des Bundes, der Länder und der Europäischen Union. Das Fördergeschehen wird unabhängig von der Förderebene oder dem Fördergeber nach einheitlichen Kriterien zusammengefasst. Dabei werden auch die Zusammenhänge zwischen den einzelnen Programmen aufgezeigt, die für eine effiziente Nutzung der staatlichen Förderung von Bedeutung sind. Der Deutsche Bildungsserver `http://www.bildungsserver.de` ist ein Gemeinschaftsangebot von Bund und Ländern und bietet Informationen zu verschiedensten Themen im Bereich Bildung. Unter »Wissenschaftler/innen« finden sich Verzeichnisse ausgewählter deutscher Fördereinrichtungen, europäischer Fördereinrichtungen, eine Liste von Stiftungen und Fördereinrichtungen, Wissenschaftspreise und Stipendien sowie eine Liste wissenschaftlicher Akademien.

Um den Informationszugang zu den Förderprogrammen des Bundes transparenter und einheitlicher zu gestalten, haben die Bundesministerien BMBF, BMWi, BMU und BMVBS die gemeinsam getragene zentrale Förderberatung »Forschung und Innovation« eingerichtet, um den Zugang von Hochschulen, Forschungseinrichtungen und Unternehmen zu den Förderprogrammen zu erleichtern. Die Einrichtungen erhalten Antworten zu Verfahrenswegen und Konditionen aller relevanten Programme von Bund, Ländern und der EU-Kommission, werden an die richtigen Anlaufstellen weitergeleitet und bei der Antragstellung unterstützt. Kleine und mittlere Unternehmen können sich über das KMU-Servicetelefon 0800/2623009 zügig informieren. Die Förderberatung wendet sich mit ihren Angeboten vor allem an »Förderneulinge«.

ELFI ist die Servicestelle der Universität Bochum für elektronische Forschungsförder-Informationen im deutschsprachigen Raum. ELFI stellt den Wissenschaftlern, Forschungsreferenten, Studierenden sowie Unternehmen seine Datenbank mit Informationen zur Forschungsförderung per Internet zur Verfügung.

Über 500 die Forschung fördernde Institutionen und Stiftungen werden schriftlich im Almanach *Forschungshandbuch* vorgestellt. Dieses enthält Wissen zum Thema Forschungsförderung und erleichtert die Suche nach Finanzierungsmöglichkeiten für Forschungsprojekte. Schwerpunktthemen sind Fördermöglichkeiten durch Bundes- und Landesministerien, Industrielle Forschungsförderung, neue europäische Förderprogramme, Frauenförderprogramme, Programme für den internationalen Wissenschaftleraustausch, Förderprogramme für Dissertationen, Habilitationen und Postdoktoranden, Möglichkeiten des Wissenschaftssponsorings, Förderung von Patentanmeldungen und Tipps zur optimalen Antragsgestaltung.

Bevor man sich auf die Suche nach Förderquellen macht, sollten das Forschungsziel und die Fragestellung, der geplante Förderzeitraum und das benötigte Finanzvolumen relativ klar sein.

Wenn man bereits Förderquellen kennt, bei denen man sich hohe Förderchancen ausrechnen darf, kann man alternativ natürlich auch gezielt Projektideen konzipieren, die in deren Förderschwerpunkte passen.

18.4 Die Deutsche Forschungsgemeinschaft (DFG)

Die DFG ist eine zentrale Säule der deutschen Forschungslandschaft. Mehr als 1,2 Milliarden Euro werden jedes Jahr von ihr verteilt. Damit finanziert sie pro Jahr rund 20 000 Forschungsvorhaben mit Geld, das zwar fast ausschließlich vom Staat kommt, aber von der DFG als Selbstverwaltungsorganisation der Wissenschaft nach eigenen Regeln vergeben wird. Die DFG fördert Projekte aus allen Wissenschaftsbereichen. Ein gewisser Schwerpunkt liegt in den Natur- und Lebenswissenschaften.

Die meisten Anträge werden in der so genannten Einzelförderung gestellt, in der jeder promovierte Wissenschaftler an einer Hochschule oder sonstigen Wissenschaftseinrichtung in Deutschland Mittel beantragen kann. Im Jahr 2004 beantragten über 11 000 Wissenschaftler zusammen 1,456 Milliarden Euro Einzelförderung.

Die Förderanträge, die etwa 40 bis 200 Seiten stark sind, müssen sich einem höchst standardisierten, durchdachten und anerkannten Begutachtungsverfahren stellen. Jeder Antrag wird nach gleichen Verfahren beurteilt, bewilligt oder abgelehnt, das dennoch dennoch flexibel genug ist, um fast jedem Forschungsthema gerecht zu werden.

Jeder Antrag wird an eine der fünf großen Fachgruppen, in die DFG die Wissenschaft eingeteilt hat, weitergeleitet. Programmdirektoren in den Fachgruppen sind bei der DFG die eigentlichen Ansprechpartner für die Antragstellter und leiten die Anträge zu den Wissenschaftlern, die als Gutachter jeden Antrag beurteilen. Antragsteller erfahren nicht, wer ihren Antrag begutachtet, um Unabhängigkeit und Qualität der Begutachtung sicherzustellen.

Jeder Förderantrag wird von zwei ehrenamtlichen Gutachtern bewertet. Bis beide Gutachten angefertigt sind, dauert es in der Regel etwa vier bis sechs Wochen oder mehr. Die DFG-Geschäftstelle leitet diese Beurteilungen danach weiter an das zuständige Fachkollegium, dem Wissenschaftler angehören, die anders als die Gutachter von allen Wissenschaftlern ihres Fachgebietes gewählt wurden. Auch die Fachkollegien geben zu jedem Antrag eine Stellungnahme ab, eine Überprüfung und Bewertung der bereits erstellten Gutachten. Die Fachkollegien der DFG haben die Aufgabe, gerade exzellente, aber riskante Forschung abseits der Hauptströmungen fundiert zu beurteilen. Auf Basis der Bewertungen der

Gutachter und der Stellungnahme des Fachkollegiums erstellt die Geschäftsstelle dann die offizielle Antragsbewilligung oder Ablehnung, die zunächst von der DFG-internen Revisionsabteilung, der Gruppe Qualitätssicherung, formal und auch sprachlich überprüft wird und zuletzt beim Hauptausschuss der Forschungsgemeinschaft landet. Die 37 Mitglieder des Hauptausschusses, die von der DFG sowie vom Bund und von den Ländern entsandt werden, treffen die eigentliche Entscheidung. Sie bekommen dafür die jeweiligen Bewilligungs- oder Ablehnungsvorschläge der Geschäftsstelle, auf deren Basis sie eventuelle Zweifel anmelden und nochmalige Begutachtungen veranlassen können. Geschieht das nicht, gilt der Vorschlag der Geschäftsstelle als angenommen und der Antrag wird entweder gefördert oder abgelehnt.

Gut sechs Monate dauerte es 2004 im Schnitt, bis ein Antrag vollständig bearbeitet war. Von den Forschungsvorhaben, für die Wissenschaftler eine Einzelförderung beantragten, wurden weniger als die Hälfte gefördert, zudem in vielen Fällen mit weniger Geld als beantragt.

Die Wissenschaft ist immer mehr auch auf die Kooperation und auf die Interaktion verschiedener Disziplinen angewiesen. Das Koordinierte DFG-Verfahren, das aktuelle, sich rasch entwickelnde wichtige Gebiete, so genannte *Emerging Fields*, erschließen soll, heißt DFG-Schwerpunktprogramm. Hier können Wissenschaftler verschiedener Fächer über sechs Jahre hinweg ein spezielles Thema erschließen – wenn sinnvoll auch gemeinsam mit Gruppen im Ausland.

Sonderforschungsbereiche (SFB) sind langfristig angelegte Forschungsverbünde der Hochschulen, in denen Wissenschaftler im Rahmen eines interdisziplinären Forschungsprogramms zusammenarbeiten. Auf Wunsch der antragstellenden Hochschule können auch andere Forschungsinstitute, wie z. B. Max-Planck-Institute, in einen SFB mit aufgenommen werden. Seit Beginn der Förderung von SFB im Jahre1968 wurden zum Jahr 2007 insgesamt 709 SFB gefördert. Im Jahr 2007 erhielten 276 SFB insgesamt 419,5 Millionen € Fördermittel für Personal, Verbrauchsmittel und Geräte. Neben der Förderung exzellenter Wissenschaft im Verbund ist die Schwerpunktbildung in Hochschulen ein wichtiges Strukturziel des Programms. Im Rahmen des SFB Programms werden die verschiedenen Programmvarianten Sonderforschungsbereiche (SFB), Kulturwissenschaftliche Forschungskollegs (SFB/FKO), Transregio (SFB/ TRR) sowie die Programmergänzungen Transferprojekte (TFP) gefördert.

Nachwuchsgruppen der DFG sind Teil der Sonderforschungsbereiche an Universitäten. Sie sind auf fünf Jahre ausgelegt und bieten einen Rahmen für junge Wissenschaftler. Nachwuchsgruppen werden nicht bei der DFG beantragt, sondern von den entsprechenden Sonderforschungsbereichen ausgeschrieben.

Im In- und Ausland ist die Teilnahme an Ferienkursen oder an Veranstaltungen, die dem Erlernen oder Einüben neuer wissenschaftlicher Methoden dienen, förderbar. Deutsche Nachwuchswissenschaftler im Ausland können sich Reisen zu Tagungen in Deutschland durch Reisebeihilfen fördern lassen.

Forschungsstipendien vergibt die DFG an den wissenschaftlichen Nachwuchs (mit Promotion) im In- und Ausland. Im Rahmen dieses Stipendiums, das in der Regel auf eine Dauer von 2 Jahren angelegt ist, sind auch das Anfertigen einer Habilitation, das Erlernen bestimmter Methoden oder die Einführung einer neuen Forschungsrichtung möglich. Wenn neben der Forschung Kinder betreut oder Angehörige gepflegt werden, ist auch ein 50%-Stipendium mit Verlängerung auf 4 Jahre Laufzeit möglich.

Auf weitere Programme wie Forschungsfreisemester, Mercator-Gastprofessuren, Finanzierung von internationaler Zusammenarbeit, Kolloquien und Kongressen, der Herausgabe von Werkeditionen wird an dieser Stelle aus Platzgründen nicht eingegangen.

18.5 Bundesministerien

Auch Bundesministerien können innerhalb ihrer Ressortforschung innerhalb von Schwerpunktthemen Personalsachmittel, Sachmittel, Reisebeihilfen, Tagungs- und Kongressbeihilfen fördern.

Der größte Forschungsförderer in Deutschland neben der DFG ist das Bundesministerium für Bildung und Forschung (BMBF), das für mehrere Milliarden Euro pro Jahr Forschungs- und Technologieprojekte fördert, sehr oft Verbundprojekte zwischen Hochschulen, Forschungsorganisationen und Industrie.

Von den Antragstellern wird erwartet, dass sie über eine entsprechende technische, räumliche und personelle Infrastruktur verfügen, dass die Grundausstattung finanziert ist, dass sie über ein ordentliches Rechnungswesen verfügen und dass mit einem Projekt noch nicht begonnen wurde.

Bei Unternehmen wird eine finanzielle Eigenbeteiligung von in der Regel 50% erwartet. Hochschulen erhalten aktuell eine 100% Zusatzkostenförderung auf Ausgabenbasis.

Unternehmen, Hochschulen und Forschungsorganisationen können Projekte gefördert bekommen, die in die fachorientierten BMBF-Förderprogramme passen. Mit dem fachlichen und administrativen Fördermanagement hat das Ministerium so genannte Projektträger beauftragt. Die Projektträger wirken an der Ausgestaltung von Förderprogrammen mit, beraten Antragsteller, nehmen Anträge entgegen, bereiten die Förderbescheide vor, wickeln laufende Vorhaben administrativ und finanziell ab und führen Seminare und Workshops zur Verbreitung der Forschungsergebnisse durch.

In der Regel erfolgt eine Antragstellung meist in zwei Stufen:

1. Einreichung von formlosen Projektskizzen an den Projektträger
2. Aufforderung zur Einreichung von Anträgen auf Antragsformularen, die sich für Unternehmen und Hochschulen unterscheiden, und zwar gleichzeitig elektronisch mittels des Programms »easy« und in Papierform.

Es werden jeweils nur bestimmte Themenkomplexe, die in »Bekanntmachungen« publiziert wurden, vom BMBF gefördert. Die Liste dieser Themen und nähere Informationen findet man in den oben genannten Datenbanken oder im Bundesanzeiger.

18.6 Länder

Die meisten Landesministerien vergeben innerhalb der Ressortforschung Mittel für wissenschaftliche oder technologische Projekte. In den meisten Bundesländern verfügen neben dem Wissenschaftsressort die Ministerien für Umwelt, Landwirtschaft, Gesundheit, Verkehr, Wohnungswesen, Kultur und Soziales über gewisse Mittel für Forschung. Das jährliche Finanzvolumen reicht von etwa 50 000 € bis zu 25 Millionen € pro Jahr. Wirtschaftsministerien fördern meistens kleine und mittlere Technologieunternehmen, freie Erfinder und freie Berufe. Die meisten Wissenschaftsministerien verfügen über Programme für Ausgründungen von Technologieunternehmen aus der Forschung. Wissenschaftsministerien fördern manchmal auch die Teilnahme an wissenschaftlichen Tagungen und Druckkosten.

Für die Antragstellung aller dieser Ministerien gelten landesspezifische Bestimmungen, aufgrund gesetzter Termine (*Calls*) oder zu offenen Zeitpunkten, formlos oder per Antragsformular. Die Bekanntmachungen und nähere Informationen findet man in den oben genannten Datenbanken. Häufig gibt es Schwerpunkte bei der Zusammenarbeit von Firmen mit Forschungseinrichtungen oder Hochschulen. Für Existenzgründer und Technologieunternehmen gibt es meistens spezielle Ansprechpartner im Wirtschaftsministerium, der Industrie- und Handelkammern der Kommunen und die Transferstellen der Hochschulen, die einem durch den Förderdschungel helfen. Adressen finden sich in Oeckl: *Taschenbuch des öffentlichen Lebens*.

Viele Länder haben auch Forschungsstiftungen eingerichtet, die der angewandten Forschung und Innovation Mittel zur Verfügung stellen.

18.7 Stiftungen und Sponsoren

Neben DFG, BMBF und der Bundesstiftung Umwelt ist die Volkswagenstiftung einer der wichtigsten Forschungsförderer in Deutschland.

Der Stifterverband für die Deutsche Wissenschaft ist eine konzeptionell arbeitende Organisation, die es sich zur Aufgabe gemacht hat, strukturelle Probleme im Wissenschafts- und Hochschulbereich zu erkennen und zu lösen. Der Stifterverband ist Treuhänder für zurzeit 360 zumeist wissenschaftsfördernde Stiftungen. Er verwaltet deren Stiftungsvermögen von insgesamt ungefähr 1,4 Milliarden €. Zudem fördert eigene Förderprogramme über die gemeinnützigen Spenden seiner Mitglieder und Förderer.

An fast allen Hochschulen und Forschungsorganisationen gibt es Fördervereine, häufig unter dem Namen »Freundeskreis« oder »Freunde der ... « die Arbeiten an der eigenen Institution materiell unterstützen. Was jeweils unterstützt wird, ist sehr unterschiedlich.

18.8 Voraussetzungen für erfolgreiche Förderanträge

Erfolgreiche Förderanträge entstehen nicht in einem Vakuum. Der Erfolg eines Förderantrages hängt davon ab, was auf dem Papier steht, aber ebenso auch davon, was die anderen Wissenschaftler, die Programmreferenten und Projektträger und insbesondere die Gutachter über die wissenschaftliche Arbeit des Antragstellers denken. Deshalb ist es clever, als Forscher die eigene »Marke« zu pflegen, über der Arbeit an Projekten und Antragstellung nicht das Publizieren sowie die aktive Mitwirkung bei wissenschaftlichen Meetings und Konferenzen und möglicherweise sogar aktive Pressearbeit zu vernachlässigen. Wessen Person wie eine Marke im Denken der anderen Wissenschaftler verankert ist, wird sich in der Regel mit dem Stellen und der Bewilligung von Förderanträgen leichter tun.

Voraussetzung für eine erfolgreiche Folge von geförderten Projekten ist weiterhin, dass der Karrierepfad gangbar ist. Manche Förderprogramme enthalten zeitliche und finanzielle Beschränkungen. Viele Förderprogramme benötigen eine Gegenfinanzierung, das heißt, die fördernde Organisation finanziert nur 30 Prozent bis 90 Prozent der Kosten von Förderprojekten. Der Rest muss aus Eigenmitteln der geförderten Einrichtung bezahlt werden. Dies gilt in den meisten Fällen bei Firmen, manchmal aber auch für universitäre und außeruniversitäre Forschungseinrichtungen. Manche Firmen sehen es nicht gern, wenn die eigenen Forscher sich in öffentlich finanzierten Projekten eigene Themen suchen und finanzieren, weil es der Firmenleitung wichtig ist, dass sie in marktnäheren, nicht förderbaren Forschungs- und Entwicklungsarbeiten tätig sind. Wenn die Einwerbung von Fördermitteln also in der eigenen Karriereplanung eine wichtige Rolle spielt, dann sollte ein Wissenschaftler bereits vor Antritt einer Stelle auch die Beteiligungsmöglichkeit an Förderprogrammen prüfen und ggf. verhandeln.

Auch bei der Wahl des eigenen Forschungsprojekts ist zu berücksichtigen, wie gut das Thema zur jetzigen Situation des Antragstellers passt. Wie wohl sich die Gutachter bei einem Antrag fühlen, hängt ab von der Erfolgsgeschichte des Antragstellers bei früheren Anträgen, seinem Karrierestadium sowie der Angemessenheit von Zielen, Zeit und Kosten.

Die Erstellung eines Förderantrags erfordert viel Aufwand. Bei Unklarheiten sollte man sich daher nochmals telefonisch mit dem Fördermittelgeber in Verbindung setzen, um sicher zu sein, dass das Fördervorhaben auch realistische Erfolgsaussichten bei dieser Ausschreibung aufweist.

Viele Fördergeber stellen ein Merkblatt oder Antragsformular zur Verfügung, das die Gliederung des Antrags vorgibt.

18.9 Kurz- und langfristige Planung

Wie bei jedem anderen Aspekt der Forschungstätigkeit ist also auch bei der Finanzierung durch Anträge eine weitblickende Planung nahezu unverzichtbar. Ein guter Forscher fokussiert sich auf eine grundsätzliche Idee und Zielrichtung. Eine übergeordnete Idee mobilisiert Unterstützung und hilft so, diese über Jahre zu finanzieren. Eigene Schlüsselziele können durchaus fünf bis zehn Jahre in die Zukunft hinein geplant werden. Wie schon im Kapitel Forschungsplan beschrieben ist das keine tagesgenaue und absolut exakte Planung. Es handelt sich nicht um einen Zugfahrplan sondern eher um eine Segelschiffroute, bei der die grundsätzliche Zielsetzung verfolgt wird, aber natürlich Flexibilität da ist, falls widrige Winde einen auch mal um einiges von der beabsichtigten Route abgebracht haben. Forscher in forschungsgetriebenen Fächern wie Biologie, Medizin, Geologie, Astrophysik tun sich naturgemäß leichter mit einer langfristigen Zielplanung als stark marktgetriebene Fächer wie Informatik, Ingenieurwissenschaften und Betriebswirtschaft, wo sich Änderungen der Märkte (Endverbraucher, Firmenkunden und Kapitalmärkte) sowie das Entstehen und Vergehen von (Quasi-)Standards sehr empfindlich auf die technologische Zielsetzung auswirken. Eine Prinzipienfestigkeit bei den übergeordneten Zielen ist dennoch in allen Fächern von großem Vorteil für die eigene Motivation, für den Erfolg und für den Erfolg in der Antragstellung. Der persönliche Forschungsplan enthält Prinzipien und Ziele und gliedert sich in der nächsten Ebene in Unterprojekte, die zwei bis fünf Jahre benötigen. Diese Unterprojekte sind die natürlichen Projekteinheiten für die Beantragung bei Förderprojekten. Da in Förderanträgen die Ziele zu den Ressourcen und der Zeit passen müssen und zu ehrgeizige Versprechungen ebenso kritisch wie zu vorsichtige gesehen werden, ist es wichtig, dass Antragsteller, Gutachter und Förderinstitution zu einer gemeinsamen Einschätzung über Ziele und deren Machbarkeit kommen.

Um gefördert werden zu können, muss man in der Regel Mitarbeiter oder ggf. auch Inhaber einer Institution sein. Für die Förderung kommen bei sehr vielen Programmen folgende Einrichtungen in Frage:

- Universitäten
- Forschungseinrichtungen
- kleine und große Unternehmen

Manchmal berechtigt erst ein gewisses Stadium der Laufbahn zum Stellen von Anträgen. So können manche DFG-Programme nur von Forschern beantragt werden, die selbst in einer bereits finanzierten Stelle beschäftigt sind und Mittel für Mitglieder der eigenen Gruppe beantragen. Viele Organisationen setzen eine Promotion bei Antragstellern voraus. Wer diese Voraussetzung nicht erfüllt, muss also eine andere Person gewinnen, die für das eigene Projekt gegenüber dem Fördergeber als Antragsteller und Projektleiter auftritt.

Einzelpersonen ohne Organisation können eine Firma gründen und dann als Inhaber und Forscher Anträge stellen, die aber in der Regel nur teilweise gefördert werden und durch Ersparnisse oder durch andere Einnahmenquellen, z. B. aus Dienstleistungen, gegenfinanziert werden müssen.

Neben derartigen formalen Gesichtspunkten können weitere Beschränkungen auftreten, die man prüfen sollte. Gibt es einschränkende Bestimmungen der eigenen Organisation, die die Mitwirkung an Förderprogrammen beschränken oder gar verhindern? Verfügt die eigene Organisation über die notwendigen Ressourcen zur Durchführung der Arbeit?

Förderprogramme setzen eine Grundausstattung voraus: Neben Laborausstattung und Möglichkeiten der Informationsbeschaffung (Bibliothek, Datenbanken) sind das je nach Forschungsthema auch Großrechner, Kühlung, Stickstoff oder Reinstwasser, Ausstattung wie Werkstätten, Reinraum oder elektromagnetische Abschirmung. Immer benötigt man gewissen Arbeitsplatz sowie Austausch- und Diskussionsmöglichkeiten.

Insbesondere wenn sehr teure, riskante oder große Förderanträge gestellt werden, wird erwartet, dass es vorläufige Daten gibt und dass eine Machbarkeit gezeigt wurde oder zumindest sehr wahrscheinlich zu erwarten ist.

Diese Voraussetzungen erschweren es einem Forscher, sein Arbeitsgebiet grundsätzlich zu wechseln. In einem solchen Fall, sollte man prüfen, ob es Stipendien oder andere Finanzierungsmöglichkeiten gibt, die inhaltlich nicht so genau definiert sind und einen Neuanfang ermöglichen. Ein Beispiel könnte ein Stipendium für einen Auslandsaufenthalt sein, den man nutzen kann, um erste Publikationen und vorläufige Daten zu erwerben. Nicht nur beim Wechsel des Themenfeldes, auch als Anfänger, kann man von Programmen wie Stipendien (z. B. Mobility of Researchers) und Preisen (z. B. Training and Career Awards) profitieren. Für Mütter und Väter, die eine Babypause oder Elternzeit hinter sich haben, kann es Wiedereinstiegs-Stipendien geben.

Manche Förderprogramme werden überhaupt nicht öffentlich ausgeschrieben, so dass es wichtig ist, dass die entsprechenden Förderer die eigene Institution kennen und informieren können. Insbesondere Existenzgründer müssen sich oft bei Ministerien oder der EU bekannt machen, z. B. indem sie Informationsveranstaltungen besuchen und sich dort in Anwesenheitslisten eintragen oder Beratungsgespräche führen.

Häufig gibt es Ausschreibungen mit festen Fristen für die Antragstellung. Allerdings ist das nicht immer so. Manchmal gibt es einfach über einen längeren Zeitraum die Möglichkeit, Anträge zu stellen, die begutachtet und bei ausreichender Qualität bewilligt werden, bis das Budget der Förderstelle aufgebraucht ist. Diese Vorgehensweise nennt man oft auch »Windhundverfahren«.

Von der ersten Kontaktaufnahme mit der Förderinstitution bis das Projekt beginnen kann, kann es länger dauern, als man denkt. Teilweise gibt es Antragsverfahren, die zwei bis drei Jahre dauern. Als Erstantragsteller muss man mit mindestens zwei Monaten oder mehr konzentrierter Arbeit rechnen, um einen Förderantrag zu erstellen. Die Begutachtung und Bewilligung kann drei bis achtzehn Monate dauern. Sehr oft muss man den Antrag mehrfach überarbeiten, bevor man Bewilligung erhält. In Verbundprojekten werden Ziele und Vorgehensweisen nicht von einem Antragsteller vorgegeben, sondern müssen zwischen allen Verbundantragstellern, oft unter Mitwirkung der Förderreferate oder der

Projektträger ausverhandelt werden. Verbundanträge benötigen zudem oft Vertragsverhandlungen mit Rechtsabteilungen.

Die Beantragung eines Förderprojektes sollte wie jedes andere Projekt geplant werden. Es beginnt damit, dass man erste Informationen über das Förderprogramm sammelt und baldmöglichst den Programm-Referenten oder Projektträger kontaktiert. Viele Förderprogramme sehen nur die Einsendung eines einzigen Antrags vor, andere zerfallen in eine Skizzenphase und eine Antragsphase: Zunächst werden zwei- bis vierseitige Skizzen eingereicht und grob begutachtet. Nur einer Auswahl der Antragsteller wird dann empfohlen, einen ausführlichen Antrag zu erstellen. Das spart denjenigen, deren Antrag nicht erfolgreich ist, Zeit, ist aber mit Mehraufwand für die letztlich erfolgreichen Forscher verbunden, den man ebenfalls planen sollte.

Bei Verbundanträgen muss anschließend ein Konsortium zusammengestellt und abgestimmt werden. Das eigentliche Schreiben des Antrags folgt. Nach Erstellung dieses Antrags sollte man ihn etwas liegen lassen und danach mit einem frischen Blick lesen und Fehler korrigieren. Dies betrifft Rechtschreibung, die Entfernung von Redundanzen, das Bereinigen komplizierter Sätze. Wer die Meinung von Kollegen (erfolgreiche Antragsteller und erfahrene Gutachter), aber auch von Nichtexperten einholen kann, sollte diese Gelegenheit unbedingt nutzen und dabei den eigenen Begutachtern mindestens zwei Wochen Zeit geben und sich selbst danach mindestens eine Woche Zeit nehmen um das Feedback zu analysieren, zu bewerten und es sorgfältig einzuarbeiten. Auch jetzt ist es wieder angesagt, den Antrag nochmals mit einem frischen Blick zu lesen und Fehler zu korrigieren. Der Antrag sollte spätestens zwei Tage vor der gesetzten Frist eintreffen. Falls der eigene Computer oder das Netzwerk versagt, die Post Probleme macht, man einen Krisenfall in der Familie oder im Labor zu bewältigen hat, bleibt immer noch ein kleiner Puffer.

18.10 Der erste eigene Antrag

Es gilt, eine Fördereinrichtung zu finden, die sich genau für die Forschung begeistert, die man selbst machen will. Man prüft das Terrain durch

- Analyse der Förderdatenbanken und -verzeichnisse
- Gespräche mit der eigenen Förderberatung
- Besuche von Informationsveranstaltungen
- Gespräche mit Förderreferaten und Projektträgern über noch nicht publizierte Förderkonzepte und Schwerpunktsetzungen.

Oft ist zu Beginn der Laufbahn ein kleiner, fokussierter Antrag besser als ein großer. Falls man sich auf ein ausgeschriebenes Programm hin bewirbt, ist aber die Passgenauigkeit wichtiger: Wenn die Ausschreibung explizit oder implizit ein gewisses zeitliches und finanzielles Projektvolumen vorgibt, dann hat man nur dann eine Chance, wenn der eigene Antrag innerhalb dieser Vorgabe liegt. Weiterhin sollte man berücksichtigen, welcher bewilligte Antrag welchen Einfluss auf die Laufbahn hat: Verschiedene Fördertöpfe sind prestigeträchtiger als andere. Bestimmte Partner in Verbundprojekten sind für die Karriere wichtiger als andere. Irgendwann wird es wichtig, auch als Initiator und Koordinator eines Projektes aufzutreten.

Der Umfang des Projektes hängt aber in erster Linie von der Forschungshypothese bzw. dem angestrebten technologischen Fortschritt ab. Diese müssen zum Förderzeitraum passen: Ist die Hypothese mit den beantragten Vorgehensweisen und Mitteln beleg- (oder widerleg-)bar, ist der technische Fortschritt erreichbar? Förderanträge sollten ambitioniert sein, aber nicht zu ehrgeizig.

Eine vorzeigbare Erfolgsgeschichte der Antragsteller erleichtert es den Gutachtern, auch ambitionierte Projekte zu bewilligen. Umgekehrt ausgedrückt: Wenn die bisherigen Erfolge nicht zu den Zielen und zum Kostenumfang des Antrags passen, bekommen die Gutachter Probleme.

Anträge haben nur dann gute Chancen, wenn sie zum Leitbild der Förderorganisation passen. Anträge an das Umweltministerium müssen belegbar Umweltschutzaspekte erfüllen; medizinische Stiftungen oder das amerikanische staatliche *National Institute of Health* (NIH), fördern nur Projekte, bei denen biomedizinische oder Gesundheitsthemen im Mittelpunkt stehen. Wirtschaftsministerien fördern in der Regel Forschung, die die Chance hat, Arbeitsplätze zu schaffen oder zu sichern. Eine besonders hohe Passgenauigkeit zum Leitbild und zum politischen Willen des Fördergebers erhöht die Chancen der Bewilligung und des Projekterfolgs.

Nicht erlaubt ist es, das genau gleiche Thema von zwei verschiedenen Stellen gleichzeitig oder nacheinander fördern zu lassen (Verbot der Doppelförderung). Dies betrifft nicht nur die eigene Arbeit, sondern auch die Arbeiten Dritter. Deshalb ist die wichtigste und erste Frage, ob irgendwer sonst am gleichen Thema forscht(e), die durch Analyse von Förderdatenbanken, Patentdatenbanken, vor allem aber durch hohe wissenschaftliche Sorgfalt beantwortet werden muss. Das gesetzliche Verbot der Doppelförderungen verlangt deswegen im Antrag eine Abgrenzung von anderen bereits geförderten Projekten. Dass das gleiche Thema nicht doppelt gefördert werden darf, heißt nicht, dass geschaffenes Wissen und Erkenntnisse nicht mehrfach verwendet werden können und sollten. Ein interner

Know-how-Transfer auch zwischen laufenden Projekten ist erlaubt und sollte sogar angestrebt werden.

An dieser Stelle soll zur Begriffsklärung eine Unterscheidung zwischen der Abgrenzung von bereits geförderten Projekten und einer Wettbewerbsanalyse vorgenommen werden. Auch wenn beide ähnlich aussehen, unterscheiden sie sich dennoch fundamental. Wer mit den gleichen Mitteln und dem gleichen Ansatz besser, schneller und cleverer sein kann als andere, ist wettbewerbsfähig und kann sich im Markt durchsetzen, auch wenn die anderen eine Förderung erhalten. Im Sinne einer Doppelförderung kann er sich aber nicht von diesen abgrenzen. Andererseits kann, wer mit einem anderen Ansatz und einer anderen Zielrichtung vorgeht als andere, sehr wohl den Wettbewerb um Kunden, Marktanteile, Erstpublikation oder eine attraktive Stelle verlieren. Für die eigene Laufbahn oder unternehmerischen Erfolg zählt der Wettbewerbsaspekt, für die Förderung die Vermeidung von Doppelförderung.

18.11 Definition des Themas

Idealerweise ergibt sich aus der eigenen langfristigen Forschungsstrategie bereits das richtige Forschungsthema für einen Förderantrag. Unabhängig davon sollte man aber auch regelmäßig sein Forschungsfeld auf Lücken und offene Fragen hin untersuchen. In einem Förderantrag sollte man nicht unbedingt die offensichtlichsten, aber auch nicht die irrelevanten Probleme bearbeiten. An offensichtlichen Problemen haben sich vermutlich schon viele andere die Zähne ausgebissen und man sollte sie nur angehen, wenn man weiß, was versucht wurde, und sicher ist, selbst einen besseren Ansatz zu verfolgen. Die irrelevantesten Themen sind schwer zu fördern, und selbst wenn das gelingt, bringen sie den Antragsteller und sein Team auch bei erfolgreicher Bearbeitung in der Karriere, im Ansehen und im Markt nicht weiter.

Die Frage, ob Literatur und Datenbanken gründlich und fachlich kompetent geprüft wurden, ob die Fragestellung relevant, bereits bearbeitet oder geklärt wurde, ist deshalb mit das wichtigste Kriterium bei einer guten Begutachtung eines Förderantrages durch die Entscheider. Besonders schwer ist es, bei interdisziplinären Themen, festzustellen, ob der Antragsteller tatsächlich die erfolgskritischen Probleme bearbeitet. Wenn Antragsteller und Gutachter beide vom gleichen Fach sind, werden in solchen Fällen nicht selten Projekte bewilligt, deren Ergebnis nicht zum Wissensfortschritt oder zum technologischen Fortschritt beitragen. Es nützt nichts, wenn bei optischen Biosensoren die hundertste bessere optische Technologie eingeführt wird, um genauer Schichtdicken zu bestimmen, wenn die unspezifische Bindung von Molekülen das Messergebnis mehr verfälscht als selbst grobe optische Verfahren messen. Es hilft nicht, bessere Software für Telekommunikation zu schreiben, wenn deren Nutzung den Datenschutz verletzt.

Neben der Relevanz des Themas ist ein ebenso wichtiger Aspekt die Berücksichtigung der eigenen Stärken. Die eigene Expertise, die eigene Erfolgsgeschichte und die Ausstattung, die verwendet wird, sollten zum Antragsthema passen. Weiterhin ist die »Pflege der eigenen Marke« ein wichtiger Aspekt. Passt das Forschungsthema zu dem Themen- und Kompetenzfeld, mit dem die Kollegen mich identifizieren (sollen)?

Kernthema eines Förderantrags ist stets eine wissenschaftliche Hypothese oder ein angestrebter technologischer Fortschritt. Dies ist kein strenges Entweder/Oder. Mit jeder erfolgreich beantworteten Fragestellung entstehen neue Methoden und jeder technologische Fortschritt lässt sich auch als Hypothese formulieren, z. B. wenn die Machbarkeit eines bestimmten Vorgehens gezeigt werden soll. Es ist in der Forschung jedoch immer schöner, wenn Antragsthemen als Hypothesen und nicht als Erarbeitung von Methoden formuliert sind.

Ein guter Förderantrag fokussiert eine gute Idee auf eine einzige Fragestellung. Er zeigt keine Lösung auf der Suche nach Problemen und ebenso will ein guter Antrag nicht Förderung, um damit einfach nur neue Informationen zu sammeln.

Ein erfolgreicher Antrag berücksichtigt die Breite der Ausschreibung und das Leitbild der Fördergeber. Die in den Ausschreibungsunterlagen genannten Voraussetzungen an den Forscher und das Projekt sollten immer möglichst exakt berücksichtigt werden. Eine gewisse Ausnahme stellen die sehr seltenen, aber vorkommenden politisch getriebenen Schaufenster-Projekte dar, bei denen durch den Druck der Politik und Öffentlichkeit Themen vorgeben werden, bei denen alle Beteiligten wissen, dass sie eigentlich nicht bearbeitbar sind. Solche Ausschreibungen können verwendet werden, um verwandte Forschungsthemen, die aus normalen Töpfen nicht finanziert werden können, voranzutreiben. Solche rein politisch getriebenen und nicht machbaren Ausschreibungen können also wie ein Joker oder eine Wildcard benutzt werden und so bislang nicht geförderte Themen vorantreiben. Ideal ist so eine Konstellation aber nicht, und sie wird erfreulicherweise immer seltener.

Als Antragsteller sollte man in Erfahrung bringen, ob der Begutachtungsprozess in einer Ausschreibung sehr formalisiert ist. Je formalisierter der Prozess, desto wichtiger die Einhaltung der formalen Kriterien. Ganz generell ist die Suche nach passgenauen Prioritäten und Ausschreibungen von zentraler Bedeutung.

Im Antrag ist zu belegen,

- warum die Förderorganisation finanzieren soll
- warum das Forschungsthema das Geld wert ist
- dass der Antrag wichtig ist
- dass der Ansatz logisch und innovativ ist
- dass man die notwendigen Ressourcen hat, das Projekt umzusetzen
- dass man selbst und seine Kooperationspartner qualifiziert sind, die Ziele zu erreichen.

Wer Enthusiasmus für sein Projekt empfindet und diesen Enthusiasmus im Text und zwischen den Zeilen des Antrags weitergeben kann, wird viel wahrscheinlicher gut bewertet werden.

Realismus

Bei Anfängern sollte das Antragsbudget in zusagendem Rahmen bleiben. Bei dem beantragten Projekt und der in Aussicht gestellten Arbeitsleistung sind die eigenen Lehrverpflichtungen und die der Mitarbeiter ebenso zu berücksichtigen wie Belastungen von Forschungsärzten in der Klinik oder von Auftragsforschern in parallel laufenden Industrieprojekten. Auch mit Verzögerungen bei der Mitarbeiterrekrutierung und der Belastung mit dem Schreiben weiterer Anträge sollte man rechnen. Nichtsdestotrotz muss der Antrag kreativ, neu und das bewilligte Geld wert sein.

Die Chancen, mit gegebener Zeit und Ressourcen erfolgreich zu sein, werden von vielen Menschen bei kurzfristigen Projekten unterschätzt, bei langfristigen überschätzt. Dies gilt auch für Gutachter. Bei Verhandlungen mit Risikokapitalgebern sollte man sich in der Regel sehr ehrgeizige Ziele setzen, bei Gutachtern in Förderprojekten meistens sehr machbare.

Manchmal kann man sich deshalb bei Förderprojekten ein »Polster« erarbeiten, vorläufige Daten oder sogar fast fertige Publikationen, auf deren Basis das nächste Projekt beantragt werden kann. Wer einmal ein solches Polster hat, dem fällt es nicht schwer, den nächsten Antrag immer erfolgreich zu Ende zu bringen und damit wiederum die Chancen für einen Folgeantrag zu erhöhen.

Ingesamt machen viele Anfänger den Fehler, in ihren Anträgen zu innovativ zu sein. Auch wenn Neuheit immer ein wichtiges Kriterium ist, sollte man zwar sicherstellen, dass nichts beantragt wird, was schon gezeigt wurde, aber auch damit rechnen, dass, was außerhalb des Gewohnten liegt, nicht immer Akzeptanz findet, insbesondere, es von unerfahrenen Forschern vorgeschlagen wird. Für einen besonders innovativen Antrag benötigt man sehr gute Argumente und vorläufige Daten. Innovation heißt nicht zwangsläufig, dass gleich ein neues Paradigma entstehen muss: Entweder sollte das Ziel oder der Weg innovativ sein, aber nicht unbedingt beides.

Als nächstes stellt man sich die Frage, ob alles Know-how für die Bearbeitung der Fragestellung vorhanden ist. Je besser ein Forscher ist, desto deutlicher sieht er Lücken in der eigenen Kompetenz, wenn das Projekt wissenschaftlich und technologisch exzellent durchgeführt werden soll. Es gilt also, Leute zu finden, die Expertise einbringen. Dies können Institutsbeiräte, Kuratoriumsmitglieder, Berater und Mitarbeiter sein. Vielleicht kann man selbst eine wichtige Technik erlernen, einem Mitarbeiter einen Kurs ermöglichen oder neue Leute mit der Expertise einstellen?

Bei interdisziplinären, themenübergreifenden Projekten bietet es sich an, zwischen verschiedenen Universitäten, Forschungsorganisationen und Firmen Verbundanträge auf gemeinsame Förderung eines Projekts zu stellen. Sehr viele Fördergeber beschränken sich in der Förderung sogar auf Verbundförderung.

18.12 Wie ein Profi schreiben, editieren und Korrektur lesen

Meist entscheiden Gutachter, ob das Projekt das Geld der Steuerzahler wert ist. Wenn dies nicht der Fall ist, empfehlen sie dem Fördergeber, das Geld anders auszugeben. Es ist damit die Aufgabe der Antragsteller, die Gutachter zu überzeugen, nicht die Aufgabe der Gutachter, zwischen den Zeilen des Antrags »die ungeschliffenen Diamanten« zu erkennen.

Um einen Antrag zu schreiben, der Gutachter überzeugt, sollte man also den Rat von Experten in der Umgebung einholen. In großen Universitäten, Firmen und Forschungsorganisationen gibt es erfahrene Gutachter, die man fragen kann.

Im Begutachtungsprozess spielen je nach Organisation und Thema Fachgutachter und Referenten eine verschieden entscheidende Rolle. Auch sind Gutachter nicht gleich Gutachter. Es gibt echte Experten im Themenfeld unter den Gutachtern, allgemein erfahrene Gutachter und Referenten, die ein tiefes fachliches Wissen haben, und manche, die nur oberflächlich im Thema des Antrags Bescheid wissen. Je nach Auswahlverfahren gilt es, die Richtigen in der richtigen Reihenfolge zu überzeugen.

Die Nichtexperten werden vor allem die Zusammenfassung, die Ziele und die Beschreibung des Hintergrundes lesen. Die Experten werden jeden Absatz lesen und bewerten

Zusammenfassung, Hintergrund und spezifische Ziele sollten in allgemeinverständlichem Deutsch (bzw. Englisch) abgefasst werden, während bei der Beschreibung der Methoden die technische Fachsprache Anwendung finden sollte. Technisches und Allgemeinverständliches sollte sich beides durch den ganzen Antrag ziehen: Entweder beginnt jeder Absatz allgemein und wird spezifischer oder allgemeine und fachspezifische Ansätze wechseln sich ab. Bei fachlichen Details ist Vorsicht geboten: Einige Gutachter kennen sich vielleicht besser aus als der Antragsteller!

Um erfolgreich zu sein, muss man mehr Fachmann sein als der kompetenteste Experte der Jury. Deshalb sollte man im Antrag alles weglassen, was nicht erfolgskritisch ist. Je mehr Aspekte ein Antrag bespricht, desto größer das Risiko, dass Gutachter einen Fehler finden oder einfach anderer Meinung sind.

Den größten Teil des Antrags sollte man schreiben, als wäre er für einen öffentlichen Vortrag oder einen Artikel im *Spektrum der Wissenschaft*, mit so viel Hintergrundinformation, dass ein intelligenter Leser die gesamte Projektarbeit verstehen kann.

Alles, was man in der Schule über gutes Aufsatzschreiben gelernt hat, gilt auch für Anträge. Man sollte beim Abfassen erst die Struktur und den Zusammenhang herstellen, dann die verbindenden Sätze schreiben: Manche Antragsteller entwerfen den Projektantrag deswegen zunächst als Mindmap, andere beginnen ihn in der Form eines Folienvortrags, exportieren dann dessen Gliederung als Text und füllen diesen anschließend zu einem Antrag. Jede Hauptaussage im Antrag bekommt einen prägnanten Einleitungssatz. Absätze gliedern den Antrag und schaffen Weißraum. In jedem Absatz ist nur eine Hauptaussage enthalten. Zusammengehörende Aussagen befinden sich nahe beieinander. Übergänge schafft man mit Wörtern wie »deshalb«, »zudem«, »weiterhin« etc. Starke Verben sind besser als Substantive, aktive Sprache besser als Passivkonstruktionen. Wer kein begnadeter Autor ist, sollte sich von Freunden, Kollegen oder Beratern helfen lassen.

Der verlangte Aufbau und Umfang ist bei verschiedenen Fördergebern und verschiedenen Programmen verschieden. Der Umfang eines Förderantrags beläuft sich zumeist auf 15–20 Seiten.

Im Folgenden wurde der Aufbau eines BMBF-Antrags für Antragssteller mit Kostenerstattung (Firmen und bestimmte Forschungseinrichtungen) aus dem Jahr 2008 zugrunde gelegt. Er gliedert sich in

- Vorhabensbeschreibung
- Gesamtziel des Vorhabens
- Bezug des Vorhabens zu den förderpolitischen Zielen (z. B. Förderprogramm)

- Wissenschaftliche und technische Arbeitsziele des Vorhabens
- Stand der Wissenschaft und Technik; bisherige Arbeiten
- Ausführliche Beschreibung des Arbeitsplans
- Vorhabensbezogene Ressourcenplanung
- Meilensteinplanung
- Verwertungsplan
- Wirtschaftliche Erfolgsaussichten
- Wissenschaftliche und/oder technische Erfolgsaussichten
- Wissenschaftliche und wirtschaftliche Anschlussfähigkeit
- Arbeitsteilung/Zusammenarbeit mit Dritten
- Notwendigkeit der Zuwendung

Arbeitsziele des Antrags

Die Arbeitsziele sind nicht zu verwechseln mit langfristigen Forschungszielen, die in einen Abschnitt »Hintergrund« oder bei BMBF-Anträgen meist z. B. in den Verwertungsplan gehören. Es gilt, eine Auswahl von Arbeitszielen zu treffen, die die Gutachter schnell bewerten können. Meistens reichen drei bis fünf spezifische Ziele. Im Antrag sollte man nur eins bis zwei Experimente oder Untersuchungen pro Ziel aufnehmen und kurz beschreiben, wie diese das Ziel erreichen. Wenn man mehr als einen Antrag einreicht, müssen die Arbeitsziele unterschiedlicher Anträge unterschiedlich sein. Im Antrag verwendete Begriffe wie »Funktionsmuster«, »Prototyp« etc. können sich direkt und nachteilig auf die Förderquote auswirken. Deshalb sind solche Begriffe unbedingt mit dem Programm-Referenten oder Projektträger abzustimmen, und zwar überall, beim Gesamtziel, bei den Arbeitszielen, in der Zusammenfassung, im Arbeitsplan, im Verwertungsplan.

Der Arbeitsplan

Jeder Abschnitt eines Antrags ist als ein integriertes Ganzes zu betrachten. Man beginnt am besten stets mit dem Schreiben der spezifischen Ziele und schließt daran die Beschreibung des Forschungsansatzes und des Methodenteils an. Man berechnet die Kosten (Budget) und ordnet die spezifischen Zielen und Einzelbudgets zueinander.

Beim Fortschritt des Schreibens reevaluiert man die Forschungshypothese und die Ziele und überdenkt diese. Erst zuletzt schreibt man Zusammenfassung und Titel.

Beim Schreiben des Arbeitsplans stellt man sich die Frage, die auch die Gutachter sich später stellen werden: Ist der Forschungsansatz wirklich geeignet, um die Antwort auf die Frage zu bekommen, die in der Hypothese enthalten ist?

Umgekehrt ausgedrückt, gibt es fünf Punkte, die die Gutachter überzeugen:

- die Hypothese ist solide und wichtig
- die spezifischen Ziele sind logisch und erreichbar
- die möglichen Probleme sind erkannt und verstanden
- der Antragssteller kann Daten richtig interpretieren
- der Antragsteller ist der ideale Kandidat, um die Forschungsarbeit umzusetzen

In seinen Arbeitsplan schreibt man nichts, was man nicht umsetzen will. Je mehr man schreibt, desto größer die Gefahr, Fehler zu machen.

Grafiken illustrieren den Ablauf der Experimente und die Zuordnung des Personals.

Ein Förderantrag enthält keine vertrauliche Information, es sei denn, sie ist unbedingt nötig. Selbst wenn die Förderinstitution Vertraulichkeit zugesichert hat, sollte man schutzfähige Erfindungen als vorläufige Patentanmeldung melden, bevor man sie dem Fördergeber oder den Gutachtern bekannt macht. Niemals darf man vertrauliche Informationen im Titel oder in der Zusammenfassung nennen. Diese werden in aller Regel veröffentlicht.

Man beschreibt im Arbeitsplan Forschungsdesign und Methoden. Hier kann man ruhig auch Details nennen. Egal ob die Ausschreibungsunterlagen dies verlangen oder nicht, sollte man auf jeden Fall eine Zeitachse angeben.

Es macht einen guten Eindruck, wenn man hier auch Erfolgskriterien nennt, die entscheiden, ob der Arbeitsplan erfolgreich sein wird.

Man kann voraussetzen, dass die Gutachter übliche Methoden kennen, aber Gutachter setzen nicht voraus, dass der Antragsteller sie kennt.

Man beschreibt Personen oder Rollen und benötigte Arbeitszeit und zeigt deren Einzelprojekte in einer Gesamtschau im Rahmen einer Gant-Chart (Balkendiagramm) und eines Netzplans (evtl. mit Alternativen).

In Verbundprojekten sind die Leitungsstruktur und Entscheidungsabläufe zu beschreiben (Gesamtleiter, Steering Committee, Treffen).

In der Budget- oder Ressourcenplanung ist zu berücksichtigen, dass Anzahl und Kosten für Personen, Sachmittel und Reisemittel zum Antrag passen. Teures Gerät beantragt man nur, wenn dies unbedingt erforderlich ist, und wird dieses besonders gut begründen. Man verzichtet besser auf extravaganten Kosten, z. B. überhöhte Reisekosten.

Aus Sicht der Gutachter legen signifikante Über- oder Unterschätzung bei der Kostenplanung nahe, dass die Antragsteller das Projekt »nicht im Griff haben«.

In der Regel gibt man keine konkreten Angaben über die Gehälter (außer, es ist vorgeschrieben). Es lohnt sich, Personal-Kostensätze von Programm-Referent/Projektträger oder der eigenen Organisation einzuholen. Insbesondere kleine Unternehmen, die geringere Gehälter zahlen als große Konzerne, können manchmal bei der Förderung pauschalierte Werte oder zumindest Lohnzusatzkosten ansetzen, die höher sind als die faktischen Zusatzkosten.

Zu erwartende Kürzungen sollte man bei der Antragstellung berücksichtigen, aber nur, wenn diese wirklich zu erwarten sind. Schwache Begründungen für Kosten sind ein besonders großes Problem für Gutachter. Deshalb sollte man als Antragsteller insbesondere bei der Kostenplanung Hilfe und Feedback in Anspruch nehmen

Stand der Wissenschaft und Technik; bisherige Arbeiten

Gutachter nutzen insbesondere diesen Abschnitt, um die Forschungskompetenz der Antragsteller zu bewerten. Man sollte hier so viel Information wie nötig geben, um Kompetenz zu demonstrieren, deshalb vorläufige Daten kritisch interpretieren und alternative Schlussfolgerungen aus Daten nennen. Man sollte alle wesentlichen fremden Publikationen zitieren und daneben die eigenen, vorläufigen Forschungsergebnisse in den Mittelpunkt stellen.

Abzuwägen ist allerdings, dass man nicht alles »Pulver vorher verschießen« sollte. Immerhin muss man später in Fortschritts- und Abschlussberichten noch neue Erkenntnisse und Fortschritte vorweisen können.

Verwertungsplan

Der Verwertungsplan ist eine besonders gute Gelegenheit, zu zeigen, dass man einzigartig qualifiziert ist, um das Forschungsprojekt umzusetzen. Man kann hier die Bedeutung der Arbeit in den Kontext des Standes der Forschung und in den der eigenen langfristigen Forschungsziele setzen und damit die Bedeutung für andere Forscher, Disziplinen und die Öffentlichkeit nachweisen.

Die wirtschaftliche Verwertung sollte man unbedingt mit dem Programm-Referent und/oder Projektträger abstimmen. Schließlich gilt es, eine empfindliche

Balance zu halten: Gefördert werden nur wirtschaftlich riskante und vorwettbewerbliche Projekte, gleichzeitig wollen die Referate und Fördereinrichtungen natürlich selbst eine möglichst hohe Erfolgsquote in den Projekten sehen.

Literaturverzeichnis

Die wesentliche wissenschaftliche Literatur sollte man zitieren, sorgfältig, aber nicht exzessiv. Etwa 50 Zitate sind ein gutes Maß für Förderanträge. Wenn man weiß, wer Gutachter sein wird oder sein könnte, dann sollte man selbstverständlich unbedingt dessen einschlägige Arbeiten zitieren.

Eigene Zitate, die aktuell sind und zum Projekt beitragen oder die belegen, dass man (bzw. jemand im Team) schon erfolgreich mit den Methoden gearbeitet hat, sollten ebenfalls nicht fehlen. Auch unpublizierte Arbeiten und persönliche Mitteilungen sollte man zitieren, wenn sie relevant für das Projekt sind.

Bei Stipendien oder Förderung der Forscherpersönlichkeit darf eine komplette eigene Publikationsliste natürlich nicht fehlen.

Anhang

Nicht immer kann man Förderanträgen einen Anhang beifügen. Wo dies möglich ist und sinnvoll erscheint, kann man darin Lebensläufe, Beschreibungen der Forschungspartner, Manuskripte oder Zusammenfassungen bereits angenommener, aber noch nicht erschienener Publikationen, Reprints von Artikeln, die nicht auf Webseiten zu finden sind, Patentanmeldungen und Patente, die relevant sind, Listen von Einrichtungen und Geräten, die benötigt werden und vorhanden sind (z. B. teure Geräte, Reinräume, Werkstätten, steriles Arbeiten, Tierhäuser und Versuchseinrichtung, Möglichkeiten zu Behandlung von Patienten), aufnehmen.

Bilder kommen in den Antrag, nicht in den Anhang.

Titel, Keywords

Der Titel des Antrags erscheint in der Förderdatenbank. Deshalb sollte man ihn unbedingt mit seiner eigenen Organisation und dem Projektträger/Programmreferenten abstimmen. Er muss zum Förderprogramm passen und sollte bei Referaten und Gutachtern Appetit wecken. Er muss einzigartig sein. Wenn Keywords angegeben werden, sollte man nicht zu ähnliche Keywords vergeben.

Zusammenfassung

Die Zusammenfassung muss sowohl für den Fachmann als auch für Laien interessant und begeisternd zu lesen sein. Sie zeigt die Bedeutung der Arbeit für das eigene Feld und für das Leitbild der Förderinstitution. Sie enthält die großen Ziele des Antragstellers und der Förderorganisation und die spezifischen Arbeitsziele des beantragten Projekts. Sie nennt die Arbeitshypothese und zeigt, was am gewählten Ansatz neu ist.

Letzte Prüfung

Zum Abschluss prüft man nochmals sorgfältig die Rechtschreibung, Redundanzen zwischen Sätzen und Abschnitten und den Stil des Antrags. Wichtig ist, jetzt besonders auch auf Konsistenz zu achten: manche Personen, Ressourcen, Verbundspartner erscheinen auf mehreren Formblättern oder in mehreren Abschnitten des Antrags, dabei sollten keine Unklarheiten oder Widersprüche auftauchen. Auch wenn sie den Kern des Antrags nicht berühren sollten, würden solche Unklarheiten und Widersprüche leicht identifizierbare Ansatzpunkte für eine Kritik an der Sorgfalt des Antragstellers wecken. Weiterhin ist darauf zu achten, dass formale Kriterien eingehalten werden: Ist der Schriftsatz normal groß und nicht zu klein? Ist der »Weißanteil« nicht zu gering, ist der Text durch Absätze und Leerzeilen genug gegliedert? Liegt die Anzahl der Seiten auch nach notwendigen Korrekturen noch im Rahmen der Ausschreibungsregeln?

Antragstellung

Bei der Einreichung ist zu beachten, ob der Postweg vorgeschrieben ist oder eine elektronische Antragstellung oder beides benötigt wird. Ist eine Registrierung notwendig, z. B. durch Versand mit Einschreiben, um die Einhaltung von Fristen nachweisen zu können? Benötigt ein Antrag einen Dienstweg in der eigenen Organisation? Es kann sein, dass Unterschriften benötigt werden oder die elektronische Antragstellung nur durch eine Dienststelle der Verwaltung möglich ist. Dort sollte man seinen Antrag rechtzeitig ankündigen und sich nach Urlaub, Feiertagen oder anderen Gründen erkundigen, die zur fristgerechten Einsendung beachtet werden müssen. Ebenso sollte man darauf achten, dass ein schriftliches Dokument in der Firma durch eine Poststelle versandt wird. Wann wird diese vor dem Wochenende oder Feiertagen geschlossen? Gibt es zeitliche Behinderungen, wenn Einschreiben oder andere Sonderleistungen verlangt werden? Notfalls muss man einen wichtigen Antrag dann selbst auf dem Postamt einreichen.

Mindestens eine Woche vor Einsendung sollte man klären, ob eine Installation von Software für die elektronische Antragstellung notwendig ist und diese vornehmen. Manchmal treten bei der Installation Probleme auf, die man nicht in letzte Sekunde lösen will oder kann. Bei schriftlicher Antragstellung ist ebenso rechtzeitig zu klären, ob der vorgesehene Drucker mit Toner und Papier ausgestattet ist. Gibt es einen Ersatzdrucker? Toner und Papier als Ersatz bei sich zu verwahren, um im Notfall reagieren zu können, schadet nicht. Will man den Antrag durch eine Bindung zusammenfügen? Ist dafür alles parat, auch die Bindematerialien inklusive Deck- und Abschlussblättern?

18.13 Wenn ein Antrag abgelehnt wird

Wenn der Antrag abgelehnt wird, ist man in guter Gesellschaft. Keinem Forscher blieb diese Kränkung erspart. Eine Ablehnung ist ein ganz normaler Vorgang. Wer darüber sauer ist oder sich unfair behandelt fühlt, sollte abwarten, bis er sich wieder gelassen und ruhig der Angelegenheit widmen kann. Einen Widerspruch einzulegen, ist nur bei nachweisbaren Verfahrensfehlern möglich, jedoch nicht bei unterschiedlicher wissenschaftlicher Meinung. In aller Regel lohnt es sich überhaupt nicht, Widerspruch einzulegen, und es stört darüber hinaus oft das gute Einvernehmen mit der Förderinstitution. Es hilft nichts: Man sollte die Angelegenheit sportlich nehmen, »wieder aufstehen und den Staub abschütteln«.

Jeder abgelehnte Antrag fällt in eine von drei Kategorien:

- Er hat behebbare Probleme
- Er ist grundlegend ungenügend
- Er hat bei den Gutachtern keinen Enthusiasmus ausgelöst (langweiliges Thema)

Wenn der Antrag abgelehnt wurde, gilt es also, herausbekommen, in welche der drei Kategorien er fällt. Ein schwaches Lob kann schlechter sein als eine heftige Kritik. Kritik zeigt Interesse am Antrag und weist darauf hin, wie der Antrag zu revidieren ist.

Es lohnt sich jedoch nicht, den Antrag zu überarbeiten und nochmals einzureichen, wenn

- Gutachter das Thema irrelevant finden
- die Fragestellung nicht solide ist
- die Arbeit bereits durchgeführt wurde
- die vorgeschlagenen Methoden so eingeschätzt wurden, dass sie das Ziel nicht erreichen

Wenn ein Antrag dagegen »reparierbar« erscheint, kann man ihn durchaus überarbeiten und erneut bei der gleichen Stelle einreichen. Hier gilt es, jeden Kritikpunkt zu adressieren, Änderungen deutlich zu machen, neue Ergebnisse einzubeziehen.

Wenn man Gutachtern widerspricht, sollte man sehr exakt bestimmte Punkte ansprechen und begründen, warum man in diesen Punkten an seiner Meinung festhält.

Ebenso kann man versuchen, den Antrag woanders einzureichen, möglicherweise ohne große Änderungen. Oft muss man aber allein schon wegen anderer Vorschriften und anderer Ausrichtung der Förderprogramme den Antrag überarbeiten, bevor man ihn woanders einreicht. In aller Regel hat man nach der Ablehnung zudem Hinweise, wo der Antrag einzureichen wäre.

Wie man auch vorgeht, man sollte sich dabei unbedingt mit dem Referat oder dem Projektträger absprechen.

Oft ist die beste Alternative, einen neuen Antrag zu schreiben. Folgende Teile müssen neu sein, das heißt wirklich neu und nicht nur umformuliert:

- Titel
- Fragestellung
- Ziele des Antrags
- Zusammenfassung

18.14 Das Management des bewilligten Förderprojekts

Bei Verbundprojekten ist in der Regel spätestens nach Bewilligung und vor Arbeitsbeginn ein Konsortialvertrag zwischen allen Forschungspartnern abzuschließen. Dieser sollte mit der eigenen Rechtsstelle und mit dem Projektträger oder Referat abgestimmt sein. Wichtig sind vor allem Fragen wie die Haftung und Garantien, die Pflichten der Partner, was passiert, wenn ein Partner ausscheidet, Entscheidungsprozesse und Gremien im Projekt und vor allem die Aufteilung der Rechte am geschaffenen Know-how und an entstehenden Schutzrechten.

Falls die Gutachter Kürzungen im Antrag verlangt haben, sind diese zu berücksichtigen. Können die Kürzungen ohne Änderungen des Arbeitsplans und an den Arbeitszielen bewältigt werden? Wenn nicht, gilt es, gemeinsam mit der Förderinstitution eine Lösung zu finden.

Gleich zu Beginn sollte man als Geförderter ein Projekt- oder Prozessmanagement für Berichte und Kostenforderungen einrichten. Unbedingt sollte man sich sehr genau und zuverlässig informieren, wann Berichte und Kostenanforderungen fällig sind. Bei der Planung und Erledigung dieser Aufgaben sind interne Fristen des Verbundes der Forschungspartner und ggf. der eigenen Organisation zu berücksichtigen. Wie ist der Abrechnungszeitraum (monatlich, im Quartal, jährlich)?

Bestellungen dürfen nicht vor Bewilligung des Antrages abgesandt werden, es sei denn, der Förderer hat einen »vorzeitigen Vorhabensbeginn« in einem formalen Bescheid explizit und schriftlich erlaubt. Eine Prüfung über die Kostenabrechnung ist auch Jahre nach dem Projekt noch möglich. Deswegen müssen alle Belege aufgehoben werden. Eine Rückforderung von formal zu Unrecht gezahlten Förderungen ist noch über einen weiten Zeitraum möglich. Jeder Mitarbeiter im Projekt muss genaue Aufzeichnungen (meist auf speziellen Formblättern) führen, die von ihm selbst unterzeichnet und von Vorgesetzten abgezeichnet werden müssen, wie viele Stunden sie an jedem einzelnen Tag mit den Arbeiten am Projekt beschäftigt waren.

Forschungsförderung an Wirtschaftsunternehmen gilt als Subvention. Subventionsbetrug wird vom Staat mindestens so verfolgt wie der Betrug an anderen Bürgern und kann auch mit mehreren Jahren Gefängnis bestraft werden. Man sollte bei der Abrechnung von Fördermitteln also tunlichst sorgfältig und rechtlich einwandfrei vorgehen.

Neben den Kostenabrechungen sind meistens Berichte einzureichen. Allein für das Management eines Forschungsprojekts sollte sich jeder Projektleiter für sich selbst Monatsberichte anfertigen (evtl. nur als PowerPointfolien). So verschafft man sich Überblick über den Fortschritt der Arbeit, wie man im Plan liegt, ob es Verzögerungen gibt.

Beim Berichtswesen an den Fördergeber sind Sonderfälle zu berücksichtigen (z. B. wenn das Projekt die Genehmigung von einem Ethikkomitee benötigt).

Berichte müssen ganz allgemein manchmal in mehreren verschiedenen Formaten abgefasst und eingereicht werden.

Manchmal gibt es Zwischenbegutachtungen (angekündigt oder spontan), auf die man stets vorbereitet sein sollte.

In den Berichten gilt es, folgende Punkte anzusprechen und zu beschreiben:

- Projektfortschritte
- Erfindungsmeldungen und Patenteinreichungen
- Publikationen
- Veränderungen im Außen
- Änderungen der Kosten

❖ Änderungen der Planung

Wichtige Fragen sollte man mündlich mit der Förderinstitution klären, bevor durch die Vorlage eines schriftlichen Berichts ein Rechtstatbestand geschaffen wird. Gleichzeitig sollte man aber als Antragsteller auch alle mündlich besprochenen Sonderfälle und Ereignisse durch schriftliches Berichten absichern.

Weiterhin gilt es, das Ausgabeverhalten seines eigenen Teams im Auge zu behalten, als Koordinator eines Verbundprojektes auch das der Forschungspartner: Gibt man das Geld zu schnell oder zu langsam aus? Bei der Beobachtung der Kostenentwicklung kann man sich nicht auf die eigene Verwaltung verlassen, sondern sollte auch immer selbst einen Überblick wahren.

Ein vorausschauender und verantwortungsbewusster Forscher wird zudem immer darauf achten, ob er die Kosten auch rechtfertigen kann. Es gilt nicht nur das Gebot eines wirtschaftlichen Umgangs mit Fördermitteln, der Respekt vor der Kostbarkeit der Mittel anderer und der Wunsch, das eigene Renommee nachhaltig zu pflegen verlangen einen respektvollen Umgang mit dem Fördergeld.

Wenn im Projekt Kostensteigerungen oder -senkungen auftreten, Verzögerungen etwa durch das Ausscheiden oder die Rekrutierung von Mitarbeiter entstehen, inhaltliche Veränderungen am Projekt notwendig werden, tut man sehr gut daran, den Programm-Referenten oder Projektträger frühzeitig zu informieren.

Falls man als Antragsteller die Forschungsorganisation oder Firma wechselt, gilt das natürlich erst recht. Auch hier sind Programmreferenten oder Projektträger frühzeitig zu informieren.

Gleiches gilt auch bei Veränderungen der spezifischen Ziele oder der Verwendung eines neuen technologischen Ansatzes, auch bei Veränderungen der Kostenart (z. B. Aufträge und Werkverträge statt eigenem Personal und umgekehrt), bei zeitlichen Vorverschiebungen oder Verspätungen (Fiskaljahr).

Auch wenn es schwerfällt, so muss man damit rechnen und berücksichtigen, dass es administrative Beschränkungen geben kann, die nicht jede fachlich optimale Entscheidung über eine Veränderung im und am Projekt zulassen. Auch hier ist die enge und vertrauensvolle Zusammenarbeit mit der Förderinstitution essenziell.

18.15 Folgeantrag

Aufgrund der schon beschriebenen Fristen und Längen bei der Antragstellung sollte man spätestens zwölf bis vierundzwanzig Monate bevor die Förderung ausläuft eine Förderstrategie entwickeln. Wird das laufende Projekt fortgesetzt? Wann wäre ein Folgeantrag zu stellen? Ist das überhaupt möglich? Wie sichert man die Finanzierung, wenn der erste Antrag auf Folgeförderung abgelehnt wird?

Zu überlegen ist dabei, ob ein »neuer« Antrag oder ein Folgeantrag gestellt werden soll. In beiden Fällen sollte man den nächsten Antrag mit der bisherigen Arbeit in Bezug setzen. Wenn noch kein Abschlussbericht vorliegt, kann man einen extra für den Folgeantrag erstellten Zwischenbericht des laufenden Projekts vorlegen.

Bei einem neuen Antrag kommt die Zwischenberichtsinformation in den Abschnitt »Bisherige Arbeiten« oder in den Abschnitt »Hintergrund«.

Ein Folgeantrag hat die logische Fortsetzung der bisherigen Förderung zum Ziel. Voraussetzung ist, dass das Förderprogramm Folgeanträge zulässt. Die Ziele des Folgeantrags müssen sich vom vorherigen Antrag unterscheiden. Es ist von zentraler Bedeutung, zu belegen, dass man wichtige Forschungsarbeiten erfolgreich umgesetzt hat.

Einen neuen Antrag stellt man,

- wenn die Zielsetzung erheblich geändert oder erweitert wurde
- wenn man mit neuer Idee neu starten will
- weil die bisherige Arbeit stagniert
- Verbundpartner ausscheiden
- Ziele neu gefasst werden müssen
- das Förderprogramm des laufenden Projekts keine Folgeanträge zulässt.

Einen neuen Antrag oder Folgeantrag sollte man erst dann einreichen, wenn man wirklich so weit ist. Gleichzeitig gilt es aber auch, Förderlücken vermeiden.

In jedem Fall benötigt man neue Ziele, einen neuen Titel, eine neue Zusammenfassung, neue vorläufige Daten.

In aller Regel ist eine grundlegende Überarbeitung des Standes der Forschung notwendig.

Besonders jetzt gilt es herausfinden, was die Außenwelt, die Kollegen über die eigene Arbeit denken. Um das eigene Image zu pflegen und Voraussetzungen für Folgeanträge und weitere neue Anträge zu schaffen, ist es ratsam und oft unvermeidlich, vor dem Ende der Förderung zu publizieren.

18.16 Literaturempfehlungen

Hermann, D., C. Spath, *Forschungshandbuch 2008/2009: Förderprogramme und Förderinstitutionen für Wissenschaft und Forschung*, 2008: Alpha Informations GmbH

Hermann, D. (ed.), *Handbuch der Forschungsstipendien und Förderpreise*. 2008: Alpha Informations GmbH

Checkliste 11 Taugt ein Förderantrag zur Einreichung?

Vermutlich werden die meisten Leser viele Punkte der folgenden Checkliste banal finden. Wer Forschungsanträge begutachtet hat, wird dennoch viel zu häufig auf mühsam erstellte Projektvorschläge treffen, bei denen einer oder mehrere dieser Punkte aus Gutachtersicht nicht erfüllt sind und bei denen dadurch die ganze Arbeit der Vorbereitung zunichte gemacht wurden. Entsprechend sollte jeder Antragsteller seinen eigenen Antrag kritisch lesen, ob auch aus Sicht eines Dritten die genannten Punkte erfüllt sind:

- ❑ Ist das Problem wichtig genug, um Programmreferenten und Gutachter zu überzeugen?
- ❑ Wird die vorgeschlagene Forschungsarbeit wirklich nützliche Informationen liefern?
- ❑ Basiert die vorgeschlagene Studie nicht nur auf einer wackeligen Hypothese oder nicht ausreichend starken Daten?
- ❑ Wurden alternative Hypothesen bedacht?
- ❑ Sind die Methoden geeignet, das Ziel zu erreichen?
- ❑ Ist sicher zu erkennen, dass das Problem nicht komplexer ist, als der/die Antragsteller es verstanden haben?
- ❑ Betrifft der Antrag wirklich ein Thema innerhalb der Ausschreibung und des Förderauftrags der finanzierenden Organisation?
- ❑ Enthält der Arbeitsplan genug konkrete Details, um das Projekt wirklich begutachten zu können?
- ❑ Kann man erkennen, dass der/die Antragsteller die Risiken und Fallen des Forschungsobjekts wirklich im Griff haben?
- ❑ Ist das Thema schon wissenschaftlich reif für eine Bearbeitung?
- ❑ Ist der Arbeitsplan nicht zu ehrgeizig? Ist der geplante Arbeitsumfang nicht unrealistisch breit?
- ❑ Ist die Prioritätensetzung deutlich genug definiert? Sind Hypothese, Arbeitsziele und Arbeitsplan klar fokussiert?
- ❑ Bauen Experimente sinnvoll aufeinander auf?
- ❑ Gibt es einen klaren Anfangs- und Endpunkt des Projekts?
- ❑ Ist das Projekt originell und enthält neue Ideen?

- ❑ Wird sichtbar, dass die beantragenden Forscher erfahren genug in den vorgeschlagenen Verfahren sind?
- ❑ Wird mehr als nur eine Sammlung neuer Daten beantragt, betrifft der Antrag eine grundlegende wissenschaftliche Frage?
- ❑ Wird der Antrag nicht nur von einer Technologie bzw. einer Methode auf der Suche nach einem Problem getrieben?
- ❑ Wird das Grundprinzip der Experimente und anderer Forschungsarbeiten dargelegt, warum sie wichtig sind oder was sie in Bezug auf die Hypothese bedeuten?
- ❑ Sind die vorgeschlagenen Experimente nicht allein abhängig vom Erfolg des als erstem vorgeschlagen Versuch? Sind alternative Methoden dargelegt, falls der primäre Ansatz erfolglos sein sollte?
- ❑ Ist das vorgeschlagene Modellsystem geeignet, die aufgeworfenen Fragen zu klären?
- ❑ Sind alle relevanten Kontrollexperimente eingeschlossen?
- ❑ Sind dem Vorschlag genug vorläufige Daten beigefügt, belegen diese Daten die Durchführbarkeit des Projekts?
- ❑ Werden die Anforderungen nach ausreichender und fachgerechter Statistik erfüllt?
- ❑ Ist es klar, welche Daten von den Antragstellern stammen und welche von anderen übernommen wurden?
- ❑ Ist der Antrag auf Folgerichtigkeit und logischen Aufbau überprüft? Ist das Material gut organisiert und sind alle Bestandteile leicht zu finden?
- ❑ Sind vertrauliche Informationen im Titel und in der Zusammenfassung vermieden worden? Sind andere vertrauliche Informationen gekennzeichnet, um die Gutachter zu erinnern?
- ❑ Wird auf die neuesten Veröffentlichungen und Schlüsselergebnisse in diesem Feld verwiesen?
- ❑ Sind alle Fakten mit Zitaten belegt?
- ❑ Besteht der Text aus Hauptsätzen, die deutlich jeden wesentlichen Punkt erklären?
- ❑ Ist der Antrag visuell ansprechend, mit weißem Platz und Elementen wie z. B. Bulletpoints, um den der Text zu gliedern?

- ❑ Kenne ich den Dienstweg meiner Organisation für die Antragstellung?
- ❑ Habe ich mich nach der Abgabefrist erkundigt und eine stimmige Zeitplanung bis zu dieser Abgabefrist für die Fertigstellung und Korrektur des Antrages kalkuliert?

19 Strategisches Management

19.1 Einführung

In den letzten Jahrzehnten sah es so aus, als sei die Entwicklung von Firmenstrategien mehr und mehr ein analytisches Problem, das mit einer Vielzahl von Techniken, Schaubildern und methodischen Konzepten zu lösen ist: Durch eine ganze Reihe von Theorien wissen wir heute mehr darüber, welche Marktkräfte sich wie auf die Ertragskraft eines Unternehmens auswirken und wie wichtig es ist, dass eine Firma sich von ihren Wettbewerbern im Markt differenziert. Strategie hat sich zu einem Spielfeld mit Spielregeln entwickelt.

Schon seit etwa 50 Jahren verwenden Firmen, Organisationen, Arbeitsgruppen und Forschungsteams das SWOT-Modell, um die internen Stärken und Schwächen sowie die externen Chancen und Bedrohungen zu analysieren (*Strenghts*, *Weaknesses*, *Opportunities*, *Threats*). Vornehmlich Strategieberatungen wie Boston Consulting oder McKinsey haben weitere Konzepte entwickelt bzw. die vorhandenen Ansätze weiter entwickelt, z. B. durch die BCG-Matrix oder das 7-S-Konzept.

1989 wiesen jedoch die Professoren für Unternehmensstrategie an der University of Michigan Gary Hamel und C.K. Prahalad mit ihrem Artikel *Strategic Intent* (Strategische Absicht) auf einen kaum beachteten, aber umso bedeutsameren Aspekt strategischer Konzepte: Obwohl amerikanische Unternehmen alle damals in den USA bekannten Konzepte anwendeten, gelang es ihnen nicht, gegen die Wettbewerber aus Japan, die diesen Konzepten weniger Bedeutung zumaßen, zu bestehen.

1996 haben Adam Brandenburger und Barry Nalebuff der Strategieentwicklung in gleicher Richtung einen vielleicht banal klingenden, aber wesentlichen Aspekt hinzugefügt: Wer Werte erlangen will, muss zunächst Wert schaffen, etwas Neues in die Welt bringen, etwas, das Kunden wollen und das anders oder besser ist als das, was andere anbieten. Um den inneren Wert eines Unternehmens bewusst zu machen, forderten die beiden die von ihnen beratenen Manager auf, sich eine Welt ohne ihre eigene Firma vorzustellen. Im Unterschied zur Realität zeigte sich der einzigartige Wertbeitrag der Firma.

Einen ähnlichen Ansatz formuliert Cynthia Montgomery in einem Harvard Business Review-Artikel vom Januar 2008 mit den folgenden Fragen: Wen würde es betreffen, wenn die Firma geschlossen würde und warum? Welche Kunden würden einen am meisten vermissen und warum? Wie lange würde es dauern, bis andere Anbieter die Lücke füllen?

» *If our company disappeared tonight, how different would the world be tomorrow? Is there something about our company that makes a unique contribution to the world?* «

Sam Palmisario (CEO von IBM im Jahr 2003)

Diese Fragen sind universell, sie gelten für jede Firma, jedes Labor, jede Abteilung, jeden Standort, jede Forschungsorganisation. Und sie müssen immer wieder aufs Neue beantwortet werden, um auf Dauer erfolgreich zu sein.

Alle unternehmerisch relevanten Aspekte und Einheiten eines Unternehmens oder eines Teams in der richtigen Balance zu halten und nicht zu vernachlässigen, während die eigene Organisation, der Markt und der Stand der Forschung und Technologie voranschreiten, ist alles andere als eine leichte Aufgabe. Die genannten und weiter unten beschriebenen Methoden und Instrumente helfen bei der strategischen Weiterentwicklung von Firmen und Einheiten. Sie dürfen jedoch niemals Automatismen begründen: Trotz umfassender und systematischer Vorbereitung wird es immer Entscheidungen geben, die nicht mechanistisch getroffen werden können, es wird immer unzählige Risiken und nicht erwünschte Wechselwirkungen geben, die sich nicht gänzlich voraussagen lassen. Es wird immer Mängel in der Kommunikation und im gegenseitigen Verstehen geben. Letztlich ist es die Aufgabe des Chefs, die Identität seiner Organisation zu bestimmen und dafür zu sorgen, dass bestimmte Chancen nicht weiterverfolgt und dafür andere genutzt werden, dass bestimmte Risiken in Kauf genommen werden, während andere mit großem Einsatz abgewehrt werden müssen. Die richtige Entscheidung in strategischen Einzelfragen erfordert neben der Anwendung der richtigen Instrumente und Methoden, neben Wissen und Erfahrung immer auch den Blick auf den umfassenden Horizont und von dort her auf die Bestimmung der eigenen Position.

In diesem Sinne versuchen die folgenden Seiten in erster Linie, das Rüstzeug zu vermitteln, das dem Forscher, dem Projektleiter oder dem angehenden Abteilungsleiter ermöglicht, Strategien und Konzepte zu entwickeln und zu kommunizieren. Die persönlichen Anteile, die innere Haltung, Aufmerksamkeit, die Fähigkeit zur Selbstkritik, Optimismus und Durchsetzungsvermögen werden immer die Hauptrolle spielen. Die Werkzeuge können nur unterstützend wirken.

» *Managers simply do not know what to do with all the wonderful concepts, frameworks, and buzzwords that tumble from the pages of the Harvard Business Review, that jam the business aisles of bookstores, and that glisten in the slickly edited pages of business magazines.* «

Henry Mintzberg (Kanadischer Professor für BWL und Management)

19.2 Zweck von Strategien und Planung

Strategien helfen Firmen und Organisationen, ihre Absichten und Ziele zu benennen und Taktiken und Wege zu entwickeln, um diese Ziele zu erreichen. Sie sind keine starren Dokumente, sondern verkörpern die Entscheidungen von Führungskräften über notwendige Maßnahmen, die man selbst, ein Team, ein Institut oder das Unternehmen umsetzen muss, um in Anbetracht seiner Leistungsfähigkeit seine Ziele zu erreichen. Sie schaffen Konsens über die Richtung und geben Lieferanten, Kunden und Mitarbeitern, Fördergebern, Gutachtern, der Öffentlichkeit und wissenschaftlichen Partnern die Möglichkeit, an der Erreichung der Ziele mitzuwirken.

Die Erarbeitung und Diskussion von Plänen und Strategien schaffen Möglichkeiten, Feedback über Ziele und Wege auch von Beratern, Beraterkreisen und Kuratorien einzuholen. Sie geben den Teammitgliedern Ansagen, was insgesamt erwartet wird und warum sich diese Ziele lohnen.

19.3 Strategie

Das Wort Strategie leitet sich vom altgriechischem Wort »stratagos« (militärischer Kommandant) ab. Auch wenn Begriffe wie Sieg oder Niederlage in der Forschung keine wirkliche Bedeutung haben, so befindet man sich dennoch fast immer in einer konkurrierenden Situation, im Wettbewerb um Begrenztes, um

- Fördergelder
- Sichtbarkeit in anerkannten Journals
- Talente als Mitarbeiter
- interessante Stellen
- Kundenprojekte
- Ressourcen im Unternehmen.

In der Betriebswirtschaft analysiert und erreicht die Theorie der Strategiebildung

- die Aneignung von (teilweise sehr hohen) Gewinnen
- die Schaffung von Wettbewerbsvorteilen (*competetive advantage*)
- die Verhinderung einer Gewinnerosion,
- die Sicherstellung konstanter oder wachsender Dividenden und Löhnen
- das Überleben im Wettbewerb

Die Essenz einer Strategie ist deren Originalität, weil nur Originalität es einer Firma ermöglicht, ihre Rivalen im Wettbewerb zu überholen. Originalität kann sich darin ausdrücken, dass eine Firma

- als Pionier Vorteile gewinnt (*first-mover advantage*)
- eine einzigartige Position im Markt einnimmt
- eine einzigartige Bündelung von Ressourcen einsetzt
- eine einzigartige dynamische Fähigkeit hat, zu agieren und zu reagieren

Wenn diese Originalität schwer zu imitieren und auf einzigartige Weise der Wettbewerbssituation angepasst ist, dann kann eine Strategie langfristige Wettbewerbsvorteile verschaffen.

» *Ohne Originalität ist eine Strategie nur »Massenware« und nicht geeignet, nachhaltige Wettbewerbsvorteile zu schaffen oder zu erhalten.* «

Was die Strategiebildung gut findet, interpretiert die Volkswirtschaft als für die Allgemeinheit schädliche Quelle von Monopolgewinnen. Heute bauen Strategieentwickler wie der berühmte und weiter unten genannte Michael Porter auf Theorien über schädliche Monoplogewinne auf, um mit den gleichen Ansätzen, die früher kritisiert wurden, Firmen im Wettbewerb zu stärken.

Konzepte des strategischen Managements bieten also keine Standardrezepte, sondern erlauben eine Situationsbeschreibung, eine Analyse des Kontexts, in dem sich eine Firma bewegt und eine Analyse der internen Stärken und Schwächen.

Aufgrund der so entstandenen tieferen Aufmerksamkeit für Dinge wie

- Marktoptionen
- Stärken-Schwächen
- das Produktportfolio
- Marktkräfte

können dann individuell in jeder Firma die originellen Ideen entstehen, mittels derer eine Firma strategische, taktische und operative Entscheidungen treffen kann.

Bauchladen-Strategie

Der Konkurrenzkampf führt oftmals dazu, sich mit zusätzlichen Angeboten von seinen Wettbewerbern abzugrenzen. Mit der Angebotserweiterung sollen zum einen bestehende Kunden zusätzliche Anreize geboten und das Zusatzgeschäft erweitert, zum anderen neue Kunden gewonnen werden. Die Logik liegt nahe: was der eine nicht braucht, ist vielleicht für den anderen interessant.

Zusätzliche Produkte führen aber in vielen Unternehmen und Forschungsinstituten schnell zur Verzettelung. Wer sich verzettelt, steht für Mittelmaß und ist austauschbar. Wer als Forschungsgruppe oder als Unternehmen zu einem Bauchladen wird, verwässert langfristig seine Marke, verliert an Profil und steht am Ende für nichts.

Von der Marktanalyse zur Strategie

Viele Forscher sehen Marketing und New Business Development, den Aufbau oder Erwerb neuer Geschäftsfelder, als eine Kunst, etwas, was mit Glück und Naturtalent zu tun hat. Das ist insofern richtig, als viele fundamentale Variablen und Prinzipien des Marketings bis heute nicht in der Tiefe und Klarheit wissenschaftlich verstanden sind wie in den exakten Wissenschaften.

Allerdings ist das Produktmarketing in vielem dem Ingenieurwesen sehr ähnlich. Forschung und Entwicklung selbst sind ebenfalls nicht exakt verstanden und planbar, niemand kann mit absoluter Gewissheit beschreiben, unter welchen Voraussetzungen und exakt wann welche Ergebnisse gewonnen werden. Jedes Mitglied eines Forschungs- oder Entwicklungsteams wird seine eigenen Problemlösungen entwickeln, die ein wenig abweichen von Lösungen, die von anderen gefunden werden. Umso mehr gibt es viele Wege, wie eine Marketingstrategie entwickelt und, umgesetzt werden kann. Nicht alle sind gleich gut, im Marketing gilt es, den besten zu finden und auszuwählen.

19.4 Marktforschung und Strategie

Unter Forschern ist unbestritten, dass Wissenschaft und Produktentwicklung nur durch saubere, professionelle und sachgerechte Vorgehensweise gelingen kann. Was man in einer Marktuntersuchung lernt, wird in der Organisation wieder und wieder verwendet.

Wer Massenprodukte für eine breite Käuferschicht entwickelt, wird um eine gute breite Befragung meist nicht herumkommen. Ein Anbieter von Leistungen, bei denen der Kundenkreis klein ist, wie es oft bei Auftragsforschung oder im Geschäft mit Firmenkunden der Fall ist, braucht andere Methoden, um seinen Markt zu charakterisieren.

Qualität, ob in der Forschung oder im Marketing, beruht auf der Verwendung möglichst exakter Messung und Analyse der Fakten. Beide Disziplinen wirken in gleichen Abfolgen, die in der Strategiebildung so aussehen:

1. Definition der wissenschaftlichen oder wirtschaftlichen Chance oder des zu lösenden Problems
2. Definition des Marktuntersuchungsziels
3. Entwicklung eines Marktuntersuchungsansatzes
4. Test des Marktuntersuchungsansatzes
5. Umsetzung der Marktuntersuchung
6. Analyse der Ergebnisse, Ermittlung des Startpunkts
7. Zielbestimmung, Ermittlung des Zielpunkts
8. Formulierung einer Marktstrategie und einer Forschungsstrategie
9. Entwicklung eines Marketingplans und eines Forschungs- und Entwicklungsplans
10. Ständige Überwachung aller Parameter, Erfolgskontrolle, Erreichung der Ziele

Die saubere Definition der wissenschaftlichen oder wirtschaftlichen Chance oder des zu lösenden Problems ist einer der wichtigsten Erfolgsfaktoren. Wenn man Chance oder zu lösendes Problem verstanden hat und sich im Team einig ist, geht es um eine Analyse der Ursachen des Problems, die Variablen, Chancen und Schwierigkeiten beeinflussen.

In der Entwicklung eines Marktuntersuchungsansatzes geht es zunächst darum, die Variablen zu identifizieren und dann die Instrumente zu wählen, die diese Variablen sinnvoll messen. So wie in der Forschung Variablen wie pH-Wert, elektrische Spannung, Frequenz, Konzentration oder Effizienz gemessen werden, findet man in Marktuntersuchungen Messwerte wie

- Marktpreis

- Marktvolumen
- Marktanteil
- Sättigungsrate
- Ersetzungsrate
- Preis/Leistung
- Bekanntheitsgrad
- Kundenverhaltensprofile
- Kundenerwartungen
- Marktwachstum
- Marktpotenzial
- Punkt im Produktlebenszyklus (»Alter«)
- Vertriebsintensität
- Installierte Basis
- Wertschöpfungsketten
- Strategien der Wettbewerber
- Kundendemographie
- Interne Vertriebsintensität

Von den Variablen zu unterscheiden sind die Instrumente, die einzelne oder mehrere diese Parameter messen. Man macht keinen Fehler, wenn man diese Instrumente betrachtet wie ein Laborinstrument (beispielsweise bildgebende Verfahren wie Ultraschall und Röntgen, Gaschromatograph, Elektroenzephalograph, Barometer, Waage, etc.):

- Befragung per Post
- Befragung per E-Mail
- Telefoninterview
- persönliches Interview
- Produktliteraturauswertung
- Fokusgruppe
- Testaufstellung von Vorserienmodellen bei Pilotkunden (*Beta Sites*)
- Sekundäre Marktforschung, Analyse von Multi-Client- und öffentlichen Studien
- Messe-Untersuchung
- Arbeit mit Pilotkunden
- Conjoint Analysis
- Interne Vertriebsanalyse.

Bevor man ein Instrument verwendet, um Variablen zu messen, sollte man das Untersuchungsdesign sorgfältig testen, allein schon aus folgenden Gründen:

- Marktuntersuchungen sind in der Regel teuer und zeitintensiv.

- Möglicherweise belästigt man Kunden durch eine schlecht gemachte Befragung.
- Man benötigt die richtige Information mit der nötigen Genauigkeit, um eine korrekte Analyse darauf aufzubauen.

Es ist fatal, kommt aber gar nicht so selten vor, dass man durch die gesamte Marktuntersuchung geht und hinterher herausfindet, dass die falschen Fragen gestellt oder die falschen Parameter gemessen wurden.

Leider ziehen viele aus einem schlechten Design oder einem versäumten Testing den Schluss, dass Marktforschung als solche nicht funktionieren kann. Deshalb sollte man das Design einer Marktuntersuchung im Vorfeld gut prüfen:

- Der erste Teil der Prüfung betrifft das Budget: Ist das obere Management bereit, die komplette Untersuchung zu finanzieren? Oft muss man Überzeugungsarbeit leisten, da Marktuntersuchungen nur indirekt und langfristig die Kosten senken und den Umsatz erhöhen können. Wenn sie eine strategische Ausrichtung nur wenig verbessert oder die Effizienz nur geringfügig erhöht, stehen Erfolg und Kosten der Maßnahme meist in einem sehr günstigen Verhältnis.
- Doch die Frage der Bereitschaft des Managements geht über das rein finanzielle hinaus: Steht das Management hinter dem Projekt? Wird es Unterstützung leisten, wenn das Projekt in schwieriges Fahrwasser gerät? Welche Person in der Führung kann helfen, wenn es gilt, Hindernisse zu bewältigen? Welche Information möchte das Topmanagement unbedingt bekommen?
- Gibt es ethische oder legale Grenzen, die beachtet werden müssen? Man darf nicht jede Person alles fragen und man muss mit persönlichen Daten respektvoll und gesetzestreu umgehen.
- Ermitteln die Messgrößen die richtigen Parameter? Diese Frage ist vielleicht am schwersten zu beantworten. Es empfiehlt sich, möglichst viele Teammitglieder, eventuell auch Externe, hinzuziehen, die sich in einem Brainstorming Gedanken machen, welche Informationen benötigt werden. Aus dieser Liste wählt man dann die geeigneten Variablen aus.

Nun ist man so weit, die Analyseinstrumente an einigen Testpersonen, die möglichst zu der befragten Gruppe der gesamten Untersuchung gehören, auszuprobieren. Man wird merken, dass manche Fragen missverständlich formuliert, schwer zu beantworten sind, oder nicht verwertbare Antworten hervorrufen. Man überarbeitet das Design und testet die überarbeitete Version, bis man mit den Ergebnissen zufrieden ist. Dabei prüft man, ob das gewählte Design der Untersuchung überhaupt geeignet ist, verwendbare Ergebnisse zu liefern, also die wichtigen Fragen mit der benötigten Genauigkeit zu klären.

Wenn die Testphase abgeschlossen ist, gilt es, das nötige Personal und die benötigten Sachmittel bereitzustellen, das Personal zu trainieren, die Untersuchung durchzuführen und die Daten zusammenzufassen.

Es gibt keinen Unterschied in der Vorgehensweise bei der Analyse der Daten zwischen der natur- oder ingenieurwissenschaftlichen Untersuchung und der Marktforschung. Man sortiert die Daten, bildet Mittelwerte, sucht nach Gruppen und Auffälligkeiten.

Mehrere kreative Denker sollten sich die so entstandenen Charts ansehen und mittels Brainstorming überlegen, was die Daten bedeuten könnten.

Sobald die Daten verstanden und analysiert sind, sollte man einen Bericht verfassen. Eine klare Gliederung und Darstellung der Daten ist sehr wichtig, um die Entscheider zu einem Konsens kommen zu lassen, wo die Probleme und möglichen Lösungen liegen. Insbesondere ist es wichtig, Übereinstimmung zu erzielen, wo man heute steht, was den Startpunkt der künftigen Strategie möglichst genau charakterisiert und wie er zu bewerten ist.

Als Nächstes definiert man nun Ziele für die Strategie. Ziele sollten

- durch Messungen überprüfbar
- realistisch
- ambitioniert sein.

Ziele können beispielsweise sein:

- den Umsatz um 5 Prozent zu erhöhen
- den Anteil der weniger als seit einem Jahr eingeführten Produkte am Gesamtumsatz auf 20 Prozent zu steigern
- den Gewinn auf 15 Prozent des Umsatzes zu steigern
- den Marktanteil bei 30 Prozent zu stabilisieren

Nun kennt man also den Punkt A, den Ausgangspunkt der Strategie, und Punkt B, das Ziel der Strategie.

Die Umsetzung umfasst gewöhnlich technologische Strategien, wie die Entwicklung neuer geeigneter Produkte und Dienstleistungen, die Verbesserung der Produktqualität oder neue Anwendungen existierender Produkte zu.

Den eigentlichen Marketingplan und den technologischen Plan fasst man sinnvoll in Gestalt des schon beschriebenen Business Case zusammen.

Um zu überwachen, wie gut man in Richtung der Ziele vorankommt, benötigen Marketingplan und die technologische Planung ein System kritischer Parameter. Sie werden regelmäßig gemessen, um zeitnah irgendwelche das Zulässige überschreitende Abweichungen von dem vereinbarten Projektfortschritt festzustellen und Maßnahmen ergreifen zu können. Näheres ist in dem Abschnitt über Projektmanagement zu finden.

Gute Parameter, um den Marketingplan zu überwachen, sind beispielsweise:

- Zahl der verkauften Einheiten (Warnsignal, wenn Verkauf unter bestimmte Schwelle fällt)
- Zielpreise der Forschung und Entwicklung (es sollte klar sein, wie hoch diese im Verhältnis zum marktüblichen Preis liegen dürfen)
- Gesamtumsatz
- Marktanteil

Projektmanagement in der F&E und im Marketing folgen den absolut identischen Vorgehensweisen. Während die meisten Forscher und Entwickler ein solides Projektmanagement bei technologischen Fragestellungen schätzen, wird es leider viel zu selten bei Marketing- und Unternehmensstrategien angewandt.

Selbst finanzschwache Gründer oder Wissenschaftler in kleineren Einrichtungen oder Firmen ohne großes Budget können erfolgreich hochwertige Studien durchführen, wenn sie schöpferisch, einfallsreich und vor allem beherzt sind. Um sich nicht selbst zu betrügen, sollte man sich noch konsequenter als in einem großen arbeitsteiligen Team an ein klares Vorgehen in fünf Schritten halten:

- Festlegung, wie die Untersuchung durchgeführt werden soll (one-on-one Interviews, Fokusgruppen, Meinungsumfrage)
- Entwicklung des Instrumentariums (Interviewfragen, Meinungsumfrage, praktische Arbeiten)
- Identifizierung und Anwerbung der Teilnehmer
- Befragung
- Schlussfolgerung aus den Ergebnissen der Studie

Aus Höflichkeit werden viele Befragte dem potenziellen Anbieter nicht rundheraus mitteilen, dass sie einem Produkt wenige Marktchancen geben. Außerdem hat man als Gründer oder Forscher mit großer Wahrscheinlichkeit in seinem Bekanntenkreis vor allem so genannte »Early adopters«, die sich immer für Neues interessieren. Man bekommt also kein repräsentatives Feedback. Deshalb erkundigt man sich insbesondere auch, ob die Befragten glauben, dass Dritte aus der eigenen Branche und dem eigenen Umfeld das Produkt brauchen und wie groß der Gesamtmarkt von möglichen Käufern sein könnte. Damit bekommt man oft ehrlichere und gültigere Antworten als bei einer direkten Frage.

Oft lohnt es sich, zunächst eine kleine Zahl von möglichen Kunden für Fokusgruppen anzuwerben, da man mit diesem Instrument ein besonders gutes Gefühl für

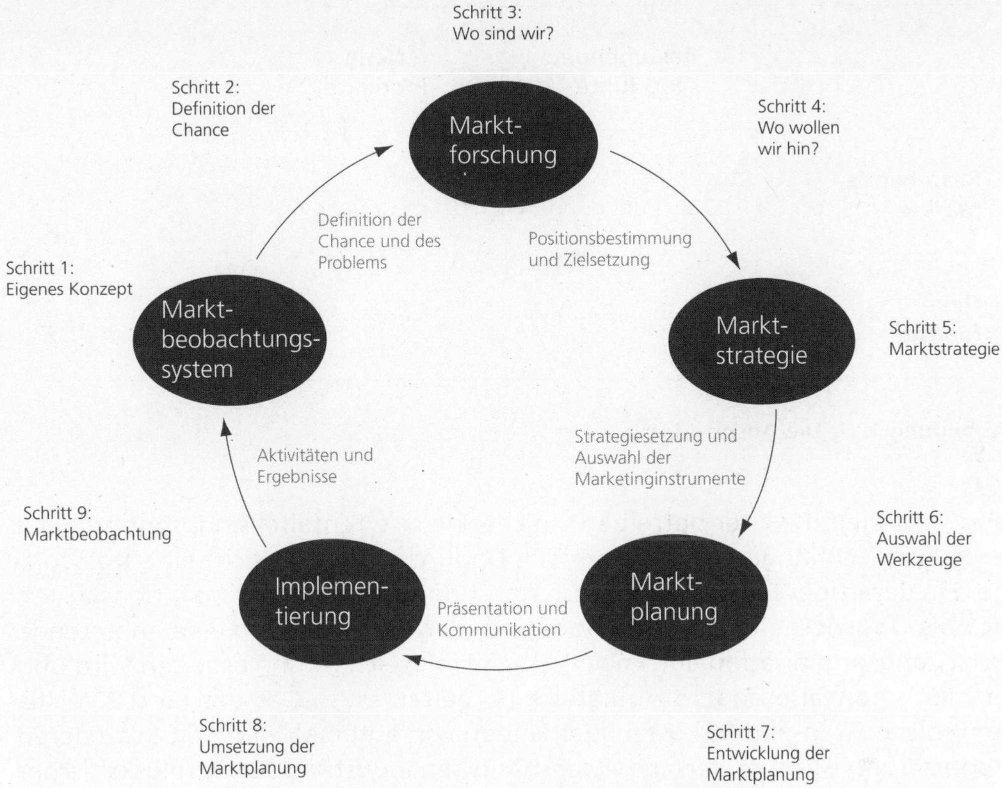

Abbildung 19.1: Vorgehensmodell für eine Marktstrategiebildung (nach Frost&Sullivan)

den Markt entwickeln kann, und dann deren Ergebnisse durch eine Meinungsumfrage zu bestätigen oder zu widerlegen.

Transaktionskosten

Ein wichtiger Aspekt in jeder Strategiebildung, aber besonders in wissensbasierten Industrien betrifft das Verhalten und die Möglichkeiten von Käufern und Verkäufern angesichts von Ungewissheiten und Unsicherheiten. Ein Beispiel dafür liegt darin, dass sich ein Anbieter möglicherweise sehr festlegt, wenn er große und lang dauernde Projekte für einen Kunden realisiert. Der Kunde bezahlt beim ersten Mal noch einen marktgerechten Preis. Später ist er jedoch im Vorteil und kann ein Angebot zu günstigeren Preisen verlangen.

Zur Absicherung gegen derartige Vorgehensweisen wird der Anbieter vielleicht

	Bestehende Produkte	Neue Produkte
Bestehende Märkte	Markt-Durchdringung	Produkt-Entwicklung
Neue Märkte	Markt-Erweiterung	Diversifikation

Abbildung 19.2: Die Ansoff-Matrix

andere Projekte weiter betreiben – nicht, weil sie rentabel sind, sondern weil er in keine Abhängigkeit geraten will. Dadurch verteuert sich seine Kostenlage. Ein derartiger Effekt fällt ebenso unter den Aspekt der Transaktionskosten wie die Unsicherheit eines Auftraggebers, der nicht weiß, ob eine anbietende Forschungsorganisation auch nachhaltig erfolgreich für ihn arbeiten wird und er möglicherweise andere Anbieter einarbeiten muss. Das geschickte Verstehen solcher Transaktionskosten, das Finden von guten Möglichkeiten zu deren Reduzierung ist besonders in wissensbasierten Industrien von erfolgskritischer Bedeutung. Alles, was die Sicherheit von Kunde und Anbieter steigert, reduziert bei Berücksichtigung der Risiken die Kosten des Auftraggebers und erhöht die Einnahmen des Auftragnehmers.

Die Ansoff-Matrix

Die Ansoff-Matrix wurde von Igor Ansoff im Harvard Business Review in einem Artikel namens *Strategies for Diversification* (1957) präsentiert. Um verschiedene Wachstumsstrategien für Firmen darzustellen, präsentierte er eine Matrix, die sich auf die jetzigen und künftigen Produkte bezog und auf die jetzigen und neuen Märkte einer Firma.

In Kombination ergeben sich daraus vier mögliche Produkt-Markt-Konstellationen, die den vier Wachstumsstrategien entsprechen:

Marktdurchdringung Existierende Produkte werden effektiver an existierende Kunden vermarktet. Die Gewinne steigen, weil man die Produkte besser bewirbt, die Marke stärkt etc.

Marktentwicklung Die existierenden Produkte werden in neuen Märkten eingeführt. Das heißt, dass das Produkt gleich bleibt, aber an neue Zielgruppen vermarktet wird, etwa, indem man es in einer neuen Region, einem weiteren Land, anderen Kunden (z. B. auch an mittelständische Firmen, wenn man vorher nur große Kunden angesprochen hat) anbietet.

Produktentwicklung Hier werden neue Produkte an existierende Kunden verkauft. Die Hauptzielsetzung liegt darin, neue Produkte zu entwickeln oder existierende innovativ zu überarbeiten, um existierende Produkte abzulösen, so wie man etwa einem Autobesitzer nach einigen Jahren eine neues, besseres Auto der gleichen Marke verkauft.

Diversifikation Hier werden komplett neue Produkte an komplett neue Kunden vermarktet. Es gibt zwei Arten der Diversifikation: verwandte Diversifikation und nicht-verwandte Diversifikation. Verwandte Diversifikation heißt, dass man in einem Markt oder in einer Branche bleibt, die einem vertraut ist. Nicht-verwandte Diversifikation bedeutet, dass man wenig Branchen- oder Markterfahrung hat, wenn man in ein neues Feld eintritt. Im Allgemeinen steigt in diesem Fall das Risiko des Scheiterns. In Fällen, wo die Kundenbasis oder die Produktbasis jetzt oder absehbar so großer Erosion ausgesetzt ist, dass das Verbleiben das größere Risiko wäre, sind große und mutige Schritte allerdings manchmal unvermeidlich.

Die Ansoff-Matrix ist ein Denkraster zur Generierung von Strategien in wachsenden Märkten. Interne Stärken und Schwächen der mit dieser Matrix arbeitenden Unternehmen werden nicht aufgedeckt und kunden- und wettbewerbsbezogene Aspekte bleiben außen vor.

SWOT-Analyse

Als Ausgangspunkt der Strategiefindung wird häufig eine Standortbestimmung der Organisation eingesetzt. Das gebräuchlichste Werkzeug dafür ist die bereits erwähnte Stärken-Schwächen-Analyse, die auch unter der englischen Abkürzung SWOT-Analyse (SWOT für *Strengths*, *Weaknesses*, *Opportunities*, *Threats*) oder als Potenzialanalyse bekannt ist. Die SWOT-Analyse ist eine einfache, jedoch anregende Methode, die Stärken und Schwächen der eigenen Organisation feststellt und noch ungenutzte Potenziale zum Erzielen von Wettbewerbsvorteilen aufzeigt.

Folgende Fragen werden im Rahmen der SWOT-Analyse gestellt und beantwortet:

Stärken (*Strengths*) – interne Faktoren

- Auf welchen Ursachen basieren vergangene Erfolge?
- Wo sind die künftigen Chancen der eigenen Organisation?
- Welche Synergiepotenziale können gefunden werden, die mit einer neuen Strategie ausgenutzt werden können?

Schwächen (*Weaknesses*) – interne Faktoren

- Welche Schwachpunkte zeigt die Organisation und wie sind diese künftig zu vermeiden?
- Welche Leistungen sind am Markt nicht so erfolgreich?

Chancen (*Opportunities*) – externe Faktoren

- Welche Möglichkeiten gibt es?
- Welche Trends können genutzt werden?

Gefahren (*Threats*) – externe Faktoren

- Welche Schwierigkeiten entstehen aus der gesamtwirtschaftlichen Situation oder dem Marktumfeld?
- Was machen die Wettbewerber?
- Ändern sich die Regeln und Gesetze in nachteiliger Weise?
- Kann ein Technologiewechsel stattfinden, der die eigene Position nachteilig beeinflusst?

Gefahren und Chancen sind vom Unternehmen nicht beeinflussbar. Die Organisation muss allerdings die strategischen Möglichkeiten der Konkurrenz zeitnah und möglichst gut einschätzen, um auf Veränderung der externen Bedingungen angemessen reagieren zu können. Stärken und Schwächen sind dagegen allein von internen Entscheidungen des Unternehmens abhängig.

SWOT-Analysen sollten immer bezogen auf ein Ziel erstellt und nicht abstrakt gehalten werden. Wird der gewünschte Soll-Zustand nicht vereinbart, werden die Teilnehmer unterschiedliche Soll-Zustände erreichen, was zu schlechteren Resultaten führt.

Externe Chancen werden oft mit internen Stärken verwechselt. Sie sollten streng auseinander gehalten werden.

SWOT-Analysen selbst werden oft mit möglichen Strategien verwechselt. SWOT-Analysen beschreiben Zustände, Strategien hingegen Aktionen. Um diesen Fehler zu vermeiden, sollte man möglichst bei Chancen an »günstige Bedingungen« denken und bei Risiken an »ungünstige Bedingungen«.

Die Suchen nach Stärken und Schwächen sowie nach den strategisch relevanten Chancen und Gefahren wird meist in Gruppenarbeit unter Einsatz von Moderationstechniken und Bildung von Gruppenkonsens innerhalb eines Teams durchgeführt. In der Gruppenarbeit werden Nennungen ggf. unter Einsatz von Ideenfindungsmethoden gesammelt, dann gruppiert, strukturiert und auf die vier Felder aufgeteilt. Mit den üblichen Methoden der Metaplan- oder Zukunftswerkstattmethode werden die Nennungen gewichtet.

Als Nächstes arbeitet man daran, den Nutzen aus Stärken und Chancen zu maximieren und die Verluste aus Schwächen und Gefahren zu minimieren.

Hierzu wird gezielt nach folgenden Kombinationen gesucht und gefragt, welche Aktivitäten und Schritte sich daraus ableiten lassen:

- Welche Stärken passen zu welchen Chancen? Wie können Stärken genutzt werden, sodass die Wahrscheinlichkeit steigt, dass eine Chance auch realisiert wird?
- Welchen Gefahren lässt sich mit welchen Stärken begegnen, mit welchen vorhandenen Stärken lassen sich bestimmte Gefahren abwenden?
- Wo können aus Schwächen Chancen entstehen? Wie können Schwächen zu Stärken entwickelt werden?
- Wo befinden sich eigene Schwächen? Wie kann sich die Organisation vor Schaden schützen?

Die größten Bedrohungen liegen vermutlich dort, wo eine Häufung von Schwächen auf eine oder mehrere Gefahren trifft.

Über den Erfolg entscheidet, wie konkret und am Ziel ausgerichtet Maßnahmen sind, die gefunden werden, und wie konsequent diese umgesetzt werden. SWOT-Analysen sollten immer auf ein Ziel bezogen erstellt werden.

Deshalb wird nun versucht, den Nutzen aus Stärken und Chancen zu maximieren und die Verluste aus Schwächen und Gefahren zu minimieren. Hierzu werden gezielt folgende Kombinationen analysiert und danach gefragt, welche Maßnahmen sich daraus ergeben.

Es können durchaus mehrere Stärken zur Realisierung einer Chance oder Vermeidung einer Gefahr eingesetzt werden. Die größten Bedrohungen sind auch dort zu vermuten, wo eine Kombination von Schwächen einer oder mehreren Gefahren gegenübersteht. Die Kernstrategien werden dann in der Vierfeld-Matrix eingetragen.

	Stärken	Schwächen
Chancen	Welche Stärken passen zu welchen Chancen? Wie können Stärken genutzt werden, so dass sich die Chancenrealisierung erhöht?	Können aus manchen der Schwächen Chancen entstehen? Wie können Schwächen zu Stärken umgestaltet werden?
Gefahren	Welchen Gefahren kann man mit welchen Stärken zuvorkommen? Welche Stärken können eingesetzt werden, um das Schaden aus bestimmten Gefahren zu verhindern?	Wie kann und muß man sich vor Schaden schützen?

Abbildung 19.3: Die SWOT Konfrontationsmatrix

Boston Consulting Group Matrix

Die BCG-Matrix Methode ist das bekannteste Portfoliomanagementwerkzeug, wobei man unter Portfolio die Gesamtheit der Geschäftsfelder einer Firma, eines Investors oder eines Instituts versteht. Die Matrix basiert auf einer Produktlebenszyklustheorie und wurde in den frühen 1970er-Jahren durch die Beratungsfirma Boston Consulting Gruppe entwickelt. Man nutzt sie, um herauszufinden, welche Prioritäten im Portfolio gesetzt werden sollten. Um nachhaltige Wertentwicklung zu sichern, sollte eine Firma ein Portfolio an Geschäftsfeldern haben, die sowohl Produktgruppen mit hohem, Umsatzwachstumspotenzial, die noch Geldzuflüsse brauchen, als auch langsam wachsende Produktgruppen, die viel Geld abwerfen, enthalten.

Die BCG-Matrix hat zwei Dimensionen: Marktanteil und Marktwachstum. Zugrunde liegt das Konzept, dass es gut für eine Firma ist, wenn ein Produkt einen großen Marktanteil hat oder wenn der Markt des Produkts schnell wächst. Die vier Quadranten der BCG-Matrix stehen für vier Kategorien von Produkten oder

Geschäftsfeldern im Portfolio einer Firma oder eines Instituts:

Stars (hohes Wachstum, hoher Marktanteil) Sie erfordern hohe Investitionen, um das Wachstum zu finanzieren, die sie aber bereits durch hohe Einnahmen ausgleichen können. Der hohe Marktanteil von Stars sollte erhalten werden, weil sie so Cash Cows werden können.

Cash Cows (niedriges Wachstum, hoher Marktanteil) Die Melkkühe schaffen einen hohen Einnahmeüberschuss. Wegen des niedrigen Wachstums sollten Investitionen, soweit sie notwendig sind, niedrig ausfallen. Cash Cows sind oft die Stars von gestern und bilden die Grundlage einer Firma.

Dogs (niedriges Wachstum, niedriger Marktanteil) Die Anzahl dieser Auslaufmodelle muss minimiert werden. Auf teure »Rettungspläne« sollte man verzichten. Dogs müssen Gewinn abwerfen, sonst müssen sie aufgelöst werden.

Fragezeichen (hohes Wachstum, niedriger Marktanteil) Diese Newcomer erfordern hohe Investitionen zur Finanzierung des Wachstums, die sie aber wegen ihres niedrigen Marktanteils nicht selber erwirtschaften können. Das Management muss entscheiden, in welche dieser Produkte investiert wird, welche ohne weitere Investitionen gewinnbringend weiterlaufen können, welche Geschäftsfelder verkauft werden müssen.

Die BCG-Matrix und ihre Verwandten (z. B. die McKinsey-Matrix und die Arthur-D-Little-Matrix) bieten einen Weg, den häufig vorkommenden Strategiefehler zu vermeiden durch ein gleichmäßiges Wachstumsziel (X Prozent pro Jahr) oder eine gleichmäßige Kapitalrendite alle Geschäftsfelder gleich zu behandeln.

Oft werden Cash Cow Geschäftsbereiche nämlich ihr Gewinnziel leicht erreichen. Deren Führung hat eine leichte Aufgabe und erntet meist viel Anerkennung. Fälschlicherweise wird das Unternehmen deshalb dazu tendieren, trotz deren reifen Geschäften gerade in diese Bereiche wesentliche Geldmittel zu investieren. Dogs kämpfen eine verlorene Schlacht und dennoch wird nicht selten gerade in diese investiert, als hoffnungsloser Versuch, »das Geschäft herumzudrehen«. In der Konsequenz erfahren Fragezeichen und Stars nur mittelmäßige Unterstützung und können nie Cash Cows werden. All diese Investitionsfehler sind eine Verschwendung von Ressourcen und Geld: entweder wird genug in diese Bereiche investiert, um zu erreichen, dass eine wirkliche Marktdominanz erzielt und sie Cash Cows (oder Stars) werden, oder die Organisation sollte sie abbauen bzw. zu Geld machen, das in die ausgewählten Bereich investiert werden kann. Insgesamt bietet die Matrix weitere Vorteile:

- Wenn eine Firma die Produktlebenskurve aktiv einsetzt, kann sie neue Produkte zu einem Preis zu verkaufen, der niedrig genug ist, um schnell Marktführer zu werden. Nachdem das Produkt oder Geschäftsfeld ein Star wird, wird es

Gewinn abwerfen. Als Cash Cow wird es ebenfalls sehr einträglich sein, bevor es seine Produktlebenszeit erreicht hat.
- Das Modell ist einfach und leicht zu verstehen.
- Es liefert der Führung eine Basis, zu entscheiden und zukünftige Handlungen vorzubereiten.

Beschränkungen der BCG-Matrix liegen in folgenden Punkten

- Sie vernachlässigt die Wirkungen der Synergie zwischen Geschäftsbereichen.
- Ein hoher Marktanteil führt nicht unbedingt zu dauerhafter Wertschöpfung.
- Marktwachstum ist nicht der einzige Parameter für Attraktivität eines Markts.
- Ein Geschäftsfeld mit einem niedrigen Marktanteil kann auch einträglich sein. Manchmal können Dogs mehr Geld verdienen als Cash Cows.
- Es ist manchmal schwer oder unmöglich, Daten für Marktanteil und Marktwachstum zu erhalten.
- Es gibt keine klare Definition, was einen »Markt« ausmacht.
- Das Modell benutzt nur zwei Dimensionen – Marktanteil und Wachstumsrate. Dies kann dazu verleiten, ein Geschäftsfeld zu sehr zu betonen oder verfrüht abzustoßen.
- Das Modell vernachlässigt kleine Konkurrenten, deren Marktanteil schnell wächst.

Die 3C nach Kenichi Ohmae

Das Modell von Kenichi Ohmae, einer berühmten japanischen Strategie-Autorität, betont, dass ein Stratege sich auf drei Schlüsselfaktoren für den Erfolg, die 3C konzentrieren sollte, das sogenannte strategische Dreieck:

- Die eigene Organisation (*Corporation*)
- die Kunden (*Customers*)
- die Konkurrenz (*Competition*)

Die erfolgreichen Strategien nutzen eigene Stärken, minimieren eigene Schwächen und machen Gebrauch von den Schwächen der Wettbewerber.

Im Einzelnen betrachtet Ohmae folgende Strategien:

Organisationsbasierte Strategien (*Corporate-based strategies*)

Diese Strategien sind darauf gerichtet, die Stärken der eigenen Organisation im Vergleich zur Konkurrenz in denjenigen praktischen Gebieten zu maximieren, die erfolgskritisch sind. Dazu gehören auf dem Felde der Organisation:

- Selektivität und Reihenfolge: Die Organisation muss nicht in jeder Funktion Spitze sein, um zu gewinnen. Wenn sie einen Wettbewerbsvorteil in einem Schlüsselbereich erreichen kann, wird sie eventuell auch in der Lage sein, ihre anderen Funktionen zu verbessern, die noch durchschnittlich gut sind.
- Make or Buy: Wegen der Flexibilität, der Qualität und der Kosten kann es besser sein, bestimmte Abläufe von Außenstehenden durchführen zu lassen und so besser als die Wettbewerber zu werden, die alles selbst machen. Manchmal ist es aber auch besser, Dinge in eigener Regie durchzuführen. Strategische Vorteile entstehen, wenn die Wettbewerber ihre Abläufe nicht so schnell an Unterlieferanten und Anbieter übertragen können, wie man selbst. Wenn die Wettbewerber Nachteile durch unflexible, unangepasste, qualitativ schlechte oder zu teure Lieferanzen oder Dienstleister haben, ist man im Vorteil, wenn man die Tätigkeit in der eigenen Organisation oder zumindest mit mehr eigener Kontrolle durchführt.
- Verbessernde Kostenstrukturen und Rentabilität: Diese können auf drei verschiedenen Wegen erzielt werden:
  1. effektivere Verminderung der Grundkosten verglichen mit der Konkurrenz.
  2. mehr Konzentration auf die
     - Aufträge die angenommen werden
     - Produkte, die angeboten werden
     - Funktionen, die ausgeführt werden.
- Die gemeinsame Bearbeitung von Prozessen mit anderen Einheiten der eigenen Organisation oder sogar mit außen stehenden Firmen. Die Erfahrung zeigt, dass beispielsweise die gemeinsame Nutzung von Ressourcen und Subfunktionen im Marketing vorteilhaft sein kann.

Kundenbasierte Strategien (*Customer-based strategies*)

Die Kunden stehen für Ohmae im Mittelpunkt jeder Strategie. Eine langfristig erfolgreiche Organisation stellt die Interessen ihrer Kunden über die der Anteilseigner, Mitarbeiter und anderer Bezugsgruppen. Wenn eine Organisation die Kunden in den Mittelpunkt stellt, ist sie langfristig auch in der Lage, für Mitarbeiter und Investoren attraktiv zu sein. Es empfiehlt sich oft, seine Kunden zu unterteilen (Segmentierung):

- Segmentierung nach Nutzung (*Segmenting by objectives*). Hier wird die Unterschiedsbildung nach der Art und Weise vorgenommen, in der verschiedene Nutzer das Produkt verwenden. Was Ohmae damit meint, lässt sich am Beispiel erläutern, warum verschiedene Kunden Kaffee trinken: Einige trinken ihn, um aufzuwachen oder wach zu bleiben, während andere Kaffee trinken, um zu entspannen oder Beziehungen zu pflegen (Kaffeepause).

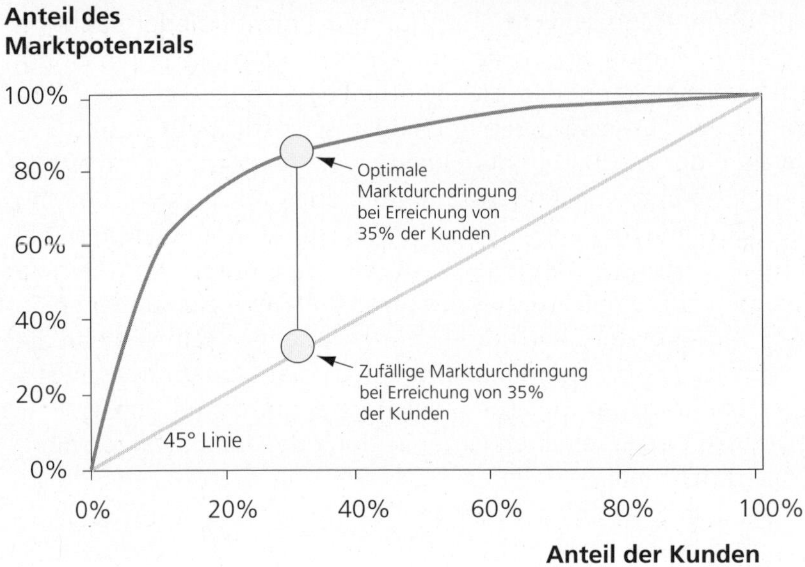

Abbildung 19.4: Beispiel einer Marktsegmentierung für ein Pharmavertriebsunternehmen

- Segmentierung nach Kundenansprache (*Segmenting by customer coverage*). Diese Art strategischer Segmentierung beruht üblicherweise auf einer Kosten-Nutzen-Analyse von Marketingkosten in Bezug auf Marktabdeckung. Es gibt meistens einen Punkt in der erstellten Kurve, wo die Erfolgzuwächse des Marketings bei zunehmenden Kosten nachlassen.
  Die Organisation steht damit vor der Aufgabe, ihren Bereich der Marktabdeckung zu optimieren, z. B. in Bezug auf Regionen, auf Vertriebskanäle oder andere Parameter, um die eigenen Marketingaufwändungen erfolgreicher einzusetzen als die Wettbewerber. Wichtig ist dabei, dass Segmentierung nach Kundenansprache je nach Organisation, Größe und Art der Kundenansprache höchst unterschiedlich ausfallen können. Ein Beispiel für eine übliche Segmentierungen kann man der Abbildung 19.4 entnehmen.

The Long Tail

In den letzten Jahren wurde jedoch entdeckt, dass genau die Kunden und Aufträge interessant sein können, die bei einer klassischen Segmentierung herausfallen. Diese These wird häufig unter »The Long Tail« diskutiert, einem Ausdruck, der von Chris Anderson in 2004 in einem Artikel der Zeitschrift *Wired* geprägt wurde, um eine Nischenstrategie zu beschreiben, wie sie zum Beispiel von Amazon.com

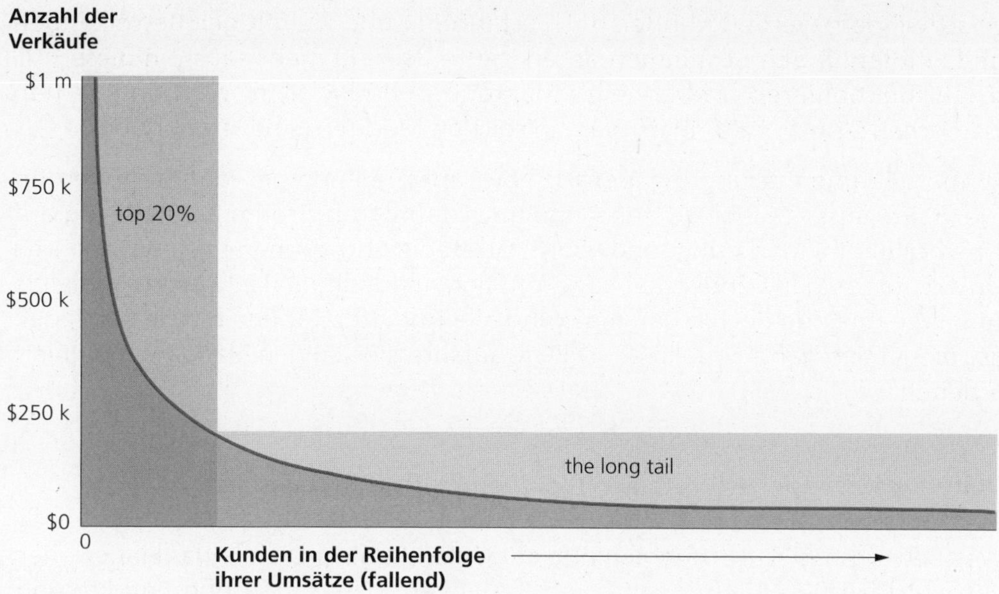

Abbildung 19.5: Eine besonders interessante Lorenz-Kurve: The Long Tail

oder Netflix, umgesetzt wurde. Wenn die logistischen Kosten es erlauben, kann man beachtlichen Gewinn aus dem Verkauf

- kleiner Stückzahlen
- selten gekaufter Produkte
- an viele Kunden

zu ziehen, statt nur

- große Stückzahlen
- einer geringen Anzahl

beliebter selten gekaufter Produkte zu verkaufen. Diese Kundengruppe bezeichnete er als »the long tail«.

In einem sehr wettbewerbsintensiven Markt werden die Organisation und ihre wichtigsten Wettbewerber vermutlich den Markt in ähnlicher Weise segmentieren. Somit wird über einen längeren Zeitraum die Wirksamkeit einer anfänglichen strategischen Segmentierung abnehmen. In so einer Lage ist es nützlich, eine kleine Gruppe von Schlüsselkunden auszuwählen und erneut zu prüfen, was diese wirklich suchen. Segmentierung schafft aber auch Nischen für kleine Anbieter: *Nouveau Niche* nennt der holländische Trend-Forscher Reinier Evers den Trend zu mehr Individualismus. Auch wenn günstig zu bedienende Massenmärkte nicht verschwinden, werden Kunden doch erfahrener und vielfältiger. Bewertungen und Empfehlungen bestimmen deren Kaufentscheid mehr sonst. In diesen Nischen funktionieren traditionelles Marketing und PR nicht. Werbung im rein klassischen Sinn zu betreiben, wäre in solchen Märkten Geldvergeudung.

So muss Segmentierung in jeder Art von Unternehmen neu definiert werden. Die 20 Prozent der lukrativsten Abnehmer definieren sich immer in Bezug auf eine bestimmte Marketing- und Logistikstrategie und können in einem anderen Unternehmen ganz anders sein. So kommen im Idealfall alle Kunden und viele Anbieter am Ende doch zusammen, und alle Anbieter können mit den Erträgen aus diesen Geschäften gut leben, weil sie auf ihren jeweiligen Markt hin optimiert arbeiten.

Wettbewerbsbasierte Strategien (*Competitor-based strategies*)

Wettbewerbsbasierte Strategien nutzen gemäß Kenichi Ohmae das Einbeziehen von betrieblichen Funktionen wie z. B.: Einkauf, Forschung und Entwicklung, Produktion und Service als Quellen der Differenzierung. Wege dazu sind:

- Die Kraft der Marke: Viele bekannte Konzerne sind im Markt erfolgreicher als ihre Wettbewerber, weil sie einerseits mehr in Öffentlichkeitsarbeit und Werbung investiert haben und andererseits dabei sorgfältiger vorgegangen sind. Wenn Produkte verschiedener Wettbewerber Ähnliches leisten und der Vertrieb ähnlich organisiert ist, dann ist die Marke die einzige Quelle positiver Differenzierung. Allerdings gibt es auch Beispiele, wo diese Strategie versagt hat und Unternehmen trotz eines guten Images gescheitert sind.
- Das Profitieren von Gewinn- und Kostenstrukturunterschieden: An welcher Stelle im Unternehmen entsteht der Gewinn? Bei dem Verkauf der Produkte, in der Produktentwicklung, im Service etc.?
- Die Optimierung des Verhältnisses von Fixkosten zu variablen Kosten: Eine Firma mit niedrigen Fixkosten kann in einem nachlassenden Markt die Preise senken und auf diese Weise Marktanteil gewinnen. Bei konstanter Nachfrage kann eine Firma vielleicht durch hohe Investitionen und standardisierte Abläufe die Preise unten halten. Kleine Firmen können vielleicht dem Handel höhere Margen anbieten als große Unternehmen und so trotz geringerer Ausgaben für Werbung und Öffentlichkeitsarbeit den Marktanteil erhöhen.
- Hito-Kane-Mono: Ein typisch japanisches Konzept ist Hito-Kane-Mono oder Leute, Geld und Dinge (Ausstattung und Maschinen). Das Konzept geht davon aus, dass Betriebe dann am effizientesten arbeiten, wenn diese drei kritischen Ressourcen im Gleichgewicht sind, ohne einen Überschuss oder Verschwendung. So verschwendet eine Firma, die mehr Geldreserven anhäuft, als deren

fähige Leute auf intelligente Weise ausgeben können, Chancen. Zu viele Manager und Wissenschaftler, für deren Elan und Umsetzungsfähigkeit ungenügend Geld bereitgestellt werden kann, werden Energien vergeuden, mit ihren Kollegen und anderen Bereichen in der Firma um die Zuweisung der begrenzten Mittel zu kämpfen. Von den drei kritischen Ressourcen sollten nach Ohmae die Finanzmittel zuletzt zugeteilt werden. Eine Firma sollte seiner Meinung nach zuerst Führungskräfte auf Basis des verfügbaren Mono zuteilen: Fabrik, Maschinen, Technologie, Verfahren, Know-how und organisatorische Stärken. Nachdem die Hito schöpferische und produktive Ideen entwickelt haben, die das Geschäft nach vorne bringen können, sollte Kane oder Geld nach den spezifischen Ideen und den Programmen zugeteilt werden, die von einzelnen Managern geschaffen wurden.

Das Five Forces Model von Porter

Dieses Modell ist vermutlich das in der aktuellen betriebswirtschaftlichen Literatur bedeutendste Werkzeug des strategischen Managements und wird deshalb hier kurz vorgestellt. Es ist ein Top-Down-Strategiewerkzeug für Geschäftsbereiche, mit dem Zweck, Analysen über die Attraktivität oder den Wert einer Industriestruktur zu machen und zu verstehen, wie der Branchenkontext ist, in dem ein Unternehmen sich bewegt.

Laut Porter gibt es fünf wettbewerbsrelevante Kräfte in jeder Industrie, die Basis der *Competitive Forces Analysis* sind:

1. der Marktzugang der Wettbewerber: wie leicht oder schwierig ist es für neue Wettbewerber, in den Markt zu kommen, welche Barrieren (Know-how, Patente und andere Schutzrechte, Schwierigkeiten, die Aufmerksamkeit von Kunden zu finden, blockierte Vertriebskanäle etc.) existieren?
2. die Bedrohung durch Substitute: wie leicht kann das eigene Produkt oder Dienstleistung durch andere, besonders durch billigere ersetzt werden?
3. die Verhandlungsmacht der Käufer: wie stark ist die Position der Käufer, können sie kooperieren, um große Volumina zu bestellen?
4. die Verhandlungsmacht der Lieferanten: wie stark ist die Position der Verkäufer, gibt es viele oder nur wenige potenzielle Lieferanten, gibt es ein Monopol?
5. die Rivalität unter den existierenden Marktteilnehmern: gibt es eine starke Konkurrenz zwischen den existierenden Marktteilnehmern, ist ein Marktteilnehmer sehr vorherrschend oder sind alle etwa gleich groß und gleich stark?

Porters Competitive Forces Modell der Konkurrenzfähigkeit ist besonders nützlich bei der Bewertung der Wettbewerbssituation eines Unternehmens aus der Vogelperspektive. Es kann dazu verleiten, die bereits existierenden oder noch zu entwickelnden Kräfte der Organisation zu überschätzen. Die andere Wertschöpfungsdimension ist nämlich, wie gut wie eine Firma im Verhältnis zu ihren Wettbewerbern abschneidet (*Relative Competitive Position*). Zur Bestimmung dieser Dimension werden häufig zwei andere Porter-Modelle benutzt: das Value Chain Framework und das Competitive Advantage Modell.

Der Strategic Intent

Wie bereits in der Einführung erwähnt, wunderten sich die Management-Forscher Gary Hamel and C.K. Prahalad in den 1990er-Jahren, dass japanische Firmen wie Toyota, Canon und Sony, die mit einem schlechteren Image und weniger Ressourcen gestartet waren als die entsprechenden Unternehmen in den USA trotz der professionellen Planungsprozesse der amerikanischen Wettbewerber, erhebliche Marktanteile von diesen gewonnen hatten. Sie fanden einige Gründe, sahen aber den Hauptgrund darin, dass traditionelle strategische Planung eine Entsprechung zwischen Ressourcen und Bestrebungen sucht. Man setzt sich realistische Ziele, die darauf basieren, was man mit den zur Verfügung stehenden Ressourcen erreichen kann, und entwickelt dann Strategien und Taktiken, um diese zu erreichen. Das klingt vernünftig, aber ist diese Art von konservativer Planungsweise in der Lage, eine Firma konkurrenzfähig zu machen oder zu erhalten? Gary Hamel argumentierte in der *Harvard Business Review* (März 1993), dass die erfolgreichen »Parvenüs« einen Ansatz verfolgen, der sich grundlegend von dem unterscheidet, den westliche Managementtheorien empfahlen. Mit der Blüte der strategischen Planung verlor seiner Meinung nach die Wettbewerbsfähigkeit westlicher Firmen. Nicht auf strategischer Planung, sondern auf dem, was Hamel strategische Absicht (*strategic intent*) nennt, beruht der Vorteil der neuen Konkurrenten. Die Marktneulinge konzentrieren sich auf Strategie als Erweiterung und Hebel. Sie setzen sich Ziele, die man im Westen für eine Firma ihrer Größe und Ressourcen unrealistisch finden würde, und schöpfen dann aus den Ressourcen, aus Findigkeit und Innovation, um zu wirksamen Ergebnisse zu kommen.

Der Schlüssel des Strategic Intent liegt laut Hamel darin, eine Kluft zwischen Ehrgeiz und Ressourcen entstehen zu lassen. Eine Spannung zwischen den Ressourcen und den Bestrebungen zu erzeugen, so Hamel, ist die einzige und wichtigste Aufgabe der oberen Leitung. Langfristiger Erfolg beruht auf dem einer folgerichtigen Konsistenz, die aus fokussierter, gemeinsamer Absicht der gesamten Organisation erzeugt wird.

Strategische Absicht ist nicht nur wilder Ehrgeiz. Viele Firmen haben ambitionierte Ziele, es gelingt ihnen aber nicht, diese zu erreichen. Strategische Absicht umfasst auch einen aktiven Managementprozess, der

- die Aufmerksamkeit der Organisation auf das Wesentliche, den Willen zum Gewinnen lenkt, indem die Bedeutung des Ziels vermittelt wird,
- den nötigen Platz für individuelle und Team-Beiträge lässt,
- Begeisterung unterstützt, indem neue operative Definitionen erfolgen, wenn die Umstände sich ändern
- den Strategic Intent permanent berücksichtigt, wenn Ressourcen zugeteilt werden.

Sobald die strategische Absicht etabliert ist, können Ressourcen besser genützt werden, indem

- sie effizient erworben werden,
- sie miteinander kombiniert werden, um deren Wert zu verbessern,
- sie vorsichtig und sparsam verwendet werden
- sie in der schnellstmöglichen Zeit wiederverwendet werden
- man sich auf Kernziele fokussiert.

Hamel ist nicht der Einzige, der der Meinung ist, dass strategische Planung versagt hat, weil Firmen damit ihren Ehrgeiz beschneiden und sich den erfügbaren Ressourcen anpassen. Peter Senge, der die »Lernende Organisation« bekannt gemacht hat, formuliert, dass Firmen, die zu sehr mit Instrumenten des strategischen Managements arbeiten, ihre Ambitionen beschränken, sich der Gnade der Umstände anpassen müssen und jede Hebelkraft verlieren. Senge schlägt vor, dass nicht nur Organisationen eine Kapazität entwickeln müssen, zu gestalten, sondern auch jeder einzelne Arbeitnehmer. Robert Fritz, auf dessen Arbeiten Senge aufbaut, beschreibt, dass Gestalter, egal, ob sie Individuen oder gesamte Organisationen sind, zuerst an das Ergebnis denken (»start with the end in mind«). Sie fangen mit einer Sicht vom Ergebnis, das sie anstreben, an, welches so klar ist, dass man es sofort erkennt, wenn es erreicht wird. Er betont, dass Gestalter

- so handeln, selbst wenn sie momentan nicht die Fähigkeiten oder die Ressourcen haben, ihre Ziele zu erreichen
- wissen, dass Gestalten dasselbe ist wie auf dem Weg das zu lernen und zu erfinden, was man entlang des Wegs braucht.

Sobald die Vision klar ist, beurteilen Gestalter objektiv die »jetzige Realität«. Der Schlüssel ist, objektiv zu sein, wo man steht und was man hat: Dinge besser oder schlechter zu sehen, als sie sind, verdreht die Realität. Also sollte man nur beschreiben, nicht bewerten.

Wenn Vision und jetzige Realität geklärt sind, wird sich eine Lücke zwischen ihnen ergeben. Diese Lücke zwischen Vision und Realität bildet eine nützliche, strukturelle Spannung und gibt der strategischen Absicht Hebelkraft und Macht, bringt Dinge in Bewegung. Es ist Aufgabe des Gestalters, die Spannung so aufzubauen, dass das Geschehen sich konsistent und natürlich zu den gewünschten Ergebnissen bewegt.

Hamel und Prahalad bezeichnen Strategische Absicht als das Herz einer Firma. Demgegenüber nennen die die strategische Architektur das Gehirn eines Unternehmens. Letztere umfasst

- eine hochrangige Planung für die Zuteilung und Aufstellung neuer Funktionalitäten
- den Erwerb neuer oder die Migration existierender Kompetenzen
- die Neuausrichtung der Schnittstelle mit den Kunden.

Die Strategische Absicht verbinden Hamel und Prahalad mit drei Attributen: Richtung, Entdeckung und Bestimmung (*direction*, *discovery*, *destiny*).

Sense of Direction: Die Organisation nimmt einen besonderer Standpunkt ein in Bezug auf die langfristige Marktentwicklung oder die Wettbewerbsposition, die eine Firma zu einem späteren Zeitpunkt, etwa in zehn Jahren, einnehmen will. Die Richtung sollte einen Blick auf die Zukunft, einen gemeinsamen Sinn, eine gemeinsame Richtung geben, der vereinigt und gleichzeitig individualisiert

Sense of Discovery: Eine strategische Absicht differenziert. Sie enthält einen konkurrenzfähigen, einmaligen Standpunkt über die Zukunft. Sie bietet den Mitarbeitern die Aussicht auf die Erforschung eines neuen, konkurrenzfähigen Gebiets

Sense of Destiny: Strategische Absicht hat eine emotionale Seite; sie zeigt ein Ziel, das Mitarbeiter als von Natur aus wertvoll wahrnehmen

Typische drei Schritte des Strategic Intent-Prozesses sind

1. Zuerst wird eine strategische Absicht formuliert, die alle drei Kennzeichen zeigt.
2. Dann werden die Herausforderungen bestimmt und an die Mitarbeiterschaft kommuniziert. Diese Herausforderungen sind das Mittel, um die strategische Absicht zu erreichen. Wenn es die strategische Absicht des Wettbewerbers A

ist, seinen Konkurrenten B zu übertreffen, dann könnte die strategische Herausforderung von A beispielsweise sein, ein gleichwertiges Standardprodukt zu entwickeln, das die Hälfte des Standardprodukts von B kostet.

3. Als nächstes werden Handlungsspielräume eröffnet, indem Verantwortlichkeiten an die gesamte Mitarbeiterschaft delegiert werden. Der traditionellen Firmenkommunikation von oben nach unten wird ein Kommunikationsfluss von unten nach oben entgegengesetzt, der sicherstellt, dass neue Ideen aus der ganzen Organisation kommen.

Die Bedeutung der Strategischen Absicht kann man damit erklären, dass Manager und Mitarbeiter nach einem Ziel und einem Gefühl der Identität suchen, mit dem eine Firma sich identifizieren und das sie nutzen kann, Führungskräfte und Mitarbeiter wollen mehr als Vergütung, Sicherheit und die Möglichkeit, ihre Fähigkeiten zu entwickeln. Sie wollen ein Gefühl einer Bestimmung, eines Auftrags oder einer Mission. Eine gut formulierte Mission wirkt aber nicht nur intern, sondern auch auf andere Einflussnehmende außerhalb der Organisation wie Finanziers, Lieferanten und Kunden.

Das Firmenleitbild (*Mission Statement*)

Ein Firmenleitbild ist eine Stellungnahme, die strategische und kulturelle Motivationselemente kombiniert, um eine Organisation zu leiten und zu führen. Ein Verfahren zur Einführung und Pflege eines Leitbildes wurde von Andrew Campbell unter dem Namen *Ashridge Mission Model* eingeführt.

Hinter der Entwicklung eines Leitbildes nach Campbell stehen folgende Annahmen:

- Engagierte Mitarbeiter und Teams arbeiten effizienter und effektiver als apathische
- Menschen binden sich leichter an Werte als an abstrakte strategische Konzepte
- Ein Leitbild muss klar definiert und »bestellt« werden. Ein intuitives Verständnis des Leitbildes allein genügt nicht
- Das Leitbild stellt den Zweck der Organisation in den Mittelpunkt

Ein Leitbild bringt einige Vorteile:

- Es stellt einen Bezug zwischen Strategie und Werten her. Es berücksichtigt die Bedeutung einer Verbindung zwischen den gemeinsamen Werten einer Organisation und den privaten Werten der Mitarbeiter und Führungskräfte.
- Es erleichtert das Treffen von Entscheidungen, verringert den Bedarf an Überwachung, unterstützt konstruktives Verhalten und fördert Zufriedenheit und Loyalität.

Beschränkungen und Nachteile eines Leitbildes:

- Nicht passende Werte oder ein unpassendes Empfinden für das Leitbild haben einen starken negativen Einfluss auf das Verhalten der Mitarbeiter
- Gemeinsame Werte und ein gemeinsames Empfinden für das Leitbild sind oft sehr schwer zu ändern und können ein Hindernis für Wandel sein
- Starke gemeinsame Werte oder ein starkes Empfinden für das Leitbild kann zu einer Isolierung und zur Gegnerschaft zum Außen führen
- Das Entwickeln eines guten Leitbildes ist meistens zeit- und ressourcenaufwändig

19.5 Karrierestrategie für die wissenschaftliche Laufbahn

Wer am Anfang seiner wissenschaftlichen Laufbahn steht, braucht in der Regel keine komplizierte Strategie. Die ersten Jahre kann man sich auf wenige konkrete und offensichtliche Ziele konzentrieren:

- Zunächst ist es das Allerwichtigste, in einer guten Forschergruppe unterzukommen, einer Gruppe, bei der man gute wissenschaftliche Forschung und die Tricks und Regeln des Publizierens lernt sowie Kontakte knüpfen kann.
- Es gilt bekanntlich am Anfang, möglichst mehrere, gute Publikationen in Fachzeitschriften unterzubringen. Dazu gehört auch, Poster und Vorträge auf Konferenzen in der Fachwelt bekannt zu machen, seine Ideen und Konzepte durch Diskussion und Kritik reifen zu lassen und dabei auch die eigenen Veröffentlichungen zu bewerben.
- Man sollte sich ein gutes Netzwerk zu Wissenschaftlern aufbauen – zu gleichaltrigen, mit denen man künftig auch gemeinsame Projekte unternimmt, und ebenso zu anerkannten und etablierten Wissenschaftlern, die einem helfen können, die nächsten guten Stellen zu erreichen, Förderanträge erfolgreich zu stellen und sich einen Namen zu machen.
- Wenn sich die Gelegenheit bietet, sollte man Chancen wahrnehmen, Finanzierung selbst einzuwerben. Jedes selbst eingeworbene Stipendium, jeder erfolgreich gestellte Förderantrag, jede Mitwirkung oder sogar Leitung in einem Verbundprojekt ziert den Lebenslauf und hilft, wesentliche Erfahrungen zu sammeln.

Spätestens in der Juniorprofessur oder in der Habilitation sollte man dann eine eigene Forschungsstrategie entwickeln, Themen identifizieren und mit seiner Gruppe vorantreiben.

19.6 Literaturempfehlungen

Crainer, S., G. Hamel, *Die ultimative Managementbibliothek: 50 Bücher, die sie kennen müssen*. 1997: Campus

Mintzberg, H., *The rise and fall of strategic planning*. 2000: Pearson Education.

Porter, M., *Competitive strategy: techniques for analyzing industries and competitors*. 1980: Macmillan

Checkliste 12 Entwicklung eines Leitbildes

Fünf Aspekte, durch die man die Qualität eines Leitbilds (*Mission Statements*) beurteilen kann.

- ❑ Zweck: Beschreibt das Leitbild einen begeisternden Zweck, der nicht an die selbstsüchtigen Interessen der Mitbeteiligten (Aktionäre, Kunden, Arbeitnehmer, Lieferanten) appelliert? Macht es eine Aussage über die Verantwortung der Firma gegenüber den Mitbeteiligten?
- ❑ Strategie: Definiert das Leitbild eine Geschäftsdomäne und erklärt, warum diese attraktiv ist? Beschreibt es die strategische Positionierung, die die Firma bevorzugt, um Wettbewerbsvorteile zu identifizieren, den sie erreichen will?
- ❑ Werte: Identifiziert das Leitbild Werte, die mit dem Zweck der Organisation verbunden sind? Bietet es Überzeugungen, mit denen sich Mitarbeiter stolz fühlen können? Schwingen die Werte mit der Strategie der Organisation und verstärken sie?
- ❑ Verhaltensstandards und Charakter: Beschreibt es wichtige Verhaltensstandards die als Wegweiser der Strategie und der Werte dienen? Sind die Verhaltensstandards so beschrieben, dass die einzelnen Arbeitnehmer beurteilen können, ob sie sich richtig oder falsch benommen haben?
- ❑ Lesbarkeit: Ist das Leitbild leicht zu lesen? Bietet es ein Porträt der Firma? Fängt es die Kultur der Organisation ein?

20 Der Businessplan

Der Businessplan eines Unternehmens ist ein Plan, der beschreibt,

- warum existiert,
- für welche Menschen und Organisationen es da ist,
- welche Produkte und Dienstleistungen es seinen Kundengruppen bereitstellen wird
- wie es vorhat, diese Produkte und Services zu entwickeln und zu liefern
- von wem es geführt wird.

» *Der Mangel an Planung und Management gelten als die häufigsten Gründe für das Scheitern von Unternehmen.* «

Businesspläne sind keine historischen Dokumente, um die vergangene Leistung einer Firma zu dokumentieren, sondern Planungs- und Steuerungsinstrumente für die Entscheidungsträger und alle, die für die Umsetzung verantwortlich sind.

Businesspläne dokumentieren die Liquidität der Firma, deren Vermögenswerte, Kapitalisierung und finanzielle Leistungsfähigkeit in Gegenwart und Zukunft. Sie versorgen potenzielle Kreditgeber und Kapitalanleger mit nachweisbaren Fakten, um die Leistungsfähigkeit einer Firma zu bewerten und um Risiken genau identifizieren und bewerten zu können.

Schließlich sind Businesspläne die primäre Informationsquelle für potenzielle Käufer einer Firma, eines Unternehmensbereiches oder von Produktangeboten.

Ein Businessplan eignet sich auch hervorragend zur Anwerbung von sowohl Mitarbeitern als auch Kunden. Er kann die Zusammenarbeit mit Lieferanten verstärken und optimieren.

Businesspläne setzen Leistungsziele, helfen bei Entscheidungen im täglichen Geschäft und bei der Berechnung der notwendigen Personalleistung in Bezug auf die Erreichung der Ziele des Businessplans. Mitarbeiter, die den Businessplan kennen und ihn bewerten können, können ihre eigene Leistung auf die Firmenziele und Erwartungen ausrichten. Wenn betriebliche Änderungen notwendig werden, sind im Plan auch die entsprechenden Auswirkungen auf die kurz-, mittel- und langfristigen Einnahmen und Ausgaben beschrieben. Gewünschte Leistungsvorgaben und betriebliche Ziele werden mit den notwendigen Anpassungen der Produktionsanlagen, im Personal und im Hinblick auf Produkte und Dienstleistungen dargestellt. Ein Businessplan sorgt dafür, dass die Antworten auf viele Probleme schon vorliegen, bevor die Probleme entstehen: So kann man schnell reagieren, ohne unkluge Fehler zu machen oder Chancen zu verpassen. Als Instrument der internen Planung sind Businesspläne unverzichtbare Steuerungsinstrumente für den Betrieb des gesamten Unternehmens. Die tatsächliche Leistung und die Fortschritte einer Firma und ihrer Bereiche können gegen geplante Ziele abgeglichen werden. Umsatz, Kosten, Zeitrahmen und strategische Ausrichtung gewinnen ihre Bedeutung vor dem Hintergrund einer Zielsetzung. Businesspläne helfen dem Unternehmer oder Geschäftsführer, potenzielle Problembereiche sowohl innerhalb als auch außerhalb der Firma zu identifizieren und sich auf diese zu konzentrieren. Wenn Gebiete identifiziert sind, die zur Sorge Anlass geben, werden Lösungsvorschläge und Alternativpläne in den Businessplan integriert. Für Start-Up-Unternehmen ist mit das wichtigste Ergebnis einer Businessplanerstellung eine ausgearbeitete Roadmap. Sie ist besonders wichtig, weil sie die Gründer und Unternehmer zwingt,

- die Zukunft und ihre Strategien genau zu durchdenken,
- ihre grundlegenden Geschäftskonzepte zu bewerten,
- die Begrenzungen ihres Geschäfts zu verstehen,

sodass viele Fehler vermieden werden können. Businesspläne beleuchten auch die Ertragschancen, die potenzielle Märkte und den zukünftigen Finanzierungsbedarf, alles Punkte, die die Aufmerksamkeit des Managements erfordern.

20.1 Vorgehen bei der Erstellung eines Businessplans

Das Schreiben eines Businessplans ist keine Aktivität im Elfenbeinturm, sondern eine höchst interaktive Aktivität, die alle Leitungs- und Funktionsbereiche des Unternehmens einbezieht. Erfolgreiche Businesspläne sind in der Regel das Ergebnis von Teamarbeit, in die alle Mitwirkenden auf Basis ihrer besonderen Kenntnisse und technischen Fähigkeiten einbezogen werden. Geschäftsinhaber und Manager unterstützen die Planerstellung durch allgemeine Richtlinien und geben Feedback während der Entwicklung des Planes.

Einige Firmen arbeiten permanent an ihrem Businesplan. In anderen Fällen kann es notwendig werden, einen Businessplan kurzfristig auf Anfrage vorzubereiten. In allen Fällen ist aufgrund der Komplexität ein professionelles und effizientes Projektmanagement nötig, um erfolgreich zu sein.

Die Planerstellung erfolgt in einigen grundlegenden Schritten:

1. Insbesondere ist zu Anfang festzulegen, wer am Plan mitwirkt, welche grundlegende Zielsetzung der Plan erfüllen und in welchem Zeitrahmen er beendet werden soll. Weiterhin sollte die Firmenleitung ihre Unterstützung des Planungsverfahrens kommunizieren und definieren, welche Teile und Aufgaben jeweils von Einzelnen übernommen werden.
2. Im nächsten Schritt wird eine genauere Projektplanung erstellt und festgelegt, welche Leistungspakete zu welchem Zeitpunkt von wem geliefert werden sollen.
3. Sobald der Prozess der Planerstellung organisiert ist, können die Mitwirkenden mit Analysen beginnen. Interne Analysen untersuchen Stärken und Schwächen aller Geschäftsbereiche und bewerten äußere Faktoren wie die allgemeine Wirtschaftsentwicklung, Wettbewerb, relevante Technologien, Trends und andere Umstände, die zwar außerhalb der Einflussmöglichkeiten der Firma liegen, jedoch Leistungsfähigkeit und Geschäftserfolg beeinflussen können.
4. Geschäftsziele zu setzen und Strategien zu definieren, sind die nächsten Schritte im Planungsprozess. Unter Berücksichtigung der internen und externen Faktoren werden die grundlegenden übergeordneten Ziele entwickelt. In jedem Fall müssen die Wettbewerbsphilosophie, der Marktfokus und die Kundenservicephilosophie des Unternehmens beachtet werden. Spezifische Leistungsziele und betriebliche Strategien werden dann auf Basis der übergeordneten Ziele definiert.

Nachdem Strategien und Ziele definiert sind, werden sie in spezifische Pläne und Programme übersetzt. Diese Pläne und Programme bestimmen, welche Ressourcen unabdingbar sind und wie sie optimal eingesetzt werden. Spezifische Funktionsbereiche benötigen eigene Planungen und Programme wie etwa das Top Management, der Vertrieb, das Marketing, das Product Management, die Produktion und der Finanzbereich. Schließlich ergänzen diese spezifischen Pläne den Businessplan.

Sobald ein Manager bzw. ein Team einen Businessplan durch Beantworten der oben geannten Fragestellungen entwickelt hat, ist es wesentlich für den Erfolg, dass das Management den Plan effektiv mit den Teammitgliedern kommuniziert. Denn egal, wie gut der Plan durchdacht und perfektioniert wurde, umgesetzt wird er überwiegend von den Mitarbeitern.

Wer kein Team zur Verfügung hat, sollte sich ein paar Tage später vier ungestörte Stunden nehmen, um ein Papier über die Wettbewerber zu schreiben. Zur Recherche nutzt man Bibliotheken, Zeitschriften, Zeitungen und das Internet. Man identifiziert deren Produkte und Dienstleistungen, benennt die jeweiligen

Vorteile und formuliert, warum ein Kunde nicht die Produkte und Dienstleistungen der Wettbewerber, sondern die eigenen kaufen bzw. beauftragen würde. Meist kommt man dabei auf die stimulierenden und schöpferischen Ideen, die in den letzten Jahren im Hinblick auf neue Initiativen oder Marketingkampagnen angedacht wurden, kommt auf neue Produkte, Dienstleistungen oder Märkte. Vier ungestörte Stunden des Nachdenkens und Schreibens eines Businessplanes können mehr neue Wege eröffnen, Geld zu verdienen und den Umsatz zu erhöhen, als vier Jahre rastloser operativer Hast.

Das Wichtigste am Anfang ist, etwas zu Papier zu bringen. Zu Beginn geht es nicht um Perfektion, sondern darum das Nachdenken anzuregen und sich intensiv auf sein Geschäft einzulassen, damit man es effektiver mit anderen besprechen kann.

Sobald man einen ersten Plan hat, ist es an der Zeit, ihn an Mitarbeiter zu verteilen und um Feedback und Input zu bitten: was fehlt, was muss wieder herausgenommen werden, was ist zu ändern, was gefällt ihnen besonders, was nicht, was ist logisch und nachvollziehbar und was nicht? Nach den notwendigen Änderungen verteilt man den Plan wieder. Mitarbeiter, die die Chance haben, an einem Businessplan mitzuarbeiten, erfahren ihr Unternehmen oder Institut, sich selbst und ihre Aufgaben in ganz anderer Weise als jene, die in ihrem Unternehmen oder ihrer Organisation nie diese Möglichkeit bekommen.

20.2 Wozu benötigt man einen Businessplan?

Das Schreiben eines Businessplans hilft, alle Szenarien zu durchdenken, denen das Unternehmen im gegenwärtigen und nächsten Geschäftszyklus gegenüberstehen wird. Man stellt Fragen wie:

- Wie ist hoch das Risiko, einen oder mehrere Hauptkunden zu verlieren?
- Kann eines der Marktsegmente einen konjunkturellen oder strukturellen Abschwung erleiden?
- Welche Chancen könnten wir verpassen?
- Welche Prozesse lassen sich optimieren?
- Welche Wachstumspotenziale gibt es und wie müssen diese strategisch angegangen werden?

Der bloße Akt des Schreiben verschafft unglaublich viel Klarheit und Fähigkeit mit anderen das Unternehmen zu besprechen. Konsistenz und Präzision schaffen Aufmerksamkeit, fesseln alle Beteiligten und bilden die Grundlage einer knappen und doch präzisen Kommunikation über die Kernelemente des Unternehmens.

Das Schreiben eines Businessplans benötigt Zeit, Gedanken und Energie, erfordert Fokus und Engagement. Oft ist es erforderlich, sich mit Dingen zu beschäftigen, mit denen man sich nicht auseinander setzen will, einer Realität gegenüber zu stehen, der man nicht gegenüberstehen will, und Lösungen auf Probleme finden zu müssen, für die man keine Antworten hat.

20.3 Elemente des Businessplans

Businesspläne enthalten große Mengen relevanter Fakten aus einer Vielzahl von Quellen. Diese Fakten müssen konsistent, nachvollziehbar und realistisch dargestellt werden. Widersprüche oder Ungereimtheiten wecken beim Leser Zweifel am gesamten Businessplan. Probleme und Risiken, die mit dem Geschäft verbunden sind, sollten nicht verschwiegen, sondern korrekt beschrieben werden. Darauf aufbauend werden mögliche Lösungswege und Alternativpläne etwickelt. Wie erwähnt, dienen Businesspläne je nach Situation unterschiedlichen Zwecken, und man sollte sie auf die Bedürfnisse und die Interessen des Zielpublikums durch Betonen oder Einbezug besonderer Kapitel zuschneiden. Businesspläne enthalten also einige spezifische Elemente sowie gewisse fast immer vorkommende Teilabschnitte. Zu diesen gehören eine allgemeine Beschreibung der Firma und ihrer Produkte oder Dienstleistungen, eine Zusammenfassung, die Darstellung der Führungsstruktur und Führungspersonen, Vertriebs- und Marketingpläne, finanzielle Planung und Produktionspläne. Sie beschreiben die allgemeine Ausrichtung der Firma im Sinne der zugrunde liegenden Philosophie, Vorsätze und Ziele. Businesspläne erklären spezifische Schritte und Handlungen wie auch Grundprinzipien, das heißt also nicht nur, wie eine Firma ihre strategischen Ziele erreichen wird, sondern auch, warum spezifische Entscheidungen getroffen worden sind und wie man auf Probleme reagieren wird. Im Prinzip sind Businesspläne nichts anderes als ein Satz von Managemententscheidungen, der zeigt, wie die Firma entlang einer gewählten Handlungslinie geführt wird und mit welchen Rechtfertigungen die Entscheidungen unterlegt sind.

Die folgenden Kapitel gehören zu nahezu jedem Businessplan:

- Executive Summary: Diese enthält auf einer, in manchen Fällen zwei bis fünf Seiten eine Zusammenfassung des gesamten Businessplans. Sie ist ein sehr wichtiger Teil des Plans, soll die Aufmerksamkeit der Leser wecken und Interesse an der Firma schaffen. Sie enthält gewöhnlich den Leitspruch der Firma (das so genannte *Mission Statement*) und fasst Wettbewerbsvorteile, heutige und künftig geplante Umsätze und Gewinne, Schlüsselkunden, Marktsegmente, die Zeitplanung, wann und wie benötigte Finanzmittel an Kreditgeber oder

Kapitalanleger zurückfließen, und den Finanzbedarf zusammen – und das alles am besten auf einer Seite.

» *Mangers don't turn pages* «

Tilman Schwinn
(Geschäftsführer Schunk GmbH, Wien)

- Beschreibung des Geschäfts (*description of business*). Die Beschreibung des Geschäfts enthält nicht nur das Profil der Firma, sondern auch ein Abbild der Industrie, in der und für die die Firma tätig wird. Jedes Unternehmen handelt innerhalb eines spezifischen Kontextes, der sein Wachstumspotenzial prägt. Die Beschreibung des Handlungsumfeldes der Firma sollte auch neue Produkte und Entwicklungen in der Industrie, Trends und Aussichten für diese Industrie und gesamtwirtschaftliche Tendenzen enthalten. Das Firmenprofil dient dazu, Alleinstellungsmerkmale zu demonstrieren, die der Firma starke Vorteile im Wettbewerb verschaffen. Eine kurze Firmengeschichte oder Vorgeschichte zeigt, wie spezifische Produkte und Dienstleistungen entwickelt wurden. Ebenso sollten gegebenenfalls Beschreibungen relevanter Verträge und Patente, aber auch gesetzlicher Vorschriften enthalten sein (eventuell auch im Anhang zum Businessplan). Bei einem Hightech-Unternehmen dürfen selbstverständlich auch Details über Forschung und Entwicklung, Produktentwicklung und Produktion nicht fehlen.
- Wettbewerbsanalyse
- Vertriebs- und Marketingstrategien
- Beschreibung der Produkte und Dienstleistungen und warum Kunden sie kaufen sollten.
- Eine detaillierte Beschreibung der organisatorischen Struktur und der Schlüsselpersonen sowie deren kurz- und langfristiger Ziele.
- Umsetzungszeitplan. Dieser Abschnitt enthält die wesentlichen Fakten und Informationen zu Forschung und Entwicklung, Finanzierung, Marketing, Vertrieb und Produktion. Er zeigt an, wann bestimmte Finanzierungen benötigt werden, wann bestimmte Phasen der Produkteinführung oder einer Marketingkampagne stattfinden, die Auslieferungstermine für die Produktion etc. Er enthält die finanzielle Vorgeschichte und Vorhersagen zukünftiger Ergebnisse mit einer Cash-Flow Analyse (siehe Erfolgstipp Nr. 8 auf Seite 173).
- *Contingency Plans*. Dieser Abschnitt definiert Probleme und Herausforderungen, die auf die Firma möglicherweise zukommen, und beschreibt Planungsalternativen zur Überwindung dieser Hindernisse. Beispiele für spezifische Aspekte, die hier behandelt werden, sind Antwortmaßnahmen der Wettbewerber, Bereiche, die schwach oder verletzlich sind, gesetzliche Einschränkungen, Personalangelegenheiten, Recruiting und Kontinuität der Führung.
- Weitere Details: Die meisten Businesspläne enthalten ein Inhaltsverzeichnis

und ein Deckblatt mit grundlegenden Informationen über die Firma. Ein Anhang enthält meist eine Dokumentation, die verschiedene Abschnitte des Businessplans unterstützt. Dazu gehören Erläuterungen des Hauptplans, Biografien, Schaubilder und Diagramme, Kopien von Verträgen, sofern sie nicht der Geheimhaltung unterliegen und Quellenhinweise.

20.4 Businesspläne für verschiedene Adressaten

Zwar sind einige Elemente von Businessplänen für alle Anwendungen gleich, im Prinzip werden sie jedoch auf die spezifische Anwendung und die Nutzer zugeschnitten und betonen Hauptaspekte, die das adressierte Publikum besonders interessieren. Wenn zum Beispiel ein Unternehmen plant, ein Darlehen für den laufenden Betrieb zu erhalten, wird es die Informationsbedarfe potenzieller Kreditgeber ansprechen.

Businesspläne werden oft geschrieben, um zusätzliche Finanzierung in Gestalt von Eigenkapital für Neugründungen (*Start-Ups*) oder das Wachstum bestehender Firmen zu erhalten. Potenzielle Finanziers von Eigenkapitalfinanzierungen sind gewöhnlich am Minimieren ihrer Risiken und Maximieren der Rückflüsse aus ihrer Investition interessiert, weshalb diese Leserschaft ein starkes Finanzkapitel und eine angemessene Dokumentation voraussichtlicher Einkünfte und Kosten erwartet. Dabei interessieren heute meist

- der Cashflow der Firma (Tabellen mit Finanzprojektion von bis zu zehn Jahren)
- die Details über das Marktumfeld und das Gewinnpotenzial
- die Gründe für eine Kapitalaufnahme
- die Managementkompetenz der kaufmännischen Leitung der Firma
- die Vermögenswerte, die Kredite absichern
- die Bilanzen
- die Eigentümerstruktur der Firma.

Früher war die geplante Renditeerwartung (*Return on Invest*) eine wesentliche Aussage des Businessplans. Heute arbeiten Investoren meisten mit Cash-Flow Analysen und verwenden dabei eigene Annahmen für Anlagehorizont, Restwert und gewichteten Zinssatz (siehe Erfolgstipp Nr. 8 auf Seite 173), die die Verfasser des Plans nicht kennen. Dennoch ist es unabdingbar, aktuell üblicherweise verwendete Werte für diese Variablen zu ermitteln und für sich selbst die Rechnung mit diesen Parametern durchzuführen, um zu sehen, wie rentabel eine Investition in das Geschäft ist.

Anleger wollen meist potenzielle so genannte Exit-Strategien erfahren, also ob das Management einen Börsengang, einen Verkauf des Unternehmens oder einen anderen Weg anstrebt, der eine angemessene Verzinsung des investierten Kapitals ermöglicht.

Potenzielle Käufer interessieren sich meistens besonders für

- das Geschäftsmodell
- die langfristige Lebensfähigkeit der Firma
- ihre strategische Position innerhalb des Marktes und des Wettbewerbs
- den weiteren Verbleib des bisher erfolgreichen Managements.

Sie suchen nach Stärken und Schwächen in den Kernbereichen der Firma und ihrer Leitung. Businesspläne, die für dieses Publikum geschrieben werden, betonen die Stärken der Firma und behandeln Strategien, um Schwächen, Herausforderungen und andere mögliche Entwicklungen zu bewältigen.

Anleger, Kreditgeber oder Käufer interessieren sich in der Regel alle für die Fähigkeit der Firma, Gewinn und Marktanteil zu verbessern, Wettbewerbsvorteile und Potenziale der Firma sowie Chancen in verwandten Märkten zu nutzen, technische und Managementkompetenzen des Führungsteams und die finanzielle Kapazität der Firma.

Businesspläne, die für eine Firmenumstrukturierung geschrieben werden, sind auf verschiedene Leser zugeschnitten, das eigene Management, externe Gläubiger oder neue Eigentümer. Solche Pläne zeigen notwendige Umgestaltungen der Firma oder Organisation, um effektiver, effizienter oder profitabler zu werden oder die Kapazität zu erhöhen. Sie enthalten deshalb Leistungskennzahlen, mit denen die jetzige und künftige Leistungsfähigkeit gemessen und verglichen werden können. Die Leserschaft für diese Art Businessplan interessiert sich für Dinge wie das Timing und die Reihenfolge der Änderungen sowie deren organisatorische und finanzielle Auswirkungen. Der Businessplan benennt Details der neuen funktionalen Organisation, wichtige Personen und ihre Verantwortungsbereiche und finanzielle Ziele sowie Übergangspläne.

Businesspläne, die hauptsächlich für den internen Gebrauch innerhalb der Firma oder Organisation bestimmt sind, betonen meist die Vorteile, die aus einer Umsetzung des Plans resultieren, wie z. B.

- verbesserte und verlässlichere Leistung
- verbesserte Koordination und Kooperation verschiedener Bereiche der Firma, größere Fähigkeit, die Leistung zu messen,
- größere Entscheidungsfreiheit der Mitarbeiter
- qualifiziertere und motiviertere Mitarbeiter

Sie beschreiben nachhaltige und dauerhafte Verbesserungen des Unternehmens, identifizieren Stärken und Schwächen, potenzielle Probleme und neu auftauchende Herausforderungen. Sie legen verbindlich Leistungsstandards fest und beschreiben deutlich die Ziele einer verbesserten Koordination und Kommunikation zwischen allen Firmenbereichen.

20.5 Literaturempfehlungen

Klandt, H., *Gründungsmanagement: Der integrierte Unternehmensplan: Business Plan als zentrales Instrument für die Gründungsplanung*. 2006: Oldenbourg Wissenschaftsverlag.

Singler, A., *Der Businessplan*. 2006: Haufe Verlag

21 PR und Kommunikation

21.1 Einführung

Das Schönste an der Pressearbeit ist, dass sie mit relativ geringen Kosten verbunden ist. Man benötigt Geduld, Energie und Fantasie – alles Eigenschaften, die einen guten Forscher auszeichnen.

Forschung und Technologie schaffen zunächst immaterielle Werte wie Wissen, Know-how und Patente. Verschiedene Technologieangebote und Know-how-Träger sind in Bezug auf ihren spezifischen Kundennutzen und ihre Qualität kaum messbar und schwer vergleichbar.

Öffentlichkeitsarbeit vermittelt glaubwürdige Botschaften und bestätigt diese durch mediale Präsenz gegenüber Mitarbeitern, Bewerbern, Kunden, Lieferanten und Investoren. Start-Up Unternehmen und die meisten Forschungsinstitute können zwar nicht mit den Marketingbudgets großer Konzerne mithalten. Sie können diesen Nachteil aber durch ihre Innovationskraft, ihre Nähe zum Markt, durch kurze Entscheidungswege und den persönlichen Kontakt des Managements zu den Medien oft mehr als ausgleichen. Die professionelle Kommunikation ist ein zentrales Element der Führungsaufgabe. Dazu gehört auch die Krisenprävention, um so mehr als viele Forschungsprojekte neue, gesellschaftlich noch wenig bekannte oder politisch besonders umstrittene Gebiete berühren, und viele Labors mit gefährlichen Substanzen oder mit neuen Methoden arbeiten, die neue, noch unbeantwortete Sicherheitsfragen aufwerfen. Jede Organisation kann also selbst bei größter Vorsicht mit kritischen Nachrichten in die Schlagzeilen kommen: wegen vermeintlicher Geldvergeudung bei Förderprojekten, durch Angriffe von Technologiekritikern, durch einen die Umwelt vergiftenden Unfall oder gar durch die Straftat eines Mitarbeiters. Ein wesentliches Element der Krisenprävention ist daher die Entwicklung von Krisenszenarien und geeigneten Reaktionsplänen. Dazu gehört auch, dass die Teammitglieder und Partner sich der Krisenplanung und der festgelegten Zuständigkeiten und Abläufe bewusst sind. Gute und kontinuierlich gepflegte Kontakte zu den Medien und ein positives Unternehmensimage begrenzen im Krisenfall zunächst die Heftigkeit der Kritik und geben dem Management die Zeit, die vorbereiteten Krisenreaktionspläne umzusetzen. Die aktive Mitwirkung an der Aufklärung und Lösung von Krisenfällen hat dabei oberste Priorität. Wer versucht, sich zu rechtfertigen, wer die Medien angreift oder wer nicht aktiv zur Aufklärung von Straftaten beiträgt, darf sich nicht wundern, wenn die Krise ihn überrollt. Im Extremfall ist sowohl die wissenschaftliche Glaubwürdigkeit wie auch die wirtschaftliche Existenz gefährdet.

Durch systematische Abstimmung mit anderen Maßnahmen wie Bewerbungen bei Forschungspreisen und Auszeichnungen, Networking und Werbung lassen sich die Effekte der einzelnen Kommunikationswege verstärken.

Es kostet vergleichsweise wenig, wenn die Presse über einen berichtet und sich dadurch das Firmenimage verbessert, die Mitarbeitermotivation und die Attraktivität der Organisation für Kunden, Finanziers und Führungskräfte steigt. Diese Ziele erreicht man aber nicht durch eine besonders teuer gestaltete Pressemappe oder Imagebroschüre, auch nicht durch einen hoch bezahlten Pressesprecher oder die teuerste PR-Agentur. Das Geheimnis besteht zunächst darin zu lernen, wie ein Redakteur zu denken und die für die eigene Organisation wichtigsten Medien zu kennen.

Wer die eigene Arbeit mit den Augen eines Journalisten betrachtet, kennt den Unterschied zwischen Nachrichten und Inhalten, die dem Leser einen echten Mehrwert bieten, und aufgeblasenen Texten oder inhaltsleerer Werbung. Er kann den springenden Punkt einer Story herausarbeiten, der für die Öffentlichkeit von Interesse ist, und diesen springenden Punkt auf eine professionelle und höfliche Weise vermitteln. Pressemitteilungen, die vor Übertreibungen, Eigensinn oder Überheblichkeit strotzen, wandern sofort in den Papierkorb oder werden von den Redakteuren als abschreckendes Beispiel in Fortbildungen für angehende PR-Manager vorgeführt.

Es ist allerdings nicht einfach: Wer den ganzen Tag viele Stunden damit beschäftigt ist, intensiv über die eigene Technologie, das eigene Institut, die eigene Firma, die eigene Strategie, die eigenen Kunden nachzudenken, verliert leicht den Blick dafür, dass fast der gesamte Rest der Welt all dies zunächst recht uninteressant findet.

Umso wichtiger ist es, das Nachrichten- und Meinungsspektrum und die Erwartungen der Zielgruppen und Zielmedien zu kennen. Das erfordert mitunter professionelle Unterstützung, um alle Themen, die für die Öffentlichkeit interessant sein könnten, zu erkennen, in geeigneter Weise aufzubereiten und den richtigen Medien anzubieten – als Pressemitteilung, als Fachartikel oder bei einem Redaktionsbesuch. Das Spektrum der Themen kann bei einer Forschungseinrichtung vom voraussichtlichen Marktpotenzial einer Produktentwicklung über Fragen der Forschungsethik bis hin zu streng wissenschaftlichen Fragestellungen reichen. Selbst innovative Wege der Mitarbeiterqualifizierung erreichen über die entsprechende Fachzeitschrift das Management potenzieller Auftraggeber.

Pressearbeit ist eine Dienstleistung für Journalisten. Ist ein Thema gefunden und ggf. schon mit einem Redakteur abgestimmt, gilt es möglichst effektiv und schnell einen gut recherchierten und geschriebenen Text zu liefern, der den Anforderungen des Mediums entspricht. Reakteure erhalten pro Tag oft weit über Hundert Pressemitteilungen und Einladungen. Fehlt der Nachrichtenwert oder der Bezug zu Themen der aktuellen Meinungsbildung, landet der Text im Papierkorb, gerade auch dann, wenn die Überschrift nur Gemeinplätze enthält und Wichtiges erst nach zwei Absätzen erwähnt wird.

Gründliches Nachdenken über das eigene Publikum ist essenziell. Wird jemand die Geschichte interessant finden? Nehmen wir als Beispiel an, jemand hat soeben mit viel Aufwand und Sorgfalt einen neuen Online-Shop eröffnet. Inzwischen passiert das weltweit vermutlich mehrmals pro Tag. Die Tatsache allein dürfte also kaum noch ein Medium interessieren. Man muss also etwas Besonderes mitteilen, z. B. sehr kurze Reaktionszeiten, die Einzigartigkeit des Angebots oder des Services, oder etwas wirklich Ungewöhnliches. Klischees wie »Kunden sparen Geld« oder »hohe Service- und Kundenorientierung« bringen dagegen nichts.

Themen, die für die Öffentlichkeit interessant sind, finden sich immer wieder. Wenn man den Eindruck hat, dass im eigenen Unternehmen, im Labor oder Institut nichts Bedeutsames passiert, ist es nicht nur aus Gründen der Öffentlichkeitsarbeit an der Zeit, etwas zu ändern.

21.2 Kommunikationsstrategie

Öffentlichkeitsarbeit ist nicht dazu da, den Selbstdarstellungsdrang der Protagonisten zu fördern. Durch fundierte wertvolle Informationen entsteht Vertrauen, egal ob bei Kunden, Mitarbeitern, Medien oder Behörden.

Eine wichtige Aufgabe der Öffentlichkeitsarbeit ist die Vorbereitung von Aufträgen. Die Marketingforschung zeigt, dass durchschnittlich acht Kontakte nötig sind, bis ein Kunde sich entschließt, ein Produkt zu probieren und zu kaufen. Im Wettbewerb um Aufmerksamkeit entsteht deshalb leicht ein Informationsüberschuss, weil alle versuchen, die Aufmerksamkeit der Ansprechpartner und Kunden wirkungsvoll zu erreichen. Wird man in den richtigen Medien wahrgenommen, erleichtert deren Autorität die Kundenakquise und die Vernetzung.

In der heutigen Forschungs- und Technologiewelt sind Partner für jede Art von Karriere und jede Art von Organisation unverzichtbar. Wer seinen Namen schon in der Tageszeitung lesen konnte, weiß, wie sehr die Bekanntheit hilft, Partner für sein Netzwerk zu finden. Wer öfter in Zeitungen und Fachzeitschriften erwähnt wird, kann sich seine Partner sehr gezielt auswählen.

Zur Sichtbarkeit gehören notwendig auch die Wiedererkennbarkeit und die Möglichkeit der Identifikation mit dem Unternehmen und seinen Werten. Eine ausgeprägte Corporate Identity erschöpft sich deshalb nicht in optischen Merkmalen wie einer einheitlichen Geschäftsausstattung. Zur Identität tragen neben der Persönlichkeit des Forschungsleiters wesentlich die Motivation und das Verhalten der Mitarbeiter bei. Wer die besten Einsteiger, Experten und Führungskräfte für sein Team gewinnen möchte, muss die Werte überzeugend repräsentieren, die den Kern der Unternehmensidentität ausmachen.

Wie in jedem anderen Handlungsfeld sollte man sich auch hier konkrete und messbare strategische Ziele setzen: Welche konkreten Meilensteine und Erfolge sind für die nächsten zwölf Monate geplant? Wie kann die Presse- und Öffentlichkeitsarbeit diese Ziele unterstützen?

21.3 Business Evangelism

Aus Amerika kommt ein Trend, bei dem Manager in der nicht neuen, aber erstmals mit Namen versehenen Rolle von *Corporate Evangelists* auftreten. Das Ziel ist die Bildung einer Gemeinschaft von Kunden, die den Produkten und Dienstleistungen der Firma mit Leidenschaft begegnet. Leidenschaft ist ansteckend und wird, wenn sie geordnet und kontrolliert bleibt, zu vermehrtem Umsatz und langfristigem Erfolg führen. Zum *Business Evangelism* gehören drei Ansätze:

- Anfeuern der Kunden, heißt, seine eigene individuelle Leidenschaft weiter zu tragen und Botschaften oder Anliegen zu kreieren, die andere dazu bringen, für seine Organisation, für das Labor oder die Firma Partei zu ergreifen. Events sind dafür ideale Transportmittel. Steve Jobs von Apple ist gegenwärtig der wohl bekannteste und überzeugendste Vertreter.
- Seiner Gemeinschaft (oder sollte es »Gemeinde« heißen?) zuzuhören und ihr Raum für den Kontakt mit anderen aus der Gemeinschaft zu geben, bedeutet, die Kunden als Interessengemeinschaft mit einer mächtigen Stimme ernst zu nehmen. Wenn die eigene Technologie und Forschung, das eigene Produkt oder die eigene Dienstleistung den Kunden gefällt, werden diese mit Sicherheit mit anderen über ihre Erfahrungen reden oder darüber schreiben. Organisationen fördern die Teilhabe und den Austausch beispielsweise durch Community Space auf der Webspräsenz, laden dazu ein, Ideen auszutauschen oder Kommentare abzugeben.

- Jeder Mitarbeiter hat die Kraft, gute Nachrichten zu verbreiten. Es kommt darauf an, alle auf eine gemeinsame, motivierende Nachricht einzuschwören. Ein *Positioning Statement*, ein Textabsatz, 30 Sekunden oder weniger lang, vermittelt die Aussage, das Hauptanliegen oder die Botschaft. An alle Mitarbeiter kommuniziert, sorgt es dafür, dass sie die Mission ihrer Firma verstehen und ihre Bedeutung den Kunden vermitteln.

21.4 Das Kommunikations-Dreieck

Die Kommunikation einer Firma oder eines Instituts bewegt sich zwischen drei verschiedenen gleichwertigen Polen, von denen man keinen zugunsten der anderen vernachlässigen sollte (siehe Abbildung 21.1).

- Gute Kommunikation beruht immer auf Fakten. Die Forschung und die Technologie müssen dargestellt werden. Der eigene Vorsprung im Wettbewerb muss dargelegt und überzeugend begründet und die Einzigartigkeit des eigenen Ansatzes und des eigenen Teams dokumentiert werden.
- Gute Kommunikation beruht immer auf Dialog – selbst wenn Aussendungen, Vorträge, Artikel, Broschüren und Webseiten nicht in der Form eines Dialogs gehalten sind, inhaltlich müssen sie den gelebten Dialog mit dem Gegenüber ausdrücken. Sie beruhen auf der tiefen Auseinandersetzung mit den Bedürfnissen der Kunden, dem *Business-Case*, den Anliegen der Öffentlichkeit, den Markterfordernissen.
- Gute Kommunikation erzeugt eine Gemeinschaft, mit der sich Finanziers, Mitarbeiter, Unterstützer und Kunden identifizieren können.

21.5 Umsetzung der PR-Planung

Wie immer in der Projektarbeit beginnt man mit einer Zielbestimmung. Welche Medien und Publikationen sind für die Zielerreichung wichtig? Wäre es möglich und sinnvoll, einen ersten Exklusivbericht in einer namhaften Zeitschrift unterzubringen, um durch diesen »Anker« weitere Medien für die positive Berichterstattung zu gewinnen?

Auf jeden Fall benötigt man eine Liste aller relevanten Veröffentlichungen im Zielbereich. Dies sind wahrscheinlich Fachzeitschriften, manchmal aber auch Wirtschaftsjournale, Tageszeitungen, Venture-Capital Zeitschriften, Mittelstandszeitschriften oder Lokalzeitungen, Lokalsender oder die Redaktionen von Forschungssendungen.

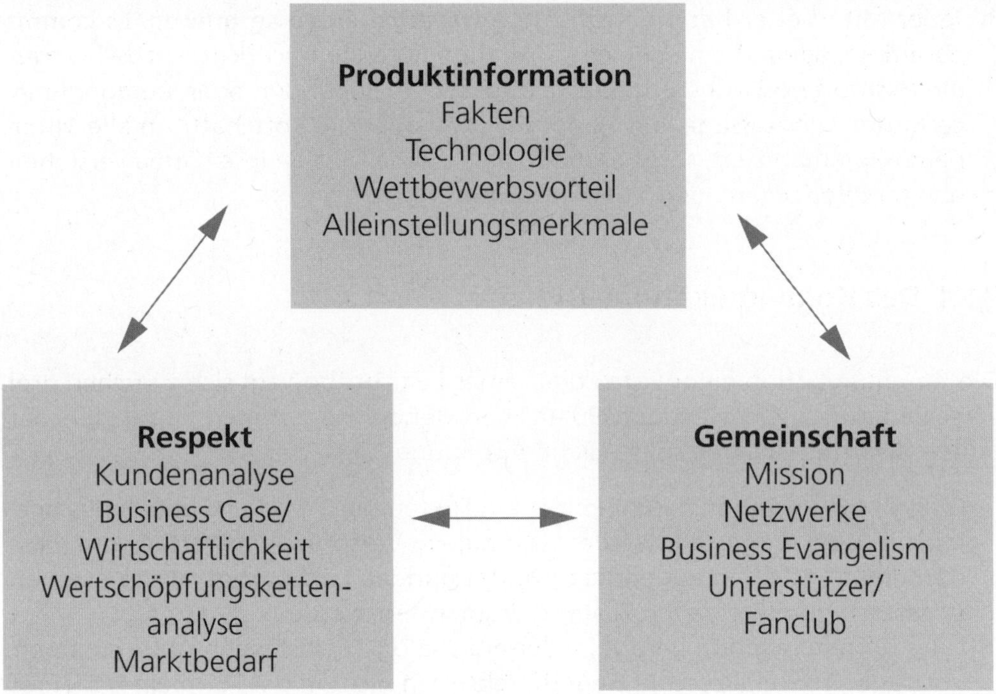

Abbildung 21.1: Das Kommunikations-Dreieck

Vom ersten Tag an, am besten lange vor der Gründung einer Firma oder der Leitung eines eigenen Lehrstuhls, entwickelt und pflegt man eine Datenbank mit Presse- und Medienkontakten. Ein Stand auf der Messe, eine Fachkonferenz, ein Investmentforum – es gibt viele Gelegenheiten, Visitenkarten und Kontaktdaten von Journalisten und Redakteuren zu sammeln und im Gegenzug seine eigenen weiterzugeben.

Die Liste enthält Kontaktinformationen von Medien und Journalisten, die die eigene Branche betreffen, und ist danach sortiert, wie wertvoll das einzelne Medium für das Erreichen des Zielpublikums ist.

Es gibt kommerzielle Online-Angebote von Nachrichtenagenturen, in die man gegen Gebühr Mitteilungen für ausgewählte Redaktionen einstellen kann, und kostenlose, die aber meist von den professionellen Journalisten weniger beachtet werden.

Aus der Liste der Medien und Zeitschriften wählt man diejenigen aus, in die die Nachrichten oder Ankündigungen am besten passen würden, und versucht herauszufinden, wer der Fachredakteur oder -reporter für die gewünschte Rubrik ist. Manchmal ist dies ein Wissenschaftsredakteur, ein Wirtschaftsreporter, ein Lokalreporter oder der Redaktionsleiter. Man schickt seine Presseerklärung nicht an irgendwen und jeden, sondern nur an die Richtigen. Die gewünschten Ansprechpartner fühlen sich nicht ernst genommen, wenn sie merken, dass die Information an die gesamte Redaktion ging.

Dabei sollte man darauf achten, nur seriöse Journalisten und Medien anzusprechen. Es gibt betrügerische Firmen, die sich darauf spezialisiert haben, Magazine, Fernsehbeiträge oder Branchenverzeichnisse herzustellen, die das Publikum nie erreichen. Dennoch sind offenbar genügend Unternehmen bereit, für eine Veröffentlichung in diesen Medien zum Beispiel Druckkosten- oder Produktionskostenzuschüsse zu bezahlen.

Wie findet man geeignete Themen? Sehr hilfreich ist die Suche nach Artikeln über oder von anderen Forschern oder Forschungseinrichtungen. Sie sind mal mit kleinen, mal mit großen Geschichten in den Medien vertreten. Man erfährt sehr schnell, mit welchen Botschaften sie an die Medien herangetreten sind und welche Bezüge zu aktuellen Themen und Diskussionen in der Fachwelt und in der breiten Öffentlichkeit geholfen haben, ihr Thema und ihr Anliegen in den Medien zu platzieren.

Für eine kontinuierliche Präsenz in den Medien sollte man sich aber nicht allein auf Pressemitteilungen verlassen. Ohne Kontaktpflege zu den Medien sind Pressemitteilungen ein wirkungsloses Instrument. Viele Themen wie zum Beispiel das Erreichen eines wichtigen Meilensteins eignen sich auch für ein Hintergrundgespräch oder ein Round-table-Gespräch mit Fachjournalisten. Themen, die im Kundenmarketing eine wichtige Rolle spielen, sind häufig auch für die Pressearbeit interessant. Es gibt immer auch die Möglichkeit, sich aktiv an aktuellen Diskussionen in den Medien zu beteiligen. Journalisten brauchen die Fachkompetenz des Wissenschaftlers, sind aber auch an Meinungsverschiedenheiten und offenen Konflikten interessiert. Streit verkauft sich besser als Harmonie. Geeignet für einen ersten eigenen Beitrag sind deshalb aktuelle Themen aus Forschung und Entwicklung, sofern sie politisch nicht belastet sind.

Wer sich zu umstrittenen Themen äußern möchte, sollte sich sehr sicher fühlen in der Thematik, nur in Extremfällen Fehlentwicklungen im eigenen Fachbereich öffentlich kritisieren und, wenn sich die öffentliche Stellungnahme nicht vermeiden lässt, die Kritik in einen konstruktiven Lösungsansatz verpacken. Grundsätzlich tabu ist die persönliche Kritik an Kollegen oder Konkurrenten. Sie fällt über kurz oder lang immer auf einen selbst zurück.

Mehr zum Schreiben und Versenden einer Pressemitteilung und zum Inhalt einer Pressemappe findet sich im folgenden Erfolgstipp. Wichtig ist, die Geschichte aus der Perspektive eines Journalisten zu entwickeln, der seine Leser im Blick hat, nicht aus der Perspektive des Forschers oder des Firmengründers, der in seiner täglichen Arbeit zumeist andere Personenkreise adressiert.

Texte, Grafiken und Fotomaterial, die man für die Pressearbeit vorbereitet hat, sollten immer mehrfach verwertet werden. Man kann sie gegebenenfalls als Hand-out an Kunden und Fördergeber verteilen, in Broschüren verwenden oder auf der eigenen Webpräsenz zum Download anbieten. Dasselbe gilt für bereits von einem Medium veröffentlichte Texte, allerdings sollte man immer das Urheberrecht beachten. Die Veröffentlichung eines Medienartikels auf der eigenen Webpräsenz in der Rubrik »Unser Unternehmen in den Medien« wird dann meist von den Verlagen erlaubt. Viele Fachverlage bieten auch hochwertige, kostenpflichtige Reprints eines Artikels an, die man zum Beispiel auf einem Messestand oder im Eingangsbereich der Firma auslegen kann.

Die gesamte Pressemappe, aktuelle Pressemitteilunen und Reprints sollten immer in ausreichender Zahl im Institut, in der Firma und bei Veranstaltungen bereitliegen.

Mit Pressemitteilungen und einer Pressemappe sollte man sich nicht zufrieden geben. Beziehungen zu Redakteuren und freien Journalisten wollen gepflegt werden. Je umfangreicher und werthaltiger die Beziehungen, die man zu den gewünschten Medien pflegt, desto höher die Wahrscheinlichkeit, von den Journalisten angesprochen zu werden, wenn sie Informationen benötigen, und desto höher die Aussicht auf eine Erwähnung in der Berichterstattung, vor allem auch dann, wenn man Durchbrüche in der Forschungsarbeit mitzuteilen hat.

21.6 Themenvorschau der Zeitschriften

Es lohnt sich, den Redakteur mit einer Idee für eine Story rechtzeitig zu kontaktieren, am besten drei bis vier Monate im Voraus.

Wer rechtzeitig informiert ist über Themen, die das eigene Forschungsgebiet betreffen, kann dem Redakteur einen eigenen Beitrag über ein mit ihm abgestimmtes Thema anbieten. Der Redaktionskalender einer Zeitschrift nennt die geplanten redaktionellen Themen für jede Ausgabe und erscheint halbjährlich oder jährlich meist in Verbindung mit den so genannten Mediadaten, also allen Informationen wie Reichweite, Leserprofil oder Anzeigenformate und –preise, die der Werbetreibende benötigt, um sein Anzeigenbudget optimal einzusetzen. Die wenigsten Medien halten sich jedoch strikt an den einmal veröffentlichten Redaktionsplan, denn auch monatlich erscheinende Magazine müssen flexibel auf aktuelle Entwicklungen reagieren können. Deshalb sollte man von Zeit zu Zeit mit der Redaktion sprechen. Die Anzeigenabteilung stellt gerne auch kostenlose Ansichtsexemplare zur Verfügung. Zusammen mit den Autorenhinweisen, die der Redakteur bereit hält, kann, wer ein gewisses Schreibtalent mitbringt, sehr schnell ein Gefühl für den Schreibstil des Magazins entwickeln.

Fachbeiträge oder Fachartikel sind ein hervorragender Weg, Sichtbarkeit zu gewinnen und sich als kompetenter Experte zu positionieren. Das Studium von Magazinen, Tageszeitungen, von Webseiten und Kennziffernzeitschriften zeigt schnell Zugangsmöglichkeiten, wobei man nicht vergessen darf, mit einer Veröffentlichung immer auch die eigenen persönlichen und geschäftlichen Ziele zu verfolgen und darauf zu achten, dass der Artikel die eigenen Kernbotschaften enthält. Kennziffernzeitschriften sind Fachzeitschriften, in denen nahezu alle Artikel, vor allem aber Produktbeschreibungen, mit einer Kennziffer versehen sind. Mithilfe dieser Kennziffer können per beiliegender Postkarte an den Verlag oder online auf der Verlagswebpräsenz weitere Informationen vom Anbieter angefordert werden. Kennziffernzeitschriften werden nicht am Kiosk verkauft, sondern zugestellt. Die Verlage werben damit, dass die Adressen von Lesern, die das System längere Zeit nicht nutzen, aus der Datenbank entfernt werden, so dass man mit Artikeln und Anzeigen sehr geringe Streuverluste hat.

Besonders attraktiv für viele Medien sind Fallstudien, weil sie dem Leser, der oft vergleichbare Fragestellungen hat, greifbare reale Lösungsbeispiele liefern. Zugleich transportieren die Artikel die Vorteile einer Technologie, eines Produktes oder einer Dienstleistung. Die Herausforderung bei Fallstudien liegt allerdings darin, dass sie die aktive Mitwirkung des Kunden erfordern, dessen Zustimmung in jedem Fall eingeholt werden muss. Zu Beginn einer Kundenbeziehung ist die Bereitschaft dazu meist relativ hoch, weshalb man eine Fallstudie schon in dieser Phase ansprechen sollte.

Angebote für Vorträge stellen einen weiteren Zugang zu mehr Sichtbarkeit dar. Beim Planen der PR-Tätigkeiten für das Jahr stößt man auch auf Expertentagungen, Messen, Foren und Workshops, bei denen man sich als Redner, Experte, Teilnehmer an einer Podiumsdiskussion oder als Keynote-Speaker zu Wort melden kann. Der Wert solchen Engagements kann beträchtlich sein, insbesondere für ein neues Thema oder ein wachsendes Geschäft. Es erfordert vorausschauende Planung, weil die meisten Vortragsgelegenheiten viele Monate im Voraus festgelegt werden.

Blogs und Web 2.0 Portale sind in kürzester Zeit als Kommunikationenwerkzeuge populär geworden, weil sie einen Dialog mit einem motivierten Publikum ermöglichen. Wer seine Öffentlichkeitsarbeit konzipiert, sollte Blogs kennen lernen, die sich auf die eigene Branche, Technologie oder Industrie beziehen, und die Stile und die Persönlichkeiten der Autoren studieren. Eine Präsenz in der so genannten Blogosphäre kann die eigene Person oder Firma als Impulsgeber oder Trendsetter positionieren. Allerdings ist alles Material, das in einem Blog publiziert wird, für ein breites, weltweites Publikum offen zugänglich und kann eine Diskussions einleiten, die nicht immer dem eigenen Standpunkt nützt. Darüber hinaus darf der Zeitaufwand für die aktive Pflege eines Blogs nicht unterschätzt werden. Eine Alternative dazu bieten fachgebietsbezogene Online-Communities für registrierte Mitglieder.

21.7 Messen und Events

Messen sind ein wesentlicher Bestandteil der Marketing- und Networking-Aktivitäten vieler Firmen und Forschungseinrichtungen. Für Kleinbetriebe und junge Unternehmen sind Messen besonders förderlich, weil sie eine Gelegenheit bieten, eine große Anzahl potenzieller Kunden, Kapitalanleger, Branchenanalysten und Journalisten in sehr kurzer Zeit zu erreichen. Das gelingt aber nur, wenn im Vorfeld bereits Gesprächstermine vereinbart wurden.

Viele Verlage haben Stände auf Fachmessen oder legen zumindest Probehefte dort aus. Somit sind Messen ein idealer Ort, um Überblick über die Fachmedien des eigenen Gebiets zu gewinnen und erste Kontakte zu knüpfen.

Messeauftritte müssen in der Regel mindestens sechs Monate im Voraus gebucht werden. Manche Bundesländer und Organisationen bieten Gemeinschaftsstände an, die erheblich preiswerter sind als ein eigener Messestand. Sie bieten auch eine gewisse Infrastruktur und Unterstützung. Der Messeveranstalter stellt Ausstellern meist Hilfsmittel wie Medienlisten, eine Website zum Einstellen von Ausstellernachrichten und die zentrale Verteilung von Pressemitteilungen an die Journalisten zur Verfügung. Diese Dienste nützen besonders kleinen Unternehmen und einzelnen Labors mit begrenzten Ressourcen.

Wer einen Messeauftritt nützt, um ein neues Produkt oder eine Dienstleistung in den Markt einzuführen, sollte schon im Vorfeld Tageszeitungen, Wirtschaftspresse oder Fachmagazine ansprechen, um in die Berichterstattung über die Messe aufgenommen zu werden.

21.8 Markteinführung auf Messen

Messen genießen die maximale Aufmerksamkeit der Medien. Das bedeutet aber auch, dass zu keinem anderem Zeitpunkt der Wettbewerb um Aufmerksamkeit größer ist. Man sollte daher im Vorfeld genau prüfen, ob die eigene Ankündigung den Wettbewerb um mediale Aufmerksamkeit bestehen kann.

Grundsätzlich erfordert eine Markteinführung frühzeitig einen detaillierten Aktionsplan auch im Hinblick auf den Redaktionsschluss von Zeitschriften, also den Termin, bis zu dem redaktionelle Beiträge noch ins Heft aufgenommen werden können. Die Planung und die Vorarbeiten für Pressetexte, Grafiken oder Produktfotos sollten spätestens drei Monate vor der Markteinführung beginnen. Die Terminvorgaben der Messeleitung sollten ebenfalls berücksichtigt werden. Für die Berichterstattung der Medien empfiehlt sich eine Vorab-Präsentation des Produkts, der Dienstleistung oder der Technologie vor ausgewählten Journalisten und Analysten. Eine gut organisierte Produktankündigung ist der Schlüssel, um beachtet zu werden, ein Messestand allein wird in den seltensten Fällen Medienresonanz finden, ist jedoch der perfekte Anlaufpunkt für Journalisten, die keine festen Gesprächstermine vereinbaren wollen.

Manchmal hat die Messeorganisation Rabattverträge mit Nachrichtenagenturen abgeschlossen, die helfen, die Ankündigung weiter zu verbreiten. Eine eigene Website, die schnell und leicht aktualisiert werden kann und Informationen über den Produktstart einschließlich der offiziellen Pressemitteilung, Fotos, Fact Sheets und Kontaktinformationen bereit hält, komplettiert die Markteinführung. Pressekonferenzen sind nur selten das geeignete Instrument für eine Produkteinführung. Die Kosten überwiegen meist den Nutzen. Geeigneter sind Roundtable-Gespräche mit Fachjournalisten, zu denen man ggf. auch die zuständigen Ressortvertreter der Publikumsmedien einladen kann.

21.9 Selbstinszenierung

» *Zum Besten der Menschheit kann niemand beitragen, der nicht aus sich selbst macht, was aus ihm werden kann und soll.* «

Johann Gottfried Herder

Wissenschaftler und Ingenieure entschieden sich für eine Ausbildung und für Berufsbilder, die Fakten und Prinzipien, Konzepte und Logik in den Mittelpunkt stellen. Die Öffentlichkeit, Journalisten, Politiker, Geldgeber und Entscheider interessieren sich dagegen meist weit mehr für Persönlichkeiten, für Charaktere, für Menschen. Deswegen meint jeder, etwas von Einstein zu wissen, auch wenn er nichts von der Allgemeinen Relativitätstheorie verstanden hat. Thomas Alva Edison hat Großes beim Aufbau seiner Forschungsorganisation und einer Weltfirma geleistet. Die Öffentlichkeit sieht ihn nichtsdestotrotz gerne als den zu Lebzeiten verkannten, etwas schrulligen Erfinder von Phonograph und Glühbirne. Beide sind jedoch Figuren der Zeitgeschichte, die so prominent wurden, dass ihr Einfluss auf ihr Bild in der breiten Öffentlichkeit immer geringer wurde. Wesentliche Teile ihres heute noch wirksamen Images wurden erst nach ihrem Tod geprägt.

» *Cäsar eroberte Gallien. Hatte er nicht wenigstens einen Koch bei sich?* «

Bertholt Brecht

Forscher sind meistens wenig oder auf eine unauffällige Art eitel; eigene öffentliche Geltung bedeutet ihnen vergleichsweise wenig. Um die notwendigen Ressourcen für die eigene Unternehmung, für das eigene wissenschaftliche Abenteuer, für die eigenen Forschungsprojekte zu mobilisieren, kommt man meistens dennoch nicht darum herum, sich selbst als Person in Szene zu setzen. Obwohl jeder Forscher weiß, dass Erfindungen und Entdeckungen so gut wie immer erheblich auf der Arbeit von Teams und den Vorarbeiten anderer beruhen, begeistern sich Medien und Öffentlichkeit am Bild des einsamen, autarken Erfinders.

Selbstinszenierungen findet man nicht nur im Theater und in der Kunst, sondern auch in der Wirtschaft (*Corporate Identity*, Öffentlichkeitsarbeit, Werbung) und mehr noch in der Politik. Berater nehmen dabei Einfluss auf die Inszenierung bis in Bereiche wie Körpersprache, Kleidung, Frisur oder die Gestaltung des Bühnenhintergrunds. Auch Konzernvorstände verwenden bei Auftritten vor Aktionären bei Hauptversammlungen sowie vor Analysten und der Presse theatrale Mittel, mit hohen Bühnen, großen Bildschirmen, grellen Lichtern, firmenfarbenen Krawatten und staatstragender Rhetorik, um möglichst wichtig und kompetent zu erscheinen. Sie müssen das Vertrauen der Mitarbeiter, Anleger, der Presse und der Öffentlichkeit in die Firma und ihre Führung gewinnen und versuchen, durch eine perfekte Inszenierung die Aura des Erfolgs, der Seriosität und der Verantwortung zu verstärken.

Das Paradox besteht darin, in einer Inszenierung größtmögliche Authentizität und Vertrauenswürdigkeit herzustellen.

Davon kann auch der Leiter einer Forschungsgruppe, den Chef eines Start-Up Unternehmens oder der Institutsleiter betroffen sein. Nicht jeder verkraftet diese Situation gleichermaßen, doch man kann lernen – durch Medien- und Präsentationstraining. Ein authentischer Auftritt ist immer glaubwürdiger und sympathischer als eine aufgesetzt wirkende Rolle.

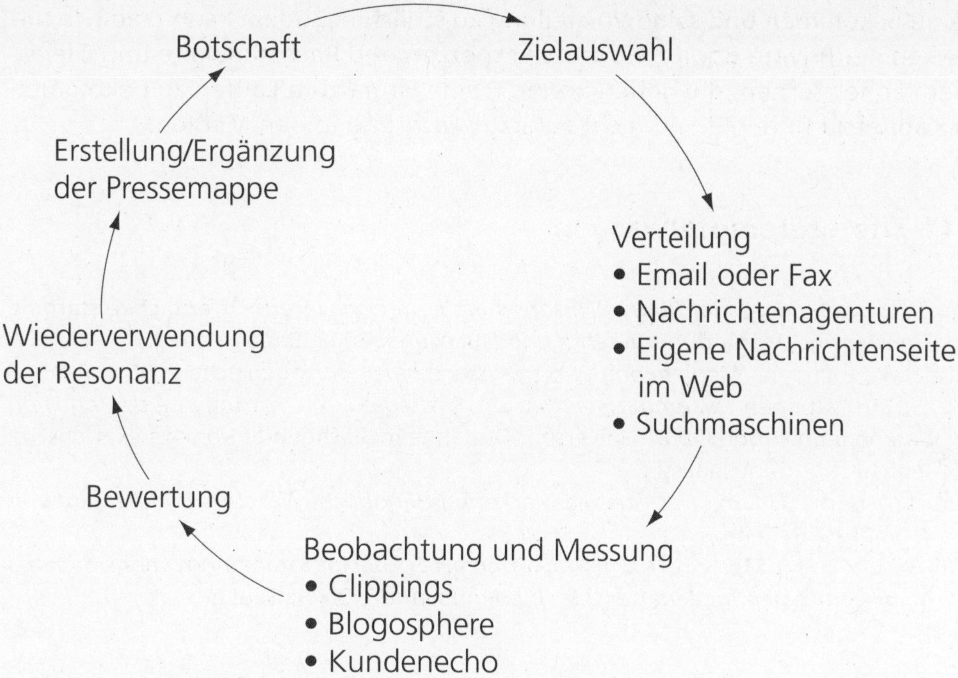

Abbildung 21.2: Der Zyklus der Öffentlichkeitsarbeit

21.10 Preise, Businessplanwettbewerbe und Investmentforen

Businessplanwettbewerbe und Venture Foren sind nicht nur ein Weg, Startfinanzierung für die Firmengründung zu erhalten, sondern sie eröffnen auch einen interessanten Zugang zu den Medien. An fast allen Businessplanwettbewerben, Technologie-Preisen und Foren nehmen auch Journalisten auf der Suche nach interessanten Stories teil. Zusätzlich berichtet die Presse in aller Regel über die Nominierten und die Gewinner. Erfreulicherweise gibt es zahlreiche Alternativen unter den Venture Foren und Businessplanwettbewerben. Einige wie z. B. *Demo* bieten Probeläufe und Trainings für das Pitching. Die meisten regionalen Businessplanwettbewerbe bieten die Möglichkeit, das Konzept in mehreren Stadien auszuarbeiten, und Coaching in gewissem Umfang. Investment Foren bieten die Möglichkeit, an Venture-Capital-Fonds und Business Angels heranzutreten. Man kann sie aber auch als Gelegenheit nutzen, seine Idee und seinen Vortrag zu testen und zu verbessern. Dennoch sollte man keinesfalls den Fehler machen, sich ohne gründliche Vorbereitung vorzustellen. Über die Chance hinaus, potenzielle Kapitalanleger zu finden, sind Foren eine gute Möglichkeit zu trainieren, Feedback zu bekommen und seine Vorstellung zu schärfen. Zudem kann man sich mit Experten der Private Equity-Industrie vernetzen und Rechtsanwälte und Dienstleister kennen lernen, die helfen können, eine Firma zum Laufen zu bekommen und Kapital zu finden – und nicht zuletzt Beachtung in den Medien.

21.11 Literaturempfehlungen

Archut, A., et al. (eds.), *Handbuch Wissenschaft kommunizieren. Öffentlichkeitsarbeit, Transfer und Marketing für Lehre und Forschung*. 2008, Raabe Verlag.

Göpfert, W., V. Lange, *Medienkompetenz: Wissenschaft publik gemacht*. 2006: Rhombos.

Huck, S., *Innovationen verständlich vermitteln: Strategien und Instrumente der Innovationskommunikation*. 2007: Universität Hohenheim, Fachgebiet Kommunikationswissenschaft und Journalistik.

Levinson, J. und S. Godin, *Das Guerilla Marketing Handbuch: Werbung und Verkauf von A bis Z*. 1996: Campus.

Zerfaß, A. und K. M. Möslein, *Kommunikation als Erfolgsfaktor im Innovationsmanagement: Strategien im Zeitalter der Open Innovation*. 2009: Gabler.

Erfolgstipp 12 Firmen im Profil

Jedes Institut und jedes Start-Up Untenrnehmen sollte eine Pressemappe (*Media Kit*) haben. Die Mindestausstattung umfasst neben der aktuellen Pressemitteilung ein etwa zwei- bis dreiseitiges Unternehmensprofil mit Kontaktdaten, ein einseitiges Datenblatt (*Fact Sheet*) mit allen wesentlichen Daten und Kurzprofile des Managements bzw. auch des Referenten, wenn die Pressemappe bei einer Veranstaltung ausgelegt wird. Sie kann darüber hinaus Porträtfotos, Grafiken, Bildmaterial, Whitepapers und Produktmappen enthalten. Neu gegründete Institute oder Unternehmen können auch bereits erschienene Artikel beilegen. Bei etablierten Unternehmen sehen die Journalisten das nicht so gerne.

Das Firmen- bzw. Institutsprofil und das Fact Sheet sind auf verschiedene, wichtige Zielgruppen zugeschnitten. Sie sollen besonders Glaubwürdigkeit und Professionalität vermitteln.

Ein gut gestaltetes Firmen- oder Institutsprofil (*Company Profile*) dient dazu, Kunden oder Unterstützer der Firma oder des Instituts für das Geschäftsmodell und die strategische Ausrichtung zu interessieren und an das Unternehmen zu binden. Man kann es jedem Angebot beilegen und unterstreicht damit die eigene Professionalität und Seriosität. Ein gutes Unternehmensprofil vermittelt Kunden, Partnern und Medien auf spannende Art und Weise die Mission, die Technologien, die Forschungsgebiete, die Produkte und Dienstleistungen, die Mitarbeiter und das Management, kurz alles, was die Identität und Einzigartigkeit eines Instituts oder Unternehmens in einem konkreten Marktumfeld ausmacht. Auch wer Finanziers sucht, sollte dem Businessplan das Firmenprofil und das Fact Sheet beilegen. Die gut aufbereiteten und lesbaren Dokumente ergänzen den Businessplan, der in der Regel keine vergleichbaren Zusammenfassungen enthält.

Ein gut erstelltes Profil hilft auch bei der Personalsuche. Man kann Fact Sheet und Profil den Bewerbern zusenden oder nach dem ersten Gespräch übergeben.

Man sollte diese Dokumente auch wichtigem Lieferanten und Zulieferern übergeben, damit diese besser verstehen, mit wem sie zusammen arbeiten und was ihr Kunde braucht.

Ein Profil enthält alle wichtigen Informationen in klar strukturierter und allgemeinverständlicher Sprache. Es stellt die Führungskräfte der ersten und zweiten Ebene vor. Es beschreibt Technologien, Produkte oder Dienstleistungen so, dass Laien ebenso wie Fachleute aus der Industrie verstehen, was gemeint ist. Ein Journalist, der an einer Geschichte arbeitet und dafür nach Firmen sucht, die zu seiner Story passen, braucht beide Perspektiven: die fachliche und die allgemeinverständliche.

Ein gutes Profil sollte nicht nur Beschreibungen von Technologien und Produkten enthalten, sondern auch einen persönlichen Einblick in die Firmenkultur geben. Informationen über das Ziel der Firma, die Unterstützung durch Partner, ein echtes einzigartiges Leitbild (sofern es sich nicht um eines der banalen Mission Statements handelt), geben dem Profil einen persönlichen Touch und erhöhen so das Interesse der Leser.

Eine Darstellung der individuellen, nicht immer geradlinigen Route der Gründer bis hin zur Entwicklung der Firma oder die besonderen Auszeichnungen und Ehrungen der Gründer oder des Unternehmens, der Leistungen für das Forschungsgebiet und die zugehörigen Märkte lassen die Leser verstehen, was an einem Unternehmen besonders und einzigartig ist. Dazu gehören auch die Mitarbeiterqualifikation und die Weiterbildungsangebote.

Wer allerdings Allgemeinplätze und unkonkrete Aussagen in die Beschreibung seines Labors, seiner Firma oder seines Instituts einarbeitet, macht es allen Lesern schwer zu verstehen, warum sie diese Firma beauftragen soll. Die Kunst besteht darin, so transparent und offen wie möglich und zugleich interessant zu sein.

Zum Profil gehört als zweites, eigenständiges Dokument ein passend gestaltetes Fact Sheet mit den wesentlichen Zahlen und Fakten der Firma oder des Instituts: Name, Firmierung, Dependancen, Gründungsjahr, Gründer, Beirats- und Aufsichtsratsmitglieder, die Mitglieder der obersten zwei Führungsebenen, Adresse der Hauptniederlassung, Umsätze, Mitarbeiterzahl, aussagekräftige Daten zum Markt, eine Auswahl von Hauptkunden, Milestones und weitere besondere Informationen.

Company Profile oder Institutsprofil und Fact Sheet lässt man professionell gestalten und fachgerecht drucken (z. B. als Digitaldruck), am besten auf etwas stärkerem Papier (mindestens 100 g/m^2).

☛

Erfolgstipp 13 Whitepaper

Ein Whitepaper ist ein umfangreiches, informatives und lösungsorientiertes Hintergrundpapier. Ursprünglich war das Whitepaper ein internes Papier im diplomatischen Verkehr. Drei Farben standen für verschiedene Publikationserlaubnisse: das weiße war ein für die Öffentlichkeit gedachtes Papier, das graue Papier war informativ, das schwarze ein internes, absolut nicht für die Öffentlichkeit gedachtes Papier. In der Geschäftswelt versteht man unter einem Whitepaper ein Marketinginstrument. Viele Projektleiter und Vorstände nutzen sie als erste Informationsquelle, wenn sie entscheiden müssen, in welche Firma sie investieren oder mit welchem Unternehmen sie eine Partnerschaft begründen sollten. Ein Whitepaper ist eine gründliche Untersuchung und Beschreibung der Verkaufsargumente eines Anbieters. Es soll einen potenziellen Kunden positiv stimmen und die Autorität des Anbieters begründen; oder es weist einen potenziellen Kunden auf ein Problem hin, das der Anbieter lösen möchte. Journalisten nutzen Whitepaper, wenn sie einen größeren Artikel über ein Unternehmen, eine Branche oder eine Technologie recherchieren.

Ein Whitepaper beschreibt Probleme und Sachverhalte, die den Markt und die Branche beeinflussen. Am Anfang steht eine Einschätzung relevanter Marktfaktoren wie Intensität und Qualität des Wettbewerbs, Finanzierungssituation, allgemeines wirtschaftliches Umfeld, gesetzliche Rahmenbedingungen, die sich unter Umständen negativ auswirken können. Das Whitepaper zeigt den Kunden, dass man ihre Situation, ihre Anforderungen und Befürchtungen grundlegend versteht.

Dann folgen zu jedem Problem und jedem Sachverhalt Lösungen, die dem Kunden plausibel erklären, wie er Probleme und negative Einflüsse in positive Einflussgrößen verwandeln kann und warum er beim Herausgeber des Whitepapers gerade jetzt besonders gut aufgehoben ist.

Anschließend werden Beispiele, Vorteile und Fallstudien aufgelistet. Man beschreibt noch mal das Gleiche, zeigt aber anhand eines detaillierten Beispiels, wie ein Kunde von der Lösung profitiert hat und welche spezifischen Vorteile er erreichen konnte.

Gut gestaltete farbige Grafiken, Charts und Schaubilder machen deutlich, was den Kunden fehlt und wie der Anbieter die Lücke schließen kann. Visuelle Effekte bleiben besser im Gedächtnis haften und wirken oft überzeugender als längere Texte.

Ein Whitepaper kann eine Liste von Unternehmenspartnern enthalten, die das eigene Angebot an die Kunden erweitern und verbessern. Wenn eine dritte Firma beispielsweise eine spezielle Software beisteuert, die dem Kunden einen besonderen Mehrwert bietet, dann sollte man auch das Produkt und die Dienstleistung dieser Firma kurz beschreiben.

Der letzte Abschnitt eines Whitepapers ist eine Zusammenfassung und normalerweise im Bullet Points-Stil gehalten, den man von PowerPoint-Präsentationen kennt.

Insgesamt sollte ein gutes Whitepaper einen Umfang von nicht weniger, aber auch nicht mehr als vier bis fünfundzwanzig Seiten haben.

Erfolgstipp 14 Pressemitteilung

Pressemitteilungen sind ein grundlegendes Werkzeug der Öffentlichkeitsarbeit.

Journalisten sind offener für ein Gespräch und das Aufgreifen einer Idee für eine Story, wenn sie vor der persönlichen Kontaktaufnahme bereits eine Pressemitteilung erhalten haben. Eine Pressemitteilung ist eine schriftliche Information, die in der Regel elektronisch an ausgewählte Redakteure und Journalisten versendet wird. Das Themenspektrum umfasst alles, was die Öffentlichkeit im Zusammenhang mit einem Unternehmen oder einer Institution interessieren könnte. Es umfasst neue Produkte und Dienstleistungen ebenso wie Veranstaltungshinweise, Veränderungen im Management, Akquisitionen, Auszeichnungen oder den Geschäftserfolg.

Grundsätzlich sollte eine Pressemitteilung nur ein Thema transportieren.

Die Resonanz hängt auch davon ab, zu welchem Zeitpunkt die Pressemitteilung die Redaktionen erreicht. An einem Freitagnachmittag wird niemand mehr die Pressemitteilung verwerten und am Montagmorgen ist sie dann im Stapel ganz unten oder bleibt während der Redaktionskonferenz liegen.

Bei großen Veranstaltungen sollte man eine erste Vorankündigung sechs Wochen vorher versenden, zwei Wochen vorher einen Text mit mehr Detailinformationen und erst kurz vorher eine detaillierte Mitteilung. Bei monatlich erscheinenden Fachzeitschriften sind zwei bis drei Monate vorher unter Berücksichtigung des Redaktionsschlusses eine gute Zeit.

Pressemitteilungen haben das gleiche Format und die gleiche Struktur wie eine Zeitungsnachricht, damit die Medien den Text auch weitgehend unverändert übernehmen können. Sie in der dritten Person gehalten, die genannten Personen sind stets korrekt mit ihrem Titel oder ihrer Position bezeichnet. Pressemitteilungen sind in doppeltem Zeilenabstand geschrieben, haben eine Datumszeile, eine aussagekräftige Überschrift und enthalten Kontaktdaten (Name, Telefon, E-Mail des Verantwortlichen für die Pressearbeit), falls ein Redakteur weitere Information benötigt oder ein Interview wünscht.

Wenn die Pressemitteilung per Post oder Fax verschickt wird, sollte sie das Firmenlogo tragen, und die vollständige Geschäftsadresse sollte am Ende des Textes angegeben sein. Darf der Text sofort veröffentlich werden, so steht in englischen Mitteilungen »FOR IMMEDIATE RELEASE« linksbündig über der Überschrift. Auch bei deutschsprachigen Texten ist dieser Hinweis immer öfter zu sehen. Soll die Pressemitteilung erst an einem bestimmten Tag oder ab einer bestimmten Uhrzeit erscheinen, weil ein wichtiger Sachverhalt erst dann endgültig geklärt ist, muss an prominenter Stelle der Hinweis an die Redaktion stehen: »Bitte beachten Sie die Sperrfrist bis [Datum, Uhrzeit]!«

Das Schreiben einer Pressemitteilung beginnt mit dem Leitsatz (*Lead*), der das Interesse des Lesers weckt und die wichtigen Fragen »wer, was, wann, wo, warum« bereits beantwortet. Danach kommen ein bis zwei Sätze, die die Informationen aus dem Leitsatz näher erläutern. Der Leitsatz entscheidet zusammen mit der Überschrift über den Nachrichtenwert einer Pressemitteilung. Wenn ein Auftragseingang von einem namhaften Unternehmen mitgeteilt werden soll, dann darf der Name dieses Unternehmens nicht erst im zweiten Absatz erscheinen. Er muss in der Headline und im Lead stehen. Die Redakteure haben oft nur wenige Sekunden Zeit, um zu entscheiden, ob sie eine Pressemitteilung berücksichtigen oder nicht.

Erst wenn der Leitsatz steht, sollte man sich Gedanken über die Überschriften machen. Diese sollten die zentrale Botschaft auf den Punkt bringen. Titel und Untertitel sind aber keine extrem kompakten Zusammenfassungen der gesamten Presserklärung. Sie sollen in erster Linie Aufmerksamkeit erregen, aber keine falschen Erwartungen wecken, die dann im Text enttäuscht werden. Im Stil sind sie Ankündigungen ähnlich, zum Beispiel: »Informatikunternehmen XYZ übernimmt ABC AG in Rumänien«. Die Überschriften müssen packend sein. Man sollte aber nicht versuchen, vermeintlich besser als der Redakteur zu sein. Die Headline »Softwareschmiede rollt rumänischen Markt auf« passt weder in eine Pressemitteilung noch in den Wirtschaftsteil oder in ein Fachmagazin. Überschriften stehen im Präsens und enthalten in der Regel weder Artikel noch Formen des Hilfsverbs »sein«. Der eigene Firmenname sollte sowohl in der Überschrift erscheinen als auch im ersten Absatz.

Der Text der Pressemitteilung sollte keine explizit wertenden Sätze enthalten, die dem Urteil des Redakteurs oder Lesers vorgreifen. Der richtige Ort für Wertungen und persönliche Einschätzungen ist das Zitat. Es unterstreicht das Gesagte, macht die Informationen anschaulicher und steigert die Glaubwürdigkeit.

Das erste Zitat kann bereits nach dem ersten Absatz stehen. Sofern andere Organisationen beteiligt sind, lässt man ihnen den Vortritt, weil die Bestätigung durch andere immer glaubwürdiger ist als die eigene Einschätzung. Weiter unten kommt dann noch ein Zitat eines Vertreters der eigenen Organisation.

Der Text sollte so wenig Fachjargon und Fremdwörter wie möglich enthalten. Leerformeln sollten vermieden werden.

Die weiteren Absätze enthalten zusätzliche Informationen in der Reihenfolge ihrer Wichtigkeit, so dass der Redakteur vom Ende her streichen kann, wenn er nicht genug Platz für den gesamten Text hat.

Nach dem Text der Pressemitteilung stehen zwei bis drei Sätze, die die eigene Firma und ihren Geschäftszweck beschreiben. Dieser Abschnitt heißt im PR-Jargon *Boilerplate* ein alter englischer Ausdruck aus der Zeitungssprache für einen Standardtext, den man unverändert immer wieder verwenden kann. Im Deutschen ist auch der Begriff »Abbinder« sehr gebräuchlich.

Dann folgen unter der Überschrift »Für weitere Informationen:« die Kontaktdaten des PR-Verantwortlichen. Bei kleinen Unternehmen kann dies auch der Geschäftsführer sein.

Die Kontaktdaten sollten enthalten:

- den offiziellen Firmen- oder Institutsnamen
- Namen und Funktion des Ansprechpartners für die Medien
- Firmenadresse
- internationale Telefon- und Faxnummer
- Mobiltelefon (optional)
- E-Mail-Adresse

Betrifft die Pressemitteilung weitere Organisationen, so enthält sie auch deren Abbinder und Kontaktdaten.

Grundsätzlich gilt, je kürzer eine Mitteilung ist, desto besser. Der Umfang einer Pressemitteilung sollte in der Regel zwei Seiten nicht überschreiten, optimal sind drei Absätze plus Abbinder und Kontaktdaten.

Ein Bild sagt mehr als tausend Worte

Fotos und Grafiken sind eine gute Ergänzung, weil sie die Nachricht veranschaulichen und mitunter überzeugender vermitteln als der Text. Am besten verweist man auf einen Server, wo das Bildmaterial in ausreichender Qualität herunter geladen werden kann. Umfangreiche Datenmengen sollten nie einfach per e-Mail an die Redaktionen oder an freie Journalisten gesendet werden.

Der Pressebereich auf der eigenen Website sollte außerdem stets aktuelle Versionen des Fact Sheet, des Company Profile und alle Whitepaper für zusätzliche Hintergrundinformationen zum Download anbieten.

Zu beachten

Niemand hat einen Anspruch auf Veröffentlichung. Wer versucht, Redakteure durch ständiges Nachfragen oder den Wink mit dem Anzeigenbudget unter Druck zu setzen, zerstört die Vertrauensbasis. Auch wenn große Unternehmen ihre Marktmacht mitunter missbraucht und durch Entzug von Werbegeldern

Redaktionen unter Druck gesetzt haben, langfristig schaden sie dem eigenen Image und verlieren die Unterstützung der Medien.

Man sollte auf jeden Fall vor Aussendung der Pressemitteilung alle notwendigen Genehmigungen einholen. Nicht jeder Mitarbeiter ist befugt, im Namen des Unternehmens Pressemitteilungen zu verschicken. Selbst die verantwortlichen PR-Manager benötigen meist die Freigabe des zuständigen Bereichsmanagers. In börsennotierten Unternehmen ist die rechtliche Prüfung des Textes obligatorisch, weil börsenrechtliche Vorschriften zu beachten sind. Bei laufenden gerichtlichen Auseinandersetzungen oder gar einer staatsanwaltlichen Ermittlung sollte jede Veröffentlichung mit dem eigenen Anwalt abgestimmt werden.

Werden Kunden, Investoren oder Lieferanten namentlich erwähnt, muss deren Zustimmung eingeholt werden. Enthält der Text wörtliche Zitate von Geschäftspartnern oder Vertretern von Politik und Verwaltung, sollte in jedem Fall eine schriftliche Freigabe vorliegen.

Pressemitteilungen sollten relevante und aktuelle Nachrichten enthalten. Die gerade geschilderten Freigabeprozeduren erschweren aber gerade kleineren Unternehmen oft die Pressearbeit. Rechtzeitige Absprachen und eine vertrauensvolle Zusammenarbeit erleichtern den Abstimmungsprozess mit größeren Organisationen.

Last but not least empfiehlt es sich stets, gute überregionale Tageszeitungen und Fachmagazine zu lesen und dabei auch auf die Themen und den Stil zu achten, um selbst ein Gefühl dafür zu bekommen, welche Themen wie präsentiert werden. Weiterhin findet man im Internet mühelos aktuelle Pressemitteilungen anderer Organisationen, die einem einen Eindruck für den Ton, die Sprache und das Format von guten Presseinformationen vermitteln.

Checkliste 13 Pressearbeit ✍

Im Idealfall sorgt die Öffentlichkeitsarbeit dafür, dass man die Bekanntheit steigert und das Unternehmensimage und sein persönliches Image in der Öffentlichkeit in der gewünschten Richtung weiter entwickelt. Das erfordert eine langfristige Strategie und eine kontinuierliche Arbeit, die es im Lauf der Zeit leichter macht, Kernbotschaften überzeugend zu platzieren. Hier sind einige Fragen, die man sich im Hinblick auf eine effektive Pressearbeit stellen sollte:

- ☐ Habe ich mir eindeutige und klare Ziele gesetzt? Was soll erreicht werden? Welche Wahrnehmung von mir und meinem Projekt will ich erzeugen?
- ☐ Habe ich einen Plan? Ein geschriebener Plan ist wichtig, um immer auf der richtigen Spur zu bleiben. Der Plan muss nicht ausführlich sein. Eine Skizze der Ziele, der PR-Themen, der Taktiken, die man anwenden will, ein Zeitplan und die grobe Budgetplanung reichen.
- ☐ Steht das Fundament für die Öffentlichkeitsarbeit? Effektive Arbeit mit den Medien benötigt gute Vorbereitung und die richtigen Basismaterialien.
- ☐ Gibt es auf der Homepage eine Seite, die ausschließlich den Bedürfnissen der Presse gewidmet ist, mit Informationen über die eigene Organisation (*Company Profile* und *Fact Sheet*), mit Kurzbiografien von Führungskräften, mit Beschreibungen von Technologien und Produkten, mit herunterladbaren Bildern in druckfähiger Qualität (300 dpi) sowie Ansprechpartnern und Kontaktdaten oder einem Kontaktformular?
- ☐ Sind die Personen bestimmt, die direkt mit der Presse sprechen dürfen? Sind alle Mitarbeiter darüber informiert?
- ☐ Ist die Story herausgearbeitet? Journalisten und Redaktionen suchen Nachrichten und Informationen, die genau zu ihren Lesern, Zuschauern oder Zuhörern passen.
- ☐ Machen die eigenen Inhalte und Botschaften es für die Presse so einfach wie möglich? Vieles, was Zeitungsjournalisten, Radio- und Fernsehredaktionen verwenden, stammt aus Pressemitteilungen, Filmbeiträgen, vorgefertigten Interviews, Fotos, neuen Untersuchungen, Statistiken, Fragen und Antworten (*FAQ*), die ihnen von Presseabteilungen oder PR-Firmen zugesandt werden.
- ☐ Habe ich ein Beziehungsnetzwerk in die Medien aufgebaut?
- ☐ Gehe ich Presse- und Öffentlichkeitsarbeit mit einem langen Atem an? Es gibt keine Garantie, dass eine bestimmte Presseerklärung zu einer Berichterstattung führt. Eine regelmäßige, professionelle, berichtenswerte Versorgung

von namhaften Journalisten und Redakteuren führt jedoch mit hoher Wahrscheinlichkeit dazu, dass man Presse und Öffentlichkeit für sich gewinnt und sichtbar wird.

❑ Habe ich meine Presseerklärungen auf meine Website gestellt? Sie sind ein effektives Mittel, den Auftritt im Markt zu verbessern, um mit Kunden und Interessenten zu kommunizieren.

22 Angebote kalkulieren und verhandeln

22.1 Verhandlungen sind Kommunikation

Verhandlungen sind ein zentraler Teil des sozialen Miteinanders, nicht nur im beruflichen Leben. Verhandeln ist ein wesentlicher, aber oft auch unbewusster Teil der Kommunikation. Erfolgreich zu verhandeln und seine Ziele durchzusetzen, ist eine der gefragtesten und wichtigsten Fähigkeiten im Berufsleben.

In Konsumgesellschaften ist es längst nicht so selbstverständlich wie in traditionellen Gesellschaften, dass vor dem Abschluß eines Geschäfts verhandelt wird: Wir haben uns daran gewöhnt, dass die Ware ein Preisschild mit einem festen Preis trägt, der in der Regel nicht verhandelt wird. In anderen Gesellschaften gehört das Feilschen und Verhandeln zu jedem Einkauf. Aktive Menschen befinden sich aber auch in der modernen Industrie- und Informationsgesellschaft ständig in Verhandlungen – auch wenn ihnen das nicht immer bewusst ist. Verhandeln bringt so gut wie immer einen wirtschaftlichen Vorteil, nicht zuletzt auch dann, wenn es um Auftragsforschung, Lizenzgebühren oder Firmenanteile geht.

Besondere Bedeutung hat das Verhandeln in Stellvertretung für das eigene Team. Teams handeln letztlich immer im Auftrag und nicht isoliert. Sie müssen also auch immer wieder mit Auftraggebern verhandeln. Nicht nur Ressourcen wie Zeit und Geld müssen für das Team angemessen ausgehandelt werden, oft geht es auch um Ziele und Aufgaben. Bei Projekten kommt noch dazu, dass die Hilfe Dritter eingefordert werden muss, angefangen mit der erforderlichen EDV-Unterstützung bis hin zur Beratung in Rechtsangelegenheiten.

Die Verhandlungen beginnen weit vor dem eigentlichen Verhandlungstermin. Schon die Kontaktaufnahme per E-Mail oder Telefon, die Begegnung in der Pause einer Konferenz oder das Anschreiben, das einer Rechnung nach einem erfolgreich abgeschlossenen Auftrag beigelegt wird, können bereits Teil des Verhandelns sein.

22.2 Sich selbst wohl fühlen und Respekt zeigen

Die wichtigste Regel über Verhandlungen lautet, dass es keine festen Regeln gibt. Dies ist einer der Gründe, warum viele Forscher sich in geschäftlichen Verhandlungen unwohl fühlen. Umso wichtiger ist es, sich so vorzubereiten, dass man sich so sicher wie möglich fühlt. Jeder hat schon einmal die Erfahrung gemacht, dass ein überzeugendes Auftreten auf Selbstsicherheit beruht.

Damit beide Partner einer Verhandlung sich wohl fühlen, müssen sie sich zunächst über den Rahmen der Verhandlung einigen: Zeitpunkt, Ort, Dauer, Teilnehmer, Ziel der formalen Diskussion und die Tagesordnung werden vorab geklärt. Der Prozess dieser Vereinbarungen nimmt dabei beiden Partnern auch die Spannung und erleichtert es, später auch die richtigen Lösungen zu finden.

Es gibt einige Aspekte, die man selbst gestalten sollte:

- Natürlich ist angemessene Kleidung Pflicht. Die beste und besonders beeindruckende Businesskleidung irritiert, wenn man sich nicht wohl fühlt. Wo der ideale Kompromiss liegt, muss jeder Forscher für sich selbst entscheiden.
- Ebenso sollte man überlegen, was man dabei haben möchte: Unterlagen, Artikel-Nachdrucke, Materialproben, besondere Kugelschreiber oder Füller, die Wahl und Anordnung der Sitzgelegenheit, sofern man dies beeinflussen kann.
- In einer Verhandlung sollte man nicht zu wenig, aber keinesfalls zuviel dabei haben. Wer einen Verteidigungswall aus Akten und Broschüren um sich aufbaut, signalisiert Misstrauen und übermäßige Vorsicht und behindert dadurch schon das Entstehen einer offenen Verhandlungsatmosphäre.
- Wenn die Verhandlungen in der eigenen Firma oder dem eigenen Institut stattfinden, sollte es selbstverständlich sein, dass keine vertraulichen Materialien herumliegen (Bewerbungen, Lebensläufe, Verträge, Angebote) oder an der Tafel oder auf dem Flipchart zu lesen sind. Viel zu oft liegen Bewerbungsunterlagen und Analysen offen herum, die der Besucher eigentlich nicht sehen dürfte. Wer so Einblick in vertrauliche Informationen erhält, muss damit rechnen, dass auch die eigenen vertraulichen Informationen vom Gegenüber nicht mit der gebotenen Sorgfalt behandelt werden. Also: Wegräumen bzw. Abwischen.

22.3 Verhandlungen mit dem Auftraggeber

Natürlich gibt es potenzielle Auftraggeber, die am liebsten alles kostenlos bekommen wollen. In der Regel weiß aber jeder Verhandlungspartner, dass gute

Preisverhandlungen zu einem für beide Seiten vernünftigen Abschluss führen müssen. Nicht nur deswegen ist es essenziell, nicht voreilig über die vermeintlichen Motive des Gegenübers zu urteilen. In Verhandlungen hilft möglichst viel Transparenz, die ideale Lösung zu finden. Viel zu oft rechnet man einfach damit, dass das Gegenüber einen über den Tisch ziehen will. Ein Artikel im Harvard Business Manager beschreibt einen Fall, in dem ein möglicher Lizenzgeber trotz eines großzügigen Angebots absolut keine exklusive Lizenz erteilen wollte. Erst durch geduldiges Nachfragen stellte sich heraus, dass er keineswegs den Lizenznehmer übervorteilen wollte, sondern eine Zusage für einen winzigen Umfang an Lizenznutzung bereits einem anderen versprochen hatte. Mit diesem Wissen ließ sich dann ganz einfach eine Lösung finden. Deswegen ist es wichtig herauszubekommen, welche Lösungen der Auftraggeber bevorzugen würde. Welche Rahmenbedingungen beeinflussen ihn? Nicht selten benötigt er auch Verhandlungsspielräume, um sich und anderen in der eigenen Organisation nachweisen zu können, dass auch die andere Seite sich bewegt hat. Jeder kennt das Beispiel von Tarifverhandlungen, bei denen immer Verhandlungsspielräume in den Erstangeboten eingebaut sind. Bei Verhandlungen über Auftragsforschungsprojekte sollte schon in das erste Angebot ein Spielraum einbaut sein, damit jede Seite ihr Gesicht wahren und ihre internen Regeln befolgen kann. Die Rückmeldung des Auftraggebers, die Leistung sei zu teuer, heißt jedenfalls immer auch, er will die Leistung. Sie ist also ein guter Einstieg in eine Verhandlung.

22.4 Wo und wann verhandeln?

Oft kann man beeinflussen, wo und wie das Gespräch stattfinden wird. Telefonische Verhandlungen sind zwar einfacher zu organisieren, es ist oft aber leichter, die richtige Verhandlungslösung zu finden, wenn man sich gegenüber sitzt. Wenn man die Wahl hat, muss man sich entscheiden, welche Situation einem selbst am geeignetsten erscheint:

- Im eigenen Institut oder in der eigenen Firma?
- Im eigenen Büro oder im Seminarraum?
- Bei einem Dritten (z. B. kooperierendes Institut)?
- In der Lounge eines guten Hotels?
- Beim Verhandlungspartner?

Sind die eigenen Räume nicht repräsentativ genug? Wird deutlich, wie sehr alles von diesem Auftrag abhängt? Die Firma und Arbeitsumgebung des anderen kann wertvolle Informationen geben. Ein dritter Ort kann Ruhe und Abgeschlossenheit bringen, aber auch öffentliche Beobachtung, Ablenkung oder Hektik und damit Unverbindlichkeit.

Für welche Uhrzeit sollte man eine Verhandlung ansetzen? Ist man selbst Morgen- oder Abendmensch? Will man genügend Spielraum nach hinten oder eher Zeitdruck? Ist man am nächsten Tag schon ausgebucht und hat womöglich keine Zeit nachzuverhandeln?

Wie viel Zeit nimmt man sich und wie viel erhält man? Beides signalisiert den Grad des Interesses. Oft vernachlässigt werden auch die Fragen: Was passiert vorher und was nachher?

Kommt man selbst oder sein Gegenüber direkt vom Flughafen, auf dem Weg zum nächsten Geschäftstermin? Dies kann Stress bedeuten. Wer das nicht will, sollte versuchen, die Terminwahl in seinem eigenen Interesse zu beeinflussen.

Ebenfalls Einfluss auf den Verlauf der Verhandlung hat die richtige Sitzposition. Man sollte vermeiden, sich aus einem tiefen Sessel herausquälen zu müssen. Man sollte auch darauf achten, nicht permanent ins direkte Licht sehen zu müssen. Man sollte eine Position einnehmen, in der man gut zu sehen ist und in der man sein Gegenüber gut sieht. Bei mehreren Verhandlungspartnern sollte man versuchen, der entscheidenden Person gegenüber zu sitzen, ohne die andern aus den Augen zu verlieren. Gehören mehrere Menschen zum eigenen Verhandlungsteam, ist es sinnvoll, sich so zu setzen, dass man auch Blickkontakt zu den eigenen Mitstreitern halten kann. Man sollte darauf achten, nicht näher als 60 cmam potenziellen Auftraggeber zu sitzen, mehr wird meist als aufdringlich empfunden.

22.5 Der erste Eindruck

Der erste Eindruck hat großen Einfluss auf das weitere Gespräch. Ebenso zählen Blickkontakt, Gestik, Mimik, Tonfall und Lächeln. Ein guter Verhandler ist aufmerksam, hört zu, wirkt wertschätzend und respektvoll. Um eine gute Atmosphäre zu schaffen, lohnt es sich, Gemeinsamkeiten hervorzuheben und positive Emotionen zu wecken. Manchmal ist es auch möglich, Notwendigkeiten für das Gegenüber herauszuarbeiten und sichtbar zu machen.

Zur guten Vorbereitung gehört, den Titel und den Namen der Gesprächspartner zu kennen und richtig auszusprechen.

Im Gespräch gilt es, vor allem den Auftraggeber zu Wort kommen zu lassen, ihm das Gefühl zu geben, die Situation zu beherrschen. Gutes Verkaufen heißt:

Fragen stellen, und nicht selbst viel zu reden. Marktschreierisches Auftreten wirkt unseriös und aufdringlich. Stattdessen sollte man sein Interesse an den Projekten und an der Tätigkeit des Verhandlungspartners zeigen. Dadurch gewinnt man nicht nur zusätzliche Informationen, man weckt gleichzeitig den Eindruck, dass man ein angenehmer Partner ist.

Zu einem Verkaufsgespräch gehört,

- Informationen in sinnvoller Reihenfolge zu präsentieren
- Pausen einzulegen
- Lautstärke und Tonalität zu variieren.

22.6 Vermeidbare Fehler

Im Verhandlungsgespräch hat man nicht die Möglichkeit, Fehler im Ablauf des Gespräches zu korrigieren. Fehler passieren und man muss einen Weg finden, um das Gespräch wieder zurückzubringen auf den eigentlichen Sinn des Besuches.

Der häufigste Fehler, den nicht nur Wissenschaftler machen, besteht darin, sich nicht mit allen Möglichkeiten auf den Besuch vorbereiten. Eine gute Faustregel lautet, dass eine Stunde Verhandlungsgespräch mindestens zwei Stunden Vorbereitung benötigt. In Firmendatenbanken, der Tagespresse und im Internet finden sich Informationen über die Firmenstruktur, Besitzverhältnisse, Strategien, Strategiewechsel, Firmenfusionen und Erwerbungen, Personalabbau oder Standortverlagerungen. Alle diese Ereignisse können Rahmenbedingungen für den Verhandlungsspielraum des Gegenübers bilden. Unterlagen, Verträge, Protokolle früherer Gespräche und andere Informationsquellen sollte man sich natürlich ebenso ins Gedächtnis zurückrufen.

Mit den eigenen Unterlagen oder Proben, die man in das Gespräch mitnimmt, und deren Handhabung sollte man gleichermaßen vertraut sein. Wenn eine Bildschirmpräsentation vorbereitet wurde, sollte man ausgedruckte Exemplare gut gebunden mitbringen und ebenso die Präsentation auf dem eigenen Laptop wie auch auf einem Flash-Memory Stick, um sicherzugehen, dass man keine Zeit und Aufmerksamkeit mit Ausprobieren und technischen Problemen vertrödelt.

Der wichtigste Fehler, den man machen kann, ist jedoch die mangelnde Neugier im Gespräch. Es gibt Forscher, die in Gesprächen nur über sich und die eigene Forschung reden. Im Beratungs- und Verhandlungsgespräch steht der Auftraggeber im Mittelpunkt. In erster Linie geht es darum herauszufinden, wo die Anforderungen und Probleme auf Seiten des Auftraggebers liegen, die es zu lösen gilt. Ist dies erkannt, können weitere Details der Ausgangssituation und sich daraus ergebende Folgen gemeinsam erarbeitet werden.

Ein guter Verhandler sollte also vermeiden, selbst andauernd zu reden. Ebenso ist es nicht ratsam, auf Fragen mit Gegenfragen zu antworten. Man sollte sich aller Verallgemeinerungen, Pauschalurteile und Phrasen enthalten. Jede gravierende Ablenkung vom Thema sollte vermieden werden. (Derber) Humor kann im konzentrierten Verlauf des Gespächs sehr störend wirken.

Viele Wissenschaftler haben ein anderes Problem. Sie wirken so, als ob sie ihrem Gegenüber mit Überheblichkeit und einem erhobenen Zeigefinger begegnen würden, und mitunter tun sie das auch. Es gibt einen feinen, aber deutlich wahrnehmbaren Unterschied zwischen einem Informieren und einem Belehren.

Wie in anderen Situationen auch sollte man sich bemühen, möglichst nicht negativ zu formulieren, sondern eher positive Begriffe und Redewendungen zu verwenden. Probleme und Schwachpunkte bei sich und beim Auftraggeber sollten nur dann angesprochen werden, wenn dies notwendig ist.

Last but not least gilt es, im richtigen Moment einen Punkt zu machen. Wissenschaftler tendieren häufig dazu, Lösungswege zu umständlich zu erklären. Der Auftraggeber will in den allermeisten Fällen gar nicht so genau wissen, wie man im Detail vorgehen will.

Im Verhandlungsgespräch sollte man auf alle Fälle rechtzeitig, d. h. spätestens sobald man sich über Nutzen und Vorgehensweise im Prinzip einig ist, über Geld reden – sonst wird man als Wissenschaftler in der Industrie nicht ernst genommen.

Generell sollte man während des Gesprächs seine Ziele und Vorgehensweise gegebenenfalls anpassen und ein Festfahren der Positionen auf alle Fälle vermeiden. Auch die intensivste Vorbereitung darf nicht dazu führen, mit einem abgeschlossenen Bild und einem Bündel vorgefertigter Meinungen in die Verhandlungen zu gehen.

Wenn man merkt, dass die Verhandlung ins Stocken gerät, kann man schwierige Punkte zunächst hintanstellen und später behandeln, sobald Fortschritte in anderen Punkten erzielt wurden. Es ist gut, ab und zu Pausen einzuplanen, um dem Gegenüber und sich selbst die Chance zu geben, die Gedanken »auszulüften«. Notfalls muss man eine Verhandlung auch unterbrechen, möglicherweise mit der Begründung, man müsse sich Vergewisserung bei seinem Vorgesetzten oder Partner einholen. In der Verhandlung bewährt es sich, Zwischen- und Endergebnisse zu formulieren und schriftlich festzuhalten.

Wichtig ist, egal was passiert, zu versuchen, eine Verhandlung freundlich ausklingen zu lassen.

22.7 Interkulturelles

Interkulturelle Missverständnisse kommen natürlich in erster Linie in Verhandlungen mit ausländischen Gesprächspartnern vor. Je fremder die Kultur, desto größer die potenziellen Fettnäpfchen. Aber auch im eigenen Land gibt es viele Gelegenheiten, Verhandlungen zu stören oder sogar zu zerstören, wenn eine andersartige Gesprächskultur zu wenig geachtet oder individuelle Empfindlichkeiten berührt werden.

Sehr zurückhalten sollte man sich mit persönlichen Fragen. Dies betrifft nicht nur Privates; auch Gehalt, Position, berufliche Ziele sind in der Regel kein geeignetes Thema. Dass Macho-Witze tabu sind ist den meisten klar. Weniger bekannt sind Einschränkungen, die sich aus dem politischen oder religiösen Kontext ergeben. In Nordirland ist es beispielsweise im beruflichen Umfeld tabu, über Religion und Politik oder über Konflikte, die damit in Verbindung stehen, zu sprechen. Christen, Juden, Hindus, Buddhisten und Muslime können sich zurückgewiesen fühlen, wenn man Alltägliches aus der eigenen Kultur, wie etwa die eigenen Feiertage, als Selbstverständlichkeit hinstellt und sich gar noch über die Unkenntnis des anderen wundert.

Auch unterschiedliche Bildungswege können analoge Herausforderungen bieten, wie kulturelle Differenzen.

22.8 Ein angenehmer Verhandlungspartner sein

Es schadet nie, sich in sein Gegenüber hinein zu versetzen und sich zu fragen, ob man selbst ein angenehmer Verhandlungspartner ist. Ein kompetenter und angenehmer Verhandlungspartner ist gut vorbereitet und in der Sache und in Bezug auf meine Problemstellung fachkundig. Er kennt den Auftraggeber und sein Anliegen, interessiert sich dafür und will möglichst noch mehr wissen. Ebenso kennt er den Markt und die Rahmenbedingungen. Er ist loyal auch gegenüber anderen Auftraggebern. Viele Gesprächspartner mögen es zwar, Insider-Informationen, Vertraulisches und Kritisches über Dritte zu erfahren; aber sie werden danach nicht mehr, sondern weniger Vertrauen in ihr Gegenüber setzen: Man liebt bekanntlich den Verrat, aber nicht den Verräter.

Ein guter Verhandlungspartner argumentiert schlüssig und sachlich, geht auf Vorschläge und Anregungen ein. Er signalisiert Respekt und Sympathie durch Sprache, Mimik und Gestik. Im Gespräch reagiert er stets flexibel, aber nicht unterwürfig. Ein guter Verhandlungspartner kennt seinen eigenen Wert (er geht mit mir fair um).

» *Kunden kaufen von Gewinnern.* «

Es lohnt sich, im Geiste den Perspektivwechsel vorzunehmen und sich Folgendes zu fragen:

- Kann ich dem Forscher meine Problemstellung anvertrauen?
- Ist er in der Lage, das Problem zu lösen?
- Zeit ist knapp. Kann er mir in 3 Minuten erklären, warum ich zuhören soll, und mich innerhalb von 30 Minuten überzeugen?
- Verstehe ich genug von der Technologie, um mit diesem Partner zusammen zu arbeiten?
- Wie ist das Preis-/Leistungsverhältnis? Wir brauchen Lösungen und keine Thesenpapiere.
- Wodurch rechtfertigt sich der Preis?
- Wann und mit welcher Aufgabe kann die Zusammenarbeit beginnen?
- Wie weit ist es noch von den ersten Untersuchungsergebnissen bis zum ersten erzielten Umsatz?

22.9 Sich gut vorbereiten

Zu einer guten Vorbereitung gehört, die eigene Ziele zu definieren und schriftlich niederzulegen. Oft werden Missverständnisse und Widersprüche in den eigenen Gedanken erst durch die schriftliche Ausarbeitung erkennbar. Eine Niederschrift sorgt für Klarheit und Strukturiertheit der eigenen Erwartungshaltung.

Fragen, die man schriftlich beantworten sollte:

- Wo liegt die eigene Schmerzgrenze?
- Was wäre eine Niederlage?
- Wo sind die eigenen Stärken und Schwächen?
- Welche Alternativen kann ich anbieten?
- Habe ich Befugnis, bestimmte Punkte zu verhandeln?
- Was will die Gegenseite erreichen?

- Welche Rahmenbedingungen und Bedürfnisse erwarte ich beim Auftraggeber – als Person und als Vertreter der Auftraggeberorganisation?
- Wie wichtig ist ein Verhandlungsergebnis für die Gegenseite?
- Wo liegen deren Alternativen?
- Welchen Einfluss hat die Vorgeschichte?
- Welche rechtlichen und sachlichen Rahmenbedingungen sind zu beachten?
- Hat die Gegenseite tatsächlich die Befugnis zu verhandeln?

Auch wenn die Befugnis nicht in vollem Umfang vorliegt, sollte man das Gespräch führen und ernst nehmen: Der Einfluss von so genannten Vor-Entscheidern ist oft größer als der von zeichnungsbefugten Abteilungsleitern oder Vorständen. Sie liefern die Begründungen und bereiten die Entscheidung vor.

22.10 Eigene Interessen

Welche Motive und Interessen verbindet man selbst mit dem Abschluss eines Geschäftes? Auf den ersten Blick klingt diese Frage einfach und banal. Es geht darum, mit seinem Produkt oder seinem Projekt Geld zu verdienen. Gleichzeitig aber gibt es meist weitere Gründe, die für oder gegen einen Abschluss sprechen. Will ich

- einen neuen Auftraggeber gewinnen oder Stammauftraggeber halten?
- in eine bestimmte Branche einsteigen?
- ein neues Thema besetzen?
- in einer Branche bekannt werden?
- Anerkennung durch jemanden, der einen selbst, seine Forschung oder das Produkt gut findet, der einen weiterempfiehlt?
- Know-how gewinnen, das man für andere Aufträge verwenden kann?
- Anregungen für die eigene Forschung mitnehmen?

Alle diese Interessen sind ernst zu nehmen. Um sich innerhalb der Verhandlung nicht von seinen eigenen Interessen wegzubewegen oder abbringen zu lassen, sollte man diese Interessen gewichten und das Ergebnis der Gewichtung schriftlich notieren. Durch die Verschriftlichung treten Unklarheiten und Widersprüche zu Tage, die man sonst eventuell übersehen hätte, und man gewinnt für die Verhandlung Sicherheit und Klarheit.

22.11 Vertrauen

Menschen nehmen keine großen Risiken auf sich und kommunizieren nicht effektiv, wenn sie kein oder zuwenig Vertrauen haben.

Wenn aber das gegenseitige Verhältnis zwischen den Parteien positiv ist, werden die Verhandlungen leicht vorankommen. Verhandlungsprofis analysieren permanent den Grad des Vertrauens in einer gegebenen Situation. Das Vertrauen in einer Verhandlung ist ein hervorragender Indikator für den Verhandlungsfortschritt, besser jedenfalls als die Analyse technischer Informationen. Man sollte deswegen ausreichend Zeit und Ressourcen darauf verwenden, Vertrauen zu analysieren, zu entwickeln und zu erhalten. Vertrauen bestimmt maßgeblich den Erfolg oder den Misserfolg von Verhandlungen.

Vertrauen bedeutet nicht ein unbestimmtes Gefühl, das einen verleitet, sich von anderen hintergehen zu lassen, sondern die Fähigkeit, sich auf das Verhalten der anderen Partei zu verlassen und damit Glaubwürdigkeit bei der anderen Partei zu erzeugen. Diese Art des Vertrauens speist sich aus der eigenen Zuverlässigkeit und erzeugt direkt Überzeugungskraft gegenüber dem anderen.

Wenn man als Extrembeispiel gerufen wurde, zu verhandeln, nachdem jemand anders die Verhandlung verpfuscht hat, wie würde man sich verhalten? Wie schafft man Vertrauen? Wie repariert man das Problem? Nicht unbedingt mit einer netten Ansprache über die Wichtigkeit des Vertrauens, sondern mit kleinen Leistungen, mit bescheidenen Demonstrationen der eigenen Zuverlässigkeit und dadurch, dass man als zuverlässig und vertrauenswürdig wahrgenommen wird.

Wenn man ankündigt: »ich werde Sie um 10:25 Uhr anrufen«, dann ruft man exakt um 10:25 Uhr an. Wenn man sagt: »Sie werden unseren Vorschlag morgen um 9:00 Uhr früh haben«, dann liegt der Vorschlag bis 9:00 Uhr auf dem Schreibtisch der Person. Man sollte allerdings vermeiden, dass die andere Partei auffordert oder festlegt, welche Beweise man für seine Zuverlässigkeit beibringen soll. Man muss im Kleinen Vertrauen schaffen, um dann im Großen das Vertrauen geschenkt zu bekommen, das für ein stabiles gegenseitiges Verhältnis notwendig ist.

Ein guter Start ins Gespräch ist der erste Schritt zum Verhandlungserfolg. Für den Einstieg kann man die üblichen Themen (das Wetter, den Urlaub etc.) wählen. Es sollte aber nicht zu beliebig wirken. Oder man nimmt Bezug auf aktuelle Entwicklungen wie zum Beispiel Pressemeldungen über das Unternehmen des Verhandlungspartners oder die bevorstehende Markteinführung eines neuen Produkts.

22.12 Preisfindung

Forschungseinrichtungen, aber auch Firmen, in denen es an einer Preisfindungskultur mangelt, ziehen sich oft auf kostenbasierte Preisberechnung oder rein reaktive Preisberechnungsmethoden zurück. Diese Methoden sind letztlich weder im Sinne des Anbieters noch des Kunden. Eine aktive Preisberechnungsstrategie verbessert die Chancen des Anbieters, gute Preise für seine Leistung zu erzielen und die Chancen der Kunden, eine bessere Leistung zu erhalten.

» *Marketing is not the art of finding clever ways to dispose of what you make. It is the art of creating genuine customer value.* «

Philip Kotler (amerikanischer BWL Professor und Marketingexperte)

Stattdessen beschränken sich viele Forscher aber darauf, nur die Kosten zu decken. Sie analysieren nicht regelmäßig den Erfolg von Preisberechnung und Preisverhandlungen. Sie versuchen nicht, durch Preisfindung Überschüsse zu erwirtschaften, die für Vorlaufforschung und Grundausstattung eingesetzt werden können.

Warum ist eine effektive Preisfindungsstrategie so kompliziert? Das Problem ist nicht der Preis, sondern das unzureichende Management des Preises, das Kunden verwirrt, von der Marke des Anbieters abbringt, die eigene Profitabilität reduziert und letztlich ein Risiko für den Forschungsbetrieb darstellen kann.

Im strategischen Marketing betrachtet man traditionell vier Aspekte: Produkt, Werbung (Promotion), Distribution (Place) und Preisfindung. Diese vier Aspekte nennt man auch die 4P des Marketings. Oft spielt die Preisfindung in diesem Quartett eine Nebenrolle. Dabei zielen alle Marketinganstrengungen auf den entscheidenden Moment zwischen dem Anbieter und dem Kunden ab, in man sich über den Preis verständigt oder eben nicht.

Auf Kosten basierende Preisberechnung

In der Vergangenheit war kostenbasierte Preisberechnung (*cost based pricing*) das üblichste Verfahren, weil es finanziell vernünftig und effektiv scheint, dass bei jedem Produkt oder jeder Dienstleistung Einnahmen und Kosten in einem fairen Verhältnis stehen. Leider ist eine auf Kosten basierende Preisberechnung in der Praxis eine Grundlage für mittelmäßige finanzielle Effizienz.

Worum es eigentlich gehen sollte, ist der »Wert«, den eine Lösung, ein Produkt, ein Wissen oder eine Dienstleistung für Kunden liefert. Das Geheimnis liegt darin, diesem Wert einen Preis zuzuordnen und dann die eigene Leistung und die dazugehörenden Kosten um den Wert herum zu entwickeln. Man beginnt also mit der Definition des Wertes, berücksichtigt dann seine strategischen Überschussziele und präsentiert den Kunden den resultierenden Preis mit Respekt, Vertrauen und Integrität.

Proaktive Preissetzung ist nicht leicht, da sie eigene Verantwortung anstelle einer Anpassung an einen gegebenen Markt bedeutet. Letzten Endes festigt eine proaktive Preissetzung aber eine stärkere Verbundenheit mit den Bedürfnissen der Kunden, festigt, dass der Preis des eigenen Produkts oder der Dienstleistung auf einer strategischen Grundlage und nicht nur auf der Wettbewerbssituation beruht. Wo ist man selbst im Wettbewerb positioniert und wo die Konkurrenten? Wie gut sind die eigenen Leistungen im Vergleich zur Konkurrenz? Wie sehen Auftraggeber einen im Vergleich zum Wettbewerb?

Insgesamt besagt proaktive Preissetzung, dass das Auftrags- oder Verkaufsgeschäft mit einem unternehmerischen Ansatz geführt wird, in dem die Priorität von Überschüssen oder Kostenüberdeckung Wachstum, Innovation und Kundenbindung ermöglicht.

Design to Cost-Prozess

Die Akzeptanz von Produkten und Leistungen hängt meist empfindlich von deren Preis ab. Die Erschwinglichkeit für den Kunden ist einer der Aspekte eines Produkts, der mit am schwierigsten zu erreichen und gleichzeitig besonders erfolgskritisch ist. Da typischerweise 80 Prozent der Produktkosten mit den Entscheidungen während der Konzeption und des Entwurfs festgelegt werden, ist ein Target-Costing Ansatz der Schlüssel zu einem erfolgreichen Produkt. Auch heute noch konzentrieren sich viele Entwickler auf die Befriedigung von Kundenanforderungen und sehen die Kosten eines Produkts als eine abhängige Variable, als Ergebnis von Entscheidungen, die über Spezifikationen von Produktfunktionen, Kennzeichen und Leistungsvermögen getroffen wurden. Die Produktkosten werden deshalb oft erst später im Entwicklungszyklus abgeschätzt.

Target-Costing beruht auf einem grundlegend anderen Ansatz. Es basiert auf drei Prämissen:

1. Produkte müssen sich an deren Erschwinglichkeit oder einer vom Markt bestimmten Preisfindung orientieren.

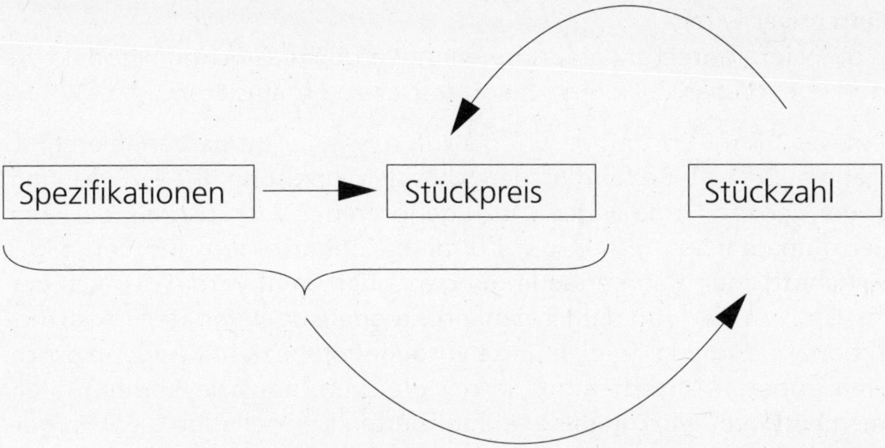

Abbildung 22.1: Stückzahlen, Preise und Leistungsfähigkeiten von Projekten gehören meist zusammen: Je besser das Preis-Leistungsverhältnis, desto höher die Stückzahl, je höher die Stückzahl, desto niedriger der Preis.

2. Produktkosten sind während der Definition der Produktanforderungen eine unabhängige Variable.
3. es bedarf proaktiver Analyse, um die Zielkosten (*target costs*) während Produkt- und Verfahrensentwicklung zu erreichen.

Je besser das Preis-Leistungsverhältnis eines Produkts oder einer Dienstleistung, desto mehr Kunden werden sich finden. Häufig kommen nun Skaleneffekte ins Spiel: Meistens sinken die Kosten bei einer steigenden Stückzahl und das Preis-Leistungsverhältnis verbessert sich. Traditionell werden die Spezifikationen vorgegeben und es ergibt sich ein verstärkender Regelkreis: je konkurrenzfähiger der Preis, desto mehr Produkte werden verkauft und umso günstiger kann das Produkt angeboten werden. Ist das Produkt zu teuer für die Leistung, werden zu wenige Produkte verkauft und der Preis bleibt über der kritischen Schwelle.

Target-Costing trägt so dazu bei, dass:

- Produkte und Dienstleistungen besser an die Bedürfnisse der Kunden angepasst sind
- die Kosten der Produkteigenschaften oder Dienstleistungsmerkmale an der Bereitwilligkeit der Kunden, für diese zu bezahlen, ausgerichtet sind
- der Entwicklungszyklus der Produkte kürzer wird
- die Produktkosten bedeutend geringer werden
- die enge Zusammenarbeit unter allen internen Teams, die mit Konzeption, Forschung und Entwicklung, Marketing, Planung, Herstellung, Verkauf und

Service intensiver wird
- Kunden und Lieferanten engagiert beteiligt werden, das richtige Produkt zu entwerfen und die ganze Lieferkette effektiver zu organisieren.

Das Konzept des Target-Costing beruht darauf, dass es wichtige Variablen gibt, die vowiegend außerhalb des Einflussbereiches der Forschung und Entwicklung oder sogar der ganzen Firma liegen. Dazu gehören der Verkaufpreis, der vom Markt – der globalen Gesamtheit der Kunden, Konkurrenten und den allgemeinen wirtschaftlichen Rahmenbedingungen – bestimmt wird, wie auch der gewünschte Gewinn, der von der Firmenleitung oder sogar von den Erwartungen der Aktionäre und der Finanzmärkte vorgegeben beziehungsweise durch Vergleich mit anderen Unternehmen in der gleichen Industrie und mit allen Unternehmen bestimmt wird. In dieser komplizierten Konstellation dient Target-Costing dazu, die externen Variablen auszugleichen und Produkte und Leistungen zu den Kosten zu entwickeln, die innerhalb der auferlegten Beschränkungen liegen.

Damit unterscheidet sich das »Target-Costing« vom »Cost Plus Pricing«. Wo es eine begrenzte Zahl von Anbietern gibt und die Nachfrage nach der Leistung oder dem Produkt viel höher als die Nachfrage ist, eignet sich Cost Plus Pricing, um sicherzustellen, dass ein Anbieter keineswegs unter Kosten anbietet, also keinen Verlust macht. Heute ist Cost Plus jedoch deswegen oft nicht rentabel, weil es verleitet, Kosten zu produzieren und Produktmerkmale zu entwickeln, die teurer sind, als die Kunden zu zahlen bereit sind: In wettbewerbsintensiven Märkten werden die Preise von Marktkräften und nicht vom Anbieter bestimmt.

Target-Costing ist mehr als eine andere Sichtweise, es führt zu einer anderen Mechanik der Produktentwicklung, enthält eine andere Denkweise, die die ganze Organisation durchdringt, ist sehr interdisziplinär und bezieht den Markt in Forschung und Entwicklung, Entwurf und Produktion ein. Die Idee, dass der Preis die zulässigen Kosten bestimmt, hat Einfluss auf Verhalten und Markterfolg, ist Schlüssel zu Wachstum und Profitabiltät in einem wettbewerbsintensiven und sich schnell ändernden Umfeld und damit der Schlüssel zu einem langfristigen Überleben des Unternehmens.

Die meisten Kosten werden bereits während der frühen Phasen der Produkt- und Verfahrensentwicklung festgelegt. Diese Kosten zu reduzieren, wenn ein Produkt in die Produktion kommt, ist sehr aufwändig und schwierig. Deshalb ist es wichtig, schon in den frühen konzeptionellen Phasen auf die Kosten zu achten. Dies bedeutet, dass Produktdesigns, Materialwahl, Spezifikationen und Toleranzen, *Make or Buy*-Entscheidungen, Verfahren und Investitionen durchdacht werden müssen, bevor die Entwicklungsentscheidungen abgeschlossen werden.

Um die notwendige Übereinstimmung und die erforderlichen Kompromisse zwischen den Funktionen Vertrieb, Marketing, Design und Entwicklung, Produktion, Rechnungswesen und Controlling zu erzielen, sind übergreifende Teams nötig, die die unvermeidlichen Abwägungen treffen. Wenn das gut gemacht wird, kann dieser Teameinsatz zu guten neuen oder weiterentwickelten Produkten führen, die schnell entwickelt und produziert werden, den Marktbedarf erfüllen und die gewünschten Gewinner erzielen Das Zusammenführen verschiedener Sichtweisen in einem frühen Stadium ist oft effizienter und effektiver als der typische sequenzielle Prozess.

Es gibt mehrere Verfahren, die im Target-Costing eingesetzt werden, auf die im Rahmen des Buches nicht detailliert eingegangen werden kann:

- Zur Produktdefinition: Conjoint Analysis, Quality Function Deployment, Marktanalyse, Wettbewerbsanalyse, Product Roadmapping, Markt/Produkteigenschafts-Tabellen, Kano-Modell
- Zur Zielbestimmung: Conjoint Analysis, Price Roadmapping, Wettbewerbsbeobachtung, Reverse Engineering
- Zur Zielerreichung: Value Engineering & Analysis, Component Roadmapping, ABC Analysen (Pareto-Prinzip), Simulationswerkzeuge, Lieferkette-Analysen

Oft lohnt es sich, die Produktmerkmale, die von verschiedenen Kundensegmenten erwartet werden, auf einer einzigen Seite aufzulisten. Die Kundensegmente können nach geographischer Region, der Art der Kundenunternehmen, Konsumentenmilieus (z. B. die Sinus-Milieus) oder nach Finanzkraft aufgegliedert sein. Dann werden die Kundenanforderungen/Funktionen gemäß dem Kano-Modell in drei Gruppen eingeteilt:

1. Basisanforderungen: Sie werden vom Kunden vorausgesetzt, fallen erst auf, wenn sie nicht erfüllt werden (Beispiel: Pannenfreiheit eines Autos)
2. Leistungsanforderungen: Sie sind Kunden bewusst, schaffen je nach Realisierungsgrad Zufriedenheit oder Unzufriedenheit (Beispiel: Motorisierung eines Autos)
3. Begeisterungsanforderungen: Geringer Erfüllungsgrad sorgt nicht für Unzufriedenheit, hoher Erfüllungsgrad steigert aber Kundenzufriedenheit enorm (Beispiele: Bedienfreundlichkeit des Autos, Sound).

Jeder Kundenanforderung stellt man die Größe des dazugehörenden Marktes gegenüber (Stückzahlen oder Umsatzvolumen).

Es ist wichtig, die optionalen Anforderungen von den Basisanforderungen zu trennen. Wer eine optionale Anforderung, die nur einige Kunden wünschen, zum Bestandteil des Basisprodukts macht, zwingt entweder alle Kunden in dem Segment, dafür zu zahlen, oder verschenkt eine Leistung.

Abschließend bildet man eine Markt/Produkteigenschafts-Tabelle, um festzulegen, wie die Architektur des Produkts aussehen soll und welche physischen oder technologischen Überlegungen eine Rolle spielen sollten.

Sobald die prinzipiellen Produktanforderungen festliegen, gilt es, den Marktpreis festzulegen, zu dem das Produkt verkauft werden soll. Manchmal ist dieser Marktpreis relativ einfach zu finden. Die berühmte »Moore-Kurve« zeigt beispielsweise den Preis von Halbleiterspeichern als Preis per Datenbit Speicher gegen die Gesamtsumme der Speicherbits, die verkauft wurden, in historischer Entwicklung. Es gibt andere Methoden, zu erwartende Marktpreise abzuschätzen: Conjoint Analysis ist besonders quantitativ und gibt Auskunft über die Bereitschaft von Kunden, für verschiedene Produktmerkmale und Fähigkeiten zu zahlen. Andere Methoden umfassen das Einsammeln von Information aus Angeboten und Anträgen, Wettbewerbspreise, Vergleichstechnologien oder Produkte, die ähnliche Leistungen bieten, Analystenberichte etc.

Zur Kalkulation der Kosten wird idealerweise eine Vollkostenrechnung mit einer Prozesskostenrechnung verwendet, die die Kosten der indirekten Leistungsbereiche (z. B. Beschaffung, Marketing, Vertrieb und Logistik) abbildet und eine beanspruchungsgerechtere Verteilung dieser Gemeinkosten ermöglicht. Aus dieser Kostenrechnung ergeben sich Zielkosten für die verschiedenen Elemente des Produktes oder der Leistung.

Nun verfügt das Entwicklungsteam über eine klare Idee, was die Kunden wollen und was sie bereit sind, dafür auszugeben, einen Zielpreis und ein Kostenziel.

Oft wird es deutlich, dass die Kosten des Produkts zu hoch sein werden, um einen gesunden Überschuss zu ermöglichen. In diesem Fall ist es notwendig, die Kosten des Produkts zu verringern, ohne Leistungsvermögen oder Qualität zu opfern. Manchmal ergeben sich jedoch auch Wege, durch zusätzliche Leistungsversprechen den Marktpreis zu steigern.

Die Lösungen dafür werden am besten in einem Teamansatz gefunden, bei dem man Mitarbeiter aus dem Productmanagement, Marketing, Vertrieb, Technologie, Design, Produktion und Service einsetzt. Sehr hilfreich ist es oft, zudem auch Experten von außerhalb der Organisation einzubeziehen – sie bringen neue Ideen und Übersicht ein. Solche Personen können sogar von Lieferanten kommen. Sobald dem Team die Ziele und Rahmenbedingungen vorgestellt wurden, werden Kreativitätstechniken wie Brainstorming oder Zukunftswerkstatt benutzt, um Ideen zu erzeugen, die Kosten zu verringern. Jedes Teilteam konzentriert sich auf ein spezifisches Hauptelement und hat eigene Sitzungen. Jetzt bewertet jedes Teilteam die Ideen, verwirft das Überflüssige und Redundanzen, bestimmt den Kosteneinfluss des Rests und schätzt, wie viel Aufwand nötig ist, die Ideen auszuführen. Für diesen Prozess kann man sich meist ein paar Wochen Zeit nehmen. Zuletzt legen die Teams dem Management ihre Zielkostenziele vor, die Ideen, wie die Lücken bei der Kostensenkung zu schließen sind, und ihren Plan, die Ideen auszuführen.

Während der weiteren Produktentwicklung sind die interdisziplinären Teams verantwortlich für die Ausführung der Kostensenkungskonzepte und sorgen dafür, dass das Produkt innerhalb seiner Kostenziele bleibt. Es ist besonders wichtig, dem Einschleichen von Merkmalen zu widerstehen, der Versuchung, dem Produkt schrittweise Merkmale hinzuzufügen, es sei denn, dass diese vom Kunden verlangt werden und er bereit ist, dafür zu bezahlen. Wenn nicht, muss das Team die Herausforderung lösen, weitere Kostenreduktionen durchzuführen, um die Zielkosten zu erreichen. Sobald das Produkt eingeführt wurde, ist mit weiteren Preissenkungen zu rechnen. Um notwendige Gewinnspannen beizubehalten, müssen die Kosten fortgesetzt verringert werden.

22.13 Literaturempfehlungen

Dolan, R., H. Simon, *Power pricing: how managing price transforms the bottom line.* 1997: Free Press.

Dutta, S., M. Zbaracki, and M. Bergen, *Pricing process as a capability: a resource-based perspective.* Strategic management journal, 2003: p. 615-630.

Nagle, T., R. Holden, *The strategy and tactics of pricing: a guide to profitable decision making*. 2002: Prentice Hall.

Checkliste 14 Fairer Preis für Forschungsleistungen und Produkte

- ❑ Ich verstehe mein eigenes Geschäftsmodell. Was sind meine Einkünfte und meine Kostentreiber? Wie beeinflussen Änderungen bei diesen Faktoren die finanziellen Möglichkeiten der Forschung wie Firmenumsatz, Kostendeckungsbeitrag und Chancen für Vorlaufforschung? Welche Probleme löst man für künftige und jetzige Kunden?
- ❑ Ich habe eine strategische Zielsetzung. Welche Ziele verfolge ich mit diesem Produkt bei der Preisfindung? Möchte ich meinen Marktanteil durch Marktdurchdringungspreise maximieren oder will ich den Gewinn optimieren, indem ich nur die Kunden betreue, die bereit sind, sehr gute Preise zu bezahlen?
- ❑ Ich habe den Wert meines Wissens, meines Produkts oder meiner Dienstleistung analysiert und identifiziert. Wer ist mein Kunde und wer ist der Kunde meiner Konkurrenz? Wie ist das Marktumfeld, gibt es Wachstumschancen und wie ist der Wettbewerb in Bezug auf diese Marktchancen positioniert? Welchen Preis wären Kunden bereit, dafür zu bezahlen? Wären bestimmte Kunden bereit, mehr zu bezahlen?
- ❑ Meine Preisfindungsstrategie ist auf die anderen Elementen in der Strategie und im Marketing abgestimmt. Ein hoher Preis innerhalb einer Abschöpfungsstrategie passt nicht zu einem undifferenzierten Massenprodukt, das über breite Vertriebskanäle geliefert wird. Ein aggressiv niedrig kalkulierter, auf breite Marktdurchdringung optimierter Preis passt nicht zu einem sehr kundenspezifischen und hochwertigen Produkt, wie es die Auftragsforschung üblicherweise darstellt.
- ❑ Verlässlichkeit wurde mit der regelmäßigen Überprüfung und Anpassung unter einen Hut gebracht. Das Produkt oder die Leistung ist bewertet. Der Wert des Produkts wird kommuniziert. Es gibt eine Zielvorstellung für die eigenen Erträge, Deckungsbeiträge und Überschüsse. Die Erreichung dieser Ziele wird gemessen. Wenn Ziele verfehlt werden, wird der Kundenwert meiner Leistung beziehungsweise das Produktangebot untersucht, man berät sich mit Kunden und nimmt dann notwendige Preisanpassungen vor.
- ❑ Preisfindung ist Teil der eigenen Organisationskultur. Leistungen und Preise werden immer wieder mit Kunden diskutiert. Die Preissetzung wird regelmäßig bewertet (monatlich oder vierteljährlich oder jährlich). Es gibt standardisierte Preisberechnungsgrundsätze, die proaktives und strategisches Denken bei den Mitarbeitern fördern.

❑ Der Wert – für den Kunden und den Anbieter – steht immer im Mittelpunkt. Ist jeder Aspekt der eigenen Leistungen daraufhin überprüft, welche zusätzlichen Vorteile er schafft?

✍

Index

A
ABC Analyse, 17, 361
Ablenkungen, 19, 29, 135
Abstract, 59 f., 78, 85 f., 91
Aktie, 51
Alter, 141, 146, 289
Alumni, 224
Audit, 47
audit society, 48
Ausstrahlung, 13, 215
Auszeichnung, Preis, 248
Automatisierung, 25

B
Börse, 175
Bank, 31
Basisanforderungen, 361
Baumstruktur, 37
Beauftragung, 35, 182
Befragung, 186 f., 288 ff., 292
Begeisterungsanforderungen, 361
Bekanntheitsgrad, 289
Berufungskommission, 136, 140, 143, 146 f.
Beta Sites, 289
Bewerbungsgespräch, 66 f., 232 ff., 240
BibDB, 90
BibDesk, 90
BibEdit, 90
Biorhythmus, 24
BMBF, 251
BMWi, 252
Brooks law, 41

C
C-Performer, 222
Cash Cow, 299 f.
Conjoint Analysis, 289, 361 f.

D
DAAD, 251
DFG, 250
Diplomanden, 26, 81, 135, 247
Diplomarbeit, 17, 132, 134, 248
Doktorvater, 133
Doppelförderung, 262

E
EndNote, 90
Entscheidungsfindung, 42, 234
Ersetzungsrate, 289
Evaluation, 47 f., 56

F
Fallmethode, 27
Flow, 22, 44, 318 f.
Fokusgruppe, 289
Folie, 55, 69 f.
Forschungseinrichtung, 61, 148, 324
Forschungshypothese, 262

G
Gardner, 216
Gemeinkosten, 362
Gewinnspannen, 363
Graduiertenkolleg, 133

H
Hans-Böckler-Stiftung, 134
Humboldt, 47, 118, 248
Hypezyklus, 113 f.
Hypnose, 44

I
IEEE, 28
Impact Factor, 77, 82
in print, 74
in progress, 74
Indikator, 32, 356
Industrieforschung, 49, 73, 127, 163
Instinkt, 43
International Max Planck Research Schools, 134
Investor, 31, 174, 183
invited speaker, 54

J
JabRef, 90
Journal Club, 9, 28, 81

K
Kündigung, 224
Kano-Modell, 361
Kapitalgeber, 64, 66
KBibTeX, 90
Kennzahl, 32
Konrad-Adenauer-Stiftung, 134
Kostenziel, 362
Krisenplanung, 323

L
Lösungstrance, 44
Laborbuch, 24, 107 f., 134
Lampenfieber, 56
lean management, 15, 39
Leistungsanforderungen, 361
Leistungsbeschreibung, 36
Leistungsfeedback, 218
Leistungshoch, 24
Leitbild, 262
Lieferkette, 208, 360 f.
Lizenzen, 50, 75, 177 f., 201, 349
Logistik, 362
LPU, 75 f.

M
Make or Buy, 301
Marketing, 362
4P des Marketings, 357
Marktanalyse, 287, 361
Marktforschung, 169, 186 f., 211, 288–291
Marktpotenzial, 289
Marktvolumen, 289
Marktwachstum, 289, 298, 300
mathematischer Beweis, 43
Meilensteine, 27, 156, 190, 198, 326
Metrik, 32
Mikro-Management, 38
Mindmapping, 37
Mitarbeiterführung, 166, 213, 216
Mitarbeitermotivation, 34, 219, 324
Mitarbeiterverantwortung, 34
Moderation, 53, 62, 64
Moderator, 63
monochronisch, 16
Moore-Kurve, 362
Multi-Client-Studies, 186, 289

N
Nature, 28, 81 f.
Net Present Value, 175
Nettobarwert, 175
Netzplandiagramm, 38
Nobelpreis, 2, 80 f., 153 f.

P
Pareto-Prinzip, 16, 37, 361
peer-review, 48, 74, 78, 81
Personalentwicklung, 236
Pilotkunden, 289
Pilotsystem, 41
Post-Doc, 135 f., 142, 249
Poster, 59 ff., 74, 310
Preisberechnung, 357
Preisfindung, 357 f., 364
Preissetzung, 358, 364
Preprints, 84
Problemtrance, 44, 213
ProCite, 90
Produktlebenszyklus, 176, 289
Projektabschluss, 39
Projektplan, 32, 39, 170, 174
Projektstrukturplan, 37 f.
promise-based management, 34
Prozesskostenrechnung, 362
Publikationsliste, 5, 68, 73, 75, 77, 135, 227, 249, 271
Pybliographer, 90

Q
Qualität von Dienstleistungen, 4
Quality Function Deployment, 361

R
Rückdelegation, 25
ReferenceManager, 90
Referencer, 90
Research in Germany Award, 248
Reverse Engineering, 361
Risikokapital, 49
Roadmapping, 361

S
Sammelprojekt, 38
Schlussbericht, 24
Science, 28, 82 f., 118, 192
scientific community, 47
Segmentierung, 301–304
Sense of Destiny, 308
Sense of Direction, 308
Sense of Discovery, 308
Softwareprojektmanagement, 40
Sponsor, 80 f., 154
Stellenbesetzung, 225
Stipendien, 248
Stress, 22, 350
Subvention, 275
Subventionsbetrug, 275

T
Tätigkeitsbeschreibung, 226
Tagesleistungskurve, 24
Target-Costing, 359 ff.
Tarifvertrag, 131
Teilstrategie, 34
Telefoninterview, 232, 289
Think-Tanks, 48
To-Do-Liste, 19, 38
Trance, 44
Treiber, 37

U
unbewusste Denken, 44 f.
Ungewissheit, 32
Unterstützer, 37, 135, 327, 337
up or out, 223

V
Value Engineering, 361
Vertriebsintensität, 289
Vertriebskonzept, 43
Volkswagen-Stiftung, 250
Vollkostenrechnung, 362

W
Wertkette, 208 f.
Wertschöpfung, 207, 211, 300
Wertschöpfungskette, 208 f., 211
Wettbewerbsanalyse, 263, 318, 361

Z
Zeitmanagement, 14, 16 f., 19 f.
Zeitplan, 40, 63, 174, 345
Zielimagination, 9
Zielkosten, 362

Notizen

Notizen

Notizen

Notizen